科学出版社“十四五”普通高等教育本科规划教材
山东省普通高等教育一流教材

简明动物学

（第三版）

宋憬愚 等 编著

科学出版社
北 京

内 容 简 介

全书共 20 章。在绪论中强调了动物的概念，指出动物的两大基本生命功能；第一章阐述了动物的繁殖和个体发育，触及动物生命的本质，有助于对后续内容的理解；第二至第十九章全面讲述了动物各门类的基本特征和分类概况，以进化为主线，突出动物形态结构与生活环境之间的内在关联，最终形成一个相对完整的动物学知识结构体系。

本书由动物学课程一线教师参考相关教材及文献资料，结合多年的实践经验编写而成，内容简明扼要，文字朴实精练，插图新颖原创，可读性强，是针对高等农林院校编写的一部教材，也很适合师范院校和综合性大学选用，对中学生物课教师及动物爱好者提高专业知识水平和深度理解动物极有帮助。

图书在版编目（CIP）数据

简明动物学/宋憬愚等编著．—3版．—北京：科学出版社，2023.6
科学出版社“十四五”普通高等教育本科规划教材
ISBN 978-7-03-075632-9
Ⅰ．①简…　Ⅱ．①宋…　Ⅲ．①动物学－高等学校－教材　Ⅳ．①Q95
中国国家版本馆CIP数据核字（2023）第097033号

责任编辑：丛　楠 / 责任校对：周思梦
责任印制：赵　博 / 封面设计：图阅社

科学出版社 出版
北京东黄城根北街16号
邮政编码：100717
http://www.sciencep.com

三河市春园印刷有限公司印刷
科学出版社发行　各地新华书店经销

*

2013年 8 月第　一　版　开本：787×1092　1/16
2023年 6 月第　三　版　印张：19 1/2　插页：3
2025年 1 月第四次印刷　字数：509 000

定价：69.80元

（如有印装质量问题，我社负责调换）

《简明动物学》（第三版）编委会名单

主　编　宋憬愚（山东农业大学）

副主编　马洪雨（汕头大学）

张志强（安徽农业大学）

高立杰（河北农业大学）

胡永婷（山西农业大学）

王雪鹏（山东农业大学）

王　磊（安徽农业大学）

参　编　宋闻麒（上海科技大学）

刘　琳（华南师范大学）

苏时萍（安徽农业大学）

纪守坤（河北农业大学）

严　慧（河北农业大学）

高　明（河北农业大学）

陈红菊（山东农业大学）

慕翠敏（山东农业大学）

赵　燕（山东农业大学）

钱　岑（安徽农业大学）

曹贵玲（聊城大学）

路建彪（聊城大学）

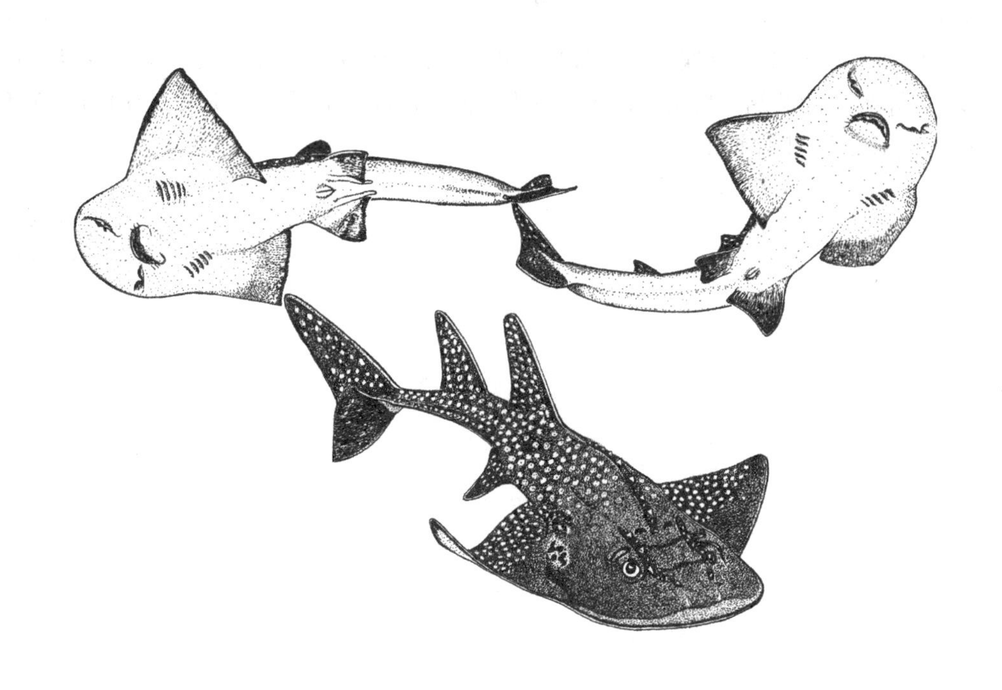

第三版前言

《简明动物学》自2013年出版以来，受到国内高校广大师生的普遍欢迎，发行量逐年增加，时至今日，距2017年第二版修订已过去6年，为了更好地服务广大读者，适应"新农科""新理科"人才培养的要求，经与出版社协商，我们决定对本教材进行修订。

本次修订主要突出以下特色。

1. 内容精炼、深度解读。秉承第一、二版的编写原则：以进化论为主线，以"吃""生"为切入点，展开动物各门类的讲述。在强调进化脉络的同时，着重于动物形态结构、分类分化与栖息环境之间的内在关联，既有纵向上的进化发展，又有横向上的环境适应，对动物实施准确定位，深度解读，尝试让读者"不仅知其然，还要知其所以然"。

2. 总量控制，注重"简明"。第三版字数变动不大，主要是在第二版的基础上进一步凝练内容、突出重点。语言简洁流畅，言简意赅。正文中提及的动物名称，科、属两个分类阶元同种（物种）一样，都会标注其拉丁文学名，但不出现"科""属"字样。如箭毒蛙（Dendrobatidae）即是指箭毒蛙科（Dendrobatidae）；髭蟾（*Vibrissaphora*）等即是指髭蟾属（*Vibrissaphora*）。在同一章中，再次出现时则会省略拉丁文学名。

3. 插图原创，补充完善。全书共有黑白插图680幅，相较于第二版，第三版替换了191幅，增加了46幅；90幅彩色插图中也更换了34幅，并增加了脊椎动物部分，除了后30幅彩图为刘兆瑞摄影外，全部插图均由主编手绘、拍摄。

4. 紧跟新时代，贴近二十大。党的二十大报告指出："办好人民满意的教育""大自然是人类赖以生存发展的基本条件"。教材立意"守正创新"，内容引人入胜，积极引导学生读书进步；字里行间传达出"尊重自然、顺应自然、保护自然""人与自然和谐共生"的理念。

《简明动物学》由动物学课程一线教师参考国内外相关教材及最新文献资料编写而成，是编者多年教学经验的结晶。自出版以来，一直未间断修改，但受水平所限，书中难免有疏漏、不足之处，恳请读者批评指正。

宋憬愚

2023年4月

第二版前言

《简明动物学》自2013年8月出版以来，受到广大读者的欢迎，为了使本书内容更加完善，我们决定修订改版。2016年8月，科学出版社组织相关专家和编者在北京召开会议，就《简明动物学》第二版的修改方案及出版事宜进行研讨。

《简明动物学》第二版有以下特点。

1. 秉承第一版的编写原则：内容精练、文字简洁、插图原创(主编手绘、拍摄)。除非专用于分类，科、属两个分类阶元不出现“科”“属”字样，如箭毒蛙科（Dendrobatidae）直接写作箭毒蛙（Dendrobatidae）、髭蟾属（*Vibrissaphora*）直接写作髭蟾（*Vibrissaphora*）。

2. 基本不扩展内容，仅补充第一版没有介绍的动物门类。根据最新分类体系，将现存动物的全部34个门补充齐全，对于种类较少、进化地位不明确或与人类生活不太密切的动物门类，只作简介，根据具体情况，或分散在各章节中，或在第十二章中集中介绍。

3. 进一步精练内容，补充完善插图。相对第一版，第二版共增加、替换黑白插图200余幅、彩色插图30余幅，插图依旧强化动感和灵性，且能与文字更好地配合。

4. 第二版的出版得到了“山东农业大学名校建设工程”的资助。

《简明动物学》是编者多年教学经验的结晶，自第一版出版以来，一直未间断修改，但由于水平有限，书中仍难免有疏漏、不足之处，恳请读者批评指正。

宋憬愚

2016年12月

第一版前言

动物学是综合性大学和师范院校生物类专业及农业院校多个专业开设的一门基础课。在我国，有关动物学的教材有数十种，有的近百万字。但近年来，各高校动物学的讲课学时普遍减少，讲课内容也有所调整，为适应新形势发展的需要，我们编写了《简明动物学》这本教材。《简明动物学》在编写上努力做到以下几点。

1．内容精练，把握重点。《简明动物学》更加注重知识的应用性，重点讲述那些与人类关系密切的动物门类，在突出进化脉络的同时，强化动物的形态结构与功能和环境之间的关系，努力触及动物的生命本质。

2．语言简洁，可读性强。《简明动物学》尽可能使用语言短句来表达动物学的理论内容，对于那些晦涩难懂的动物学概念，努力用实例来诠释，以助于读者深度把握理解。

3．插图新颖，突出动感。《简明动物学》的彩色插图为主编野外拍摄，黑白插图为主编亲手绘制，均是第一次与读者见面。结构性插图适度简化细节，外形类插图强化动感，努力表现动物的生命本能。

《简明动物学》是编者多年教学经验的结晶，仅编写环节就用了五年的时间，但由于水平有限，书中仍难免有疏漏和不足之处，恳请读者批评指正。

宋憬愚

2013年6月

目录

绪　论

最能反映动物本性的是"吃"，最能体现动物本能的是"生"，吃在异种间进行，生在同种内发生。为了更好地完成吃和生，它们动起来，改变位置，趋利避害，自然，动物最显眼的特征就是"动"。

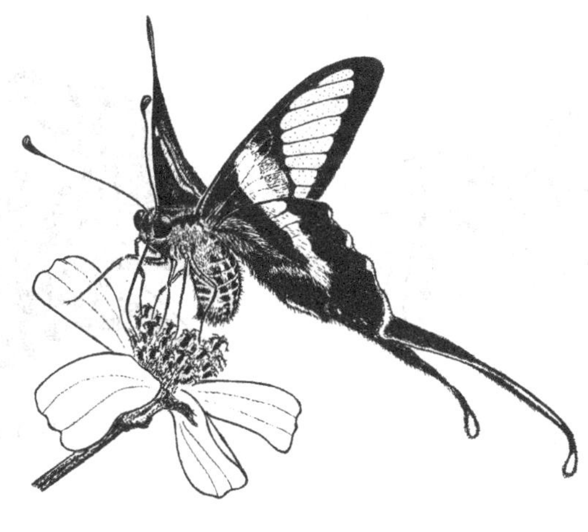

燕凤蝶

在绪论中，主要讲述3个方面的内容：动物的概念、动物学的概念和动物分类的基本知识。

一、什么是动物

（一）动物的概念

说到动物，大家都不陌生，鸡鸭鹅狗、飞鸟鱼虫等都是动物，但事实上，绝大多数人所知道的动物，仅仅只是动物世界的冰山一角。就拿蟹来说吧，很多人对蟹的印象，无非是水中生活、身被硬壳、横行、味道鲜美等；知道的种类，也不过寥寥数种，如大闸蟹（图0-1）、梭子蟹、招潮蟹等。其实，从动物分类学上讲，蟹是指节肢动物门短尾下目的甲壳动物，全世界有4700多种。蟹不仅种类繁多，生活方式也五花八门，有淡水生活的，如华溪蟹；有海水生活的，如梭子蟹；还有陆地生活的，如地蟹。地蟹多活动于潮湿的森林中，只有繁殖季节才到水中去产卵，如著名的圣诞岛红蟹。就海蟹而言，有的生活在潮下带，如蛙蟹（图0-2）、关公蟹、馒头蟹；有的生活在潮间带，如沙蟹（图0-3）、和尚蟹；少数种类在海洋漂浮物上生活，如漂泊蟹和弓蟹；也有的与其他动物共栖，如绵蟹，甚至是寄生，如豆蟹、珊隐蟹。瓷蟹（图0-4）、蝉蟹、管须蟹、石蟹、寄居蟹、椰子蟹等，虽也被称为"蟹"，但不属于蟹类。

仅蟹的种类就有如此众多，可见，动物种类之丰富，自然，动物的概念也就十分宽泛。学习动物学，必须全面了解、准确地把握"动物"这个概念。要做到这一点，不妨先从生物的概

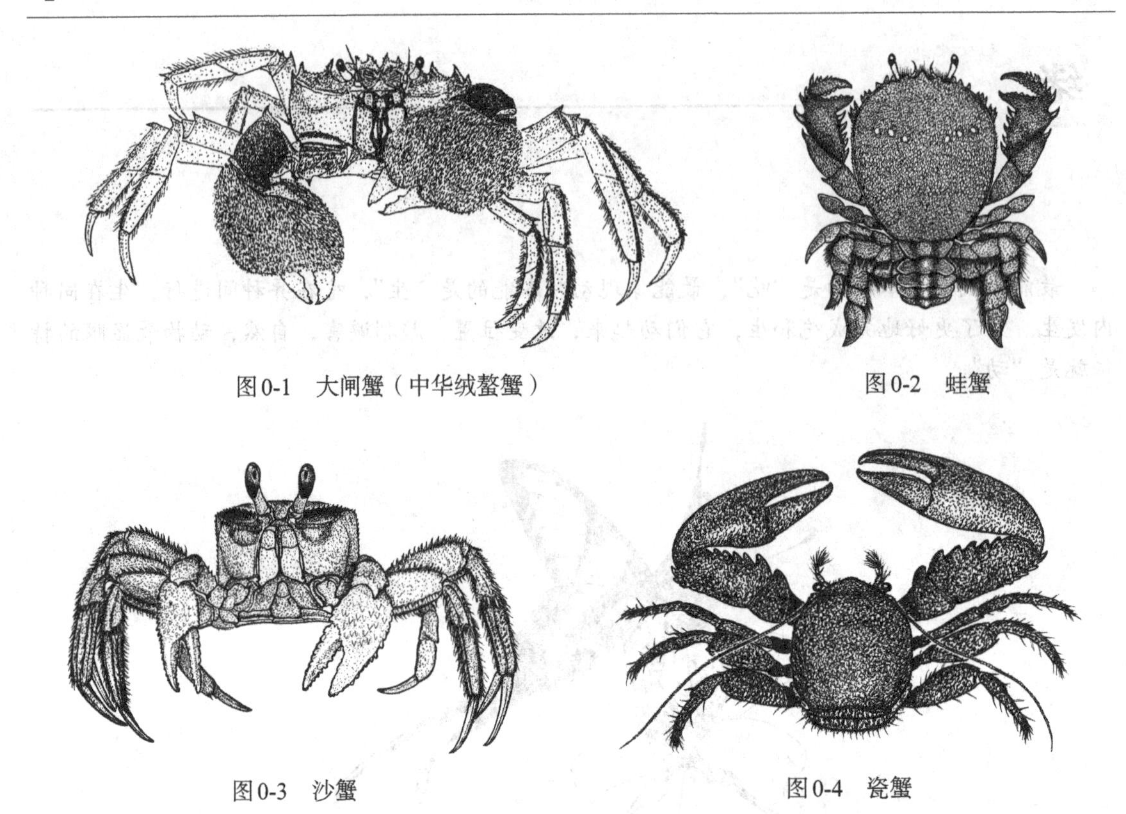

图0-1 大闸蟹（中华绒螯蟹） 图0-2 蛙蟹

图0-3 沙蟹 图0-4 瓷蟹

念入手。

自然界的万物可分为生物和非生物两大类，生物区别于非生物的特征有很多，如适应性、应激性、遗传变异性等，但最重要的还是新陈代谢和自我复制。所有的生物都要进行新陈代谢，新陈代谢的结果在早期常常表现为生长发育——个体越来越大、身体越来越壮；当生命力达到顶峰时，伴随着新陈代谢，生物又出现了一个新的特征——自我复制，即繁殖。繁殖，对生物来说非常重要，所有的生物都靠繁殖代代相传、生生不息（关于动物的繁殖，将在本书第一章中专门介绍）。

辅助阅读

新陈代谢是生物体内一种有序的化学变化，包括物质代谢和能量代谢两个方面。在新陈代谢过程中，既有同化作用，又有异化作用。从同化作用的角度来讲，新陈代谢可以分为自养型和异养型两种。自养型是把从外界环境中摄取的无机物转变成为自身的有机物，并储存能量，最普遍的自养型是植物的光合作用，另外还有化能合成作用等。异养型是把从外界环境中摄取的有机物转变成为自身的组成物质，并储存能量，主要有渗透和吞噬两种方式。

目前，已知的现存生物约有200万种。最初，由于人类知道的生物种类不多，就简单形象地分为两类：动物和植物。后来，随着对生物了解的逐步加深，分类就变得复杂了，有分四界的（Copeland，1938），有分五界的（Whittaker，1969），有分三总界六界的（陈世骧，1979），有分八界的（Cavalier-Smith，1989），不能统一，这是生物的复杂性和多样性造成的。

这里以六界分类系统为例讲述，并在此基础上，层层剥离，引出动物的概念。

六界分类系统将生物分为六界：病毒界、原核生物界、原生生物界、真菌界、植物界和动物界。其中，病毒界相对独立，因为它与其他五界很不相同，它不具备细胞结构，是最简单的生命形式。病毒种类很多，如脊髓灰质炎病毒、烟草花叶病毒、艾滋病病毒等。

辅助阅读

病毒是非细胞结构的微小生物（由于没有细胞结构、无独立代谢系统，有的学者不同意将病毒与其他五界生物并列），多数要用电子显微镜才能看到，较大的病毒直径为300～450nm，较小的病毒直径仅为18～22nm。病毒的主要特点是：①由一种核酸（DNA或RNA）的基因组和蛋白质外壳组成；②具有高度寄生性，且只能在活细胞内生活，完全依赖寄主细胞的代谢系统获取物质和能量；③在感染细胞的同时或稍后释放其核酸，然后以核酸复制的方式进行增殖。

病毒是最简单的生命形式，现存病毒均营寄生生活，会引起寄主（宿主）患病，因为病毒复制速度极快。所以，病毒病都有高度传染性。目前，病毒引起的疾病只能通过注射疫苗预防和通过改善环境来抑制。

原核生物和原生生物虽然已经具备了细胞结构，但都属于单细胞生物，即一个细胞就是一个生命体。二者的不同在于：原核生物没有形成完整的细胞核，具有遗传功能的核酸物质散布在细胞质中，如细菌、蓝藻、放线菌、支原体和衣原体；而原生生物出现了细胞核，属真核生物。真核生物比原核生物（1～10μm）要大，结构也复杂，有内质网、线粒体、高尔基体等多种细胞器。原生生物包括藻类和原生动物等，本书第二章将专门介绍原生动物。

真菌、动物和植物也属真核生物，且一般都是多细胞生物，肉眼可见，是人们最早认识熟悉的生物。最初，人们将它们简单地分为不会移动的植物和会移动的动物两类。后来研究发现，这个不会移动的“植物”类群中，存在着截然不同的两种营养方式——光合营养和渗透营养，而根据营养方式分类应该更科学。

真菌主要腐生，也有寄生，但都是渗透营养，即细小的有机物是因渗透压的关系经体表进入体内的，属异养型，其细胞有细胞壁，主要成分是几丁质，真菌包括蕈菌（大型真菌，俗称蘑菇）、酵母菌和霉菌。植物通过光合作用获得营养，属自养型，其细胞也有细胞壁，但主要成分是纤维素和果胶质等。动物的细胞是没有细胞壁的，新陈代谢也属异养型，但主要是吞噬营养，即将大颗粒的有机物吞入体内或有机营养液吸入体内，再消化吸收。

从以上讲述可知动物的概念为：吞噬营养的多细胞真核生物，但这只是狭义上的动物概念，广义上的动物概念还要把原生动物纳进来。所谓原生动物，是指原生生物界中能进行异养的那部分。之所以要把原生动物也加进来，是因为多细胞动物是由单细胞的原生动物进化而来的，二者合起来才比较系统全面。这样一来，动物的种类就更加丰富了。那么，全世界现存的动物有多少种呢？答案是150万种以上！这还仅仅是已知动物，人类所不了解的动物可能更多。

相对于单细胞的原生动物，多细胞动物也叫作后生动物。后生动物的种类远多于原生动物，其中最多的是昆虫，目前，仅已被命名的昆虫就有100多万种，而且，每年大约还有1000个新种发表，有人估计，世界上的昆虫还有90%的种类是人类所不认识的。

动物种类繁多（如果算上已灭绝的动物，估计地球上动物物种总数要以亿计），但无论如何，动物只是生物的一个重要类群，自然，动物也同样具备生物最重要的特征：新陈代谢和自我复制。不过，对动物来说，这两个生命特征又有其独特性，对此，可以总结成两个字："吃"（包括吃到食物和防止被吃两个方面）、"生"。为了更好地完成"吃"与"生"，动物多会移动，趋利避害，寻找更有利的生活场所，因此，可以简单形象地说：作为生物，动物有三大特色——"吃""生""动"。当然，这只是一个笼统的说法，动物是极其复杂的，不同的动物类群，生活方式和生殖方式相差很远。就拿"动"来说，有的运动速度极快，活动频繁，如鸟类；也有的像植物一样，不会移动，如海绵、海鞘等；还有的运动速度极慢，很少移动，如海葵。运动方式也是五花八门，有天上飞的，有水里游的，还有陆地上跑的、跳的或爬的。

（二）形形色色的动物

动物不仅种类繁多，形态结构也是千差万别，就个体大小而言，有肉眼看不清的单细胞种类，也有大得令人吃惊的个体。目前发现，世界上最小的动物是一种代号为H39的原生动物，只有0.1μm长，估计要1000万亿个才有1g重。地球上最大的动物是蓝鲸（图0-5），资料显示，蓝鲸体长可达33m，重190t，仅舌头就有3t重，一天就能吃掉4～5t磷虾。刚刚出生的幼鲸就有7m长，2.5t重！

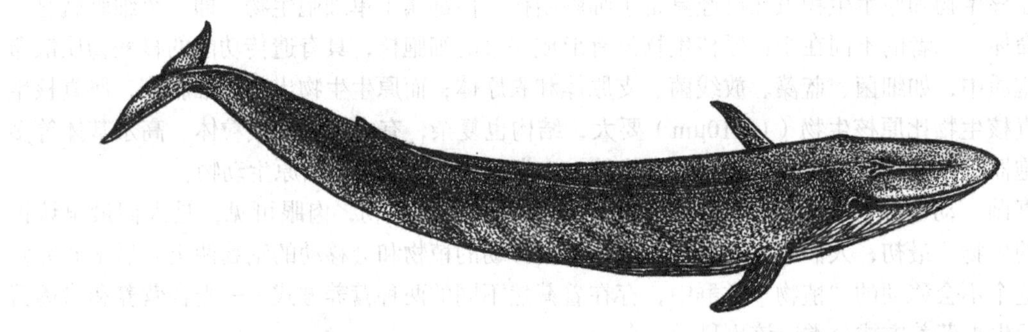

图0-5　蓝鲸

移动身体改变位置，寻找更好的生活环境，是动物的一大特色，为此有些动物可以不辞辛苦地千里跋涉，长距离迁徙（洄游）。灰鲸（图0-6）是迁徙距离最长的哺乳动物，每年5～10月，加利福尼亚（加州）种群的灰鲸多在北冰洋的楚科奇海觅食，解决"吃"的问题，食量巨大，1头成年灰鲸可消耗170t食物；10月末，吃得肥肥胖胖的灰鲸开始向南洄游，穿过白令海峡，进入太平洋，通过阿留申群岛，到达下加利福尼亚半岛西侧的墨西哥海域，在圣伊格纳西奥潟湖中产崽，解决"生"的问题。第二年3月（非产崽灰鲸在2月），幼鲸跟随母亲北上觅食。

图0-6　灰鲸

灰鲸把"吃"和"生"放在距离很远的两个地方来完成，通过"动"将二者联系在一起。灰鲸每年总洄游距离长达18 000km，而且，在迁移过程及生育期间，几乎不吃任何食物，忍饥挨饿时间长达6个多月！

辅助阅读

灰鲸是现存最古老的鲸，其体色为斑驳的灰色，无背鳍，成体体长为14～15m，最大可达16m，体重最大可达35t，雌鲸略大于雄鲸。灰鲸的主要食物是端足类的节肢动物（占90%），其次是多毛类的环节动物及软体动物、蟹类和鱼类。灰鲸大约两年产1仔，产仔时间为12月至翌年1月，刚出生的仔鲸长4～5m，重500～1000kg。

灰鲸隶属于脊索动物门脊椎动物亚门哺乳纲鲸目须鲸亚目灰鲸科灰鲸属，灰鲸科仅存这一个物种，现有两个种群，一个是太平洋东侧的加州种群，约有25 000头，是北美洲主要的观鲸对象；另一个是太平洋西侧的朝鲜种群，数量很少，在我国海域偶有出现。1996年12月，曾有1头灰鲸在辽宁省庄河市的浅海水域被养殖筏子缠住死亡，该鲸体长11.5m、重15t，标本收入大连自然博物馆。1998年年初，海南省临高县海域有3头灰鲸搁浅，后经渔政部门组织力量营救，最终将其引入深水海域。

灰鲸能够禁食6个多月，应该是最耐饿的动物了吧？其实不是。蜱是一类寄生虫，隶属节肢动物门蛛形纲蜱螨目，蜱主要以吸食鸟类和兽类的血液为生，分软蜱和硬蜱。硬蜱也叫作草爬子、狗豆子、扁虱，多生活在田野和森林中，由于运动能力很差，只能伏在树枝或草叶上等待时机，但只要一粘上动物，就会不停地吸血，直到吸不动为止，进食后的体重往往比原来大几十倍甚至几百倍。长期的适应，练就了其极强的忍饥挨饿能力，有些硬蜱为了饱餐一顿可以等上18年！

动物的适应能力大大超出了我们的想象，尤其是在隐生状态下。隐生的动物降低代谢水平，对不良环境具有极强的忍耐能力，这在轮虫、线虫等动物身上都有发现。特别是缓步动物门的水熊虫，在隐生状态下，忍耐力极强，能耐受－200℃低温、100℃的高温及真空等，一旦环境恢复正常，水熊虫会很快苏醒，进入正常生活状态。

总之，动物不仅种类繁多，而且非常神奇，它们适应环境的方式和能力令人吃惊。

二、什么是动物学

（一）动物学的概念

知道了动物的概念，动物学的概念也就容易理解了。动物学是生物学的一个重要分支，动物学是研究动物的形态结构及其生命活动规律的一门自然科学。动物学主要有两个方面的研究内容，一个是形态结构，包括外表的和内在的；另一个是在这些结构的基础上，动物生命的运转机制，包括内在的生理生化和外界的环境适应（生态）。

（二）动物学的分科

人类已知动物有150万种之多，想全面系统地研究所有动物的形态结构和生命活动规律是不可能的。所以，有必要对动物学进行分支细化，这就是动物学的分科。

动物学的分科很多，有研究动物某个侧面的，如动物生态学、动物胚胎学、动物遗传学等；有研究某一动物类群的，如鱼类学、昆虫学、鸟类学等。事实上，这仅仅是粗略的分科，要想深入细致地了解动物，还必须进一步细化，研究更小的类群，甚至少数几种动物。即便是研究动物的一个侧面，也往往只是研究少数类群的一个侧面，如家畜繁殖学、鱼类生态学、鸟类分类学等。

“动物学”或“动物生物学”是研究动物的基础学科，主要介绍动物群体的体系组成及有关动物的基本概念和基本理论，是所有动物学分支学科的基础。本书以达尔文进化论为主线，从最低等的单细胞动物开始到最高等的哺乳动物结束，逐一介绍各门类动物的基本特征和分类情况，让读者最终形成对动物体系的系统性认识，全面了解动物，并掌握有关动物最基本的概念和理论；在突出进化脉络的同时，还特别强调动物的结构、功能和环境、生活方式之间的关系，努力触及动物的生命本质，目的是让读者正确认识动物，倡导人与自然和谐发展。

（三）动物学的形成

动物与人类的生活有着密切的联系，应该说，从人类诞生的那天起，人和动物就结下了不解之缘。可以想象，原始人很想弄到肉充饥，弄到毛皮保暖，这就迫使他们想方设法抓住动物。哪些动物更好用呢？哪里有这些动物呢？怎样才能抓住它们呢？这恐怕都是原始人要思考、解决的问题，对这些问题答案的积累和完善，就是最原始、最朴素的动物学知识。而饲养动物，则需要更加丰富的动物学知识。在我国，5000年前人们就知道养蚕了，养狗则至少有1万年的历史，养鱼也有3000多年的历史。

世界上最早用文字记载动物知识的人是古希腊学者亚里士多德（Aristotle，公元前384～公元前322），他曾对动植物进行深入细致的观察，至少对50种动物进行了解剖研究，指出鲸是胎生动物，他还考察了小鸡胚胎的发育过程，并记录了450种动物，首次建立了动物分类系统。在我国，最早详细描述动物的人是明朝的医药学家李时珍（1518～1593）。李时珍在《本草纲目》中，从药学的角度描述了400多种动物，并将它们分为虫、介、鳞、禽、兽5类。

随着时代的发展，人类积累的生物知识越来越多，到1700年，仅植物就知道了约18 000种，这样，对生物进行科学分类就变得极为迫切。瑞典生物学家林奈（Linnaeus，1707～1778）正是这一时期的杰出人物。林奈重点研究植物，但对动物学的贡献也很大，他首创了纲、目、属、种及变种的分类概念，将动物划分为6纲：哺乳纲、鸟纲、两栖纲、鱼纲、昆虫纲和蠕虫纲，而且，林奈创立了物种命名法——双名法，为现代生物分类学研究奠定了基础。

林奈虽然对动物进行了科学的分类和描述，但他认为所有的生物都是神创造的，是一成不变的。这种观点或许对他准确认识和描述动植物有所帮助，却不能解释当时及以后出现的很多疑问。例如，鸟的翅膀、蝙蝠的前肢、鲸的鳍肢及人的手臂，外表和功用相差如此之大，内部结构却大同小异；相反，鸟的翅膀和昆虫的翅均为飞行器官，内部结构却迥然不同，这是为什么呢？另外，胚胎学和古生物学上的很多疑问，也解释不通。形势的发展已迫使生物学由描述认知阶段走向理性规律探索阶段，这一时期出现了著名的生物学家——达尔文（Darwin，1809～1882）。

辅助阅读

达尔文是伟大的生物学家，进化论的奠基人，达尔文的进化论举世瞩目，不仅在生物学领域，甚至对人类学、心理学和哲学，都产生了重大影响。恩格斯将“进化论”列为19世纪自然科学的三大发现之一。

达尔文于1809年2月12日出生在一个医生家庭，1825年10月，父亲把他送进了爱丁堡大学学医，但达尔文对医学毫无兴趣，两年后就退学了。1828年1月，达尔文又进入剑桥大学学习神学，在剑桥，他结识了植物学教授汉斯罗（Henslow），他在博物学上的天赋得到了赏识。

1831年，英国皇家海军小型军舰"贝格尔号"（"小猎犬号"）要进行环球航行，随船需要一位博物学家，汉斯罗推荐了达尔文。12月27日，"贝格尔号"扬帆起航，途经大西洋、太平洋、印度洋，绕地球一圈，于1836年10月2日返回英国。在近5年的环球考察中，达尔文观察研究了沿途各地的动植物类群，做了大量的笔记，并采集了无数的标本寄回英国，为以后的研究积累了第一手资料。回国后，达尔文成了职业博物学家，开始思考生物的起源问题，最终创建了生物进化论。达尔文一生撰写过很多论文著作，但以1859年11月24日出版的《物种起源》影响最大。

1882年4月19日，达尔文逝世，厚葬于威斯敏斯特大教堂，人们把他的遗体安葬在牛顿的墓旁，以表达对这位科学家的敬仰。

其实，在达尔文之前，很多科学家就试图解释这些疑问，并已经提出了进化论的思想。例如，法国博物学家拉马克（Lamarck，1744～1829）就是进化论的倡导者，1809年，在《动物哲学》一书中拉马克最先提出生物进化的学说，指出：高等动物是由低等动物演变而来的，动物在环境的影响下，会发生变化、发展和完善。"用进废退"和"获得性遗传"是其著名论点。但达尔文以自然选择为基础的进化论更完善，更系统，更具说服力。

1859年，达尔文的《物种起源》出版成为生物学发展史上一个转折点。达尔文用大量的资料证明了：自然界存在的各种生物不是上帝创造的，而是在高繁殖力和不断变异的基础上，进行自然选择，优胜劣汰，适者生存；由于结构复杂的高等生物适应环境的能力更强，这就迫使生物由简单到复杂，由低等到高等，不断变化发展，这就是进化。这种进化论观点从根本上摧毁了神造论和物种不变论，能够解释生物界的多种疑问，影响巨大，这就是"达尔文进化论"。

自然选择是达尔文进化论的重要支撑，然而，达尔文却找不到一个合理的遗传机制来解释自然选择的基础——变异。奥地利一所修道院的修道士孟德尔（Mendel，1822～1884）的试验解决了这个问题。自1856年起，孟德尔就开始了长达8年的豌豆杂交试验，终于找到遗传变异的规律，发现了遗传定律。但直到1900年，人们才认识到孟德尔理论的价值，并尊其为"现代遗传学之父"。孟德尔的试验研究证明，生物遗传的不是亲代个体的全貌，而是单个的性状，这些单个性状能够分离地传递，随机地组合；之后，在自然选择的作用下，优良的性状被筛选出来，通过繁殖逐渐扩散到整个群体，从而提高生物的适应能力；优良性状在后代身上逐渐积累，最终形成新的物种，导致进化的出现。

那么，生物的遗传性状又是由什么控制的呢？是基因。基因也称遗传因子，是控制性状的基本单位，基因通过指导蛋白质的合成来表达自己所携带的遗传信息，从而控制生物个体的性状表现。基因这一概念由丹麦遗传学家约翰逊（Johansen，1859～1927）提出，美国进化生物学家摩尔根（Morgan，1866～1945）研究证明基因存在于细胞核染色体上，摩尔根的助手、美国遗传学家缪勒（Muller，1890～1967）发现基因还会受环境的影响而发生突变，这些研究成果均为达尔文的生物进化论提供了强有力的科学证据。

综上所述，伴随着生物学的发展，动物学已然成为一门真正的自然科学，具有相对完整的理论体系，甚至对人类的社会生活及世界观都产生了重大的影响。

（四）动物学的发展现状

1. 动物学的发展方向　在动物学发展初期，科学家注重研究动物的形态结构，热衷于采集动物标本，发表新物种。近年来，随着科学观念的更新及科技手段的进步，同其他生物学分支一样，动物学有了两个新的发展方向：微观方向和宏观方向。微观方向从物种以下的细微层面（如分子、细胞）研究动物，宏观方向从物种以上环境层面（如生态系统）研究动物。

20世纪以来，生物科学在各个领域的研究都取得了巨大进展，特别是在分子生物学（研究生物大分子的结构与功能）领域，更是获得了突破性成就，这使生物学在自然科学中的位置发生了革命性的变化，成为当今最活跃的学科之一，从事生命科学研究的专业人员越来越多。在生物学研究中，人们认识到，自然界的各种生物之间、生物与周围环境之间，都存在着不可分割的联系，因此，仅仅着眼于物种本身的研究是远远不够的，要准确把握生命活动的规律，还需要对物种所在的整个生态系统进行研究。

无论是物种层面，还是宏观方向、微观方向，都是研究动物，不能分割，三者应是相互促进、相互影响的关系。举例说来，DNA测序表明，鲸和河马有着密切的亲缘关系，这在分子生物学诞生之前是完全想象不到的。鲸之所以生成现在这个样子，是海洋环境长期塑造的结果，或者说是由鲸适应海洋环境的方式决定的。事实上，环境不仅通过基因影响着动物，很多情况下，还能直接影响动物的形态。如有些种类的蝴蝶，在雨季和旱季，有着完全不同的外观，以至于仅在采集标本研究形态的情况下，把旱季型和雨季型认定为不同的物种。

2. 生物多样性的概念　自工业革命以来，随着生产力的飞速提高，人类对环境的破坏程度前所未有，气候、环境等都发生了很大的变化，这大大加快了生物灭绝的速度，地球上的生物种类急剧减少，以致对人类本身的生活也产生了不良影响，在这样的背景下，科学家提出了生物多样性的概念。

生物多样性是指在一定范围内生物有规律地构成的稳定生态综合体。目前，大家公认的生物多样性主要有3个层面的意思：物种多样性、基因多样性（遗传多样性）和生态系统多样性。其中，物种多样性是生物多样性的核心，基因多样性是生物多样性的内在形式，生态系统多样性是生物多样性的外在形式。

生物多样性是一个很重要的概念，保护生物多样性非常重要。1994年12月，联合国大会通过决议，将每年的12月29日定为“国际生物多样性日”，目的是提高各国人民对保护生物多样性重要性的认识，2001年，又将“国际生物多样性日”改在每年的5月22日；2010年还被定为“国际生物多样性年”。

3. 生物多样性的保护　保护生物多样性非常重要。因为对人类来说，一方面，生物是可再生资源，没有生物，人类将无法存活，生物多样性越丰富，人类可利用的资源也就越多；另一方面，生物不仅仅是资源，还是自然环境的重要组成部分。一个生态系统的生物多样性越丰富，结构越复杂，系统本身也就越稳定，从长远的眼光看，这种生态系统更有利于可持续发展。相反，如果生态系统中的生物过于单调，或许，这个系统能生产出很多单一的产品，但它将是极不稳定的，维护这个系统的正常运转，需要投入很多的人力物力。举例来说，原始森林由于物种极为丰富，水土保持效果极佳，人工林就不同了，原始森林与人工林的生态价值不可同日而语，这也是各国政府大力提倡保护原始森林的原因。

强调保护生物多样性的另一个原因是，当今，生物多样性丧失的速度过快。

其实，物种灭绝是正常的，有灭绝的物种，就有新诞生的物种，这样，地球生态系统一直保持着相对稳定的动态平衡。但现在的实际情况是，物种灭绝的速度显然加快了！资料显示，现如今地球上物种的灭绝速度大约是新物种诞生速度的1000倍，比例严重失调，这导致生物多样性急剧丧失。火山喷发、地震海啸、森林大火等，任何一个环境剧变，都可能导致一个生态系统中的多种生物灭亡，从而影响到生物多样性。但这是局部的、暂时的，而当今世界人口的快速增长及人类对自然资源的过度消耗，导致环境剧变，这才是生物多样性丧失过快的最主要原因。

人类为了满足自己的贪欲，经常过量捕捉动物，不断摧毁动物的栖息地，而且，急功近利的生产方式，又造成了严重的环境污染，这对动物来说，都是致命的伤害。例如，北美洲曾有近6000万头美洲野牛，但经人们疯狂滥捕和草原开发，到1889年时仅剩541头。渡渡鸟、袋狼、北美海豹、旅鸽、大海雀、欧洲野马等，都是因人类而灭绝的动物，甚至有些动物在科学家发现以前就灭绝了，即使现存的许多种类也被列上了受危（易危、濒危、极危）动物名单，因此，保护生物多样性刻不容缓！

那么，怎样才能缓解人类发展与环境保护之间的矛盾呢？控制人口，适度消费，强化环保意识，低碳生活，改善不合理的生产方式，这些都很重要。另外，划出一片区域，减少人类的干扰，给生物留下一方自然发展的空间，即建立自然保护区，也是非常重要的。保护生物多样性，最有效的是维护生态系统的稳定性。

辅助阅读

自然保护区是指对有代表性的自然生态系统、珍稀濒危野生生物种群的天然生境集中分布区、有特殊意义的自然遗迹等保护对象所在的陆地、陆地水体或者海域，依法划出一定面积予以特殊保护和管理的区域。国际上把1872年美国政府批准建立的第一个国家公园——黄石公园，看作世界上最早的自然保护区。在当今世界，自然保护区的数量和面积已成为一个国家文明与进步的象征。

自1956年我国建立了第一个自然保护区——鼎湖山自然保护区开始，到2019年9月，我国各级自然保护区总数已达到2750个，总面积达14 717万hm^2，自然保护区陆地面积约占陆域国土面积的14.86%。其中，国家级自然保护区有474个，总面积达9415万hm^2，有34个自然保护区被联合国教科文组织的“人与生物圈计划”（MAB）列为世界生物圈保护区。

总之，动物与人类的生活密切相关。学习“动物学”，了解动物，对于增加自己的学识及科学客观地认识世界，都很重要。

要学好“动物学”，首先要掌握动物分类的基本知识。

三、动物分类的基本知识

动物种类繁多，为了便于对比和研究，必须进行科学分类。事实上，动物分类的基本原理和其他生物是一样的。

（一）动物分类的原理和依据

动物分类方法有很多，自《物种起源》出版后，生物学家认识到，根据达尔文的进化论进行分类更接近自然发展规律，更科学合理。进化论认为，地球上所有的动物种类都是由共同的祖先进化而来的，因此，它们彼此间都存在着或远或近的亲缘关系，按照这种亲缘关系进行分类，就能反映出动物由简单到复杂的演化发展谱系。

在实际应用中，怎样才能知道不同动物种类之间亲缘关系的远近呢？这就是分类的依据问题。事实上，动物分类的依据有很多，有细胞生物学方面的，如染色体数目；有生物化学方面的，如蛋白质的结构；有免疫学方面的，如血清免疫实验等；也有分子生物学方面的，如基因序列比对；但最常用的，还是传统的以动物形态的相似性或差异性研究为基础的分类法，这种方法再结合古生物学、比较胚胎学、比较解剖学上的许多证据，基本上能反映出动物之间的亲缘关系，这就是自然分类系统。

（二）动物分类的阶元（等级）

进化论认为，各种动物之间都存在着或远或近的亲缘关系，可如何表述它们亲缘关系的远近呢？这就涉及生物学上通用的分类阶元（等级）了。在生物学上，重要的分类阶元有：界（kingdom）、门（phylum）、纲（class）、目（order）、科（family）、属（genus）、种（species），具体应用起来，首先确定种，亲缘关系相近的种归并为同一个属，近缘的属归并为同一个科，科隶属于目，目隶属于纲，纲隶属于门，门隶属于界。有时，为了更精确地表达动物的分类地位，还要将这些阶元进一步细化，于是就有了总纲（superclass）、亚纲（subclass）、总目（superorder）、亚目（suborder）等。

种是生物分类的基本单位，还特别地称为物种，生物分类学就是在研究物种的基础上进行的。

（三）物种的概念

物种是客观存在的，但要准确把握物种这个概念，却有相当的难度，这是生物的复杂性造成的。不同版本的教科书对“物种”的叙述是不一样的。

有些教科书上是这样定义物种的：“物种是生物在自然界存在的一个基本单位，以种群的方式存在，占有一定的生境，同一物种个体的形态基本一致，如有差别，其差异在遗传上是连续的，同种个体雌雄之间可以交配并产生能育的后代，它们享有一个共同的基因库，与其他物种之间由生殖隔离分割开。”显然，这样的解释，理解起来有一定的难度。也有的动物学书上这样解释物种的概念：“物种简称种，各种动物以物种的形式作为发展的一定阶段，表现出相对稳定的形态，占有特定空间，拥有独特习性，并通过有性生殖呈现出统一的繁殖群体，种与种之间存在着生殖隔离。”

辅助阅读

所谓生殖隔离，有三层意思，一是，两个物种之间的异性个体不能进行交配；二是，即使能进行交配，也不会产生后代；三是，即使能产生后代，后代也没有繁殖能力，或多代后丧失繁殖能力。

生殖隔离阻碍了不同物种间的基因交流，保证了物种的独立性和稳定性，使每个物种按照各自与环境相适应的方向发展。因此，生殖隔离是自然界稳定发展的重要基础，如果没有生殖隔离，自然界就乱了。

生殖隔离还能在一定程度上反映物种间的亲缘关系。例如，狗和马之间，由于亲缘关系很远，不可能产生后代；而狮和虎之间，由于种间差异较大，在人工条件下，偶有交配，生下“狮虎兽”或“虎狮兽”的概率也很小，并且后代的成活率很低，更没有生殖能力；驴和马之间，由于种间差异较小，经常发生交配，交配后，容易产生后代，即生出骡，骡的体质较壮，但一般不能生育。

不过，由于动物的复杂性，生殖隔离并不是在所有的动物种类身上都完全适用。例如，普氏野马和家马差别很大，被确认为是两个物种，但有资料表明，普氏野马可以与家马杂交，而且杂交后代是可育的。野马有66条染色体，家马有64条染色体，其后代有65条染色体，但这个后代再次与家马杂交时，第三代就只有64条染色体了。

下面以虎为例解释物种的第二种定义，这对于理解第一种定义也是很有帮助的。

虎俗称“老虎”，老虎的形态，人们是非常熟悉的。但在远古时代，老虎的祖先肯定不是这个样子，在很远的将来，老虎的后代，必定也不是这个样子，因此，它们都不能定义为“虎”，只有现阶段的样子，才能定义为“虎”这个物种，这就是“各种动物以物种的形式作为发展的一定阶段，表现出相对稳定的形态”的含义。老虎喜欢在森林里独自捕猎野猪等大型动物，但到了繁殖季节，老虎就不再和野猪混在一起了，它要到特定的地方，寻找其他老虎，这就是“占有特定空间，拥有独特习性，并通过有性生殖呈现出统一的繁殖群体”的意思。虎不可能就近和野猪产生后代，因为它们属于两个不同的物种，所以无法进行生殖上的统一，这就是“种与种之间存在着生殖隔离”。

生殖隔离是一种自然法则，是维持自然界秩序的准则，它阻止了不同物种之间进行基因交流。对动物来说，“吃”一般在异种之间进行，“生”则在同种之间发生，因此，最能体现动物特点的是其代谢方式，最能体现物种特点的则是生殖隔离。

生殖隔离是物种形成最关键的一步，也是最后一步，前面一步是地理隔离。地理隔离也称为生态隔离，是指由于地理障碍，同一物种中的不同群体被分割开来，无法婚配，基因不能相互交流。地理隔离使两个种群各自独立进化，时间长了，彼此之间的差异越来越大，最终导致生殖隔离出现，从而形成两个物种。那么，在两个物种形成之前，差异比较大时，又是什么？是亚种。亚种也称为地理亚种或生态亚种。还是举虎的例子来说明：华南虎和东北虎在很早以前就被隔离开来，因而在体形和毛色等方面都有了较大的差别，但它们之间不存在生殖隔离，故被定为两个亚种。如果能长期发展下去，华南虎会越来越适应南方湿热的环境，东北虎就越来越适应北方寒冷的环境，它们的差别也就越来越大，终究会产生生殖隔离，形成两个物种，因此，亚种是物种形成的前奏。

辅助阅读

虎，隶属脊索动物门脊椎动物亚门哺乳纲食肉目猫科豹属，为猫科动物中最大的物种，且雄性普遍大于雌性，仅分布于亚洲，一般都生活在森林中，目前存有5个亚种。

东北虎，也称西伯利亚虎，生活于俄罗斯远东地区、中国东北和朝鲜北部，是体形最大的虎亚种，雄性体长可达3.7m，体重近350kg。华南虎，是中国特产虎亚种，以前分布很广，目前野外多年未见。孟加拉虎，是数量最多的虎亚种，分布于印度半岛。印支虎，分布于中南半岛。苏门答腊虎，只生活于印度尼西亚的苏门答腊岛上，是最小的虎亚种，野生雄性最大体重为140kg。虽然各亚种在形态上有一定差异，但分子生物学表明，其遗传因子差异很小。

已知灭绝的3个虎亚种是：爪哇虎，曾生活于印度尼西亚爪哇岛上，1972年灭绝；巴厘虎，曾是最小的虎亚种，生活于印度尼西亚巴厘岛北部，1937年灭绝；里海虎，曾生活于西亚地区，20世纪70年代灭绝。

另外，还有白虎。白虎是由基因突变（突变后的基因是隐性的）而产生的变种。1951年，在印度野外发现并捕获了一头白虎，世界上现有的几百只白虎均系这只孟加拉虎的后代。

从地理隔离发展到生殖隔离是很多物种形成的路径。另外，在相同的环境中，同一物种也可能由于行为改变、基因突变等，导致形态分化、生殖隔离突现，最终演化成两个物种。

变种也是由基因突变造成的，它是种群中的少数个体发生了较明显的变异，如黑豹就是金钱豹的变种。不过，由于变异还不是很大，变种仍能和原种进行基因交流，不存在生殖隔离。在自然选择或人工选择下，变种出现的新特征或许能够在种内不断扩散，最后形成一个有特色的群体。但事实是：在自然环境中，大多数变种的新特征很难长期保持下去，因而在动物分类学上，变种没有太大的意义；但在家养动物中，变种却很重要，由于新奇或有用，人们会专门予以保留，最终形成养殖新品种，如各式各样的狗品种。

在养殖条件下，由人工选择和定向培育而产生的拥有新形态新习性的动物类群叫作品种，品种是适应人类的需求而产生的，是人工育种的结果，有强烈的人工色彩。

（四）物种的命名

动物物种的命名和其他生物一样用双名法。所谓双名法，是指每个物种都只有一个专用学名，这个学名由两部分构成：前一部分是该物种的属名，后一部分是其种本名（种加词），属名用主格单数名词，第一个字母必须大写，种名常为形容词，在词性上应与属名相符，小写，如果种名不能确定，可在属名后附加“sp.”替代。学名必须以拉丁文或拉丁化的文字表示，印刷时使用斜体，学名之后，还可附加当初定名人的姓氏（姓氏不用斜体）。例如，虎的拉丁文学名是*Panthera tigris*，在汉语文章中往往写成：虎*Panthera tigris*或虎（*Panthera tigris*）。如果在一篇文章中多次提到同一属的某个物种，除第一次提到时给出全称外，其余可将属名缩写成第一个字母，但绝不能省略。另外，需要指出的是，科及以上分类单位的拉丁文学名不用斜体，但第一个字母必须大写，如猫（Felidae）和猫（*Felis*），前者是指猫科，后者则指猫属。

双名法为国际统一的物种命名法，主要有以下优点：一是便于交流；二是不会出现同物异名或同名异物的现象；三是可以初步推断相近动物之间的亲缘关系。例如，从亚洲象（*Elephas maximus*）和非洲象（*Loxodonta africana*）的汉语名称上来看，一般人可能会把它们当作同一种动物，只是分布地不一样，但从拉丁文学名上可知，它们根本就不是一个属的动物。再如，虎（*Panthera tigris*）（图0-7）、豹（*P. pardus*）（图0-8）、狮（*P. leo*）、美洲虎或美洲豹（*P. onca*）（图0-9）竟然有很密切的亲缘关系，都是豹属（*Panthera*）的动物，而猎豹（*Acinonyx jubatus*）（图0-10）、云豹（*Neofelis nebulosa*）（图0-11）和雪豹（*Uncia uncia*）（图0-12）却不是豹属动物。不过，近些年，科学家深入研究，又将雪豹列入豹属，拉丁文学名也改为*Panthera uncia*。

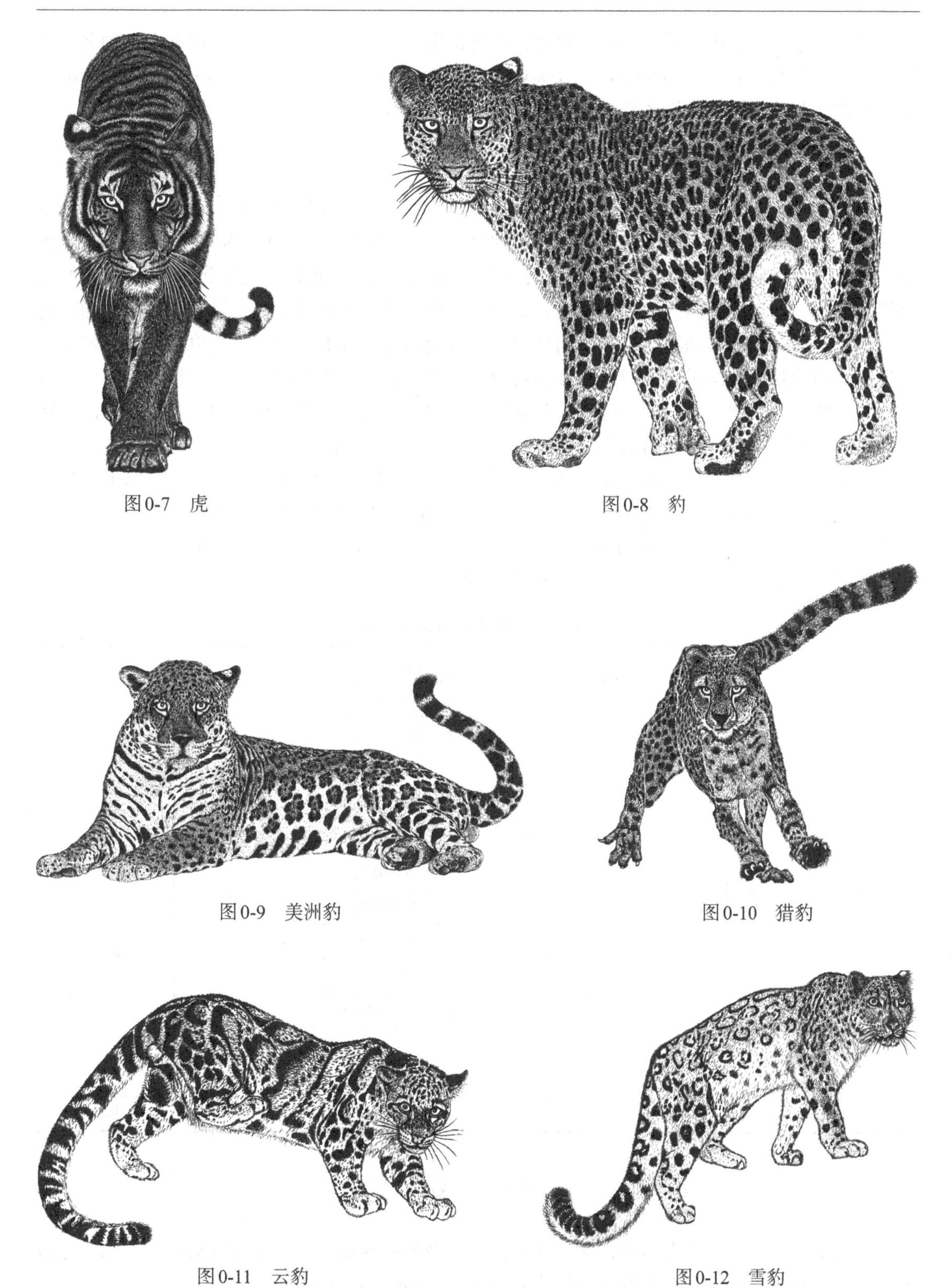

图0-7　虎

图0-8　豹

图0-9　美洲豹

图0-10　猎豹

图0-11　云豹

图0-12　雪豹

另外，还需要指出的是：如果是亚种，就要使用三名法，即在种名之后再加上亚种名，如华南虎的拉丁文学名是*Panthera tigris amoyensis*，亚洲狮的拉丁文学名是*Panthera leo persica*，东北豹或远东豹的拉丁文学名是*Panthera pardus orientalis*。

（五）动物的门类

由于动物的复杂性，在动物学家中，各分类派系对动物界分门的意见也不能取得一致，有的将动物界分为28个门（Johnson，1977），有的主张分为33个门（Webb，1978），有的主张分为30个门（Alexender，1979），近年来，很多学者主张将动物界分为34个门：原生动物门、海绵动物门、中生动物门、无腔动物门、扁盘动物门、腔肠动物门、栉水母动物门、扁形动物门、纽形动物门、环口动物门、颚口动物门、微颚动物门、腹毛动物门、轮虫动物门、棘头动物门、动吻动物门、铠甲动物门、内肛动物门、鳃曳动物门、线虫动物门、线形动物门、环节动物门、缓步动物门、有爪动物门、节肢动物门、软体动物门、帚形动物门、苔藓动物门、腕足动物门、毛颚动物门、异涡动物门、棘皮动物门、半索动物门和脊索动物门。

本书按动物进化顺序从低等到高等逐一介绍动物界中最重要的13个门类（除原生动物门外，其他12门见表0-1），其中，对脊索动物门中脊椎动物亚门的讲述会更加细致一些。至于进化地位不太明确、种类少或与人类关系不十分密切的其他21门，10门会在相关章节的辅助阅读中涉及，其余11门专门在第十二章中做简单介绍。

表0-1　后生动物分类体系表

<table>
<tr><td rowspan="14">多细胞动物（后生动物）</td><td rowspan="2" colspan="2">两胚层动物</td><td>海绵动物门</td><td rowspan="11">无脊索动物</td><td rowspan="13">无脊椎动物</td></tr>
<tr><td>腔肠动物门</td></tr>
<tr><td rowspan="12">三胚层动物</td><td rowspan="7">原口动物</td><td>扁形动物门</td></tr>
<tr><td>线虫动物门</td></tr>
<tr><td>轮虫动物门</td></tr>
<tr><td>棘头动物门</td></tr>
<tr><td>环节动物门</td></tr>
<tr><td>节肢动物门</td></tr>
<tr><td>软体动物门</td></tr>
<tr><td rowspan="5">后口动物</td><td>棘皮动物门</td></tr>
<tr><td>半索动物门</td></tr>
<tr><td rowspan="3">脊索动物门</td><td>尾索动物亚门</td></tr>
<tr><td>头索动物亚门</td></tr>
<tr><td>脊椎动物亚门</td><td>脊椎动物</td></tr>
</table>

小　　结

动物是生物的重要组成部分，虽然种类繁多，却特色鲜明：身体由细胞构成，细胞没有细胞壁但有细胞核，营养方式为吞噬营养（异养），大多数种类都能运动。

生物与人类的生活息息相关。目前，人们主要从分子水平和生态系统的角度研究生物，提出了生物多样性的概念。动物学是生物学的一个重要分支，有关动物的分类研究也和其他生物学科一样，分类体系的构成在于表明动物间的亲缘关系，分类阶元包括界、门、纲、目、科、属、种。其中，种也称为物种，是分类的基本单位，用双名法对物种进行命名，一个物种只有一个拉丁文学名。

复习思考题

1．解释名词：达尔文进化论、生物多样性、物种、生殖隔离、地理隔离。
2．除病毒外，生物可分为哪五界？
3．何为双名法？
4．动物界重要的门类有哪些？

第一章
动物的繁殖和个体发育

对于同一类动物来说，“吃”的食物可以是多种多样，“吃”的方式可以是五花八门，但繁殖的基本方式却整齐统一，不会轻易改变，因此，相对来讲，“生”更能反映动物的进化渊源。

动物胚胎发育程度可反映其进化层次：有单细胞的，有多细胞的；多细胞动物中，有两胚层的，有三胚层的；三胚层动物中，有无体腔的，有有体腔的；有体腔动物中，有假体腔的，有真体腔的……动物的胚后发育类型可反映动物的进化及其对环境的适应情况。

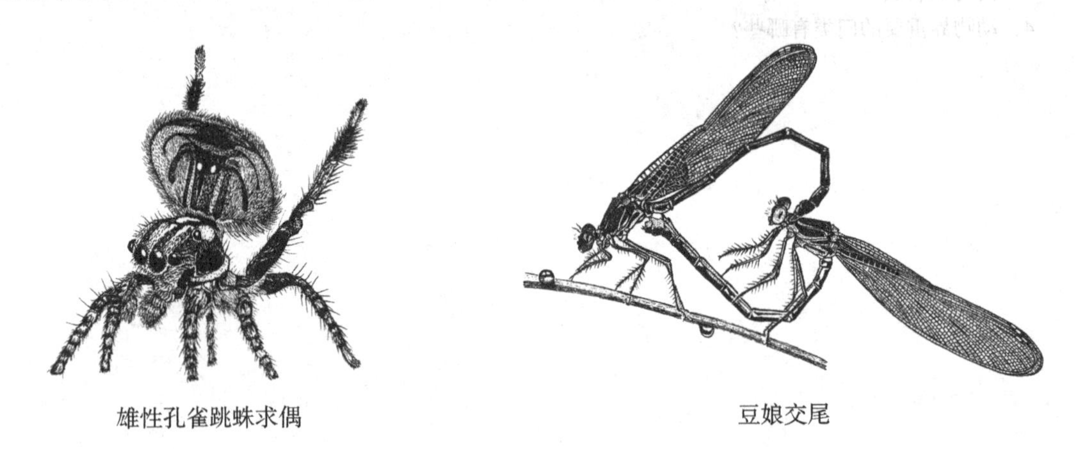

雄性孔雀跳蛛求偶　　豆娘交尾

在讲述动物各门类之前，先介绍动物的繁殖和个体发育。掌握这些知识，有助于深层次地理解动物，有助于以后各章节的学习。

第一节　动物的繁殖

一、动物繁殖的重要性

动物一生中有两件大事：“吃”和“生”，就二者关系来讲，“吃”是基础，是为“生”积累营养的，“生”才是关键所在。对动物来说，繁殖应该是生命的第一要务。例如，大麻哈鱼（*Oncorhynchus*）幼鱼在海洋生活，积极觅食生长，当积累了足够的营养之后，穿激流，越瀑布，行程数千千米，到达江河上游，进行求偶产卵，繁殖结束后，全部死去（图1-1）。同样悲壮的还有到深海中繁殖的鳗鲡（*Anguilla*）。就连我们周围的许多昆虫（昆虫纲）、蜘蛛（蜘蛛目），一旦完成繁殖环节后，也就很快死去。当然，也有很多动物成年后进食和繁殖两不误，它们一生要繁殖很多次，但无论如何，繁殖期结束后，机体迅速衰老，不久也会死掉。

应该说，繁殖是动物生命中的头等大事。不过，不同种类的动物，繁殖方式各不相同。有些动物的繁殖力惊人，如翻车鲀（*Mola mola*）（图1-2），一次就能产3亿枚卵，当然，在这些卵中，只有极少数能够孵化出仔鱼，仔鱼中有十几条甚至几条能够长到成年也就不错了；还有的动物，往往生育较少的后代，但后代个体较大，生活能力较强，再加上亲代的照看，也有不

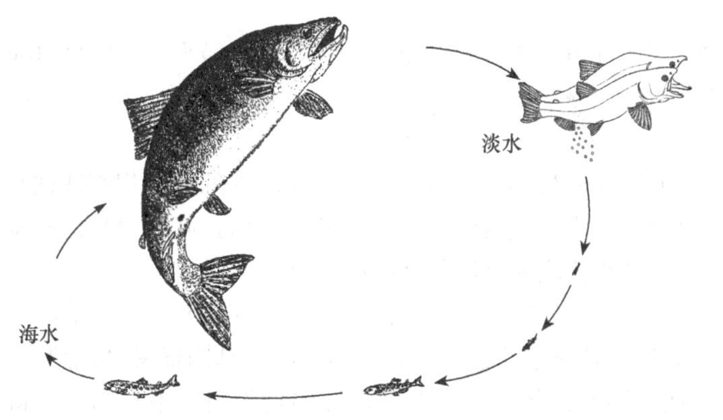

图1-1　大麻哈鱼的生命历程

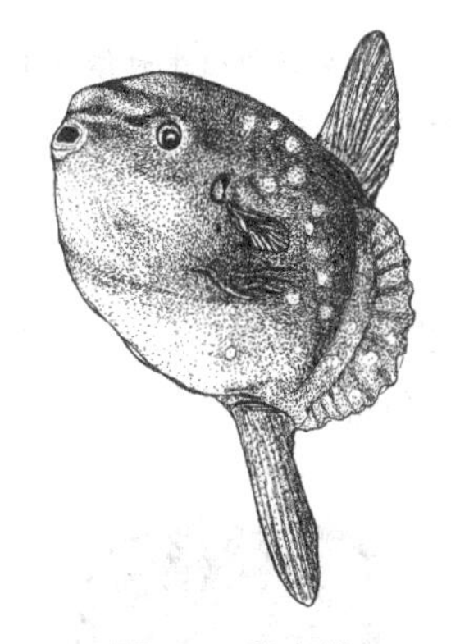

图1-2　翻车鲀

少能活下来。例如，灰鲸（*Eschrichtius robustus*）每两年才能产一崽，但一生中也能生几十头仔鲸，同样，这些仔鲸也不可能都长大成年。

无论如何，动物总是过度繁殖，生产出过量的后代。在众多的后代中，大部分会夭折，只有那些体质好、竞争力强的才能活下来，长到性成熟。动物成年后，还要进行激烈的竞争，不过，这轮竞争是在同类中展开，主要目的是留下后代。结果是：只有那些优秀的个体才能胜出，传播下自己的基因。

基因是自私的，动物为了传播自己的基因，常常使出浑身解数，激烈竞争。竞争的方式五花八门，但总结起来，不外乎“武斗”和“文斗”两种，在高等动物中，常常还夹杂有“智斗”的成分。

最引人瞩目的是武斗。到了交配季节，很多雄性动物在性激素的刺激下，激情高昂，大打出手，如南象海豹（*Mirounga leonina*），4t重的身体打起架来，就像是两座肉山对撞（图1-3），很是壮观。当然，伤痕累累在所难免，但这是值得的，因为回报非常丰厚，胜利者常常是妻妾成群，留下众多的后代。

图1-3　争斗中的雄性南象海豹

辅助阅读

南象海豹是世界上最大的海豹，分布于南极周围，主要捕食乌贼、章鱼及各种海鱼。雄性南象海豹体长达6.5m，体重4000kg，并且具有延长突出的鼻子，当兴奋或发怒时，鼻子就会膨胀起来，很显眼，并能发出很响亮的声音。雌性较小，体长一般只有3.5m，重800～1000kg。

每年9月，雄性南象海豹首先来到南佐治亚岛上寻找繁殖地，为了争夺地盘，彼此争斗，体力不济的被赶到浅海中。不久雌性南象海豹也陆续到了，雄性之间的打斗达到白热化，常常弄得遍体鳞伤。最终，胜利者占据有利地势，坐拥30～40头雌性，多者可达百余头，而失败者只能眼巴巴地看着，气急败坏而又无可奈何。雌性南象海豹登陆后，在胜利者的地盘上生下幼崽，与地盘主交配，23天的哺乳期结束后，雌性南象海豹离开海岛返回大海。南象海豹在繁殖期不吃任何东西，雌性的哺乳、雄性的激烈争斗和频繁交配使它们的体重锐减至登陆时的一半左右。

南象海豹出生时体重30～40kg，哺乳期结束后，体重达130kg。此后，失去妈妈的小海豹独立生活，练习游泳技能，5周后，脱掉胎毛，下海觅食。

在武斗中，雌性动物似乎没有多少选择的权利，其实不然，雄性动物的竞争规则往往是由雌性动物所决定的。正是因为雌性动物希望为后代找到最优质的基因，而孔武有力是优质基因最直观的“广告”，所以，“比武招亲”自然就成为雄性争夺配偶的第一选择了。

图1-4 雄性非洲狮

文斗常常就是选美大赛，看谁长得更鲜亮更匀称，看谁的声音更加优美动听。难道这些也意味着身体健康、基因优良？试想一下，如果不是拥有强健的体魄，能找到足够的食物吗？不是因为获得了足够的食物，能长得健康漂亮吗？一个不健康的雄性，又有谁会相信它拥有优质基因呢？美丽匀称往往是生命力强、抗病力强的代名词，自然也是基因优良的潜台词。总之，在动物生殖竞争中，雌性提出的竞争规则，无疑都来自于严格的优生学标准。

相对于武斗，文斗有一个很大的好处，那就是不会导致你死我活或两败俱伤，有利于种群保存实力。但文斗也有一个明显的弱点：当两个雄性动物相差不多时，不容易判断哪个更好一些。为此，动物统一了种内标准，最常见的做法是：作为标志性特征，重点夸张身体的某个部位或某个器官，并进行展示炫耀，就像商家招揽顾客的招牌，特色突出且又极其醒目。

关于雄性动物的标志性特征，很多人可能会想到雄性非洲狮头颈上威风凛凛的鬃毛（图1-4）。实际上，在动物界，雄性动物的标志性特征比比皆是，如家鸡，雄鸡头上有红红的冠子和肉垂，通过对家鸡的祖先原鸡（*Gallus gallus*）的观察，动物学家发现：母鸡对公鸡的鸡冠和肉垂相当在意。大角鹿（已灭绝）又名爱尔兰麋鹿（*Megaloceros giganteus*），拥有鹿科动物中最大的角，有的甚至有3.65m宽、40kg重，如此硕大的鹿角很不适合打斗，但在吸引异性方面却十分抢眼。生活在印度尼西亚加里曼丹岛的长鼻猴（*Nasalis larvatus*），雄猴超大的鼻子对雌猴有着特殊的吸引力（图1-5）。

动物不仅会夸张身体的某个部位作为标志性特征，为了吸引到雌性，有的雄性动物还会非常卖力地进行一些看上去匪夷所思的表演。生活在山涧溪流的蛙类求偶时，有的不断招“手”，如泽氏斑蟾（*Atelopus zeteki*），有的频频蹬腿，如小岩蛙（*Micrixalus*）（图1-6）。不过，说到

图1-5 雄性长鼻猴

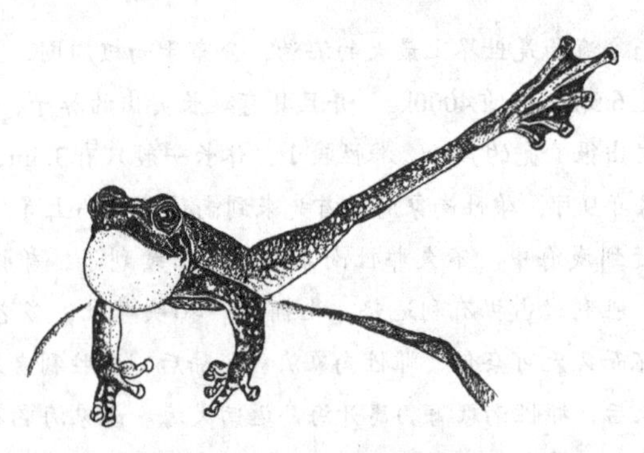

图1-6 求偶中的雄性小岩蛙

表演，做得最好的还是某些鸟类。生活在美洲热带森林中的娇鹟（Pipridae）和主要生活在新几内亚的大多数极乐鸟（Paradisaeidae），雄鸟不仅长得美艳绝伦，还会表演精彩的“婚戏”，其才艺水平绝对是超一流的，甚至有的雄性还有同性搭档助演，令人过目难忘。

辅助阅读

极乐鸟是指雀形目风鸟科的鸟类，全世界有42种，其中，38种生活在新几内亚及其附近的岛屿上，另外几种分布于澳大利亚及印度尼西亚的岛屿上。

从繁殖习性上看，极乐鸟明显地分为两种类型：单配型和多配型。单配型的有9种，这种配型的极乐鸟雌雄外表基本一样，多半都是单调的黑色或棕色，双方共同抚养后代，如褐翅风鸟（*Lycocorax*）和辉风鸟（*Manucodia*）等。多数极乐鸟属于多配型，即一雄配多雌，这种配型的雌鸟长相一般，而雄性却异常漂亮，如华美风鸟（*Lophorina*）、丽色风鸟（*Cicinnurus*）和极乐鸟（*Paradisaea*）等。

新几内亚极乐鸟（*Paradisaea raggiana*）是极乐鸟属的一种，其雄鸟不仅美丽异常，还特别擅长表演。每天黎明时分，数只雄鸟组成一个小演出团，选择视野开阔的树枝做舞台，表演从合唱开始，叫声越来越大。雌鸟被吸引到来后，炫耀的求婚舞蹈正式开始：雄鸟张开羽毛，摇动翅膀，从这边跳到那边，从那边跳到这边，同时伴有不断的鸣叫。第一轮表演结束后，雄鸟安静下来，头朝下挂在树枝上，翅膀向前伸，让橙黄色的羽毛张开，像瀑布一般耀眼，等待雌鸟的挑选。之后，再进行第二轮的表演。总之，雄性表演的目的只有一个，就是和尽可能多的雌鸟交配。交配后的雌鸟悄然离场，独自承担起抚养后代的职责。

在繁殖争斗中，有大放异彩的强者，也有处于劣势的弱者。其实，弱者也并非毫无作为，为达目的，它们会采取些特别的措施，有的在表演场外围拦截前来赴约的雌性，或在强者不注意时，干点偷摸的勾当，甚至是“男扮女装”混入圈内，占些便宜，如蓝鳃太阳鱼（*Lepomis macrochirus*）等。当然，也有的弱者，还是放弃了繁殖的权利，传宗接代的任务由与其血缘关系很近的同类来完成，自己只是做些保障性工作，如工蜂、兵蚁和工蚁等。还有的放弃繁殖权是暂时性的，一有机会，很快进入繁殖态，如双锯鱼（*Amphiprion*）。

以上说的都是雄性争夺雌性的情况，其实，在动物界，也存在着雌性争夺雄性的现象，如水雉（Jacanidae）、黄脚三趾鹑（*Turnix tanki*）等。

当然，也有些动物基本不存在婚配争斗，这类动物多半实行一夫一妻制，而且双方一旦结合，往往会厮守终生，如天鹅（*Cygnus*）、雪雁（*Anser caerulescens*）、丹顶鹤（*Grus japonensis*）、信天翁（Diomedeidae）等。事实上，这些动物之所以这样，多是因为它们繁殖的任务十分繁重，单靠一方的力量根本无法养活后代，必须是雌雄双方都全身心地投入才行。所以，这类动物的雌雄差别不大，配偶竞争也不激烈，但为了婚后彼此配合默契，它们婚前往往会充分交流，形式多样，甚至玩一些小把戏，如凤头䴙䴘（*Podiceps cristatus*）的互赠水草、北美䴙䴘（*Aechmophorus occidentalis*）的激烈追逐等（图1-7）。

生活在澳大利亚的鹊雁（*Anseranas semipalmata*）常采用一夫两妻的配偶制（图1-8），在照看雏鸟时，夫妻三个在外围呈三角阵式排列，有利于防御天敌。

总之，动物的婚配方式五花八门，有不怎么竞争的，也有竞争十分激烈的，竞争方式也是怪招频仍，有些甚至是匪夷所思。但所有这些都是表象，对动物来说，更多更好地传递下自己的基因，留下最强壮的后代，才是一生最重要的事情。

图1-7　北美䴙䴘

图1-8　鹊雁

辅助阅读

在脊椎动物中，不少鱼类的性别是可以转换的，很多爬行类的性别是由环境因素决定的，只有鸟类和兽类的性别稳定，且只能进行有性繁殖，可鸟和兽的婚配方式却是五花八门。就鸟类而言，有一夫多妻制的，如红腹锦鸡（*Chrysolophus pictus*）；有一妻多夫制的，如水雉（*Hydrophasianus chirurgus*）。

不过，大多数鸟类实行的是一夫一妻制，在这种婚配方式中，父母共同承担养育后代的职责。可最近的DNA鉴定研究表明，在鸟巢中，有10%～70%的雏鸟不是照看它们的父亲的亲生子！这就是说，雌鸟肯定有婚外情，而且比例不低。为什么雌鸟喜欢红杏出墙呢？据推测，这是因为雌鸟既希望自己的孩子能活下来，又希望它们拥有优质的基因，所以，她需要自家的丈夫来帮她照料雏鸟，还想通过“偷情”的方式获得更好的基因。不过，雌鸟的这种作风有时搞得雄鸟疲惫不堪，防不胜防，以致采取一些报复行动，如家燕（*Hirundo rustica*）的雄鸟如果发现妻子有不忠行为，就会放弃照顾后代的职责，使雌鸟竹篮打水一场空。

图1-9　四大家鱼之草鱼

繁殖是动物生命最重要的内容，只要是条件适宜，动物就很容易产出后代，如孔雀鱼（*Poecilia reticulata*）在适宜的人工养殖环境中，几乎每月都能生出几十尾小鱼。但也有一些养殖动物，尽管食物条件很好，也很难繁殖，如四大家鱼（图1-9）自唐朝开始饲养，直到1958年人工繁殖才取得成功，结束了完全依赖捕捞天然鱼苗的历史。北京动物园饲养白鹤（*Grus leucogeranus*），采用人工受精的方法，能够顺利地育出鹤雏，但让鹤自己交配产卵就很费事，摸索了10年才获得了1枚自然受精卵。在人工环境中，动物不能顺利繁殖，并不意味着它们没有繁殖欲望，只是条件不合适而已，这反倒证明了繁殖的重要性。因为对有些动物来说，繁殖就像一笔巨大的投资，必须谨慎从事才行，条件不成熟则程序不予启动。

二、动物繁殖的意义

对动物来说繁殖之所以重要，是因为其意义深远：繁殖能使动物种族延续，能使动物进化发展。

就动物个体而言，无论其寿命有多长，终究要死亡。个体死亡，种族不灭，代代相传，靠的就是繁殖。繁殖使新一代不断出现，且新一代与上一代不会完全一样，总有所不同。如果这种不同对其生存是不利的，拥有这种特征的个体就会被淘汰；如果这种不同是高级的优良的，对动物适应环境是有利的，往往就会保留下来。保留下来的优良特征逐渐积累，代代强化，最后成为相对固定的可遗传性状，如此发展下去，时间一长，新的物种就诞生了，新物种比老物种适应能力更强，往往也更高级，这就促使动物进化发展。

在自然界，动物竞争十分激烈，不适应环境的个体无法存活，体质弱的不可能留下后代。在动物世界里没有“老弱病残”，唯一的弱势群体是幼年个体，幼年个体数量庞大，只有那些体质好、适应力强的才有可能存活下来。动物界的这种竞争淘汰机制看上去非常残酷，但正是这种残酷性推动了动物的进化发展。

动物竞争的残酷性，在繁殖方面表现得尤为突出，甚至可以说是非常残忍。例如，鸟类在育雏过程中，父母总是先把食物喂给最健壮的孩子，年景不好时，眼睁睁地看着自己最弱小的孩子饿死或被其哥（姐）欺负死。在很多动物中还存在“杀婴”行为（参见第十八章辅助阅读部分），狮（*Panthera leo*）就是一个典型的例子。

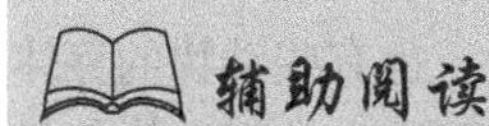

狮是群居动物，通常由4～12个母狮和它们的孩子组成一个稳定的基础狮群，基础狮群的母狮之间往往有血缘关系，它们会相互合作，共同完成捕猎和照料后代的任务。在基础狮群之上，是一头或两头雄狮，如果是两头，它们之间常常是兄弟关系。雄狮体形比母狮大许多，在狮群中占统治地位，应为狮王。狮王的主要职责是看护领地，与雌狮交配，使之受孕。如果出生的小狮子是雌性，就一直留在狮群中，如果是雄性，大约在两岁的时候就被逐出狮群。

离开狮群的雄狮四处游荡，自谋生路，体质弱的很快就被淘汰掉。当这些流浪汉长到足够强壮的时候，就会对某个狮群中的狮王发起挑战，如果胜出，则接管这个基础狮群。新狮王登基后做的第一件事就是把老狮王留下的幼狮一一咬死，其目的很明显：促使母狮尽快发情，为自己产下后代。奇怪的是雌狮，当新老狮王交战时，她们也知道将自己年幼的孩子藏起来，可一旦被识破，幼崽同样会被新狮王杀死。面对这种“杀婴”行为，母狮哀号不止，但不几日就会与有杀子之仇的雄狮交配，再次怀孕。

三、动物繁殖的方式

前面所谈的动物繁殖，多半说的是脊椎动物的有性繁殖。其实，动物种类繁多，繁殖方式也是多种多样，但从根本上讲，动物有两种繁殖类型：无性繁殖和有性繁殖。

（一）无性繁殖

1. 无性繁殖的概念及特点　无性繁殖是一种原始的繁殖方式，常常为低等动物所拥有，其含义是子代的遗传物质来源于一个亲体，即单个个体就能产生后代，这种繁殖方式的特点是繁殖速度快，但种族进化发展慢。

无性繁殖又称为克隆。常识告诉我们，克隆出的新一代，形态与原型一模一样。事实上，这是不可能的，生物繁殖后代不是工厂生产产品，世界上原本就不会有完全一样的生物，所谓“一模一样”，只是差异极小罢了，这是由于遗传基因来源于一个亲体造成的。差异极小，也就很不容易积累有利的变异，因而无性繁殖的特点是进化发展慢，这对提高种族竞争力是不利的，高等动物就逐步放弃了无性繁殖。但是，无性繁殖有一个明显的优点，就是繁殖速度快，有利于在短时间内扩展种群，迅速占领新的环境。

2. 无性繁殖的方式 动物的无性繁殖方式主要有：分裂繁殖、断裂繁殖和出芽繁殖。另外，在海绵动物中还有芽球繁殖。

分裂繁殖即裂殖，是在单细胞生物中普遍存在的一种生殖方式：细胞自行裂开，形成新个体，新个体的大小、形状基本一样。分裂繁殖又分为二分裂和复分裂两种：二分裂是一次分出两个新个体，如眼虫（*Euglena*）的纵分裂、草履虫（*Paramoecium*）的横分裂；复分裂是一次分出多个，如疟原虫（*Plasmodium*）细胞核首先分裂成很多个，然后细胞质也随着分裂，包在每个核的外边，最后形成很多小个体。

断裂繁殖存在于较低等的多细胞动物中，在环境适宜时，这些动物的身体会从中间断开，形成两部分，每部分再发育成一个新个体。例如，有些种类的涡虫，在产卵结束后，身体会一分为二，形成两个涡虫。有些海葵也会纵向缢断，缢断的两部分分开后，形成两个小海葵。

出芽繁殖又叫芽殖，存在于单细胞动物和低等多细胞动物中，如足吸管虫（Podophryidae）、海绵和水螅等，这些动物在环境适宜时，身体的某个部位会长出小小的芽体，芽体与母体相似，并接受母体提供的养分生长，一段时间后，芽体脱离母体，独立生活。也有些动物的芽体长成后并不急于脱离母体或长大后仍与母体一起生活，结果形成群体。芽殖生出的新个体与母体相比，大小差别很大，明显有“母子”之分，在这一点上，出芽繁殖与分裂繁殖、断裂繁殖明显不同。

（二）有性繁殖

1. 有性繁殖的概念及特点 有性繁殖（有性生殖）是一种比较高级的繁殖方式，高等动物基本上靠有性繁殖产生后代。有性繁殖的含义是子代的遗传物质来源于两个亲体，即需要两性结合才能生育后代，其特点是繁殖速度慢，但种族进化发展快。

高等动物个体大，性成熟晚，后代发育所需的时间长，有的还需要亲代（双亲或单亲）照料一段时间。因此，高等动物的繁殖周期一般较长，繁殖速度慢，如亚洲象，5～6年才繁殖一次，每胎只产一崽。有性繁殖中，子代的遗传物质来源于两个亲体，因此，后代比较容易获得多样化的遗传基因，这非常有利于积累新的性状，自然，后代中能够适应新环境的个体就会多一些，这对提高适应环境的能力和种族的进化发展是有利的，因而，有性繁殖更能够促进动物的发展。可以说，自从有性繁殖出现后，动物的进化速度就大大提升了。

2. 有性繁殖的方式 动物的有性繁殖即有性生殖，主要表现为配子生殖，包括同配生殖和异配生殖。在异配生殖中，最常见的是卵配（卵式）生殖。

配子生殖的基本路径是：两个亲体各提供一个配子（有性生殖细胞），配子结合，形成合子，合子萌发，发育成新个体。如果两个结合的配子完全相同，就属同配生殖；如果两个结合的配子是不一样的（包括交配型不同），就属异配生殖。同配生殖是原始的有性生殖方式，在动物界，仅见于单细胞动物（见本书第二章）。异配生殖是高级的有性生殖方式，通常情况是：两个配子中，一个是大配子（雌配子），不活泼；一个是小配子（雄配子），积极寻找大配子结合。在异配生殖中，大、小配子分化悬殊的（不仅大小不同，形态和机能也有很大差别），为卵配生殖或卵式生殖。此时，大配子叫卵子，提供卵子的亲体为雌性；小配子叫精子，提供精子的亲体为雄性，精子融入卵子的过程叫受精，精卵结合后的合子叫受精卵。卵配生殖是高级的异配生殖，部分单细胞动物、全部多细胞动物的有性生殖都是卵配生殖。

从进化的角度讲，先有同配，后有异配。自从有了异配生殖，一种动物就分化出雌雄两个性别，自此，两性相吸，融合基因，造就强壮的新生命，成为动物发展的主旋律。

3. 雌雄同体　动物种类繁多，适应环境的方式多种多样，因而，动物的身体结构也不尽相同。在繁殖方面，就性别发育而言，多数动物个体要么为雄性，要么为雌性；还有少数动物会性别转换，不同情况下表现出不同性别；更有些动物竟然同时拥有雌雄两套生殖系统，同一个体既能产卵又能排精，这就是雌雄同体。

雌雄同体现象往往出现在一些低等动物身上，这些动物活动能力差、寿命短，一生中彼此相遇的机会很少，为了提高繁殖成功率，才发育成雌雄同体。这样一来，只要是两个成熟的个体相遇，就能彼此给对方受精，完成有性繁殖，如蚯蚓和蜗牛等。

雌雄同体的动物一般不会自体受精。自体受精只能算是无性繁殖，比较低等，对种群进化发展不利。可也有极少数雌雄同体的动物，在异体受精无法实现的情况下，能够进行自体受精，将繁殖进行下去。藤壶是节肢动物门的动物，雌雄同体，固着生活，众多个体聚集在一起，到了繁殖季节，它们会伸出长长的管子将精子输送到邻居的体内，如果邻居离得实在太远，鞭长莫及，藤壶就只有自己给自己授精了。自体受精的动物往往都是运动能力极差的，以寄生虫较多，如扁形动物门的吸虫和绦虫等（见本书第五章）。

4. 雌雄异型　虽说雌雄同体的现象并不罕见，但在动物界，主要的还是雌雄异体。雌雄异体，因为两性在繁殖中所担当的职责不同，所以雌雄两性在外形表现上，包括体形、体色、大小等，也往往不一样，这就是动物界的雌雄异型（二型）现象。

一般来说，在动物繁殖过程中，雌性投入更多，负担也更重，因此，雌性应该长得硕大一些才对。但生命是复杂的，动物更是复杂难解。事实情况是：有些动物的雌雄个体在外表上很难区分；有些动物雌雄异型现象比较明显；还有些动物的雌雄差别极大。

下面以硬骨鱼为例，简要介绍动物的雌雄异型现象。

大多数硬骨鱼类实行的是群婚制，到了繁殖季节，众多的雌雄鱼来到产卵场，一拥而上，产卵的产卵，排精的排精，总之，亲鱼只负责大量地产卵排精，对后代并不予以照顾，如淡水中的四大家鱼（青鱼、草鱼、鲢鱼、鳙鱼）和海洋中的鲱鱼（Clupeidae）等；有些鱼类实行较严格的一夫一妻制，如生活在南美亚马孙河流域的神仙鱼（*Pterophyllum*）和七彩神仙鱼（*Symphysodon*）等。在这两种情况下，雌雄差别不大。

有些鱼类采取的是一夫多妻制的婚配方式，如隆头鱼（Labridae）通常是1尾雄鱼占领区域并与领地上所有雌鱼组成一个相对独立的繁殖群体；还有些鱼类在繁殖过程中筑巢和护幼的重任是由雄性完成的，如斗鱼（Belontiidae）和刺鱼（Gasterosteidae）等。在这两种情况下，雌雄差别较大，雄性大于雌性，体色也更加艳丽（隆头鱼的雌性还有可能转变为雄性）。

还有些鱼类，雄性显著小于雌性，典型的是疏棘角鮟鱇（*Himantolophus groenlandicus*），雌鱼体长约60cm，雄鱼体长只有4cm。其实，这也是动物对环境适应的一种方式。角鮟鱇亚目的雄鱼往往是雌鱼身上的寄生体，因为这类鱼栖居于1500～2500m的深海，运动速度较慢，黑暗中，雌雄很难相遇，所以，在结束前期大洋上层的生活进入深水后，雄鱼一旦碰到雌鱼，就不会放过，用口紧紧吸住雌鱼的身体，时间一长，皮肉相连，血脉打通，结果雄鱼的内脏退化，变成一个只有精囊的寄生体（雄鱼如果没有碰到雌鱼，不久就会死亡）。

（三）特殊的繁殖方式

20多亿年前，有些单细胞生物尝试着进行有性繁殖。有性繁殖能交流基因，后代变异大，适应力强，但有性繁殖也有一个大的弱点：繁殖速度慢。因此，不少动物为了快速扩充种群，依然保留着无性繁殖，这些动物既通过有性繁殖提高了适应能力，又通过无性繁殖扩大了种群，迅速占领环境。

在动物界，只能进行无性繁殖的是部分原生动物，如变形虫（Amoebidae）等；只能进行有性繁殖的是高等脊椎动物，如兽类；其他大多数类群常常是拥有无性和有性两种繁殖方式，至于它们具体采取什么样的方式繁殖，取决于哪种更有利于种族的生存发展，这往往是由动物的生活环境和生活方式所决定的。

拥有无性和有性两种繁殖方式的动物有时还会采取一些看上去比较特别的繁殖方式。所谓特别的繁殖方式，从根本上讲，还是在无性繁殖和有性繁殖之列，只不过形式上是看上去有一些特别而已，这些特别的繁殖方式主要有接合生殖、幼体生殖、单性生殖和世代交替等。

1. 接合生殖 接合生殖往往表现为两个细胞互相靠拢形成接合部（接合管），其中一个细胞的原生质融入另一个细胞中，生成接合子，之后，接合子发育成新个体。在自然界，真菌、细菌和绿藻中都有接合生殖现象。在动物界，只有草履虫（*Paramecium*）等纤毛虫纲的原生动物进行接合生殖，而且别有特色。

草履虫是单细胞动物，有一大一小两个细胞核，在进行接合生殖前，先进行准备工作：大细胞核融解消失，小细胞核则进行两次分裂，其中一次是减数分裂，结果生成4个核，每个核的遗传物质只有原来的一半。之后，4个核中的3个消失，留下的1个再分裂一次，形成1个动核和1个静核。此时，两个草履虫紧紧靠在一起，彼此交换动核，动核与对方的静核融合后，虫体分开。最后，两个草履虫各自经历多次核分裂、核消失和两次细胞分裂，共形成8个新个体，每个新个体拥有一大一小两个细胞核，恢复常态。钟虫（Vorticellidae）也能进行接合生殖，但情形和草履虫不完全一样。

草履虫只是在环境不良时才进行接合生殖，平常还是靠横分裂来复制自己。即便是接合生殖，从表象上看，两个草履虫也只是进行了两次正常的二分裂，各自形成4个草履虫，但事实上，在分裂之前，两个虫体已然进行了动核交换，也就是说彼此进行了基因交流，因此，草履虫的接合生殖应属有性繁殖的范畴，虽然其中没有配子出现。

2. 幼体生殖 幼体生殖也叫作“童体生殖”，是指未达到性成熟的个体进行的繁殖。因为动物尚未达到性成熟，自然只能进行无性繁殖，所以，幼体生殖属无性繁殖的范畴。

幼体生殖在动物界不太常见，多为吸虫和某些昆虫所拥有，如血吸虫（*Schistosoma*）和瘿蚊（*Dligarces paradoxus*）（具体见第五章和第八章相关内容）等。

3. 单性生殖 单性生殖是指仅一个成年个体就可以进行的生殖行为。由于没有异性参与，当然属于无性繁殖的范畴。单性生殖一般表现为孤雌生殖，也就是说，在没有雄性参与受精的情况下，这些雌性也能生出新一代，且生殖方式和有性生殖一样，有卵生、卵胎生等。孤雌生殖有多种情况，有偶发性的，有经常性的，有周期性的。

有些动物的雄性并不少见，因此，这类动物一般都进行正常的有性生殖。但在某些特殊情况下，雌性没有遇到雄性，也会产卵，而且这种未受精的卵也能正常孵化，这就是偶发性的孤雌生殖，如家蚕（*Bombyx mori*）和杨枯叶蛾（*Gastropacha populifolia*）等。偶发性的孤雌生殖对于种族延续很重要，因为无论卵受精与否，都能发育成新一代继续生活。在某些低等的脊椎动物身上，有时也有这种偶发性的孤雌生殖出现，如窄头双髻鲨（*Sphyrna tiburo*）和科莫多巨蜥（*Varanus komodoensis*）等。不过，生活在美洲的多种鞭尾蜥（*Cnemidophorus*）将这种偶发性的孤雌生殖一直坚持下来，在这些蜥蜴中没有雄性，雌性之间的假交配就可以让它们顺利产卵繁殖。

有些动物的雌性与雄性正常交配后，雌性还是会产出受精卵和非受精卵，受精卵发育成雌性个体，非受精卵发育成雄性个体。没有受精的卵就能发育成雄性个体，自然属于孤雌生殖，这就是经常性的孤雌生殖。经常性的孤雌生殖一般出现在某些昆虫身上，如蜜蜂（*Apis*）和多种寄生蜂，这类动物往往能控制后代的性别。

还有些动物在适宜的环境中进行孤雌生殖，但在环境恶化时，种群中才开始出现雄性，进行有性生殖。从长远来看，这是有性生殖和孤雌生殖交替进行，其中的孤雌生殖现象是周期性发生的，即周期性的孤雌生殖。周期性的孤雌生殖在动物界并不罕见，如轮虫（见第六章）和节肢动物门的水蚤（枝角目）、蚜虫、瘿蜂（Cynipidae）等。

4. 世代交替　所谓世代交替，是指有性生殖和无性繁殖有规律地交替进行的一种生殖方式。前面所说的周期性孤雌生殖就是世代交替中的无性繁殖部分，不过，这种世代交替为单性世代和两性世代交替。典型的世代交替是无性世代与有性世代交替，进行世代交替的物种往往有两种截然不同的形态：一种形态进行无性繁殖，另一种形态进行有性生殖，如薮枝螅（*Obelia*）。

薮枝螅是腔肠动物门水螅纲的动物，目前知道仅有3种，全部在海洋生活。薮枝螅有两种形态：固着生活的水螅型群体和自由生活的水母型个体。水螅型群体为无性世代，它能通过出芽繁殖产生生殖鞘，再从生殖鞘中释放出水母个体。水母个体为有性世代，浅盘形，有退化的缘膜，能在海水中游泳，向远方漂移。在漂移过程中，雌、雄水母体分别产生卵子和精子，精卵结合，受精卵发育成浮浪幼虫。浮浪幼虫继续漂移，如果能遇到合适的环境，就开始固着生活，发育成无性世代水螅群体（图1-10）。

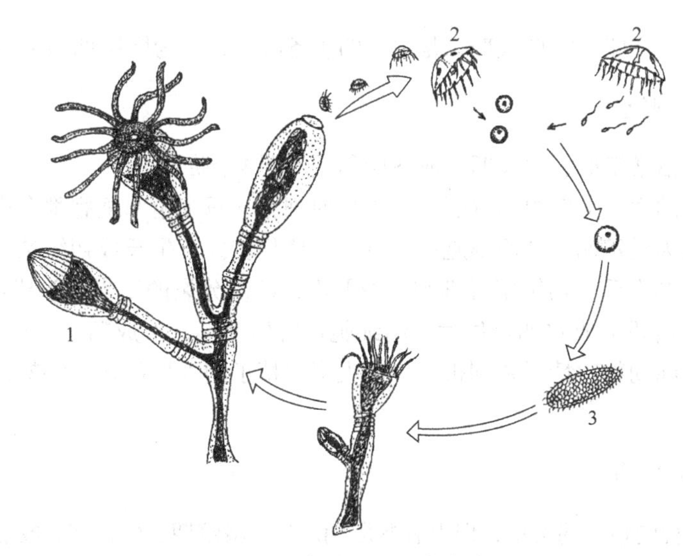

图1-10　薮枝螅的世代交替

1. 水螅体；2. 水母体；3. 浮浪幼虫

第二节　动物的个体发育

动物的个体发育是指动物个体的生长发育历程，具体是指多细胞动物，从受精卵开始，经卵裂、组织分化、器官形成，直到性成熟、死亡的整个过程。除个体发育外，生物还有系统发育。动物的系统发育是指动物某个类群的形成和发展历程，也就是进化过程，纲、目、科、属、种，各个分类等级均有其系统发育。海克尔的生物发生律认为：个体发育是系统发育简短而迅速的重演，所以，掌握动物个体发育规律有助于了解其系统发育，也有助于理解达尔文的进化论。

 **辅助阅读**

海克尔（Haeckel，1834～1919），德国博物学家，达尔文进化论的捍卫者和传播者，著有《自然创造史》（1868年）和《人类的发生或人的进化史》（1874年）等，通俗地介绍达尔文的进化论，并从形态学、胚胎学和古生物学中找到证据，提出了人类起源于动物的看法。除此之外，海克尔主要研究放射虫（原生动物门肉足纲放射虫目）、海绵等低等海洋动物的系统分类，发现了144个放射虫新种，对近4000种的海洋动物做了描述或归类，并著有《放射虫》一书。

在《生物体普通形态学》一书中，海克尔强调“个体发育是系统发育的简短而迅速的重演”，这就是著名的重演律，也称为生物发生律。事实上，生物的个体发育只能是大体上类似于系统发育，绝不可能是系统发育的简单重演，但它仍给人们研究生物进化找到了一把钥匙。

动物的个体发育分为胚胎发育和胚后发育两个阶段，多数动物的个体发育是建立在有性生殖基础上的，概括起来可分3个时期：胚前期、胚胎期和胚后期。

一、胚前期

胚前期是指精子和卵子的形成期，是生命的预备阶段，是为胚胎期做准备的。

（一）精子的形成

精子的形成包括增殖期、生长期、成熟期和变形期4个阶段。

精巢（睾丸）的生殖上皮组织分裂，产生精原细胞，每个精原细胞都会进行多次分裂，数量猛增，这一阶段为增殖期。精原细胞停止分裂，体积增大，生长成初级精母细胞，这一阶段为生长期。生长期结束后，初级精母细胞分裂两次，两次分裂的结果是生成4个精子细胞，遗传物质减半，这一阶段为成熟期。最后，精细胞再发生变形，形成精子，这一阶段为变形期。精子形态多样，不同动物的精子差别很大，但大多数精子的外形都很像蝌蚪，有运动能力，有利于寻找卵子。

（二）卵子的形成

卵子的形成过程同精子的类似，但没有变形期，只有增殖期、生长期和成熟期3个阶段。

增殖期的卵原细胞一般不会生成太多，至少不会像精原细胞那么多，但生长期往往吸收大量的营养，形成卵黄，因此，初级卵母细胞的体积很大，常常是初级精母细胞的几千倍。到了成熟期，初级卵母细胞也进行两次分裂，同样，遗传物质减半，但只生成1个卵子，另外3个是极体，极体很小，没有细胞质和卵黄。这样一来，生长期积累的卵黄就全部集中到1个成熟的卵子中，这就为胚胎发育提供了充足的营养。不过，在不同动物，卵黄的数量和分布并不一致。有的卵黄量极少而分布均匀，称为少黄卵或均黄卵，如文昌鱼和海胆的卵；有的卵黄较多但集中于卵的中央，称为中央黄卵，如昆虫的卵；有的卵黄含量中等且分布不均匀，称中黄卵，如两栖类的卵；有的卵黄丰富且明显偏向卵的一端，称为多黄卵或端黄卵，如爬行类和鸟类的卵。多黄卵有明显的极性，有卵黄的一端为植物极，有细胞质和细胞核的一端为动物极。

二、胚胎期

胚胎期是指受精卵的发育过程，以精卵结合为起点，至幼体从母体娩出或从卵中孵出结束，包括受精和胚胎发育两个阶段。

（一）受精

受精即精卵结合，精子进入卵子内部，合二为一，形成受精卵，使减半的遗传物质恢复正常。

动物的受精方式有体内受精和体外受精两种。体内受精往往是陆生动物的繁殖行为，体外受精常常为低等的水生动物所拥有。但无论如何，都必须保证受精的顺利完成，因此，产卵和排精的时间要保持一致，为此，有些动物的雌雄两性会在固定的时间（繁殖期）到固定的场所（繁殖场）去集会，进行专门的求偶活动。当然，也有一些动物由于数量较少、运动能力较弱等，只要时机合适，雌雄见面就进行交配，之后，雌性体内长期持有精子，等到产卵时再拿出来使用。

（二）胚胎发育

动物的胚胎发育非常复杂，不同动物之间差别也很大。简单地说，动物的胚胎发育包括卵裂、囊胚形成、原肠胚形成、中胚层及体腔形成等几个重要阶段（图1-11）。

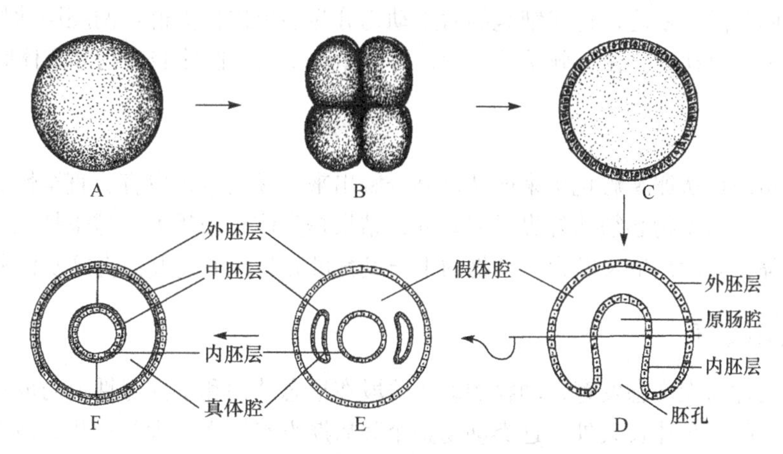

图1-11　动物胚胎发育模式图

A. 受精卵；B. 卵裂；C. 囊胚；D. 原肠胚；E. 中胚层形成；F. 真体腔形成（E、F为D发育后的横切面）

卵裂就是卵细胞分裂，一变二，二变四……越来越多，越来越小，但彼此相连。不久，这些细胞排列起来，形成一个中空的囊，囊内充满液体或液化的卵黄，这就是囊胚。当然，不同的动物有不同的卵，卵裂的方式也不一样。

囊胚进一步发育形成原肠胚，此时的胚胎分化出了两个胚层和原肠腔。从囊胚发育到原肠胚有多种方法，不同的动物并不一样，最多的是通过植物极内陷与动物极外包相结合的方法形成两个胚层，即内胚层和外胚层，内胚层下陷形成的腔即原肠腔，原肠腔对外的开孔就是胚孔。有些动物胚胎的胚孔发育成口，将来用于进食，这类动物就是原口动物；另外一些动物胚胎的胚孔发育成肛门，这类动物就是后口动物（见第十章第一节）。

在原肠胚之后，绝大多数动物还要在内外胚层之间追加一个胚层，这就是中胚层。没有中胚层的动物为两胚层动物，有中胚层的动物为三胚层动物。在三胚层动物中，多数动物的中胚层会向内、外胚层靠拢，中间裂出空腔，这就是真体腔。少数低等种类没有形成体腔或保留了囊胚期的囊胚腔作为体腔，这就是假体腔。

动物的各个胚层也会发生复杂的演变，形成器官系统，如外胚层发育成表皮及其附属结构、神经系统和感觉器官，中胚层发育成脊索、真皮、肌肉、内脏器官的外膜及循环、排泄和生殖系统，内胚层发育成消化系统和呼吸道上皮等。

辅助阅读

组织由机能相同、形态相同或类似的细胞群及间质组成。原生动物谈不上组织，后生动物中，海绵动物尚未形成明确的组织，其他动物体的结构逐渐复杂化，由特化的组织、器官执行特定的生理功能。

器官是由不同的组织构成的、具有一定形态并完成一定生理功能的结构。从进化和比较解剖学的角度考虑，器官又被划分为同源器官、同功器官和痕迹器官。

系统由执行特定功能的器官群组成。高等动物身体有皮肤系统、骨骼系统、肌肉系统、消化系统、呼吸系统、循环系统、泌尿（或排泄）系统、生殖系统、内分泌系统、神经系统和免疫系统等11个系统。

这样，从胚胎发育上看，单细胞的受精卵发育为多细胞的胚胎，而不同的动物，其胚胎期会终止于不同阶段，依此，将多细胞的后生动物分为多个进化类群：两胚层动物和三胚层动物、原口动物和后口动物。在三胚层动物中，有无体腔动物、假体腔动物和真体腔动物之分。

三、胚后期

胚后期是指动物从卵膜孵化出来或从母体分娩出来，逐渐生长发育，直至性成熟、死亡的过程。进入胚后期的动物必须从外界摄取营养，结果是身体越来越大、越来越壮，适应环境的能力也越来越强，这就是生长发育。动物的生长发育可分为两种类型：直接发育和间接发育。

（一）直接发育

直接发育又称为无变态发育，动物的幼年阶段在形态结构和生活习性上与成年阶段基本相同。也就是说，除了身体长大外，这类动物整个胚后期没有发生太大的变化，或者说，其胚后发育主要就是身体的长大和生殖器官的逐渐成熟。直接发育的动物比较多，如蜘蛛、爬行类、鸟类和兽类。

动物种类繁多，即便是直接发育的动物，不同种类，情况也不完全相同，有的起点高，有的起点低。如鸟类，就有早成雏和晚成雏之分（见第十七章）。在兽类中，大熊猫（*Ailuropoda melanoleuca*）刚出生的幼崽只有100g左右，约为母亲体重的千分之一，出生3个月后开始学走路，才具有正常的视力；而平原斑马（*Equus quagga*）刚出生的幼崽近35kg，为母亲体重的十分之一，出生后不久，就奔跑如飞了。

（二）间接发育

间接发育又称为变态发育，这类动物的胚后期明显地分为两个或两个以上阶段，各阶段在形态和生活习性上相差甚远，但在每一阶段的后期却能在短时间内完成复杂的转变（变态）而进入下一阶段，最终发育为成体，进行有性生殖。也就是说，这类动物的胚后发育跨度太大，必须分两步甚至多步走才能完成。

间接发育的动物有很多，最常见的是昆虫，其实，昆虫的间接发育也有多种形式。如蝴蝶，一生有4种形态：卵（彩图1）、幼虫（彩图2）、蛹（彩图3）和成虫（彩图4），其中，卵的孵化过程为胚胎发育。幼虫孵出后，进入胚后发育；处于幼虫期的毛毛虫不仅在外观上和成虫期的蝴蝶迥然不同，而且它几乎只知道吃；成虫期的蝴蝶会飞，积极寻找配偶，交配产卵。蝴蝶的幼虫和成虫差别太大了，发育上根本无法一步到位，因此中间还有一个蛹的阶段，这属于全变态发育；而那些幼虫和成虫差别不太大的昆虫，如蜻蜓、螳螂、蝗虫等，就没有蛹这个阶段，幼虫完成最后一次蜕皮后，就变为成虫，这属于不全变态发育。还有些昆虫，如衣鱼（Lepismatidae），幼虫和成虫差别很小，几近于直接发育（表变态），且成虫会像幼虫一样，继续蜕皮，此外，还有蜉蝣的原变态。原变态类似于不全变态，但多了亚成虫阶段，亚成虫颇似成虫，有翅会飞，但不能交尾，也不进食，须完成生命中的最后一次蜕皮，才进入成虫阶段，进行交配产卵。

在水生无脊椎动物中，海水种类多间接发育，其幼虫长有纤毛，可借洋流漂到远方，淡水种类则无这一优势，常直接发育。在脊椎动物中，除了两栖类进行间接发育外，少数低等类群也有间接发育现象，七鳃鳗（圆口纲七鳃鳗目）、鳗鲡（硬骨鱼纲鳗鲡目）、比目鱼（硬骨鱼纲鲽形目）等都进行间接发育，翻车鲀（Molidae）几近变态发育，这些都和两栖类一样，与其一生中生活环境和生活方式发生重大变革有关。

上面谈到的动物繁殖和个体发育只是简单地展示了动物生活的一个侧面，其实，动物是纷繁复杂的，学习动物学的目的是准确地理解和把握动物内在的本质和规律。要想做到这一点，需从两个方面入手，一个是纵向上，即进化地位；一个是横向上，即生活环境。

自下一章开始，本书将按照进化顺序，从低等到高等，逐一介绍各门类动物的基本特征，突出进步性特征，目的是准确了解各类动物的进化地位。至于动物的生活环境和生活方式，将穿插在每一章中，结合相关动物予以介绍。

小　结

繁殖是动物生命中十分重要的内容。动物的繁殖方式有无性繁殖和有性繁殖（有性生殖）两种类型。在有性生殖中，卵配生殖最为普遍，它使同一种动物分化出两个性别：雌性和雄性，提供卵子的为雌性，提供精子的为雄性。

在卵配生殖中，动物的个体发育比较复杂，通常包括胚前期、胚胎期和胚后期3个阶段。了解动物的个体发育有助于把握其进化地位。

复习思考题

1．解释名词：孤雌生殖、世代交替、幼体生殖、生物发生律、间接发育。

2．动物有哪几种繁殖方式？

3．高等动物的个体发育分哪3个阶段？

第二章 原生动物门

（1）单细胞动物，少数种类群体生活。
（2）靠类器官完成生命活动，营养和繁殖方式多样化。
（3）受环境的影响很大，环境恶变时，多能形成包囊。
（4）生活在有水的环境中，不少种类营寄生生活。

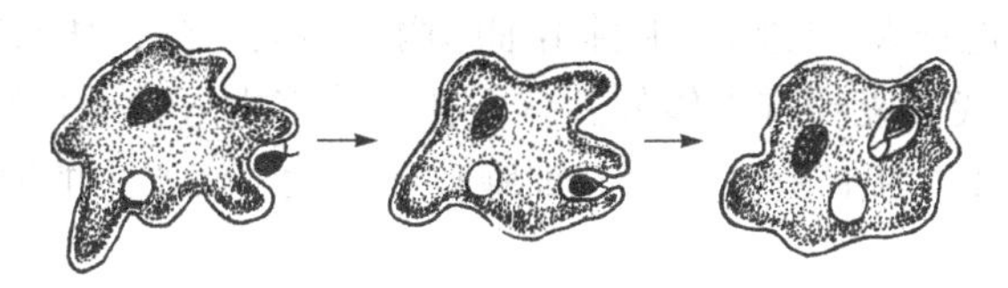

变形虫的吞噬

原生动物是单细胞生物，以单个细胞的形式生活在自然界，也有少数种类群体生活。群体由多个相对独立的单细胞聚合而成，但这并不是真正的多细胞动物，至多是代表着单细胞动物向多细胞动物进化发展。

第一节　基 本 特 征

原生动物是由一个细胞构成的生命体，身体微小，多为20～300μm。原生动物个体虽小，但数量极多，广泛分布于海水、淡水及潮湿的土壤中，也有的生活在其他生物体内，营寄生或共生生活。

一、原生动物是单细胞动物，依靠类器官完成生命活动

原生动物也叫作原虫，是最原始最简单的动物。说它原始，是因为多细胞动物都是由它们进化而来的；说它简单，是因为它们都是单细胞动物，身体仅由一个细胞构成（包含细胞膜、细胞质和细胞核等），非常微小，不可能有组织器官的分化。例如，一种海产鞭毛虫（*Micromonas pusilla*）只有1～1.5μm长，与典型的细菌差不多大小。

就一个动物生命体而言，单细胞的肯定不如多细胞的复杂，但就一个细胞而言，它却是最复杂的，因为仅靠这一个细胞，原生动物就能完成一个动物体需要完成的多种生活机能：运动、摄食、呼吸、排泄、生殖等。多细胞动物身上的细胞结构功能趋向特化，一个细胞不可能完成诸多功能，因此，构成原生动物体的这个单细胞，既具有一般细胞的基本结构，肯定还有一些特别的结构，协助它完成各种生命活动，这些特别的结构就是类器官，也有人称之为细胞器。

类器官是原生动物细胞分化形成的一些特别结构，负责执行完成类似高等动物器官的功能。例如，运动类器官有鞭毛 、纤毛和伪足，摄食类器官有胞口和口沟，调节渗透压的类器

官有伸缩泡和收集管等（图2-13）。拥有类器官的原生动物虽然只有一个细胞，但生活能力很不一般。事实上，原生动物是地球上最早出现的动物类群，十几亿年来，生生不息，数量众多，其生存能力的确令人刮目相看。

二、原生动物没有专门的呼吸和排泄类器官

原生动物没有专门的呼吸类器官，呼吸是通过体表与周围环境发生渗透来完成的。如果周围环境中没有氧气，原生动物往往通过无氧酵解来获得能量。

原生动物也没有专门的排泄类器官，排泄是代谢物通过体表向周围环境扩散来完成的。

如果原生动物生活在淡水中，因为细胞膜很薄，渗透作用明显，外界水分就会不断地渗入，导致细胞内水分过多。所以，淡水原生动物如草履虫（*Paramoecium*），往往都有伸缩泡和收集管，伸缩泡有节律地膨大、收缩，能排出细胞内过多的水分，从而达到调节水分平衡的目的，同时也就把一部分代谢废物排出体外。有人在实验室内人为地抑制变形虫（*Amoeba*）伸缩泡的活性，结果是，不久虫体膨胀，引起细胞破裂死亡。海水中的原生动物一般无伸缩泡，仅靠扩散作用完成排泄。

三、原生动物的营养方式和繁殖方式多样化

（一）营养方式

原生动物的营养方式呈现出多样化的原始态势，有自养，有异养，异养又分为渗透和吞噬两种。

原生动物的自养方式是光合营养或者说是植物性营养（全植营养），其体内有色素体，能进行光合作用，把二氧化碳和水合成有机物，同植物一样；渗透营养是通过体表渗透吸收周围环境中溶解状态的小颗粒有机质，如利什曼原虫（*Leishmania*）和各种孢子虫；吞噬营养又叫动物性营养（全动营养），是靠胞口或体表摄入较大的食物颗粒，如变形虫和草履虫等。

在以上3种营养方式中，最普遍的是渗透营养，所有的原生动物都会渗透营养，但也有些原生动物同时拥有两种甚至三种营养方式，如眼虫（*Euglena*）等既能光合营养又能渗透营养，袋鞭虫（*Peranema*）（图2-1）既能吞噬营养又能渗透营养，而有的棕鞭虫（棕鞭藻，*Ochromonas*）则三种营养方式兼而有之。

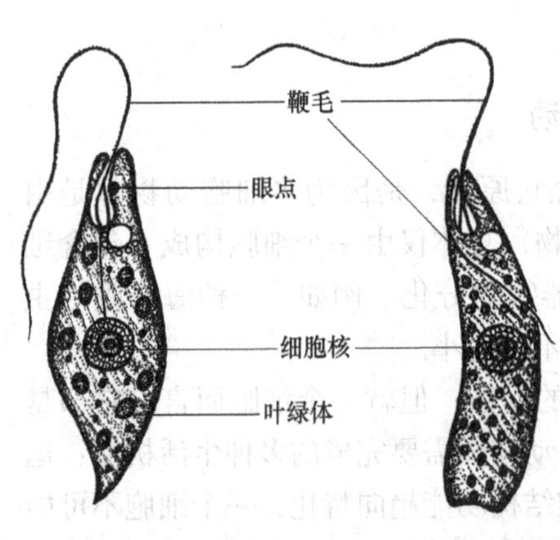

图2-1　眼虫（左）和袋鞭虫（右）

为什么原生动物具有多种营养方式，甚至一种动物具有2种或3种营养方式呢？这是因为动物、植物、真菌等多细胞动物都起源于单细胞的原生生物，原生生物是最低等的真核生物，仍处于原始的混沌状态，尚未明显分化，自然会拥有动物、植物，包括真菌类的营养方式。

有人做过这样一个实验：把小眼虫（*Euglena gracilis*）放在黑暗的环境中培养，几周后，小眼虫失去叶绿素，继续在黑暗环境中培养，历经无数代，长达15年，可一旦放回阳光下，几小时后，这些小眼虫体内竟然又恢复了叶绿素，重新进行光合作用。不过，也有些种类，已完全放弃光合营养，如夜光虫（*Noctiluca scintillans*）。

（二）繁殖方式

原生动物的繁殖方式也呈现出多样化的态势，有无性繁殖，也有有性生殖。

无性繁殖包括出芽生殖（如夜光虫）和分裂生殖，分裂生殖有二分裂和复分裂，二分裂有草履虫的横裂和眼虫、锥虫（*Trypanosoma*）的纵裂（图2-2），复分裂一次形成很多子细胞，如疟原虫的裂殖体等。另外，原生动物中还存在孢子生殖，如疟原虫的动合子。

有性生殖包括同配生殖（如有孔虫）、异配生殖（如衣藻）、接合生殖（如草履虫）等。

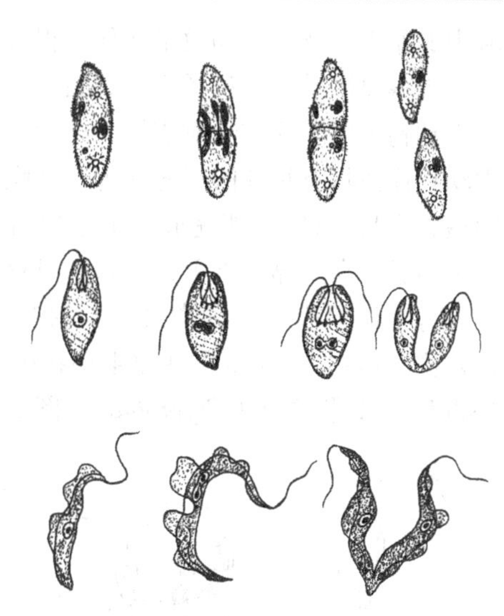

图2-2 草履虫的横裂（上）和眼虫（中）、锥虫（下）的纵裂

四、原生动物受环境影响大，在环境恶变时，多数种类能形成包囊

因为只有一个细胞，原生动物的繁殖速度极快，尤其是无性繁殖，所以，在适宜的环境中，原生动物能以超常的速度增殖，数量猛增，迅速占领环境。而环境不适宜时，很多种类的原生动物能依靠有性繁殖，形成合子，进行休眠，等待时机，东山再起。另外，形成包囊也是原生动物应对环境恶化的好办法。

在环境恶变时，如干旱、食物短缺或急剧降温等，大多数原生动物能分泌胶状物质，在体表形成一层保护性的囊壳，即包囊（胞囊），将自己包裹起来，同时把新陈代谢水平降下来，度过不良时期。一旦环境适宜，虫体就会破囊而出。也有少数种类的原生动物如肾形虫（*Colpoda*），能在包囊内进行一次或几次分裂，当初包进去一个虫体，最终却出来好几个虫体。有时，包囊比原来的虫体小很多，会随风飞扬到空中，飘到很远很远的地方，因此，原生动物常常是世界性分布。

包囊是原生动物针对不良环境而采取的一种特殊的适应方式，对原生动物来说，包囊是非常重要的，它具有抵御、传播和繁殖的作用。海水种类很少形成包囊。

五、原生动物生活在海水、淡水及潮湿的土壤中，不少种类营寄生生活

原生动物个体小，细胞膜有很强的渗透性，在干旱的环境中，其体内水分很容易蒸发掉，因此，原生动物只能生活在有水的环境中。海水、淡水，包括一些临时性的积水，都会有大量的原生动物；另外，在潮湿的土壤及动植物体内，也有原生动物生活。从生态学的角度，可将原生动物分成4个类群：淡水原生动物、海水原生动物、土壤原生动物和寄生性原生动物。

淡水原生动物多在有机质较多的池塘和污水中生活。有底栖的，如变形虫和多数纤毛虫；也有浮游的，如各种眼虫和太阳虫（*Actinophrys*）。虽然各种淡水水体被陆地分割开来，无法相通，但因为原生动物能借助包囊在空中传播，所以，无论相隔千山万水，只要环境条件相同，不同水体中往往都有相同种类的原生动物，相反，如果两个水体位置相近而环境条件（特别是有机质的类型和数量）不同，其中的原生动物组成也很不一样。

海水原生动物种类和数量都很多，有些原生动物只能生活在海水中，如有孔虫和放射虫等。海洋虽然是相通的，但因为各个海域间的盐度、温度及阳光存在较大差异，所以，不同海

域中的原生动物种类和数量往往有很大差异。

土壤原生动物的种类不多，目前知道的约有300种，其中有20种只能生活在土壤中。土壤原生动物主要生活在土壤表层，这里的光照、温度，特别是水分条件变化极大，因此，土壤原生动物往往具有特殊的适应能力。僧帽肾形虫（*Colpoda cucullus*）是一种土壤原生动物，它夜间摄食生长，11h就能完成一个生命周期，在天亮露水被晒干之前形成包囊，以抵御白天的干旱和高温。在严酷条件下，其包囊可存活5年以上。

寄生性原生动物种类最多，约有1万种，绝大部分是寄生在动物身上，被寄生的生物叫作寄主（宿主）。在寄生性原生动物中，只有少数种类会寄生在水生动物的体表和鳃上，称为外寄生，如隐鞭虫（*Cryptobia*）（图2-3），大多数是寄生在动物体内，称为内寄生。有的种类一生只有一个寄主，如痢疾内变形虫（*Entamoeba histolytica*），有的则需要两个或多个寄主才能完成其生活史，如疟原虫（*Plasmodium*）就有两个寄主。寄生性原生动物的繁殖力极强，可在寄主身上大量聚集，导致寄主患病死亡。例如，疟原虫引起的疟疾，联合国世界卫生组织数据显示，2020年，估计全球有2.41亿疟疾病例，死亡人数62.7万人。

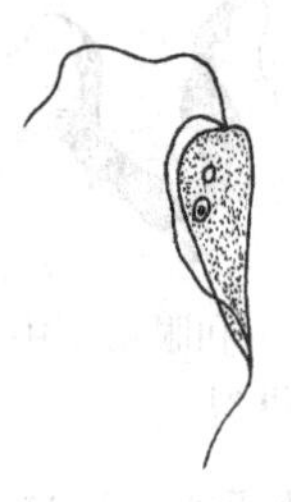
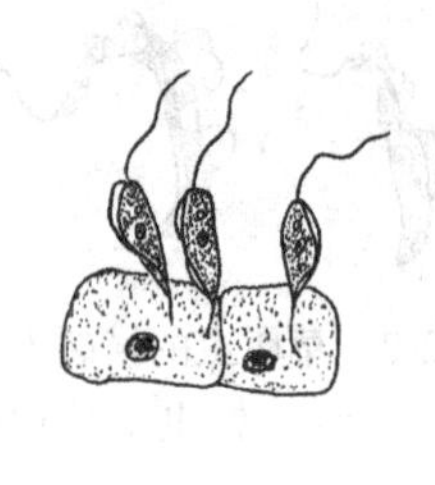

图2-3　隐鞭虫（左）及其寄生状态（右）

另外，还有一些原生动物喜欢生活在其他动物体内，但与这些动物是互利共生关系，如白蚁肠道内的披发虫（*Trichonympha*）、反刍动物（见第十八章辅助阅读）瘤胃内的多种纤毛虫等。

辅助阅读

共生是不同生物间长期形成的一种固定关系，往往表现为两种或两种以上的生物生活在一起。共生分偏利共生（共栖）和互利共生两种，特别是互利共生。互利共生是参与共生的生物彼此都能得到好处。由于是互惠互利，双方总希望找在一起，尤其是运动能力强的一方或获利较大的一方。

在自然界中，互利共生的例子普遍存在。裂唇鱼（*Labroides dimidiatus*）的身体比较小，生活在海洋中，喜欢为大鱼和海龟搞清洁，收拾其身上的寄生虫、口咽腔中的食屑及坏死的组织，故名“清洁鱼”“鱼医生”。为此，很多大鱼和海龟主动上门“就诊”，在服务过程中，裂唇鱼也就填饱了肚子。生活在澳大利亚的考拉（*Phascolarctos cinereus*）以桉树叶为食，小考拉在第一次吃树叶前，妈妈总要从体内排出一种流质粪便让它吃进去，目的是帮孩子引种微生物，因为这类微生物能帮助考拉很好地消化桉树叶。食草动物与微生物的这种共生关系普遍存在。

总之，原生动物是原生生物的重要组成部分，是最原始最低等的动物。原生动物有特殊的适应力和极强的繁殖力，环境条件适宜时，数量猛增，环境不适宜时，数量就会急剧萎缩。

第二节　分　类

现在已知原生动物有3万多种。1980年，原生动物学家协会进化分类学委员会将原生动物划分为原生生物界原生动物亚界，下设7个门。不过，为了便于理解和接受，本书仍按多数教科书上采用的分类法，将原生动物列为1门4纲。

一、鞭毛纲（Mastigophora）

（一）鞭毛纲的特点

鞭毛纲原生动物最显著的特点是有鞭毛，用于运动和感觉。鞭毛细而长，数量少，通常1～4根，只有少数种类的鞭毛较多。鞭毛的摆动使得虫体在水中运动前行，即鞭毛运动，速度通常为7～80cm/h。

鞭毛纲原生动物的营养方式主要是光合营养和渗透营养，少数会吞噬营养。在单细胞生物中，具鞭毛、能光合营养的种类很多，如植物学上讲的隐藻、甲藻、金藻、黄藻、裸藻、绿藻等。而光合营养的原生动物并非单纯地光合营养，往往是光合营养和渗透营养兼而有之。

鞭毛纲原生动物多无性繁殖（动鞭亚纲中除超鞭毛虫目外均无性生殖），一般是纵二分裂。有性生殖主要是同配生殖。在环境恶化时，一般都能形成包囊。

（二）鞭毛纲的分类

鞭毛纲约有7000种，分两个亚纲：植鞭亚纲和动鞭亚纲。

1. 植鞭亚纲（Phytomastigina）　植鞭亚纲的原生动物一般在水中自由生活，形状各异，有单体，也有聚合在一起形成的群体。它们大多具有植物色彩：有色素体，能进行光合作用，只有少数种类进行单纯的渗透营养，但其结构与有色素体的类群基本相似。

植鞭亚纲的原生动物有很多，多数种类生活在光照充足、有机物质丰富的水沟和池塘中，如前面提到的眼虫；海水中生活的种类也有很多，如夜光虫（*Noctiluca*）、裸甲腰鞭虫（*Gymnodinium*）（图2-4）等。裸甲腰鞭虫有两根鞭毛，横沟内的鞭毛使身体旋转，纵沟内鞭毛推动身体前进。有的裸甲腰鞭虫在造礁珊瑚虫体内共生，但只有离开珊瑚虫时，才生出鞭毛。

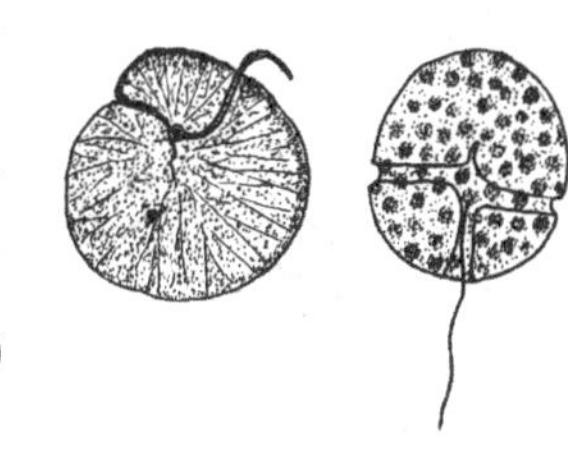

图2-4　夜光虫（左）和裸甲腰鞭虫（右）

辅助阅读

夜光虫身体圆球形，直径1～2mm，黄红色，胞口处生有两根鞭毛，一根粗大，又称触手，触手的摆动使虫体在水中旋转并捕获食物；另一根细小，起协助作用。

夜光虫多在沿岸的海水中生活，能发光，但通常是在夜间，在海水的波动下发光，这对其生存很有帮助。例如，虾在捕食夜光虫时，引起的水波会刺激它发光，这就等于把虾的准确位置告诉了乌贼，乌贼就会游过来将虾吃掉，这样，夜光虫通过光信号把乌贼邀请过来，消灭敌人，保护自己。在有机质较多的海域，夜光虫的数量很大，有时和其他生物一起形成赤潮。在这种赤潮水域，夜间划船，船桨周围会泛起光亮而船尾则拖着长长的光带，就是海浪撞击海岸也会形成磷光闪闪的浪花。

在植物学上，夜光虫是指甲藻门甲藻纲多甲藻目夜光藻科夜光藻属（*Noctiluca*），而裸甲腰鞭虫是指多甲藻目裸甲藻科裸甲藻属（*Gymnodinium*）；眼虫是指裸藻门裸藻纲裸藻目裸藻科裸藻属（*Euglena*）；袋鞭虫是指裸藻目袋鞭藻科袋鞭藻属（*Peranema*）。

原生动物的繁殖速度极快，之所以没有大量繁殖开来，主要是受到了环境因素的制约。对植鞭亚纲的原生动物来说，起瓶颈作用的往往是营养物质。近些年来，人类在农田里大量施用化肥，这些化肥约有80%被雨水冲到湖泊、海洋中，使光合营养的原生动物和藻类数量激增；另外，随着人类生活水平的提高，生活污水中的有机质急剧增多，这些有机质经细菌降解，为渗透营养的原生动物提供了大量的食物，瓶颈被打破，于是，在温度和阳光均适宜的夏季，原生动物和藻类就得以快速繁殖，数量极多，有时每毫升水中达几亿个，甚至十几亿个。原生动物和藻类的暴发，在淡水中称为“水华”，在海水中就是“赤潮”。

辅助阅读

水华和赤潮都是由藻类和原生动物过量繁殖引起的，其最根本的原因是水体的富营养化。

水华一般出现在淡水静水水体中，多是由蓝藻和绿藻等过量繁殖引起，严重时会使水质恶化，致使鱼虾大量死亡。

赤潮多在近海出现，往往表现为平静的海面上出现大面积斑块状或带状的变色现象。引起赤潮的单细胞生物被称作赤潮生物，约有260种，其中70多种能产生毒素。赤潮生物的种类数量不同，赤潮表现出的颜色也不同，除红色外，还有绿色、黄色、棕色等，甚至无特别的颜色。赤潮生物的暴发严重影响了海域的生态平衡，有时引起鱼、虾、贝类等大量死亡。1997年，南非西海岸发生的一次赤潮，造成海洋生物大量死亡。

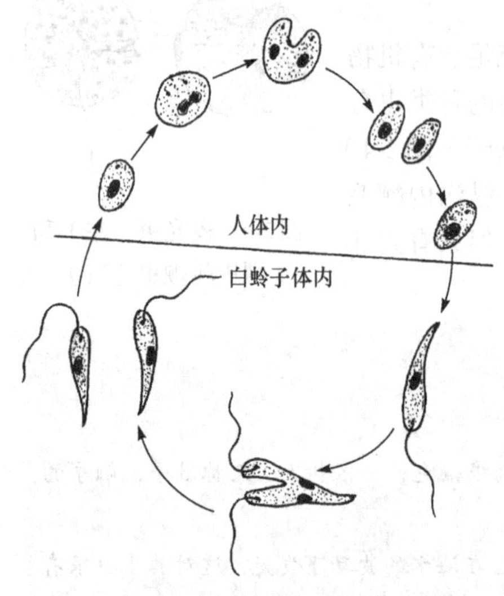

图2-5　杜氏利什曼原虫

2. 动鞭亚纲（Zoomastigina）　动鞭亚纲的原生动物无色素体，不会进行光合营养，大多营渗透营养，少数进行吞噬营养。渗透营养是借体表的渗透作用摄取身体周围溶解态的有机物，这就要求环境中的有机质极多才行，因此，这类原生动物常常寄生或共生在其他动物体内，也有的生活在有机质较多的污水中。

利什曼原虫又名黑热病原虫，是一类很小的鞭毛虫，营寄生生活。利什曼原虫的生活史分两个阶段，一个是寄生在雌性白蛉子（双翅目白蛉科的昆虫）的体内，另一个是寄生在人（或狗）体内。寄生于人体的有3种，在我国流行的是杜氏利什曼原虫（*Leishmania donovani*），能引起黑热病（图2-5）。

锥虫又名锥体虫，其鞭毛由基体发出后，沿着虫体向前伸，与细胞质拉成一波动膜，适合于在黏稠的液体中运动。事实上，锥虫在脊椎动物的血液中过寄生生活，使其患病，如人类的非洲锥虫病。

披发虫的鞭毛很多（图2-6），生活在白蚁的肠道中。白蚁吃木头，但是消化木质纤维靠的是这些鞭毛虫。实验证明，用高温（40℃）处理过的白蚁，再吃木头，就不能消化，以致胀死，因为这种白蚁体内的鞭毛虫已经被热死了。

领鞭毛虫在水中生活，虫体前端基部围绕着鞭毛有一个“领”，这一领状结构是由细胞质突起形成的，与海绵动物领细胞的“领”基本一样（见第三章）。领鞭毛虫虫体后端有一柄，借以附在其他物体上固着，如双领虫（*Diplosiga*）和原绵虫（*Proterospongia*）（图2-7）。原绵虫为群体生活，众多细胞构成一个疏松的群体，外周为领细胞，内里为变形细胞，埋在一团不定形的胶质中。原绵虫与海绵动物结构相近，二者应该有一定的亲缘关系。

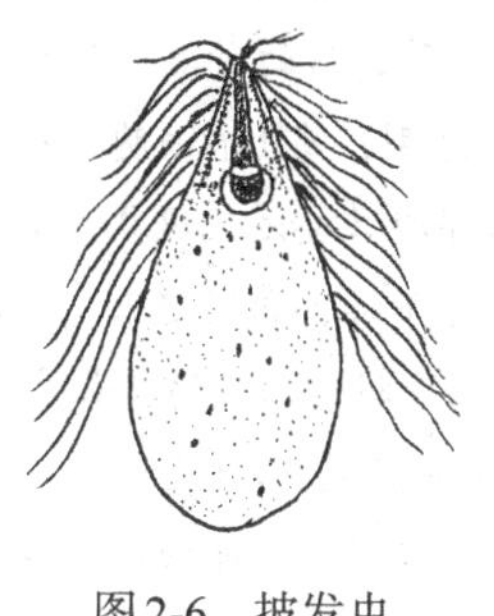

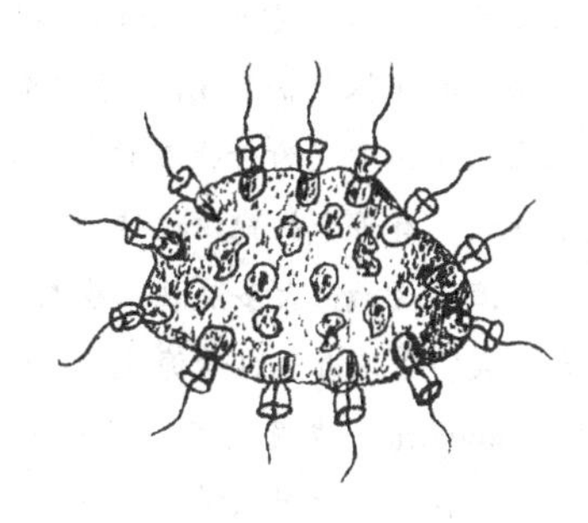

图2-6　披发虫

图2-7　双领虫（左）和原绵虫（右）

二、肉足纲（Sarcodina）

（一）肉足纲的特点

肉足纲原生动物最显著的特点是身体柔软、具伪足（肉足）。伪足是在体表形成的细胞质突起，形状多样，有的没有轴丝，如叶状伪足、根状伪足和丝状伪足；有的有轴丝，如针状伪足，轴丝坚硬，由微管组成。伪足往往有运动和摄食功能，如变形虫（图2-8）。

肉足纲的原生动物身体柔软，为了自我保护，常生有硅质、石灰质或几丁质的外壳，伪足自壳上的开孔伸出，如淡水中的表壳虫（*Arcella*）（图2-9）。肉足纲的营养方式只有异养，主要是吞噬。繁殖上，多为无性繁殖，包括二分裂或复分裂，包囊极为普遍。有的土壤变形虫在洪水期可生出鞭毛游动，说明肉足纲和鞭毛纲有较近的亲缘关系。

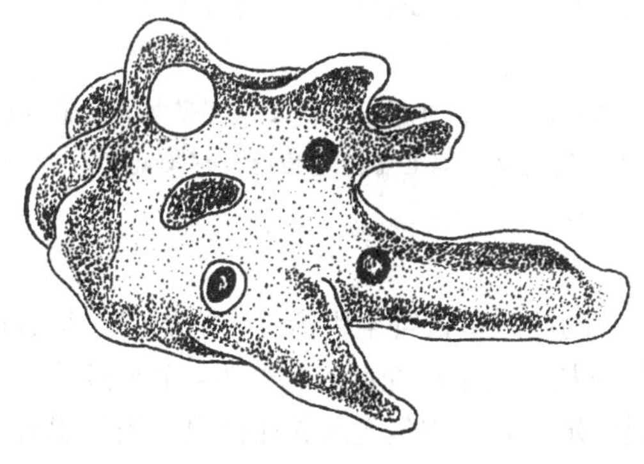

图2-8　变形虫

图2-9　表壳虫

（二）肉足纲的代表动物

肉足纲有1万多种，绝大多数种类自由生活，少数寄生生活。有些类群数量庞大，如海洋中的有孔虫和放射虫。

辅助阅读

有孔虫（Foraminifera）是肉足纲的一个目，体表有假几丁质、胶结质、钙质或硅质的外壳，壳单房室、双房室或多房室，各房室间有孔道贯通，壳上有一个大孔或多个小孔，供伪足伸出。有孔虫的伪足细长，常交织成网状（根状伪足），用于捕食，食物主要是硅藻及细菌等，有的种类在细胞质内有虫黄藻共生。有孔虫的生殖方式为世代交替：有性世代为配子母体，壳显球型，有1个细胞核；无性世代为裂殖体，壳微球型，有多个细胞核，这种二型现象仅见于底栖种类，浮游种类无此现象。有孔虫种类繁多，基本上都在海洋生活，大多底栖，少数浮游。有孔虫死后，其空壳下沉，积累起来，形成有孔虫软泥，数量很大，大约覆盖着35%的海底，有的生物礁主要就是有孔虫的壳堆积而成的，如斐济群岛。

放射虫（Radiolaria）也是肉足纲的一个目，体外有硅质外壳，壳面上有雕刻花纹，体内有黄藻共生。伪足细长，具轴丝，辐射状排列于身体周围。放射虫全部海产，多在热带大洋营浮游生活，有的种类能发光。虫体死后，其壳沉积海底，形成放射虫软泥，多见于太平洋和印度洋的深海底。

肉足纲的典型代表动物是变形虫，生活在多种水域中，其伪足运动速度约为2cm/h，其中，大变形虫（*Amoeba proteus*）最常见。大变形虫体长多为200～600μm，伪足叶状，外形多变，生活在淡水中，分布很广，在沉水植物上容易找到。

辅助阅读

变形虫的身体柔软，细胞膜很薄，因此，全身各处都能伸出伪足。变形虫多在淡水中生活，以单细胞藻类、原生动物及细菌为食。

变形虫能不断地改变外形，原因是其体表有临时性的伪足经常伸出和回缩。伪足的伸缩使虫体缓缓移动，这就是伪足运动，伪足运动是动物最慢的运动方式。当伪足碰到食物时，即进行包围，让食物颗粒陷入细胞内，形成食物泡，这就是最原始的吞噬营养。整个消化过程在食物泡内进行，已消化的营养物质渗入周围的细胞质中，不能消化的排出细胞外。

变形虫没有固定的运动类器官，身体没有前后之分，一般是哪里伸出伪足，哪里就算是前方；变形虫也没有固定的胞口和胞肛，哪里靠食物近，哪里就是胞口，哪里靠排遗物近，哪里就是胞肛。总之，变形虫结构简单，身体结构笼统，很少特化。

痢疾内变形虫（*Entamoeba histolytita*）在人的肠道里营寄生生活。人吃饭时，很有可能将包囊带入消化道，在小肠的下段，痢疾内变形虫从包囊中破壳而出，变为4个小滋养体，小滋养体在肠腔中生活，以细菌和碎屑为食，分裂繁殖，并形成包囊随粪便排出。当被感染者体质较弱时，小滋养体就会发育成大滋养体，大滋养体能溶解肠壁组织，这时就引起疾病，形成痢疾。大滋养体不能形成包囊，但可以变成小滋养体（图2-10）。

太阳虫是肉足纲太阳虫目太阳虫科最常见的一个属，无外壳，细胞质泡沫状，伪足多而长，且内有轴丝，由球形身体周围伸出，如太阳光芒四射。太阳虫（图2-11）生活在淡水中，多活动于藻类较多的地方，以纤毛虫等为食。

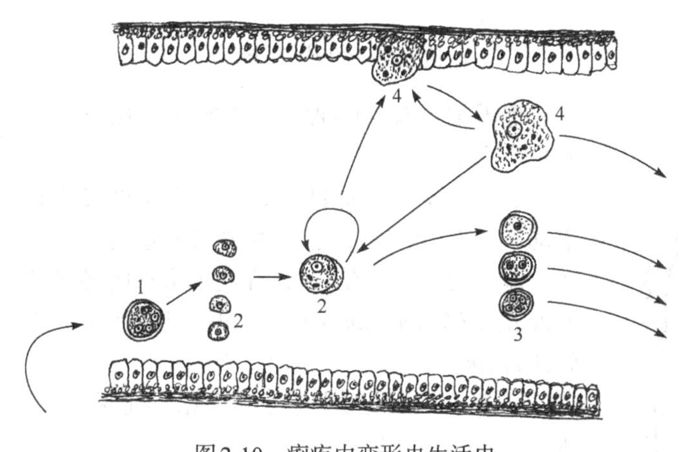

图2-10　痢疾内变形虫生活史

1. 进入人肠的包囊；2. 小滋养体；3. 排出体外的包囊；4. 大滋养体

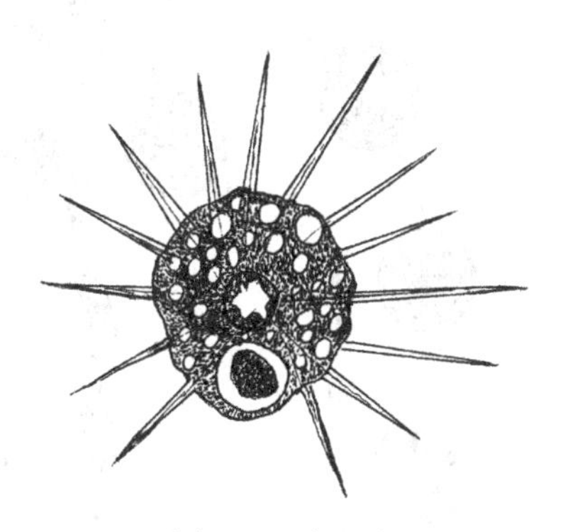

图2-11　太阳虫

三、孢子纲（Sporozoa）

（一）孢子纲的特点

孢子纲的原生动物没有运动类器官，或仅在生活史的某一阶段会出现鞭毛或伪足。因此，有人推测，孢子纲可能有两个起源，一个是起源于鞭毛纲，因为它们有性生殖的配子有鞭毛，如球虫目；另一个是起源于肉足纲，依据是它们能做变形运动，如黏孢子虫目。

孢子纲的原生动物全部寄生生活，大多为胞内寄生，渗透营养。最显著的特点是其生活史中出现明显的孢子生殖，产生大量非常细小的孢子，离开寄主的孢子还有外壳保护。

辅助阅读

孢子生殖是指利用孢子进行繁殖的生殖方式，存在于细菌、原生动物、真菌和低等植物中。

生物的繁殖，不管是有性生殖还是无性繁殖，都可分两种情况：一种是没有专门的生殖细胞，如无性繁殖中的分裂繁殖、断裂繁殖和出芽繁殖，有性生殖中的接合生殖；另一种是有专门的生殖细胞，如孢子生殖和配子生殖。

孢子可通过有性生殖产生，也可通过无性繁殖产生，其特点是结构简单，很微小，只是单个的小细胞，但它却是生殖细胞，且不需要两两结合，就能发育成新的个体。因为简单微小，所以数量众多，因而环境适宜时，孢子生殖的繁殖速度是十分惊人的。

孢子纲的球虫目和血孢子虫（住白细胞原虫属、血变原虫属和疟原虫属）有3种繁殖方式，并有世代交替现象，其裂殖体为无性世代，进行裂体生殖，发育出大、小配子母细胞；配子母细胞为有性世代，生成大、小配子，小配子有两根鞭毛，寻找大配子结合，形成合子，这是配子生殖。合子分泌厚而透明的膜包裹自己，形成卵囊，卵囊球形或近球形，进行孢子生殖，形成大量孢子，孢子发育成裂殖体（图2-12）。血孢子虫的整个生活史分别在脊椎动物和节肢动物的体内进行，所以孢子无壳。

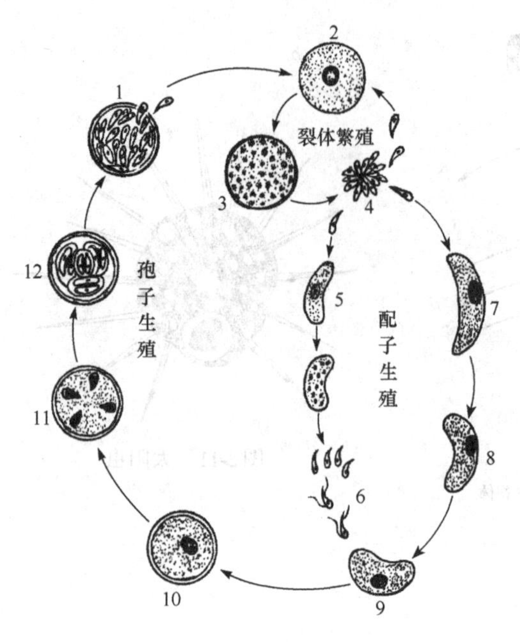

图2-12　孢子虫的生活史

1. 子孢子逸出；2. 滋养体；3. 裂殖体；4. 裂殖子；5. 小配子母细胞；6. 小配子；7. 大配子母细胞；8. 大配子；9. 合子；10. 卵囊；11. 卵囊内孢子母细胞；12. 卵囊内孢子

（二）孢子纲的代表动物

孢子纲约有5600种，与人类关系比较密切的是疟原虫。

疟原虫是真球虫目疟原虫科疟原虫属的原生动物，有50多种，能使寄主患上疟疾。寄生在人体内的疟原虫有4种，在我国常见的是间日疟原虫（*Plasmodium vivax*）和恶性疟原虫（*P. flaciparum*）。

下面以间日疟原虫为例介绍疟原虫的生活史。

当人被疟原虫感染的雌按蚊叮咬时，按蚊唾液中疟原虫的子孢子就会进入人体，随着血液先到肝脏，侵入肝细胞内，形成滋养体，滋养体吸收营养长大，成为裂殖体，裂殖体进行复分裂，形成数千裂殖子，裂殖子胀破肝细胞，散发到体液和血液中，侵入红细胞。裂殖子在红细胞内长大，进一步发育成为裂殖体，裂殖体成熟后，形成很多个裂殖子，红细胞破裂，裂殖子散到血浆中，又各自侵入其他的红细胞中，如此反复，数量猛增。当人体的内环境变得对疟原虫不利时，有一些裂殖子进入红细胞后，不再发育成裂殖体，而是发育成大、小两种配子母细胞（配子体）。此时，如遇到雌按蚊吸血，大、小配子母细胞就随血液进入蚊子体内，并在蚊子的胃腔中发育成雌配子和雄配子，之后，雌配子和雄配子结合，形成动合子（双倍体）。动合子穿入蚊子的胃壁，分泌外壳，形成卵囊。卵囊内的动合子发育成孢子母细胞，孢子母细胞分裂形成孢子，孢子再形成子孢子，不久，卵囊破裂，上万的子孢子释放出来，四处迁移，在按蚊的唾液腺中最多，有时有20万之多。当按蚊再次叮人时，这些子孢子就随按蚊的唾液进入人体，感染下一个人。

从以上生活史中可以看出，间日疟原虫有两个寄主：人和雌按蚊。在人体内，疟原虫只进行无性繁殖，因此，人是中间寄主；在雌按蚊体内，疟原虫进行有性生殖和孢子生殖，因此，按蚊是终末寄主。另外，在生活史中，给人印象最深刻的恐怕就是疟原虫的繁殖能力，无论是在人体内进行的裂体繁殖，还是在雌按蚊体内进行的孢子生殖。繁殖力强大是寄生虫的特点之一，孢子纲的其他寄生虫，也都有惊人的繁殖力。

四、纤毛纲（Ciliata）

（一）纤毛纲的特点

纤毛纲的原生动物最明显的特点是周身或局部长有纤毛。纤毛和鞭毛的结构非常接近（故有人推断纤毛纲是从鞭毛纲进化而来的），但纤毛较短，数量多，摆动时彼此可以相互协调，节律性强，因此，纤毛运动的速度比鞭毛运动的速度要大得多，通常为1.5～8.0m/h。另外，有的纤毛还能相互连接，形成膜状结构，以协助摄食；还有的纤毛黏合成束，用以支持虫体爬行。

在原生动物中，纤毛纲的结构是最复杂的，它不仅具有多种类器官，而且类器官的功能也相对特化，如草履虫的口沟和胞口就专门用于进食，细胞核也分化为营养功能的大核和生殖功能的小核。

纤毛纲的原生动物大多自由生活，吞噬营养，生殖方式为横二分裂和接合生殖。接合生殖是纤毛虫特有的，往往发生在环境恶化时，且同一无性繁殖系内的个体间不接合。草履虫的接合生殖往往发生在环境恶化的初始时期，如由饱食转入饥饿的数小时之内。

（二）纤毛纲的代表动物

纤毛纲有7000多种，对人类生活影响较大的有草履虫、多子小瓜虫（*Ichthyophthirius multifiliis*）、瘤胃纤毛虫、钟虫（*Vorticella*）等。其中，瘤胃纤毛虫种类很多，与细菌一起生活在反刍动物的瘤胃中，互利共生。

草履虫喜欢生活在淡水中，体长100～300μm。在显微镜下，草履虫看上去像一只倒放的草鞋（图2-13），身体的一侧有一条凹入的小沟，即口沟。纤毛摆动时，能把水里的细菌、单细胞藻类或有机碎屑摆进口沟，经胞口进入体内，形成食物泡，消化后的食物残渣由胞肛排出。

钟虫（图2-14）是淡水中比较常见的纤毛虫，身体呈倒钟形，下端生有一长柄，柄可以收缩。钟虫单个生活，靠柄附着在水中物体或动植物身上，以细菌、有机碎屑或藻类为食。钟虫在废水处理厂的曝气池和滤池中生长十分繁茂，是监测废水处理效果和预报出水质量的重要指示生物。

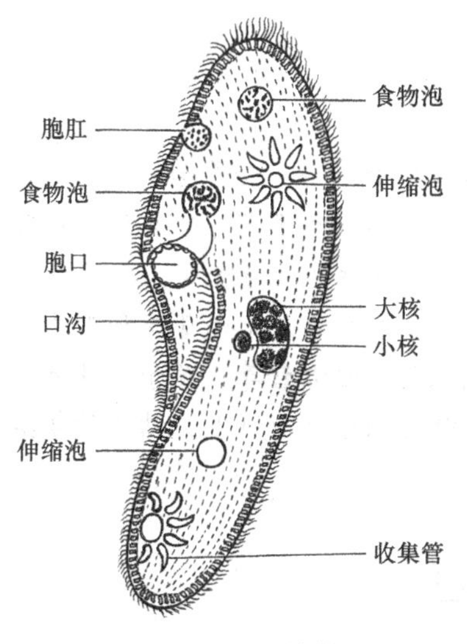

图2-13　草履虫结构图

图2-14　钟虫

多子小瓜虫营寄生生活，可感染各种淡水鱼，主要寄生在体表和鳃上，刺激组织增生，形成脓疱，将虫体包入。脓疱白点状，肉眼可见，故小瓜虫引起的鱼病叫作“白点病”。小瓜虫成熟后，落入水中，形成包囊，在包囊中，虫体进行多次分裂，生成很多纤毛幼虫，环境适宜时，破囊而出，再次侵染鱼类（图2-15）。

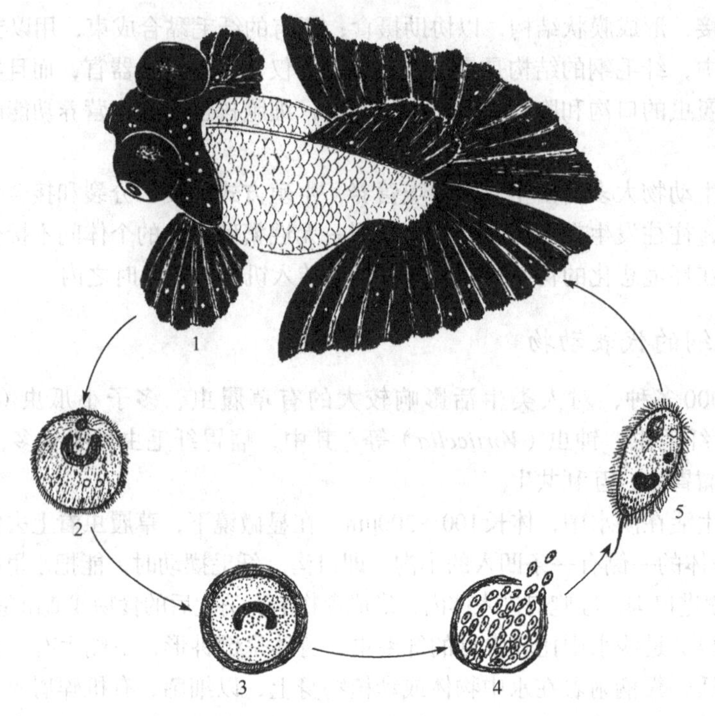

图2-15 多子小瓜虫的生活史

1. 被感染的鱼；2. 离开鱼体的成虫；3. 形成包囊；4. 纤毛幼虫从包囊中逸出；5. 纤毛幼虫

小 结

原生动物是单细胞动物，主要依靠类器官完成各种生命活动，营养和生殖均呈现出多样化的原始态。原生动物生活在海水、淡水及潮湿的土壤中，不少种类营寄生生活；对环境依赖性很强，环境恶化时，多数种类能形成包囊，环境适宜时，往往能大量繁殖，数量激增。

原生动物门分4个纲：鞭毛纲有细长的鞭毛，营养方式主要是光合营养和渗透营养；肉足纲有伪足，身体柔软，有些种类生有外壳，营养方式主要是吞噬营养；孢子纲没有专门的运动类器官，全部营寄生生活，在生活史中有孢子出现；纤毛纲体表有纤毛，结构最复杂，多自由生活。

复习思考题

1. 解释名词：类器官、包囊、孢子生殖。
2. 原生动物的基本特征有哪些？
3. 原生动物的分类情况怎样？各纲的代表动物有哪些？

第三章

海绵动物门

（1）结构松散，为细胞水平的多细胞动物。
（2）群体海绵形状不固定，单体多辐射对称。
（3）全部水生，固着生活，具有独特的水沟系。
（4）吞噬营养，胚胎发育过程中出现胚层逆转。

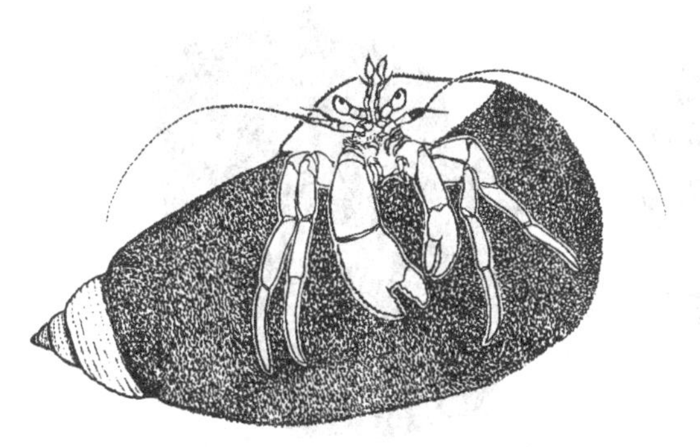

寄居蟹皮海绵（深色部分）

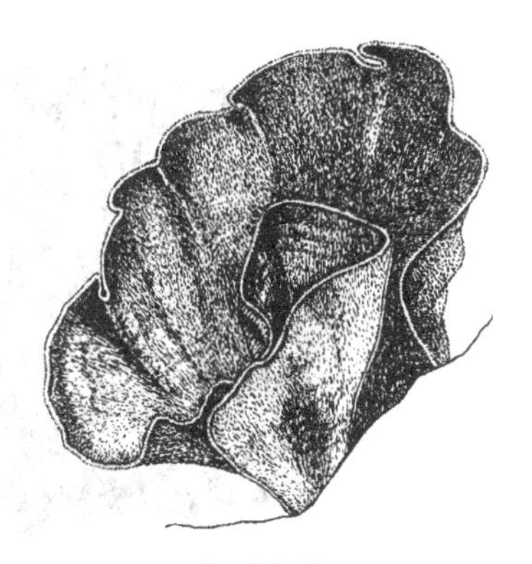

象耳海绵

化石表明，最早的多细胞动物出现在6亿年前。现存最原始的多细胞动物是海绵动物。海绵动物全部水生，固着生活，绝大多数生活在海洋中，一般以群体的状态存在，少数单体生活。

辅助阅读

海绵动物主要生活在海水中，成体全部固着生活，体色多样，有些色彩艳丽；外形有片状、块状、管状、圆球状、扇状、瓶状、壶状、树枝状，姿态万千，不一而足。例如，白枝海绵（*Leucosolenia*）是扁管状，聚集在一起呈树枝状；皮海绵（*Suberites*）则扁平如皮纸。

人类日常生活中也经常用到海绵，这个海绵与海绵动物之间有什么必然联系吗？其实，人们现在用的海绵多是人造海绵，是仿制品，最初人们用的海绵都是来自海绵动物，是专门到海中采集的沐浴海绵（*Euspongia officinalis*）及马海绵（*Hippospongia equina*），这些海绵离开水后很快死亡，但其身体内的海绵丝很难腐烂，这种天然海绵丝柔软多孔，经洗涤漂白后，作为商品出售，这就是天然海绵。天然海绵最著名的出产地是地中海和墨西哥海湾等地，年产量曾达1500t。

第一节　基本特征

海绵动物固着生活，几乎不会移动，对外界的刺激也不能做出明显的反应，看上去就像植物一样，只是它的营养方式（吞噬营养）和细胞结构表明了它的动物身份，所以说，海绵是最不像动物的动物。另外，在动物界，海绵动物有不少独特的结构，其胚胎发育也与众不同，因此，海绵动物被看作动物进化上的一个侧支，故又被称为“侧生动物”（Parazoa）。

一、海绵动物结构松散，是最低等的多细胞动物

在海绵动物中，有单体生活的，也有群体生活的（图3-1）。群体海绵由于是多个个体拥挤在一起，因而整体外形不固定，有时甚至每个个体彼此之间的界限也十分模糊，以致形成连体。连体海绵只能从多个出水孔来大致推断其中每个个体的形态和大小，如矶海绵（*Reniera*）；不少淡水海绵的连体呈团状，已经很难判断出每个个体的形态了。单体海绵的形状多样，大小不一，高度多在1.0cm～1.5m，大的可达几米。

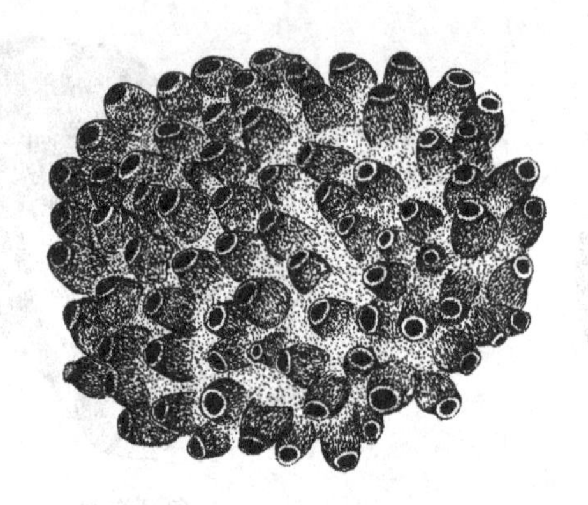

图3-1　群体海绵（左）和单体海绵（右）

海绵动物结构松散，细胞虽有分工，但彼此之间合作不够紧密。如果把海绵切成很细的小块，再放到适宜的环境中，每一小块都能独立生长。北卡罗来纳大学教授威尔逊（Wilson）将浒苔细芽海绵切碎、过滤，制成海绵浆，再放入适宜的环境中培养，不久，分散的细胞竟然慢慢地聚合起来，迁移到正确的位置上，形成一个新个体，重新开始生活。以上两个实验充分说明了海绵动物的低等性，但在第二个实验中，如果被打碎分散的细胞不能聚合在一起，海绵动物就无法存活了，所以，海绵动物与群体的原生动物不同，其单个细胞是不能生存的，毫无疑问，海绵是多细胞动物。

虽说海绵是多细胞动物，但海绵动物没有器官系统，也没有明确的组织分化，其多种生命活动都是由相对独立的细胞来完成的，所以说，海绵动物是细胞水平的多细胞动物，是最低等的多细胞动物。

二、海绵动物的基本结构是体壁围绕着中央腔

海绵动物身体结构松散，加上彼此挤压及受环境制约，致使外形很不规则，体形很少对称生长。其实，海绵动物原本是辐射对称的体制。单体海绵外观像是一个花瓶，基本结构是体壁围绕着中央腔（海绵腔）（图3-2）。

海绵动物的体壁有3层：外层、中胶层和内层（图3-3）。外层又称为皮层，由一层扁平细胞构成，有保护作用，其上有很多进水小孔，有的海绵动物有专门的孔细胞。内层又称为胃层，是一层具鞭毛的领细胞，领细胞的领由彼此相连的微绒毛合围而成，鞭毛在领中央，两侧

有翼。中胶层的结构比较复杂，由芒状细胞、变形细胞、骨针、海绵丝等组成，其中，芒状细胞具有突起，可相连成网状，有人认为有一定的神经传导功能；变形细胞属于原始态的细胞，有的能形成卵子或精子，也能变成造骨细胞，分泌骨针或制造海绵丝。骨针也叫海绵针，小的只有几个μm，大的可达2～3m，形状多样，有单轴、三轴、四轴等，质地有钙质的（主要成分是碳酸钙），有硅质的（主要成分是二氧化硅）；海绵丝是类蛋白的海绵质纤维，有一定的弹性，丝状，分支多或相互交织在一起。骨针和海绵丝是海绵动物的特有结构，对海绵体有保护和支撑作用，也是海绵动物分类的重要依据。海绵动物死后，骨针不会腐烂，而是沉落堆积于海底，所以，海绵也是重要的造礁生物。

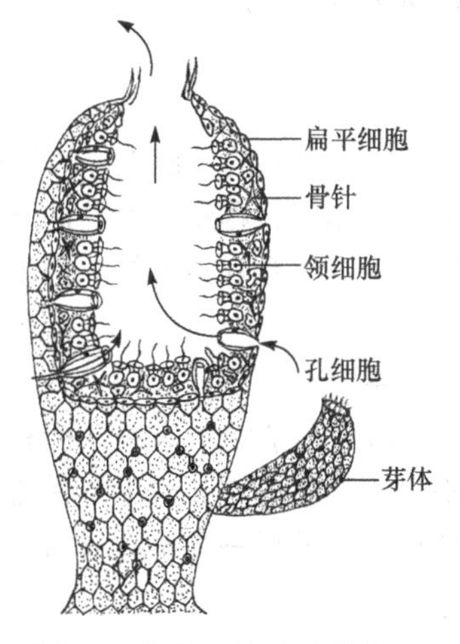

图3-2　海绵动物的身体结构

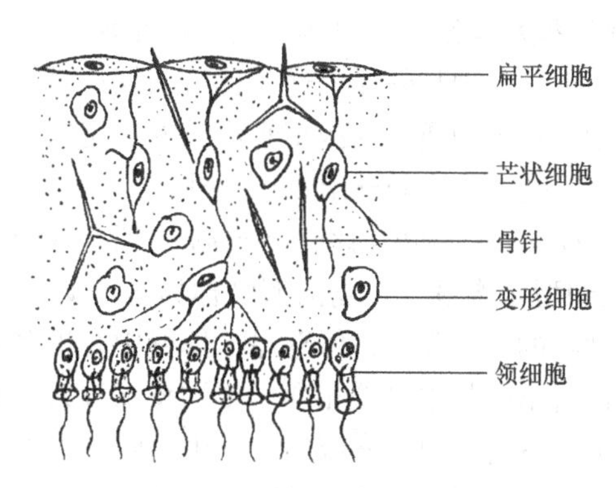

图3-3　海绵动物的体壁构造

海绵动物的中央腔也叫作海绵腔，其实就是一个过水的空腔。海绵通过进水小孔、孔细胞进水，通过孔径较大的出水口排水，其间，水流经过中央腔。

海绵动物的体表有很多进水的孔洞，因此海绵动物也叫作“多孔动物”（Porifera）。

三、海绵动物具有独特的水沟系

（一）水沟系的意义

海绵动物全部水生，身体结构也与水生生活高度统一，其基本生活策略是：我不动，让水动。为此，海绵动物发展出了水沟系。有了水沟系，海绵就可让水在其体内不断地流动，借助水流完成摄食、呼吸、排泄和有性生殖等多种生命活动，因此，水沟系对海绵动物的生活至关重要。

（二）水沟系的类型

水沟系是海绵动物独有的结构，是对水中固着生活的特殊适应。不同种类海绵动物的水沟系在构造上有很大区别，但基本类型有3种：单沟型、双沟型和复沟型（图3-4）。

1. 单沟型水沟系　单沟型为结构最简单的水沟系，其中央腔宽大，体壁很薄，有许多孔细胞。单沟型水沟系的水流途径是：外界→进水小孔→中央腔→出水口→外界。

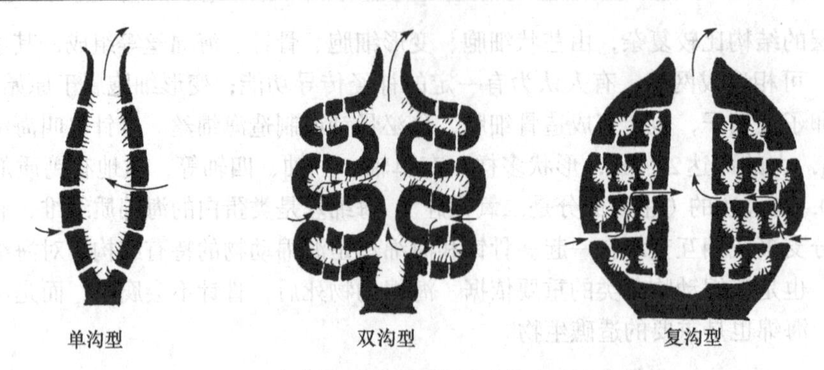

图3-4 海绵动物水沟系示意图（箭头示水流方向）

白枝海绵（*Leucosolenia*）拥有单沟型的水沟系。

2. 双沟型水沟系 双沟型的水沟系比较复杂，它是在单沟型的基础上，体壁内凹外凸形成两种管道，一种与外界相通，称流入管；另一种与中央腔相通，称辐射管。两管的间壁上有孔（前幽门孔）相通。双沟型水沟系的水流途径是：外界→流入孔→流入管→前幽门孔→辐射管→后幽门孔→中央腔→出水口→外界。

毛壶（*Grantia*）和樽海绵（*Scypha*）拥有双沟型的水沟系。

3. 复沟型水沟系 复沟型又称为多沟型，是海绵动物最复杂的水沟系，拥有这类水沟系的海绵动物的中央腔小，体壁厚，体壁中有很多领细胞组成的鞭毛室。鞭毛室借流入管与外界相通，借流出管与中央腔相通。复沟型水沟系的水流途径是：外界→入水孔→流入管→前幽门孔→鞭毛室→后幽门孔→流出管→中央腔→出水口→外界。

沐浴海绵、矶海绵及淡水针海绵（*Spongilla*）拥有复沟型的水沟系。

水沟系水流的动力源是领细胞上鞭毛的摆动，随着水沟系的结构越来越复杂，领细胞的数目也在迅速增多，领细胞多了，水的流量就大了。有人测算，一个高10cm、直径1cm的复沟型海绵约有225万个鞭毛室，一天的滤水量可达82L。

四、海绵动物的生命活动

海绵动物全部水生，固着生活，有水沟系。独特的生活方式和身体结构造就了特别的生命活动方式，海绵动物各种生理机能都是借助水流来完成的。

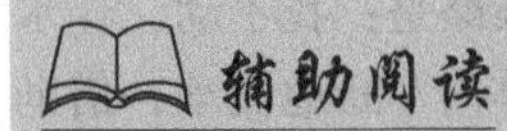

海绵动物均定植生活，一般不能移动，为防止被其他动物吃掉，海绵动物往往有恶劣的腥臭味，有的还有毒，体内多有坚硬的骨针，不少种类有明显的警戒色，所以，一般动物都不敢招惹海绵。不过，也有很多动物喜欢把海绵当作保护伞。在海绵的表面、水管和中央腔内，经常有小动物居住。海绵动物也经常附着在软体动物、甲壳动物的体外，一方面为它们提供保护；另一方面，也让这些动物带着自己四处移动。例如，有的寄居蟹的螺壳上，除了壳口之外，完全被皮海绵所包围。有些淡水海绵体内常常共生有大量的藻类，这些藻类可以为海绵动物提供部分营养。

海绵的营养方式为典型的动物性营养，它们通过水流捕食藻类、细菌和有机碎屑，能净化水质，对维护生态平衡有积极的意义。海绵动物的再生能力极强，如白枝海绵，其碎片只要超过0.4mm、带有若干领细胞，就能再生，在适宜的环境中发育成一个新个体。

海绵动物主要分布于温暖的海洋中，喜缓流水域，在近河口处的海域最多，因为这些地方食物最多。海绵动物的食物主要是有机颗粒、单细胞藻类和细菌等，进食方式是借助水流把食物带入水沟系，水中的食物颗粒附于领细胞的领上，并逐渐进入细胞质中形成食物泡，进行细胞内消化，不能消化的食物残渣直接排放到水流中，经出水口带出体外。如果食物较多，除了领细胞进行消化外，多余的食物还会交给变形细胞，变形细胞同样进行细胞内消化，并将一部分营养物质送给外层的扁平细胞。

海绵动物的体内和体外都是水，呼吸和排泄都是细胞和水直接交流完成的。

海绵动物不能移动，也没有神经细胞，信息只能靠细胞间缓慢传递，对来自外界的刺激几乎看不到有什么反应，因此，1857年以前，海绵一直被认为是植物。

五、海绵动物的生殖发育

（一）生殖

海绵动物有无性繁殖和有性繁殖两种生殖方式，无性繁殖又包括出芽繁殖和芽球繁殖。

海绵动物的出芽繁殖是体壁向外突出，形成芽体（图3-2），芽体长大后，再生芽体，进而发展成为群体。

芽球繁殖主要是在淡水生活的海绵拥有的一种生殖方式。当环境恶化时，中胶层内的一部分变形细胞经多次分裂，形成胚体，当胚体细胞充满营养物质后，在胚体外形成很厚的保护膜，膜中间有骨针，将胚体包裹起来，只留一个小孔，这就是芽球（图3-5）。海绵体死亡后，无数的芽球却留存下来，度过严冬、干旱，当条件适宜时，芽球内的细胞自小孔逸出，分化成不同类型的细胞而长成海绵新个体。

海绵动物有性生殖的基本情况是：多雌雄同体，异体受精，间接发育。雌雄同体的海绵动物并不同时产生精子和卵子，这样可避免自体受精。海绵动物的精子和卵子多是由变形细胞分化而来的，卵大，留在海绵体内；精子小，随流水排出体外，流入另一个海绵体内，被领细胞劫获，之后，领细胞失去领和鞭毛，变成变形细胞，把精子带到中胶层，与卵子结合，形成受精卵。受精卵发育为幼虫，幼虫离开母体，在水中游动数小时至数天，寻找适宜的场所固着，经变态而发育成为成体（图3-6）。

（二）发育

不同种类海绵动物的幼虫并不一样，主要有实胚幼虫（图3-7）和两囊幼虫两种。在幼虫发育过程中，海绵动物有其特有的胚层逆转现象。下面以两囊幼虫为例来介绍。

白枝海绵和毛壶的受精卵在母体的中胶层中发育，当受精卵分裂到16个细胞时，动物极一端的小细胞分裂加快，形成囊胚。小细胞面向囊胚腔的一面长出鞭毛，而植物极的大细胞则生成一个开孔。之后，小细胞经过这个开孔向外翻，鞭毛移到外面，成为两囊幼虫。两囊幼虫随水流离开母体，在水中漂游一段时间后，小细胞再度陷入内部，形成一个开口，并借这个开口固定在物体上，定居下来，发育成一个海绵个体（图3-8）。小细胞变成具有鞭毛的领细胞，

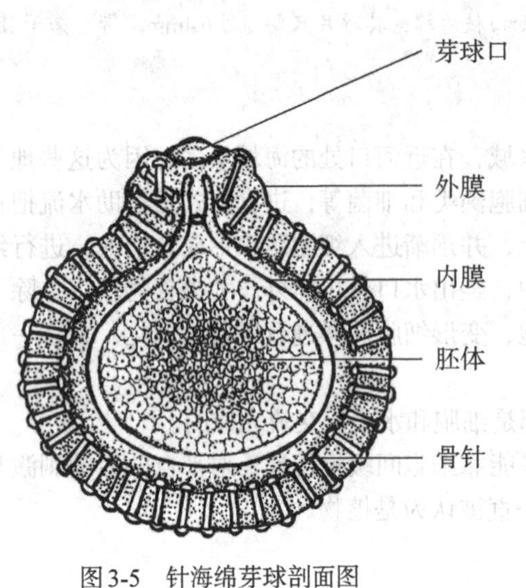

图3-5　针海绵芽球剖面图

形成精子逸出
精子流入另一海绵体
早期幼虫
后期幼虫
成体

图3-6　海绵的有性生殖

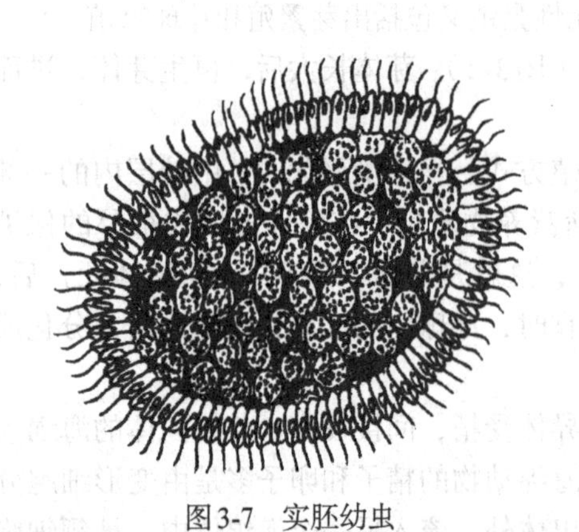

图3-7　实胚幼虫

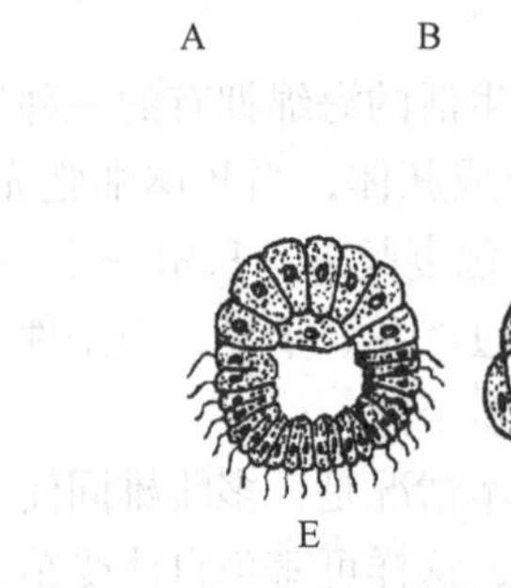

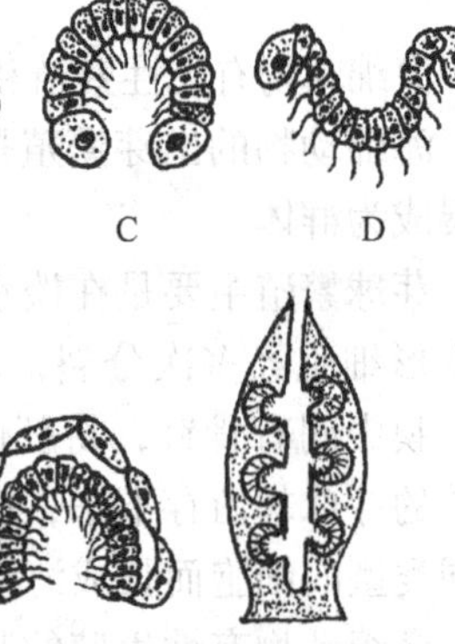

图3-8　海绵动物的胚胎发育

A. 受精卵；B. 16细胞期；C. 囊胚；D. 囊胚外翻；E. 两囊幼虫；F. 固着发育；G. 海绵成体

大细胞形成一层扁平细胞包在外面，两层细胞再共同产生中胶层。

从以上可看出，在胚胎发育上，海绵动物与其他多细胞动物迥然不同，一般多细胞动物的发育情况是：植物极的大细胞内陷形成内胚层，动物极的小细胞包在外面形成外胚层，而海绵动物正好相反，致使胚层反转过来，这种现象特称胚层逆转。实胚幼虫也有胚层逆转现象，但具体形式与两囊幼虫不同。

第二节　分　类

目前已知的海绵动物约有10 000种，其中在淡水生活的海绵约有150种。通常将海绵动物门分3个纲：钙质海绵纲、六放海绵纲和寻常海绵纲。

一、钙质海绵纲（Calcarea）

（一）钙质海绵纲的特点

钙质海绵纲又称为石灰海绵，其骨针为钙质，单轴、三轴或四轴；水沟系为单沟型或双沟型；在体表的扁平细胞间有孔细胞，孔细胞上有进水小孔，环境不良时，孔细胞收缩，关闭进水小孔；生殖细胞，尤其是雄性生殖细胞，由领细胞演变而来，幼体为两囊幼虫。

钙质海绵纲的海绵多生活于浅海，体色灰暗，结构简单，身体较小，单体高度一般不超过10cm。

（二）钙质海绵纲的常见动物

钙质海绵纲的常见动物有白枝海绵和毛壶等（图3-9）。

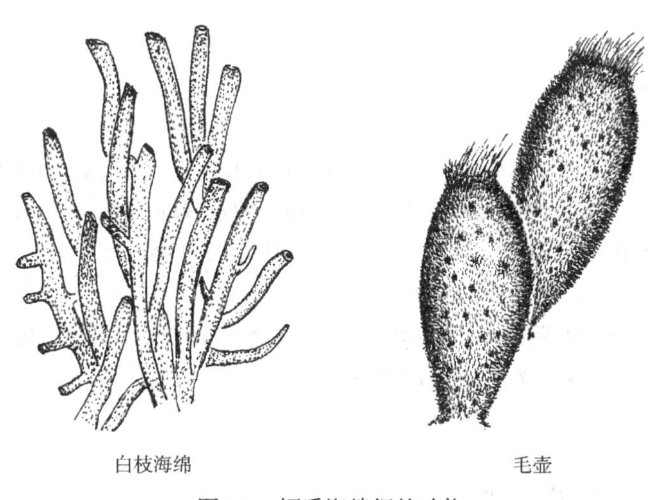

图3-9　钙质海绵纲的动物

白枝海绵是钙质海绵纲的一个属，种类多，分布广，乳白色，通常不超过3cm，体细长，管状，有分支，由根状的突起连成一簇，固着于海底或其他物体上生活。能出芽繁殖，芽体会脱离母体，顶端附着在新住所上，发育为新个体。

二、六放海绵纲（Hexactinellida）

（一）六放海绵纲的特点

六放海绵纲又称为玻璃海绵，骨针为硅质（含有一种独特的六辐骨针：从一个中心向六个方向延伸，相邻方向彼此垂直，有些教科书上称之为三轴六放型骨针），骨针彼此连合成网状骨架，细胞附在骨架上，当细胞烂掉后，骨架依然完整，表现出非凡的美丽构型。六放海绵纲的中央腔宽大，水沟系多为复沟型，鞭毛室大，幼体为实胚幼虫。

六放海绵纲为大型海绵，以灰白色居多，多以单体生活于深海，以硅质丝（骨针）固定于

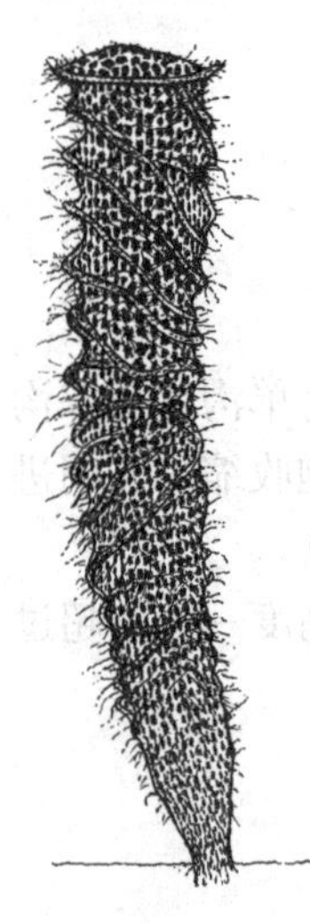

图3-10　偕老同穴

海底，有时数量很多。

（二）六放海绵纲的常见动物

六放海绵纲的常见动物是拂子介（*Hyalonema*）和偕老同穴（*Euplectella*）（图3-10）。

拂子介一般长18～50cm，高脚杯状，上端平，下端细长，有些像拂尘。拂子介栖息在深几百米的海底，以硅质丝固着在泥沙中生活。国内分布于东海，国外见于日本等。

偕老同穴分布较广，目前我国发现5种，生活于东海和南海。体长多在30～60cm，大的可超过1m。外观呈花瓶形或圆柱形，四周和顶口的网格状骨架十分明显，基部有锚状的基须骨针将身体固定在硬质海底。活体外表有一层彼此相连的变形细胞，死后细胞腐烂，网格状的骨架显得更为精致。

辅助阅读

狭义上的偕老同穴是指偕老同穴属，如前文所述，广义上的偕老同穴则是指偕老同穴科。偕老同穴体内的中央腔比较宽大，是个不错的居所，被俪虾（*Spongicola*）看中。幼体时期的俪虾进入偕老同穴的中央腔，成双结对地生活，情同伉俪，取食随海水流入的有机物，身体长大后，就出不来了，被永久地禁锢起来，只好“白头偕老”了。

日本人将偕老同穴视为吉祥之物，在传统婚礼上，常向新人赠送偕老同穴，寓意一生厮守，永不分离。在西方，偕老同穴的英文含义是“维纳斯的花篮”。

三、寻常海绵纲（Demospongiae）

（一）寻常海绵纲的特点

寻常海绵纲的骨针为硅质，单轴或四轴型（非三轴六放型），有的体内有角质海绵丝，还有的二者并存。水沟系为复沟型，但鞭毛室较小。幼体多为实胚幼虫，少数种类如糊海绵（*Oscarella tuberculata*）的幼体为两囊幼虫。

寻常海绵纲种类多，总种数占全部海绵种类的90%以上。寻常海绵纲的海绵在淡水、海水中均有分布，体形不规则，体色鲜艳。

（二）寻常海绵纲的常见动物

寻常海绵纲的海绵有栖息于海水的穿贝海绵（*Cliona*）、沐浴海绵、矶海绵、皮海绵（*Suberites*）、花瓶海绵（*Callyspongia*）、管状海绵（*Agelas*）及淡水海绵等（图3-11）。

穿贝海绵在海洋中分布很广，其幼体会固着在石灰石、珊瑚和贝壳上，之后钻穴道而发育为成体，成体再不断横向扩展，将固着物凿穿成许多大小不同的孔、室，最后，几个室连通成片，露在外面的海绵体常呈橘红色。

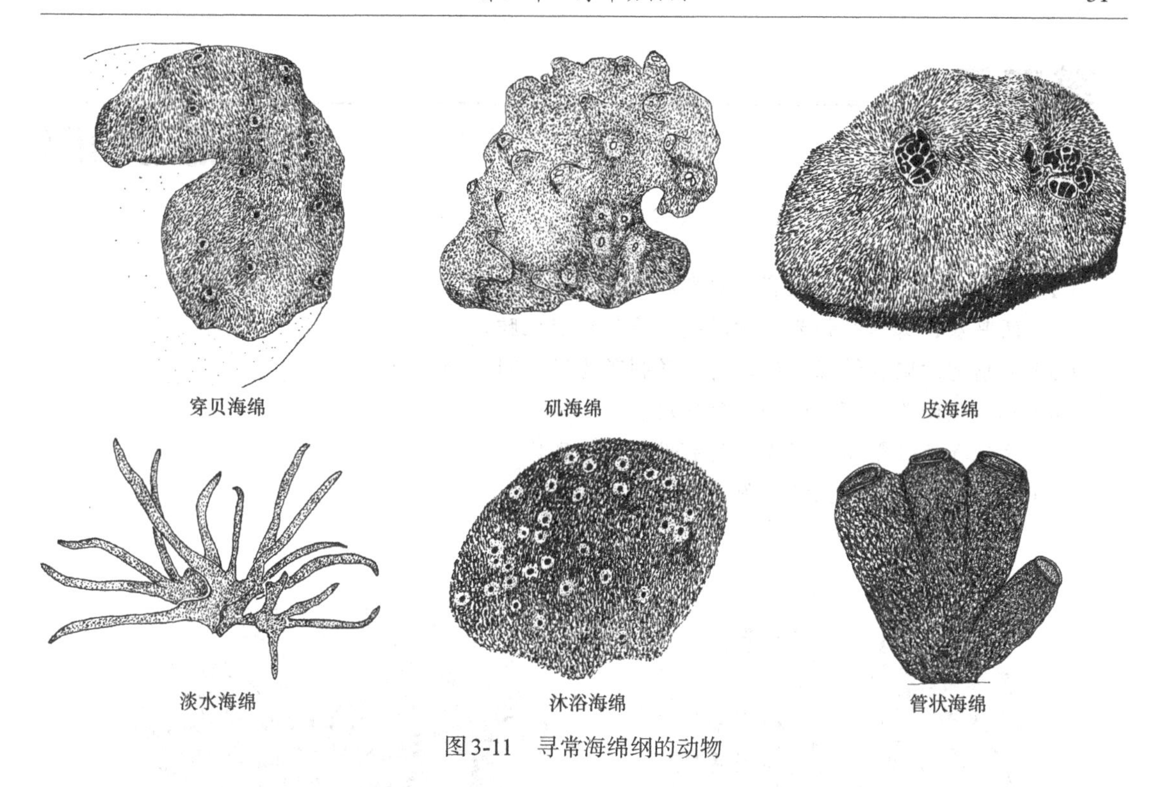

图3-11　寻常海绵纲的动物

淡水海绵广泛地分布于世界各地的湖泊和水潭中，数量较多，往往成片地附着在水中的树枝、石块、管壁上，因体表着生有藻类，很多淡水海绵呈现绿色。

小　结

海绵动物结构松散，由于体内有具鞭毛的领细胞，有人认为它是与领鞭毛虫有关的群体原生动物，但海绵动物的细胞不能单独存活，而且个体发育中有胚层存在，所以，海绵动物应是多细胞动物，是细胞水平的多细胞动物。在多细胞动物中，海绵动物有一些重大而独有的特征，如水沟系、领细胞及胚胎发育过程中的胚层逆转等。海绵动物与其他多细胞动物缺少明显的亲缘关系，被视为动物进化上的一个侧支，被定义为“侧生动物”。

海绵动物全部水生，固着生活，基本结构是体壁围绕着中央腔，体壁由外层、中胶层和内层组成，体壁上进水孔很多，因此又名“多孔动物”。海绵动物有无性繁殖和有性繁殖两种生殖方式，无性繁殖又包括出芽生殖和芽球生殖。

海绵动物门分3个纲，即钙质海绵纲、六放海绵纲和寻常海绵纲。

复习思考题

1．解释名词：水沟系、芽球、胚层逆转。
2．为什么说海绵动物是动物进化上的一个侧支？
3．海绵动物的分类情况怎样？各纲的常见动物有哪些？

第四章

腔肠动物门

（1）身体辐射对称，体型有水螅型和水母型。

（2）两胚层，基本结构为体壁围绕着原始的消化腔。

（3）有感觉细胞和神经组织，对外界刺激能做出明显的反应。

（4）独具刺细胞，有防御和捕食作用。

（5）无性和有性繁殖，不少种类有世代交替现象。

（6）全部水生，漂浮生活、附着或固着生活。

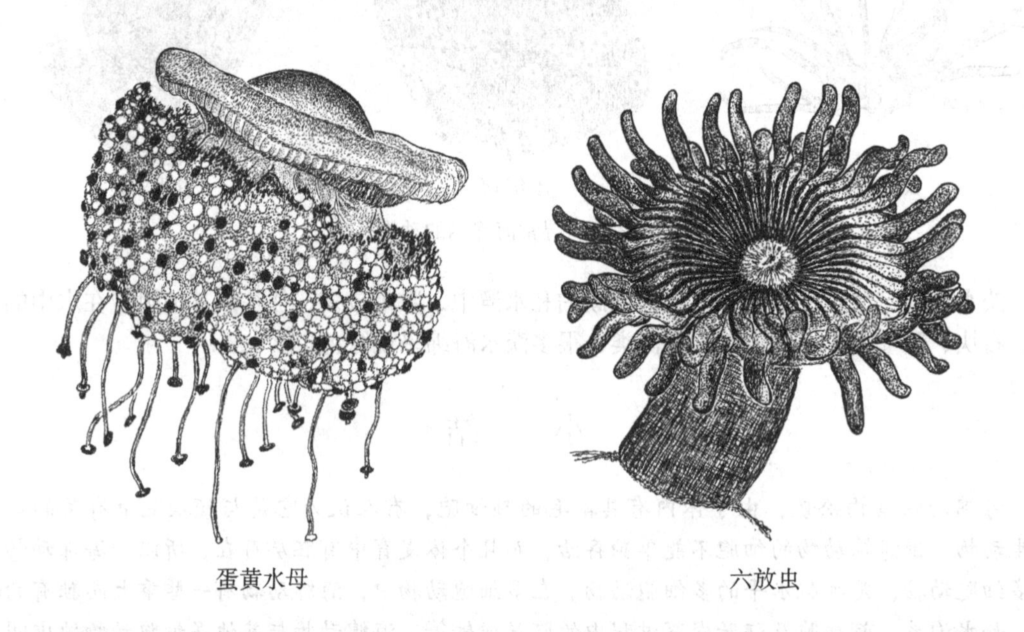

蛋黄水母　　六放虫

腔肠动物全部水生，海水多，淡水少。与海绵动物不同，腔肠动物不少种类都能够移动，对外界刺激也能做出明显的反应；在繁殖发育方面，腔肠动物多有世代交替现象，不会发生胚层逆转。

第一节　基本特征

腔肠动物（Cnidaria）又名刺胞动物，是真正的双胚层多细胞动物。腔肠动物身体已有了相对稳定的外形，体制为辐射对称，结构也比较复杂，而且有组织分化，是组织水平的多细胞动物。

一、腔肠动物的身体呈辐射对称

所谓辐射对称，是指通过身体的中轴做纵切，有多个切面可将身体分为互相对称或互为镜像的两半部分。辐射对称是一种原始的体制结构，是与附着生活或固着生活相适应的，移动（定向）生活的动物，体制为两侧对称。有些高等的腔肠动物，如海葵，已发展到两辐射对称。两辐射对称是指通过身体中轴只有两个切面，可将身体分成相对称的两个部分。理论上，海绵动物也是辐射对称。

辐射对称的身体没有前后左右之分，只有上下之分。辐射对称在腔肠动物身上，具体表现出两种体型：水螅型和水母型（图4-1）。

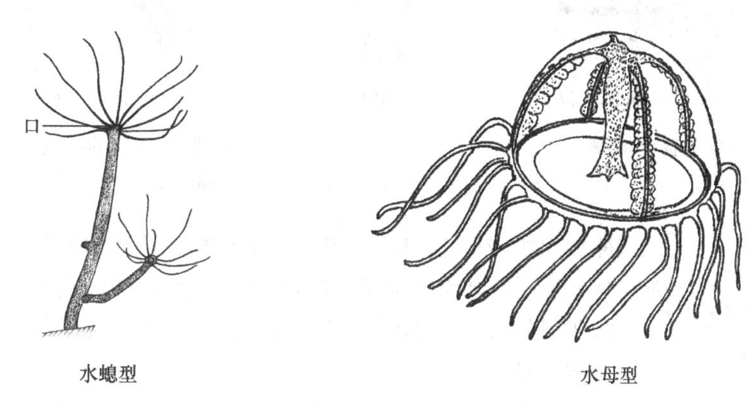

图4-1　腔肠动物的两种体型

水螅型的腔肠动物营附着或固着生活，它们身体呈圆筒状，运动能力差，附在水中物体上生活，附着端称为基盘，另一端向上，有口，口周围有触手，触手向水中伸展。水母型的腔肠动物营漂浮生活，身体像一个倒扣的碗，突出的一面称为外伞，凹入的一面称为内伞，内伞上有触手，触手中央悬挂着一条垂管，垂管的末端是口。水母型的腔肠动物有较强的运动能力，运动方式很特别：借助伞部的收放拉动身体，在水中优雅地前行。

水螅型和水母型并非是截然分开的两种体型。事实上，多数腔肠动物在一生中会先后表现出这两种体型，当然，也有些腔肠动物只有水螅型或只有水母型，还有的同时具有水螅型及水母型。而十字水母目（Stauromedusae）本为水母型，由于转变为附着生活，身体开始向水螅型演化：外伞延长成柄状，末端具基盘，外形似喇叭。

二、腔肠动物的基本结构是体壁围绕着原始的消化腔

无论是水螅型还是水母型，腔肠动物身体的基本结构都是体壁围绕着原始的消化腔。

腔肠动物的体壁由外胚层、中胶层和内胚层组成（图4-2）。外胚层又称为皮层，由5种细胞构成：外皮肌细胞、感觉细胞、刺细胞、神经细胞和间细胞。内胚层又叫作胃层，一般也由5种细胞组成：内皮肌细胞、腺细胞、刺细胞、间细胞及少量的感觉细胞。中胶层是内、外胚层分泌的凝胶状基质（含胶原蛋白和多糖等），有利于伸缩及保持体形，起支持支撑作用（图4-3）。水螅型的中胶层很薄，少有细胞分布；水母型的中胶层发达，几乎占据了身体的整个厚度，并含有纤维及少量来源于外胚层的细胞。

间细胞是胚胎性细胞，可分化为多种细胞。皮肌细胞是内外胚层中的主要细胞，有一定的保护和收缩能力，相当于原始的上皮与肌肉组织。神经细胞主要散布在外胚层中，彼此以神经突连成网状，形成网状的神经组织（图4-4），由于其神经传导没有固定的方向，也被称为扩散

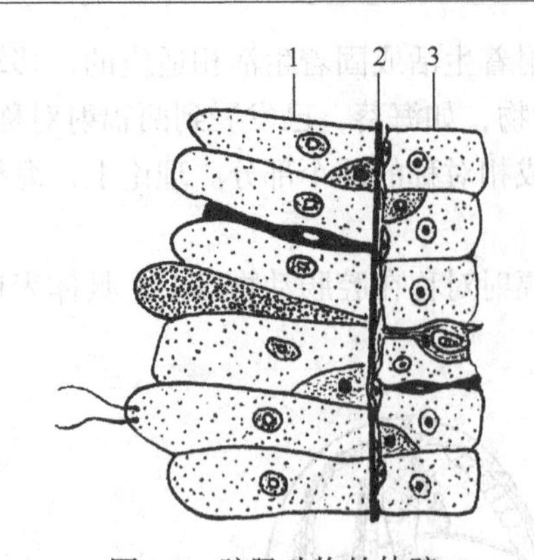

图4-2　腔肠动物的体壁
1．内胚层细胞；2．中胶层；3．外胚层细胞

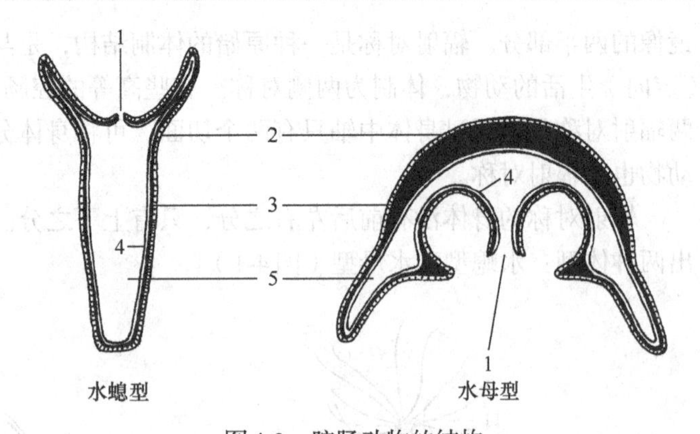

图4-3　腔肠动物的结构
1．口；2．外胚层；3．中胶层；4．内胚层；5．原始的消化腔

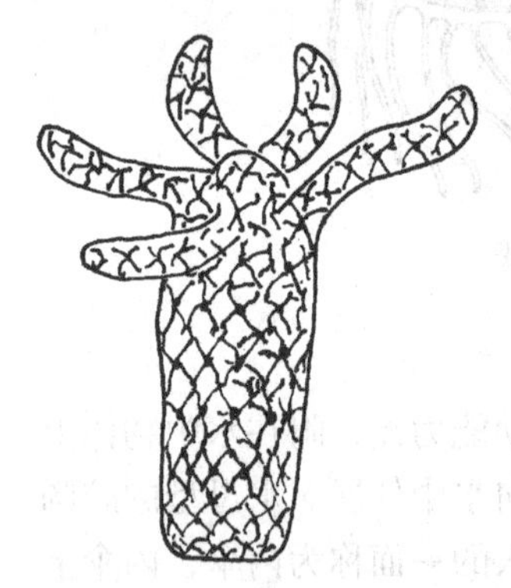

图4-4　网状的神经组织

神经组织或弥散神经组织，这是动物界最原始的神经网络。神经细胞与感觉细胞和皮肌细胞相关联，因此，腔肠动物能对外界刺激做出明显的反应，如回缩和躲避，这显然比海绵动物高级多了，虽然它的神经传导速度很慢。

从以上可以看出，在腔肠动物身上，形态结构相似的细胞已经能够联合在一起，共同执行特定的功能了，所以，腔肠动物是组织水平的多细胞动物。不过，在腔肠动物身上也有独立性很强的细胞，如刺细胞。

刺细胞是腔肠动物独有的一种细胞，结构独特。刺细胞的独立性很强，它一般不受神经细胞的控制，离开动物体也能存活一段时间。刺细胞在腔肠动物的触手上较多，有捕食和防御功能，有些毒性还很强，如澳大利亚箱水母（*Chironex fleckeri*），其被认为是毒性最强的动物。由于刺细胞有很强的防御作用，不少海洋动物喜欢与腔肠动物共生，如花纹细螯蟹（*Lybia tessellata*）、双锯鱼（*Amphiprion*）等。

腔肠动物体内的空腔来源于原肠胚时期的原肠腔，有消化功能。触手把捕到的食物通过口送入该腔，内胚层上的腺细胞分泌消化液将食物消化，这颇似高等动物的肠管，故名腔肠动物，不过，这一结构栉水母动物也有。腔肠动物的这种肠管很低等，因为它只有一个开口，食物由口进入，残渣也由口排出，属于不完全消化；另外，其消化方式也很特殊，除了有较高等的细胞外消化外，还拥有原始的细胞内消化，这同原生动物和海绵动物是一样的，为此，这个肠管叫作原始的消化腔，有人也称之为消化循环腔。

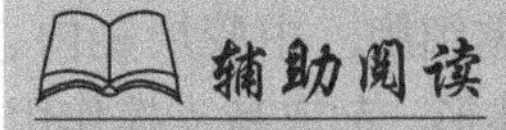

栉水母约有110种，全部栖息在海洋中，营浮游生活，以浮游动物为食，能发光，外形多样，有球形、瓜形及扁平的带状。

栉水母的身体结构近似腔肠动物，有口无肛门，身体由外胚层、中胶层和内胚层组成，体内的消化循环腔也与钵水母的相似，所以，过去一直将它们列入腔肠动物门。但其现已独立出来，成为单独的一个门，即栉水母动物门（Ctenophora），放在腔肠动物后面。

栉水母的体制为两辐射对称，没有水螅型，没有世代交替，没有刺细胞，但有黏细胞，神经网相对比较集中。栉水母雌雄同体，精子和卵子经口排出体外，在海水中结合，受精卵发育成一个自由游泳的球栉水母幼虫，最后形成栉水母。

栉水母的运动方式和水母完全不同，其体表有8行栉带，从反口端延伸到口端，栉带由成行的栉板组成，栉板由横向排列、基部愈合的纤毛组成。栉水母借助栉板上纤毛的摆动及栉板下肌纤维的收缩推动身体前行。

三、腔肠动物的生命活动

腔肠动物全部水生，分布广，适应性强，有些种类能在低氧环境中栖息，有的能在深海中生活。在适宜的环境中，腔肠动物的数量极多。

1. 积极运动　相对于海绵动物，腔肠动物的运动能力明显增强。其中，水母型的运动能力更强，自然，水母的感觉也相对发达一些，如箱水母（*Chironex*），在海水中能灵活地游泳前进，甚至避开某些障碍物，这对于其寻找食物、捕食小鱼有很大帮助。

水螅型的腔肠动物营附着或固着生活，附着生活的水螅当遇到敌害侵袭或环境不适宜、食物短缺时，也会移动出走。例如，海葵能靠基盘的搓动在附着物上缓缓滑行；淡水水螅最简单的运动方式是分泌气泡，使身体浮至水面，随波漂流，复杂一些的则是做尺蠖运动或翻筋斗运动（图4-5）。营固着生活的水螅，如珊瑚虫，就不会运动，不过，珊瑚虫往往分泌石灰质的外壳来保护自己。

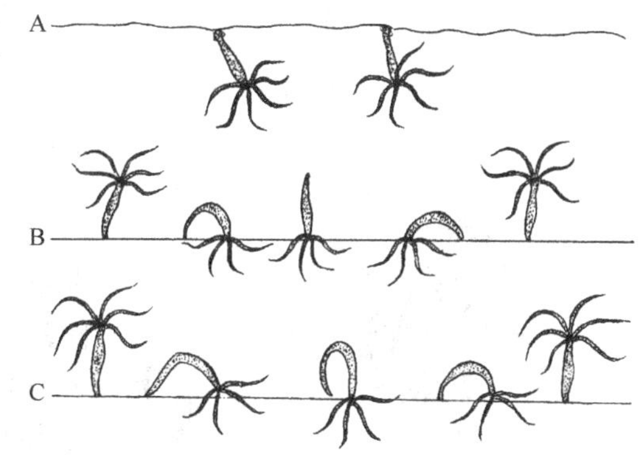

图4-5　水螅的3种运动形式

A. 漂浮运动；B. 翻筋斗运动；C. 尺蠖运动

2. 主动捕食　腔肠动物都是肉食性动物，主要捕食各种小虫，甚至小鱼，靠触手上的刺细胞杀死猎物，送入口中。在食物短缺时，水螅会把触手伸出很长，主动探索，积极寻找食物，如果还逮不到食物，它就改变位置，去寻找新的栖息地生活。

有些腔肠动物体内有藻类与其共生，这些藻类的光合作用能为腔肠动物提供不少有机物。例如，绿水螅（*Chlorohydra*）的内胚层中就有绿藻，因此，它喜欢在光线充足的地方栖息。再如，很多石珊瑚（石珊瑚目）的体内含有大量的虫黄藻（*Symbiodinium*），所以这些珊瑚色彩艳丽，且主要在浅海中生活，像植物一样，向光生长。当然，这些体内有藻类与其共生的腔肠动物并非完全靠藻类提供有机质，它们也有主动捕食能力。不过，当珊瑚虫生活环境遭受剧烈改变时，如海水温度升高等，这种微妙的共生关系就有可能瓦解，珊瑚虫就会失去共生藻或色素体而变白，这就是“珊瑚白化”。

3. 没有专门的呼吸和排泄组织　腔肠动物的体内外都有水，呼吸和排泄主要依靠各个细胞自己和水进行交流来完成，没有统一的呼吸和排泄组织。

4. 有的种类能发光　在腔肠动物中，有不少种类能在黑暗的环境中发光，如盛装水母（*Agalma*）、游水母（*Pelagia*）及海仙人掌（*Cavernularia*），发光可能有助于它捕食或御敌。

四、腔肠动物的生殖发育

腔肠动物有无性繁殖和有性繁殖两种生殖方式，不少种类还有世代交替。

1. 无性繁殖　无性繁殖通常出现于水螅型的腔肠动物身上，一般是出芽生殖（图4-1），少数为断裂生殖。

出芽生殖的情况也不完全一样，有的种类芽体长到一定程度后会离开母体独立生活，如水螅（*Hydra*）；有的则是留在母体上，共同形成较大的群体，如薮枝螅（*Obelia*）。断裂生殖主要表现在某些海葵身上，在环境适宜时，这些海葵会沿体轴方向自行缢裂，最终形成两个小海葵（图4-6）。腔肠动物的再生能力很强。

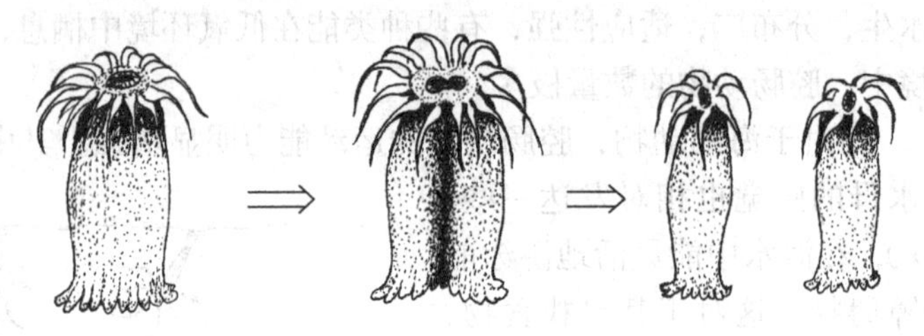

图4-6　海葵的断裂生殖

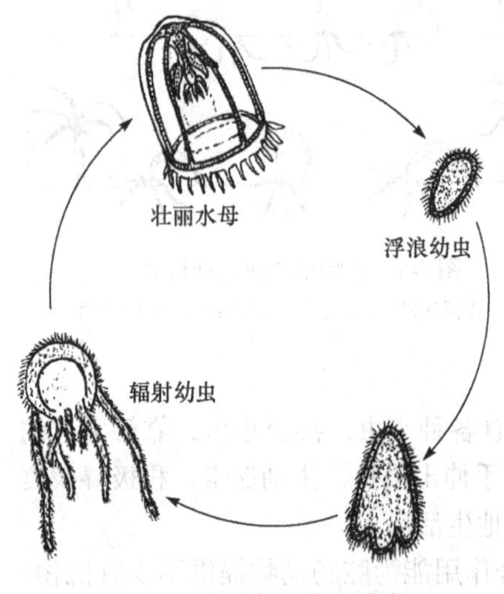

图4-7　壮丽水母的生活史

2. 有性繁殖　腔肠动物的有性繁殖出现于多数水螅型个体和所有水母型个体身上。没有世代交替的有性繁殖主要有两种类型：一是以淡水水螅和珊瑚虫为代表的类型，这类动物只有水螅型，平时多以出芽方式进行无性繁殖，只在一定时期进行有性繁殖，产生受精卵。其中，淡水水螅的受精卵经休眠后直接发育，珊瑚虫没有休眠期，受精卵和幼虫在漂浮中孵化发育。二是以壮丽水母（*Aglaura*）为代表的类型，这类动物只有水母型，雌雄异体，精卵结合后经浮浪幼虫、辐射幼虫，在海水中漂浮生活一段时间后，发育为成体水母（图4-7）。另外，在大洋中生活的一些钵水母也属于这种类型，不过，它们有的是直接发育，没有幼虫阶段，如游水母、棕色水母（*Atolla*）；有的是间接发育，但幼虫留在亲体的胃腔内或其他部位上，待发育成水母后再释放到海水中正常生活，如霞水母（*Cyanea*）。

腔肠动物性细胞来源于间细胞，间细胞移动到固定位置形成生殖腺。腔肠动物没有中胚层，个体发育终止于原肠胚期，其外胚层发育成皮层，具有保护、感觉和运动功能，内胚层发育成胃层，具有消化食物等功能。

3. 世代交替　世代交替是腔肠动物的重要特征，是有性繁殖（世代）和无性繁殖（世代）交替进行的一种生殖方式，存在于多种腔肠动物身上，比较典型的是薮枝螅（见第一章）。进行世代交替的腔肠动物生活史复杂，体型也会出现水螅型和水母型的交替变化，二者缺一不可。

腔肠动物世代交替的基本情况是：水母体为有性世代，雌雄水母分别产生精子和卵子，精卵结合后，发育为浮浪幼虫，浮浪幼虫漂浮一段时间之后，附着于其他物体上，定居下来，发育成水螅体；水螅体是无性世代，通过出芽生殖再产生水母体。世代交替就是这样周而复始，通过有性繁殖提高适应力，向远方传播，寻找新的生存环境；通过无性繁殖在新环境中迅速扩展种群，快速占领地盘。不过，在世代交替中，水螅体和水母体并非均等发育，不少种类强化水母体，弱化水螅体，有些则相反。

第二节　分　　类

腔肠动物全部水生，现存有10 000多种，分3个纲：水螅纲、钵水母纲和珊瑚纲。

一、水螅纲（Hydrozoa）

（一）水螅纲的特点

水螅纲的多数种类都有世代交替现象，有的水螅体发达、水母体不发达，如薮枝螅；有的则相反，如桃花水母（*Craspedacusta*）。没有世代交替的主要有两种情况：一是只有水螅体没有水母体，如淡水水螅；二是只有水母体没有水螅体，如筐水母目（Narcomedusae）、壮丽水母。另外，水螅纲中还有些种类是多态群体，同时拥有若干个分化变形的水螅型和水母型个员，如贝螅（*Hydractinia*）和管水母目（Siphonophora），当然，这类动物也没有严格意义上的世代交替现象。

辅助阅读

很多腔肠动物是以群体的形式生活的，构成群体的个体称为个员。如果群体中包含两种以上不同形态与机能的个员，则为多态群体，如贝螅，群体中有营养体、指状体、刺状体和生殖体4种个员。多态现象在管水母类发展到了最高水平，群体中的个员分化达到了7种之多，但仍分属水螅型或水母型两种基本类型。

多态现象可以看作群体中个员之间的分工合作。腔肠动物是组织水平的多细胞动物，由于尚未出现器官系统来分担不同的生理机能，为了更好地适应环境，就通过群体中个员的分化来完成这些机能，虽说形式还比较原始，但它的确增强了自身的适应力，有利于种群的发展壮大。

如此看来，水螅纲动物形态多样，比较混乱，难以把握，其实这种混乱正是由其原始低等性造成的。事实上，在腔肠动物中，水螅纲最低等，这主要表现在：无论是水螅型还是水母型，单体都比较小，而且结构简单，中胶层薄，刺细胞仅存在于外胚层，精子和卵子来源于外胚层的间细胞。如果是水螅体，其原始的消化腔中不会有口道和隔膜；如果是水母体，伞部直径一般不超过2cm，而且有缘膜，即内伞边缘向中央伸展一圈薄膜（图4-1），所以，这类水母又称为缘膜水母或水螅水母。

（二）水螅纲的常见动物

水螅纲约有3700种，大多在沿海生活，少数种类在淡水生活，常常以群体的形式附着在岩石、水草上。比较常见的有褐水螅（*Hydra fusca*）、桃花水母和僧帽水母（*Physalia*）。

褐水螅生活于淡水中，在水质清澈、水流缓慢的浅水沟中较多，喜欢附在水草上生活，靠触手捕食水中的各种小虫，最佳生活水温是15～20℃。环境适宜时，褐水螅以出芽的方式进行无性繁殖，条件越好，生芽的数目就越多，最多能达18个，在母体上呈螺旋状排列。环境恶化时，进行有性繁殖，褐水螅雌雄同体，直接发育，卵在母体内受精，发育到原肠胚后，停止发育，外胚层分泌几丁质的外壳将胚体包裹，之后，胚体脱离母体，落入水底（图4-8）。环境适宜时，胚体再萌发成新的水螅体。褐水螅的再生能力很强，如果将其身体任意切成数段，在适宜的环境中，每一小段都能长成一个新水螅。

桃花水母又称为"桃花鱼"，身体晶莹透明，伞部直径多在1cm左右，触手较多，生殖腺呈桃红色，在水中游动时，姿态优美。桃花水母是唯一生活在淡水中的水母类群，虽然分布广泛，但对环境要求较高，出现时间很短。桃花水母的活动能力较强，能捕食水中的小虫和小鱼苗等。桃花水母雌雄异体，间接发育，幼虫长满纤毛，游动一段时间后，附在岩石缝等处，变成水螅体。水螅体不发达，圆锥状，高2mm左右，无触手，但有很多分支，有刺细胞。水螅体的适应力极强，能长期等待，只有在温度和水质等条件都适宜的季节，才能分离出水母体，此时，水中才出现桃花水母（图4-9）。

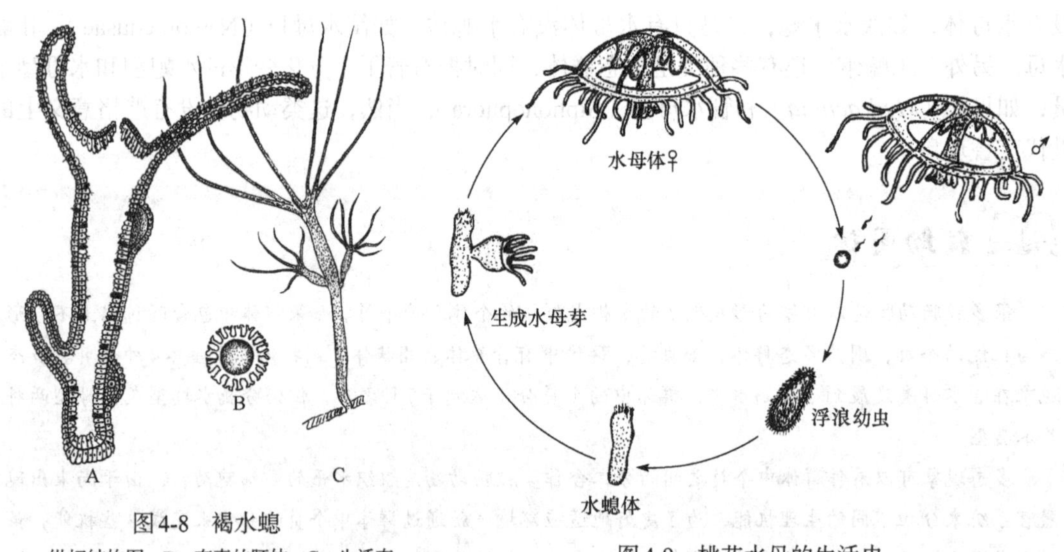

图4-8　褐水螅

A. 纵切结构图；B. 有壳的胚体；C. 生活态

图4-9　桃花水母的生活史

僧帽水母生活于世界各地温暖的海洋中，以其飘浮习性和螫人极痛著称。僧帽水母外形奇特，身体上部是浮囊体，浮囊体颇似僧帽，颜色不一，长10～30cm，顶部有发光的膜冠，能自行调整方向，借助风力在水面漂行。浮囊下面悬垂着很多变形的水螅体，包括指状个员、营养个员和生殖个员，分别执行防御、摄食和生殖等功能。生殖个员无口无触手；营养个员有口有触手；指状个员无口有触手，且触手上有大量的刺细胞，有的触手还很长（图4-10）。僧帽水母的刺细胞有很强的杀伤力，但身体较小的双鳍鲳（*Nomeus gronovii*）等，却在僧帽水母的浮囊下生活，获得保护甚至取食其身体。

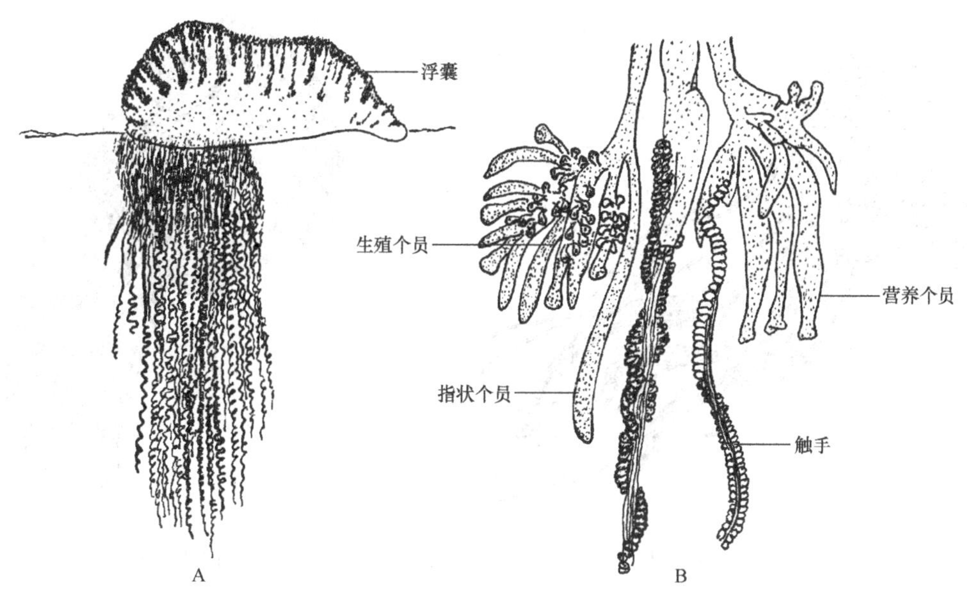

图4-10　僧帽水母的多态现象

A．群体外形；B．局部放大

二、钵水母纲（Scyphozoa）

（一）钵水母纲的特点

钵水母纲一般都有世代交替，但强化水母世代，水螅世代很小或退化，水母为单体，一般都很大，结构复杂，中胶层厚，含有变形细胞，和水螅纲的水母相比，这类水母无缘膜，伞部边缘有缺刻。钵水母纲的腔肠动物消化循环腔复杂，生殖细胞起源于内胚层，内、外胚层都有刺细胞，神经细胞集中在伞边缘，形成神经环，感觉也较发达，常具眼点、平衡囊和嗅窝等。其中，加勒比箱水母（*Tripedalia cystophora*）少数眼点已发育出晶状体，能模糊成像，成为简单的眼睛。

钵水母纲水母的刺细胞有很强的毒性，但生活在帕劳共和国水母湖里的黄金水母（*Chrysaora fuscescens*）和巴布亚硝水母（*Mastigias papua*）则失去了毒性。由于地质运动，它们的祖先被封在了咸水湖中，失去了天敌的威胁，毒性也就没有存在的必要了，久而久之，就退化了。

（二）钵水母纲的分类

钵水母纲的腔肠动物全部生活于海洋中，约有200种，分为5目，前文提到的十字水母目即属于钵水母纲，而澳大利亚箱水母则属于该纲的立方水母目（Cubomedusae）。另外，比较常见的钵水母纲动物有旗口水母目（Semaeostomae）的游水母（图4-11）、霞水母（*Cyanea*）、狮鬃水母（*Chrysaora*）和海月水母（*Aurelia*），根口水母目（Rhizostomae）的硝水母（*Mastigias*）（图4-12）和海蜇（*Rhopilema*）（图4-13），冠水母目（Coronatae）的缘叶水母（*Periphylla periphylla*）（图4-14）等。其中，生活在大西洋的北极霞水母（*Cyanea arctica*）是世界上最大的水母，伞部直径达2.3m，触手伸展长达36m；太平洋的野村水母（*Nemopilema nomurai*）是最重的水母，重达200kg。

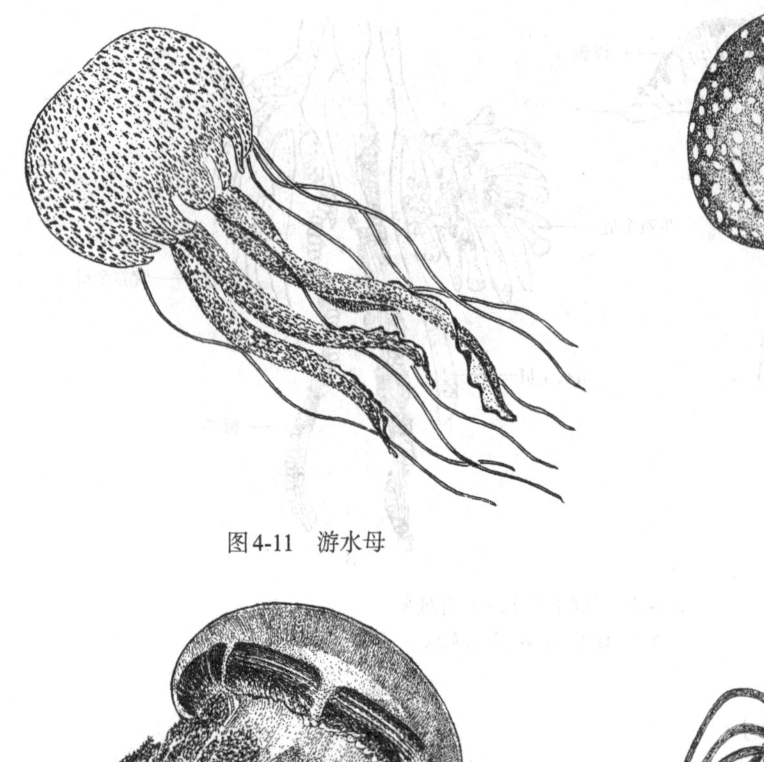

图4-11 游水母

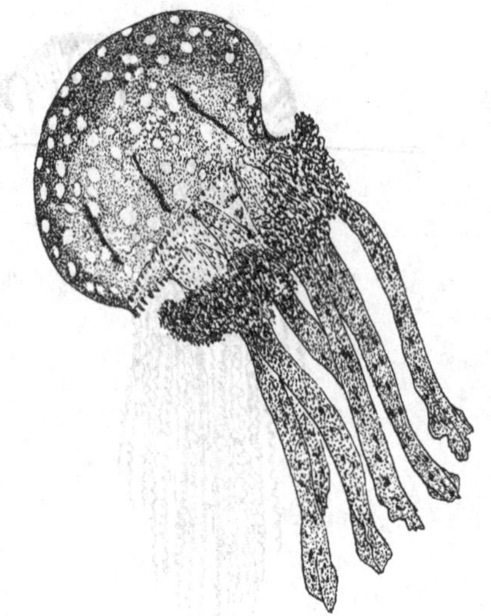

图4-12 硝水母

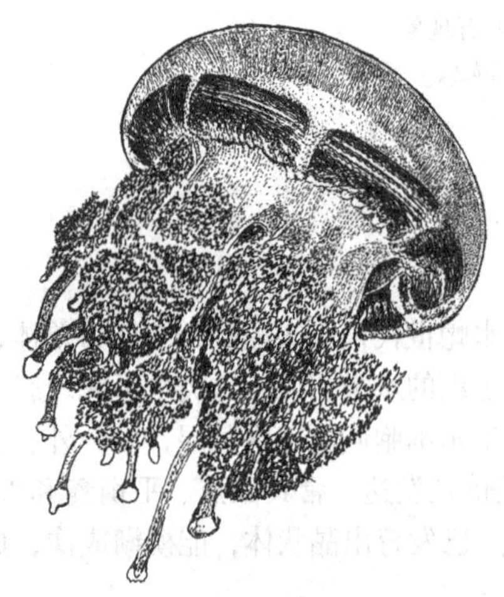

图4-13 海蜇

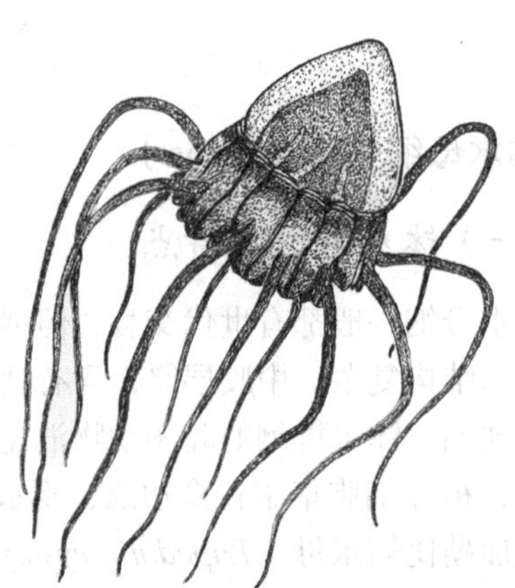

图4-14 缘叶水母

辅助阅读

野村水母又名越前水母，属钵水母纲根口水母目，主要在我国和日本之间的海洋中生活。近年来，野村水母数量突然增多，给沿海人们的生活造成了较大的影响。一方面，野村水母蜇人，有时会造成死亡；另一方面，它们占领渔场，使鱼产量锐减，为此，日本渔民非常痛恨这些水母，把网上来的野村水母杀掉，然后倒回海里，但这样做的结果不但没有使水母减少，相反，水母泛滥得更严重了，于是，日本政府派专家进行研究。

研究结果发现，野村水母的生活史中有世代交替现象，它们无性世代的水螅体很小，常年附着在海底，可近年来的环境变化对这些水螅体产生了刺激作用，使它们异常多地放出水母芽，水母芽在适宜的环境中长成巨型的野村水母，而当渔民杀死这些水母时，会刺激它们立即释放体内的卵子或精子，当被倒回大海时，这些卵子和精子也就结合了，所以，杀死它们反而起到了催生的作用。应该说，近年来海洋环境的变化是促使这些水母超量繁殖的主因。

海月水母分布较广，每年7～8月成群地出现在我国北方沿海。体盘状，白色半透明，似海中之月，直径10～30cm，4条口腕在水中飘荡，酷似旗帜。海月水母雌雄异体，繁殖季节，精子由雄水母口游出，进入雌体消化腔中与卵子融合，受精卵附着在雌水母口腕上，发育成浮浪幼虫。浮浪幼虫沉入海底，纤毛脱落，附着下来，发育成水螅体，水螅体有口有触手，以横裂的方式产生碟状幼体。碟状幼体离开母体，翻转过来，营漂浮生活，捕食浮游动物，逐渐长大，发育成为海月水母（图4-15）。完成整个生活史需一年时间。

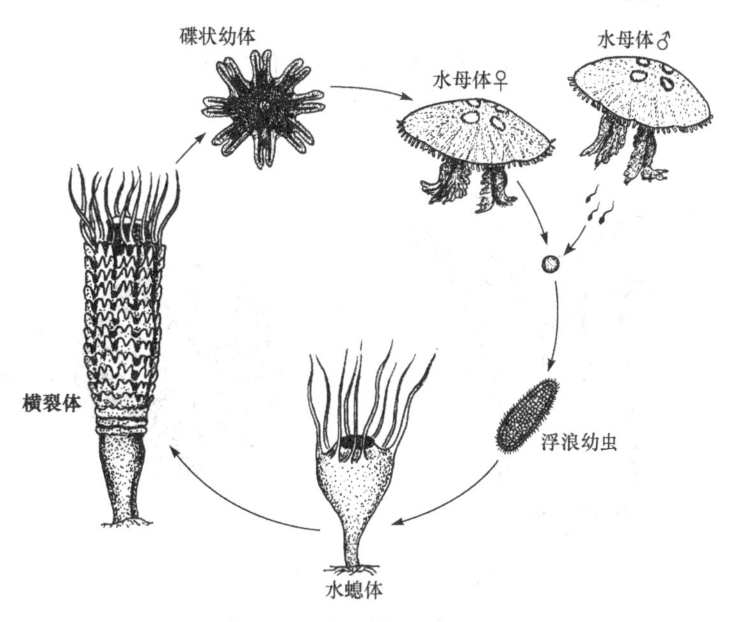

图4-15　海月水母的生活史

海蜇共有4种，我国沿海有3种。海蜇伞体高而厚，半球形，直径多在50cm左右，最大可超过1m。海蜇有世代交替现象，水螅体很小，附着生活，水母体游泳能力较强。早期有中央口及口腕，在成长的过程中中央口逐渐封闭，4条口腕分化成8个，口腕边缘愈合成很多吸口，吸口周围有触手，触手上有刺细胞和腺细胞，帮助捕捉食物。

三、珊瑚纲（Anthozoa）

（一）珊瑚纲的特点

珊瑚纲约有6100种，均为海产，且只有水螅型，没有水母型，自然也就没有世代交替现象。生殖腺由内胚层产生，不少种类能分泌形成珊瑚（图4-16）。珊瑚纲的结构最复杂，中胶层内有发达的结缔组织，消化循环腔中有口道和隔膜（隔片）（图4-17）。口道由外胚层下陷而成，两侧还有口道沟，口道沟内有纤毛，借纤毛的打动，水流从口道沟进入消化循环腔，再从口流出。隔膜则是由内胚层突入消化循环腔而成。

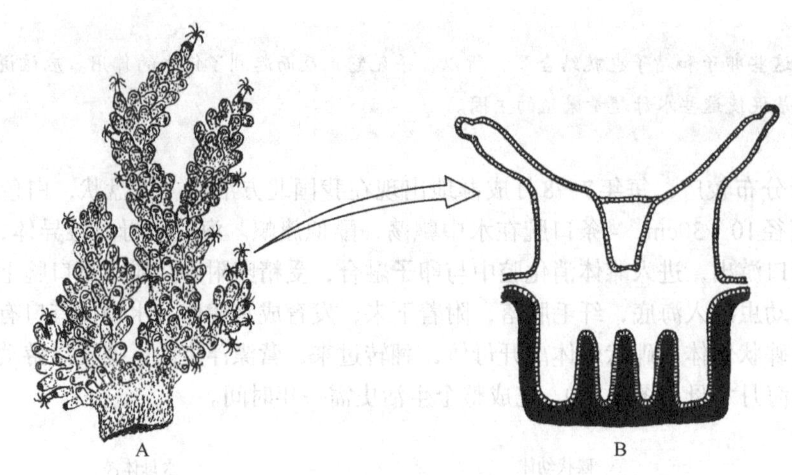

图4-16　珊瑚的结构（黑色代表珊瑚）

A．群体状态；B．个员放大

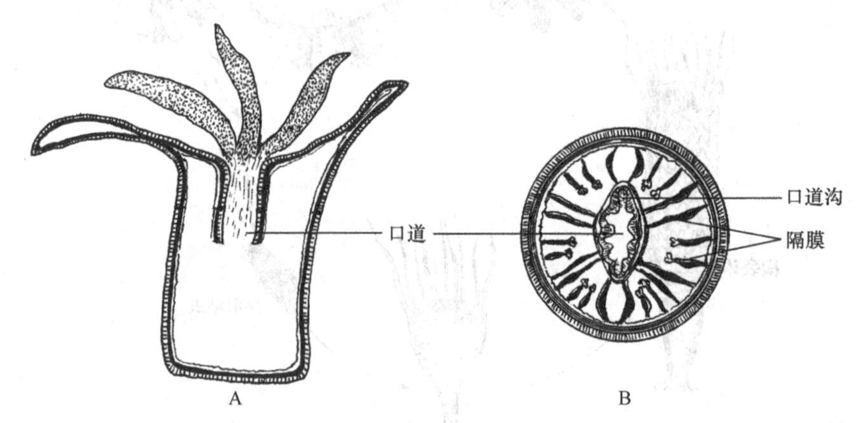

图4-17　海葵的身体结构

A．纵切；B．横切

辅助阅读

珊瑚是珊瑚虫分泌形成的硬壳，多为石灰质的，有支撑和保护作用，有人称之为骨骼。六放珊瑚亚纲的石珊瑚目（Scleractinia）动物是珊瑚的主要制造者。珊瑚虫的基盘和体壁能分泌碳酸钙（石灰质），碳酸钙积存在虫体的底面、侧面和隔膜间，看上去就像虫体卡在石灰座里，这个石灰座就是珊瑚，而群体珊瑚虫除其中的个体能形成珊瑚外，彼此相连的共肉也能分泌珊瑚。多数珊瑚虫体内都有虫黄藻等与之共生，这大大加快了珊瑚的生成速度，再加上数量庞大，以致形成珊瑚岛、珊瑚礁，所以，石珊瑚是最重要的造礁珊瑚；除此之外，造礁珊瑚还有八放珊瑚亚纲的苍珊瑚目（Helioporacea）。造礁珊瑚对水温、水深及海水的盐度要求较高，通常只能产在热带清澈的浅海。八放珊瑚亚纲的笙珊瑚（*Tubipora*）分泌骨针，骨针愈合，形成平行向上排列的骨管，层层排列，是比较特别的珊瑚。

有些珊瑚是珊瑚虫群体分泌形成的支持中轴，如柳珊瑚（*Gorgonia*）、红珊瑚（*Corallium*）和角珊瑚（*Antipathes*）。柳珊瑚中轴的成分不单是钙质，还有角质，具有一定的弹性，角珊瑚的中轴为角质，红珊瑚的则主要是钙质。红珊瑚为国家一级重点保护野生动物，在深海生活，其中轴质地坚硬，颜色红艳，美丽稀有，常与琥珀和珍珠一起统称为有机宝石。

（二）珊瑚纲的分类

珊瑚纲分两个亚纲：八放珊瑚亚纲和六放珊瑚亚纲。

1. 八放珊瑚亚纲（Octocorallia）　八放珊瑚亚纲的腔肠动物都以群体状态生活，个体（个员）较小，直径0.5mm～2.0cm，有相互连通的共肉，个体口周围都有8条羽状触手，体内有8条隔膜和1条口道沟。

八放珊瑚亚纲的少数种类能形成珊瑚，如红珊瑚（图4-18）和笙珊瑚，其珊瑚是由中胶层的间细胞分泌形成的；有的种类单体埋在胶质的共肉中形成群体，共肉中有很多分散的骨针或骨片，如海鸡冠（*Alcyonium*）、海仙人掌（图4-19）；有的无骨针或骨片，如沙箸海鳃（*Virgularia*）（图4-20）。

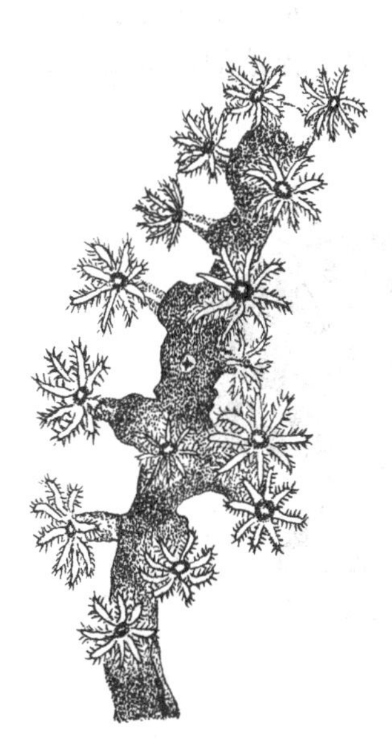

图4-18　红珊瑚

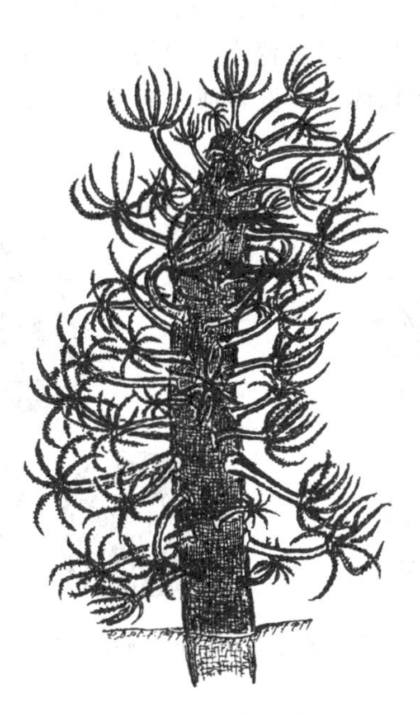

图4-19　海仙人掌

图4-20　沙箸海鳃

海仙人掌（*Cavernularia*）分布很广，我国胶州湾等地也有。其共肉主体呈棒状，下部有长柄，以柄插入沙泥中固着生活。主体上生有许多水螅体，水螅体除了有8个触手的正常型外，还有管状体，管状体触手退化，口道沟发达，有助于形成水流穿过群体。涨潮时，海仙人掌浸没在海水中，膨大直立，长达15cm以上，水螅体也完全伸展，长约4cm。退潮时，主体萎缩，仅顶端露出沙面，水螅体完全隐蔽于主体内。海仙人掌受到刺激后，可放出强烈的磷光。

2. 六放珊瑚亚纲（Hexacorallia）　六放珊瑚亚纲的腔肠动物以单体或群体状态生活，触手指状。无论是单独生活的单体，还是群体中的一个个体，触手和隔膜的数目均为6的倍数。隔

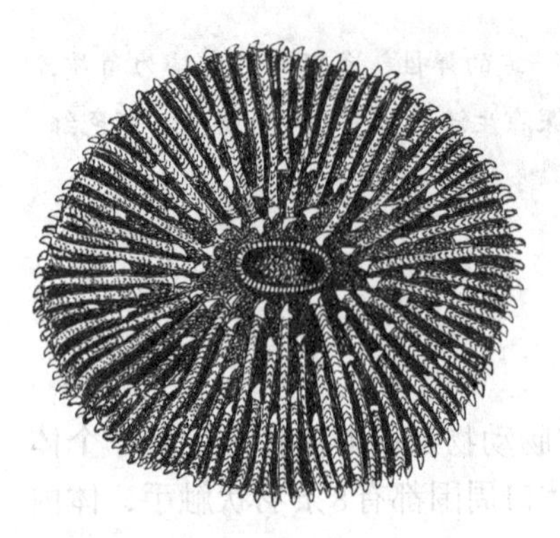

图4-21　石芝

膜可分3级，通常有2条口道沟。六放珊瑚亚纲分5个目，常见的有石珊瑚目和海葵目，另外有六放珊瑚目、角珊瑚目和角海葵目。

石珊瑚目多以群体的状态生活，一个群体由许许多多珊瑚虫组成，这些珊瑚虫大多能分泌石灰质的外壳，形成珊瑚。由于珊瑚虫的种类不同、生长情况不一样，分泌形成的珊瑚也是多种多样，颜色外形各不相同。群体生活的石珊瑚有鹿角珊瑚（*Acropora*）、脑珊瑚（*Meandrina*）等，其单体很小，直径3mm，单独生活的有石芝（*Fungia*）（图4-21）等，最大直径可达50cm。

海葵目是分布最广的珊瑚纲动物，单体生活，身体圆筒形，触手中空，数目较多，围成几圈。海葵有1300多种（图4-22），颜色多样，多数直径在1～5cm，有的达1.5m，靠基盘附于海中岩石或其他硬物上，有的喜欢附在寄居蟹的螺壳上生活。海葵虽然很少移动，但有多种运动方式，如弯动身体的游泳、搓动基盘的前行，有的甚至能摆动触手划水。海葵雌雄异体，雄性将精子释放到海水中，有的在海水中与卵结合，也有的进入雌体内与卵融合，受精卵发育成浮浪幼虫后，游出母体。浮浪幼虫在海水中游动一段时间后，以反口面附着在物体上，发育成小海葵。也有的海葵没有浮浪幼虫阶段，从母体中游出时就是有触手的小海葵了。

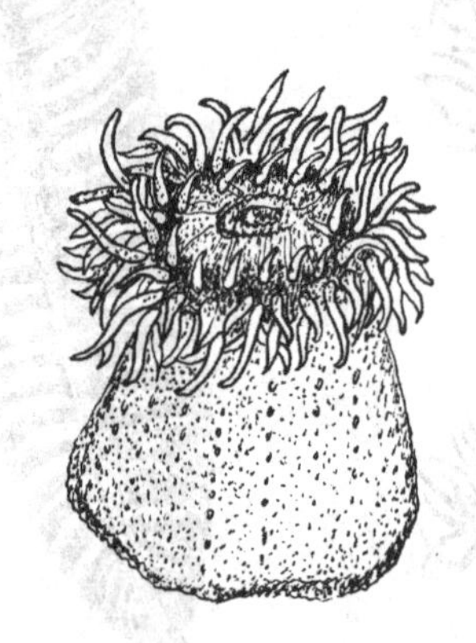

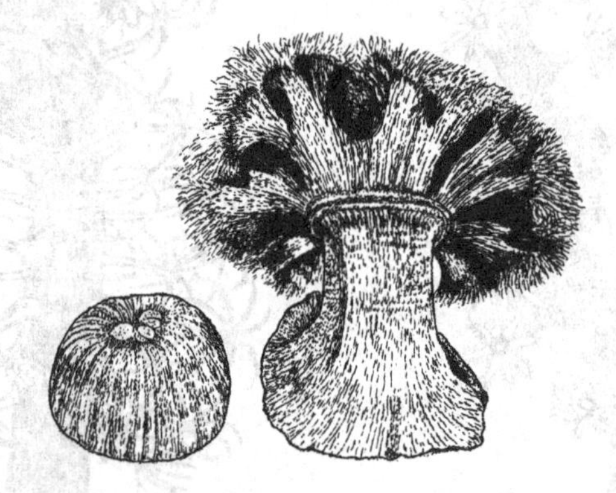

图4-22　绿疣海葵（左）和细指海葵（右）

小　　结

腔肠动物全部水生，海水多，淡水少，是真正的两胚层多细胞动物，身体呈辐射对称或两辐射对称，有两种体型：水螅型和水母型。腔肠动物出现了原始的消化腔，进行细胞外消化和细胞内消化。腔肠动物运动能力较强，出现神经组织等，对外界刺激能做出明显的反应。腔肠动物都有特殊的刺细胞，生殖方式多样，常有世代交替现象，海产种类在有性繁殖时出现浮浪幼虫。

腔肠动物门分3个纲：水螅纲、钵水母纲和珊瑚纲。水螅纲的腔肠动物无论是水母体还是水螅体，都比较小，而且结构简单，精子和卵子来源于外胚层；钵水母纲的特点是水螅体不发达或退化，水母体较大，结构复杂，生殖腺起源于内胚层，且运动能力强，感觉较发达；珊瑚纲的特点是只有水螅体没有水母体，身体结构最复杂，生殖腺由内胚层产生，不少种类能形成珊瑚。

复习思考题

1. 解释名词：辐射对称、珊瑚、浮浪幼虫。
2. 刺细胞有什么特点？
3. 腔肠动物有哪些基本特征？
4. 腔肠动物的分类情况怎样？各纲的常见动物有哪些？

第五章

扁形动物门

（1）身体扁平，两侧对称。
（2）出现中胚层，是最低等的三胚层动物。
（3）原肾管排泄，出现原始的梯形神经系统。
（4）有皮肤肌肉囊，无体腔，内部器官包埋在实质组织中。
（5）多雌雄同体，常异体受精；直接或间接发育。
（6）生活环境和生活方式趋于多样化，不少种类营寄生生活。

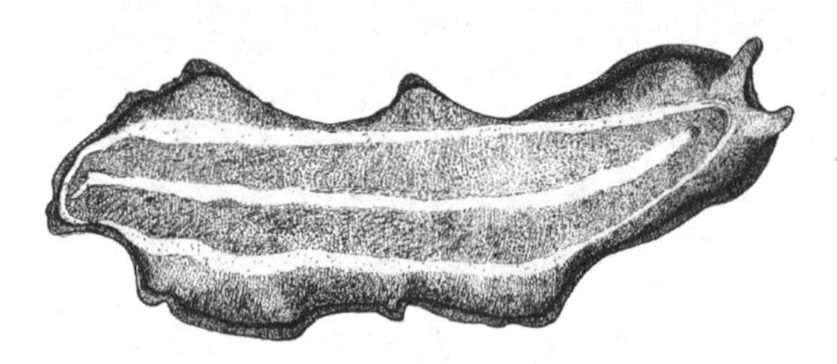

涡虫

扁形动物身体扁平，多呈叶状或带状。相对于腔肠动物，扁形动物在动物进化史上向前迈进了一大步，出现了不少重大的进步特征，运动能力和代谢水平也有了很大的提高，生活环境趋于多样化，在海水、淡水及潮湿的土壤上都有分布，许多种类营寄生生活。

第一节 基本特征

扁形动物的身体结构远比腔肠动物复杂，特别是出现了中胚层，自此，包括以后所有的动物，都成为三胚层动物，但扁形动物尚未分化出体腔。

一、扁形动物的身体呈两侧对称

扁形动物身体扁平，多呈叶状或带状（图5-1），属于两侧对称体制，即通过身体的中央纵轴作切面，只有一个角度能将动物体分成左右对称的两部分。两侧对称使动物的身体进一步分化，有了背腹、前后、左右之分，功能也发生特化：背面负责保护，腹面司运动，运动从不定向变为定向，总是固定的一端向前。由于向前的一端首先接触到新环境，这促进神经系统和感觉器官越来越向身体的前端集中，为头部的出现提供了基础，使动物体对环境变化和外界刺激的反应更加

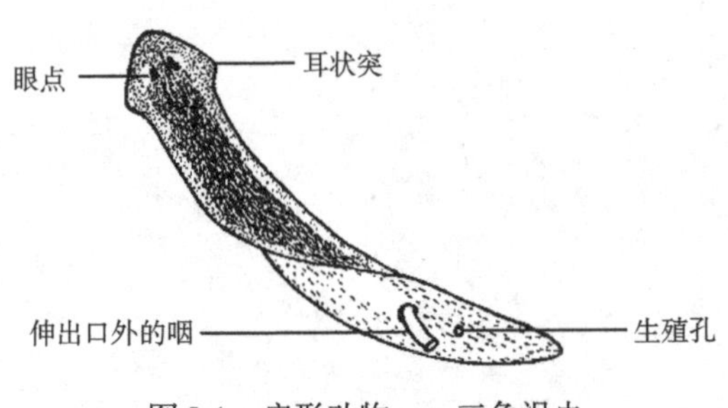

图5-1　扁形动物——三角涡虫

迅速、准确而有效。

两侧对称的出现与动物开始全新的运动方式有关，它是漂浮运动向爬行运动转变的先决条件。可以说，动物自此开始了真正意义上的移动生活，这种移动有明确的方向感，也为由水生向陆生过渡奠定了基础。

二、扁形动物出现中胚层，是最低等的三胚层动物

从扁形动物开始，动物胚胎发育过程中，在外胚层和内胚层之间出现了中胚层，因而成为三胚层动物。从腔肠动物的两胚层到扁形动物的三胚层，是动物进化史上的重大进步。至少，中胚层的出现对扁形动物有很大的实际意义：一方面，中胚层的形成减轻了内、外胚层的负担，有利于组织结构的进一步分化，使扁形动物的身体结构达到了器官系统水平；另一方面，中胚层的形成有利于新陈代谢的加强等。

在扁形动物中，中胚层主要形成肌肉层。肌肉层的出现强化了运动机能，从而使动物扩大了搜索范围，有利于摄取到更多的食物，食物的增多会促进消化系统进一步发育，致使代谢水平提高，代谢水平提高了，代谢废物就多，排泄系统自然也就发展起来了；再就是运动机能的强化，使动物身体的前端不断接触到新环境，这就促进了感觉器官和神经系统的进一步发育。

扁形动物的中胚层不仅形成了肌肉层，而且还形成了实质组织。实质组织是扁形动物的一种独特结构，对扁形动物的生活意义重大。实质组织主要由一些松散的细胞及其间质组成，间质是富含营养物质的液体，这样，实质组织就能够储存较多的水分和营养，有利于扁形动物更好地抵御食物短缺等不良环境，也是尝试陆地生活的重要支撑。

三、扁形动物身体的基本结构

扁形动物身体的基本结构（横切面）由外向内依次是：体壁、实质组织和肠管（图5-2）。

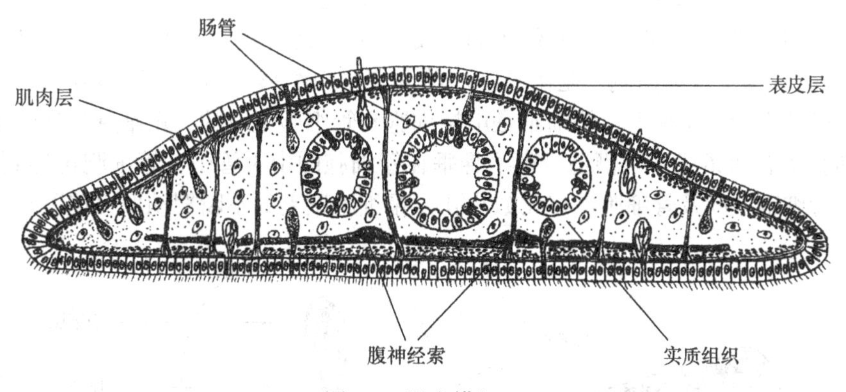

图5-2　涡虫横切面

扁形动物的体壁由表皮层和肌肉层组成，二者紧贴在一起，包裹全身，特称皮肤肌肉囊，简称皮肌囊。表皮是一层上皮细胞，由外胚层发育而来，起保护作用；肌肉层来源于中胚层，相对复杂一些，可收缩产生运动。扁形动物身体的中央往往有肠管，肠管来源于内胚层。扁形动物身体扁平，体壁与肠管之间的空间不大，为实质组织所填充，体内所有的器官都被包埋在实质组织之中。

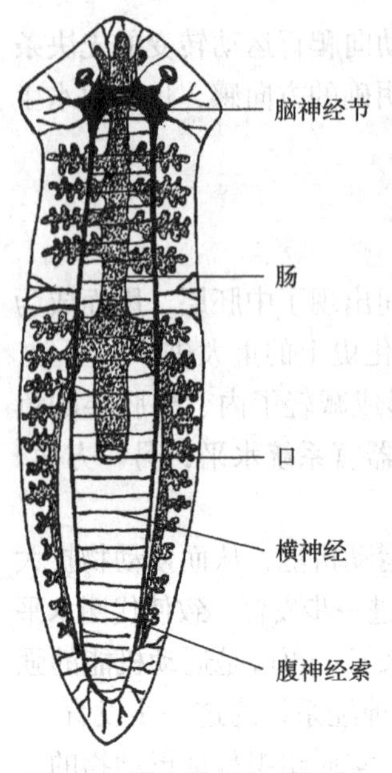

图5-3 涡虫的神经系统和消化系统

四、扁形动物的生命活动

扁形动物有两种生活方式：自由生活和寄生生活。自由生活的种类运动能力较强，多在水中或潮湿的陆地上活动，借助纤毛的摆动向前滑行或摆动身体游泳；寄生种类附在动物的体表或体内，很少运动。

1. 摄食和消化 扁形动物的消化管一般由口、咽和肠组成，由于没有肛门，为不完全消化。口位于腹中线上，可前可后，随种而异；咽是体壁内陷形成的，用以吞进或抽吸食物，简单的为管状，复杂的由管状咽折叠而来，这种咽可伸出口外取食；肠是由内胚层形成的盲管，负责消化吸收营养。

自由生活的涡虫大多为肉食性，消化系统比较发达，只是原始种类没有肠，在咽后有一团吞噬细胞，负责消化吸收营养；多数种类都有肠，有的还有分叉多支的肠（图5-3），能够进行细胞外消化和细胞内消化。寄生生活的吸虫消化道比较简单，以寄主的上皮细胞、血液等为营养源；而高度寄生生活的绦虫消化道则完全退化消失，生活在寄主的肠道中，靠体表直接吸收寄主消化好的营养物质。

2. 呼吸和循环 扁形动物没有专门的呼吸器官，多数种类靠体表的渗透作用从水中或空气中获取氧气，靠扩散作用向外排出二氧化碳，如涡虫；不少寄生种类可以进行厌氧呼吸，如绦虫。

扁形动物也没有专门的循环系统，实质组织负责储存和运输营养物质。

3. 排泄 从扁形动物开始，动物出现了排泄系统。

扁形动物的排泄系统是比较原始低级的，属于原肾管型，由焰细胞、排泄管和排泄孔组成（图5-4）。排泄管位于身体两侧，是由外胚层陷入实质组织形成的，有许多分支，分支的末端是焰细胞形成的盲管。实际上，焰细胞是由帽细胞和管细胞组成的，帽细胞扣在管细胞上形成盲管，帽细胞生有两条或多条鞭毛，鞭毛悬垂在管细胞的中央管中，管细胞再连到排泄管上。在帽细胞和管细胞之间及管细胞上有无数小孔，帽细胞鞭毛的不断摆动像火焰跳动，结果使实

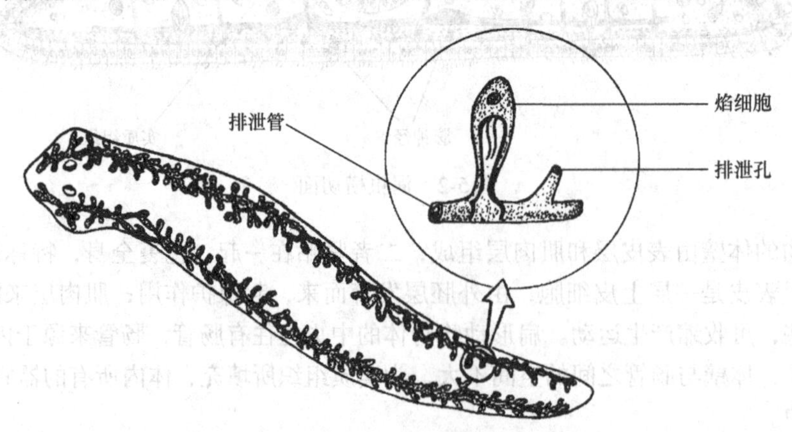

图5-4 涡虫的排泄系统

质组织中的液体通过这些小孔进入管细胞的中央管，进而流入排泄管，经排泄孔排出体外。

事实上，原肾管的主要功能是调节体内外水分平衡，保持渗透压，但同时也能排出一些代谢废物。

4. 神经和感觉　扁形动物的神经系统比腔肠动物的神经组织有显著的进步，表现在很多种类出现了原始的中枢神经：神经细胞逐渐集中，在身体前端形成了1对脑神经节，脑神经节向后分出若干纵行的神经索，一般是背、腹和侧神经索各1对，在神经索之间，还有横神经相连。三肠目的涡虫只有1对腹神经索及其横神经比较发达，形成梯形神经系统（图5-3）。不过，低等扁形动物的中枢神经不明显。

扁形动物的感觉器官结构简单，有眼点（由许多感光细胞构成）、耳状突（图5-1）等。眼点由许多感光细胞聚集、内陷而成，感知光线强度和方向，但不能成像；耳状突感受化学刺激和水流变动。

感觉器官和中枢神经的出现，使扁形动物对外界刺激能做出比腔肠动物更加迅速准确的反应。不过，寄生性扁形动物的感觉器官和神经系统趋于退化。

五、扁形动物的生殖发育

扁形动物拥有无性繁殖和有性生殖两种繁殖方式，但以有性生殖为主。

1. 无性繁殖　扁形动物的无性繁殖主要包括断裂繁殖和幼体生殖，个别种类还可行孤雌生殖。

断裂繁殖常发生在很多涡虫身上，开始是虫体在咽后区域缢缩，身体后半部分似乎是不愿受前半部分支配，不久，后半部分停止跟从，而前半部分则努力向前爬动，双方撕扯几个小时，最终虫体被扯成两半。由于涡虫的再生能力很强，扯断的两半虫体均可再生出缺失的部分，最终形成两个完整的虫体。微口涡虫（*Microstomum*）则是先实行多次预裂，各体段依然彼此相连，形成一个虫体链，时机成熟时，再完全断裂开来，一次裂出多个虫体。

幼体生殖出现在吸虫身上，其幼虫有多个发育阶段，胞蚴和雷蚴阶段体内有多个胚细胞团，每个细胞团都能发育成新个体，数量猛增，以抵御因更换寄主带来的大量损耗。

2. 有性生殖　扁形动物产生了比较完整的生殖系统，除生殖腺外，还有生殖导管和交配器，能进行体内授受精，主动将精子输送到雌性体内，而不是借助水流传送。扁形动物是最早进行体内受精的多细胞动物，它为动物由水生转向陆生提供了一个重要基础。

多数扁形动物是雌雄同体，异体或自体受精，直接或间接发育。

涡虫雌雄同体，但需异体受精。其体内有雌、雄两套生殖系统，雌性生殖系统包括卵巢、输卵管、卵黄腺、交配囊等，雄性生殖系统包括精巢、输精管、交配器等。交配器将精子释放到交配囊中，之后，精子上行至卵巢，受精卵经输卵管，与卵黄腺排出的卵黄细胞一起下行，到达生殖腔，形成卵袋，最后经生殖孔排出体外。卵袋中含有几个受精卵和数千个卵黄细胞，卵黄细胞为受精卵发育提供营养。吸虫和绦虫的雌性生殖系统还有储存受精卵的子宫。

第二节　分　　类

扁形动物门有20 000多种，分3个纲：涡虫纲、吸虫纲和绦虫纲，3个纲动物的身体结构和生活习性相差较大，很容易区别开来。

图5-5 笄蛭涡虫

一、涡虫纲（Turbellaria）

（一）涡虫纲的特点

涡虫纲的扁形动物多栖息于海水中，少数生活于淡水中，极少数活动于温暖潮湿的丛林地面上，如笄蛭涡虫（*Bipalium*）（图5-5）。海水种类常在浅海石块或海藻下隐居，也有的活动于珊瑚礁中或附着在其他动物身上，有时候能在海水中自由活泼地游泳；淡水种类一般在清澈的缓流中栖居，常常躲在石块下。

涡虫纲的特点是：有典型的皮肤肌肉囊，体表有纤毛，背部少，腹部多；运动能力较强，神经系统和感觉器官相对发达；消化系统发育程度不一致，有的种类没有肠，有的种类有复杂分支的肠。涡虫纲不同种类间个体差别很大，小的体长不足1mm，大的可达50cm。

涡虫纲的动物大多自由生活，有较好的捕食能力；多数雌雄同体，异体受精，直接发育或间接发育（海水种类）。涡虫纲的动物再生能力很强，很多种类都能进行断裂生殖。

（二）涡虫纲的常见动物

涡虫纲的扁形动物往往被称作涡虫，种类较多。在我国，淡水中最常见的是三角涡虫（*Dugesia japonica*），海水中生活的有平角涡虫（*Planocera riticulata*）等。

三角涡虫（*Dugesia*）在我国分布很广，多见于清澈的溪流中。三角涡虫全长20～35mm，宽3～4mm，身体前端呈三角形，两侧耳状突明显，背面淡褐色，有两个黑色眼点，口位于身体中后方的腹面，口后有生殖孔。三角涡虫多在夜间活动，捕食小虫，在食物匮乏的季节，靠吸收实质组织和内部器官（除神经系统）维持生命，耐饥饿能力非常强。一旦恢复食物供应，被吸收的器官会逐步修复。在温暖季节，三角涡虫常常进行断裂繁殖，在水温较低的秋冬季节多进行有性生殖。交配时，两个虫体紧贴在一起，互相为对方受精（图5-6）。受精卵和卵黄细胞包在卵袋中，卵袋被释放到水中，附在石块或其他物体上，大约在第2年4月，孵出白色的小涡虫。

平角涡虫（图5-7）身体似肉片，卵圆形，长约1cm，宽约6mm，身体前部背面有1对圆锥形的触角，触角基部环绕着黑色的眼点，腹面中央有口，口后方有前后相邻的两个生殖孔，

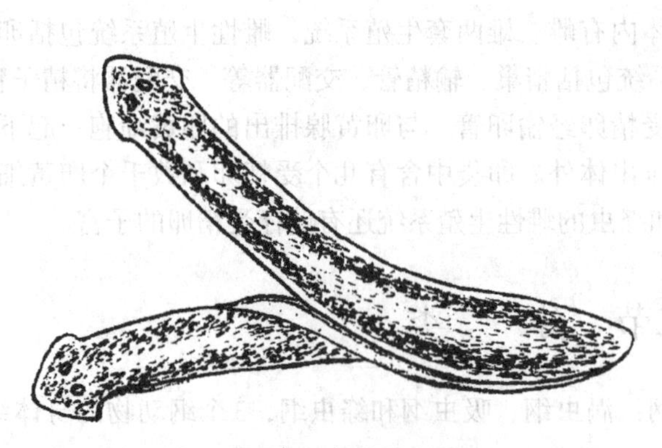

图5-6 三角涡虫交配

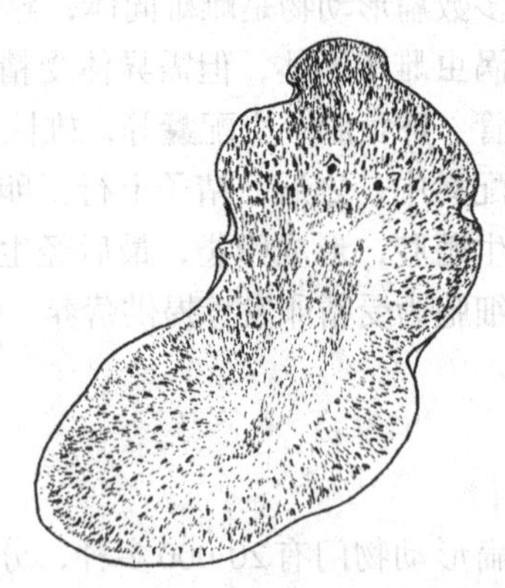

图5-7 平角涡虫

前面是雄性生殖孔，后面是雌性生殖孔。平角涡虫生活于我国北方沿海潮间带，常在石块下匍匐爬行。春夏季节，在礁石下产圆盘状的卵块，间接发育，幼虫叫作牟勒氏幼虫。

二、吸虫纲（Trematoda）

（一）吸虫纲的特点

吸虫纲的扁形动物全部营寄生生活，寄生在动物体表的为外寄生，寄生在动物体内的为内寄生。为了适应寄生生活，吸虫的身体结构发生了很多变化：有吸附器官，借以牢牢地附着在寄主身上；成虫体表不具纤毛，运动能力较差；神经系统和感觉器官大多已退化，特别是内寄生种类；生殖系统非常发达，繁殖力很强。

（二）吸虫纲的分类

吸虫纲分3个亚纲：单殖亚纲、盾腹亚纲和复殖亚纲。

1. 单殖亚纲（Monogenea） 单殖亚纲的扁形动物主要是外寄生，多寄生在水生脊椎动物体表或与外界相通的器官内，如寄生在鱼体表的三代虫（*Gyrodactylus*）和寄生在鱼鳃上的指环虫（*Dactylogyrus*）。

辅助阅读

三代虫（图5-8）寄生在淡水鱼的体表及鳃上，以鱼体表细胞和黏液为食。成虫体长不足0.5mm，没有眼点，身体前端有两个突起头器，口位于头器下方中央，下通咽、食道和两条盲管状的肠，身体后端扩展为圆盘状的吸盘，盘中央有两个大锚钩，盘的边缘有小钩，借以附在寄主身上。三代虫的头器分泌黏液，能够主动伸缩，与吸盘配合，能像尺蠖一样在鱼身上爬行。

三代虫雌雄同体，卵胎生，繁殖力很强，一般情况下，每个虫体内都会孕育一个胎儿，而这个胎儿体内还孕有一个胎儿，因此得名三代虫。当三代虫体内的胎儿发育到后期时，卵巢内又会产出一个成熟的卵，位于胎儿后方，当胎儿脱离母体后，该卵就会取代其位置，发育成为新的胎儿。

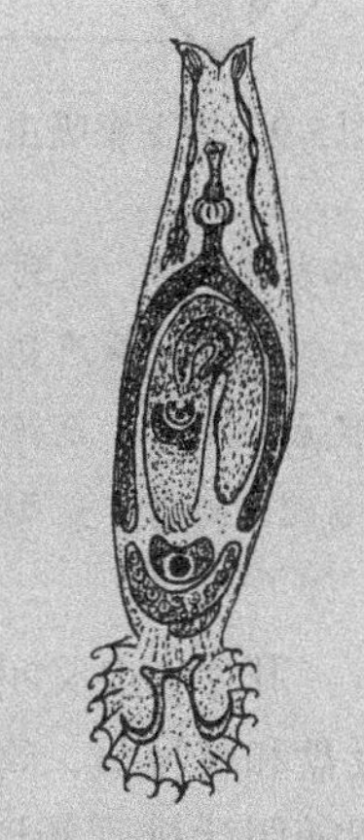

图5-8　三代虫

单殖亚纲的扁形动物体后往往有发达的附着器，附着器上有锚和小钩；生活史简单，一般不更换寄主；多卵生，少数卵胎生。

2. 盾腹亚纲（Aspidogastrea） 盾腹亚纲的扁形动物种类很少，内寄生，但往往没有专一的寄主。

盾腹亚纲的扁形动物最显著的特点是都有大吸盘，有的是单个的大吸盘覆盖在整个虫体腹面，有的是一纵列多个吸盘。盾腹亚纲常见动物是盾腹吸虫（*Aspidogaster*）。

3. 复殖亚纲（Digenea） 复殖亚纲的扁形动物为内寄生，一生中要多次更换寄主。幼虫必须在水中才能完成发育，幼虫阶段的寄主称为中间寄主，主要是淡水螺类；成虫阶段的寄主叫作终末寄主，成虫主要寄生在脊椎动物的消化管和血管内。

复殖亚纲吸虫的成虫阶段有消化管，感觉器官发生退化，吸附器发达，大多有两个吸盘：口吸盘和腹吸盘（或后吸盘）。成虫自体受精或异体受精，受精卵在水中孵化，孵出的幼虫体

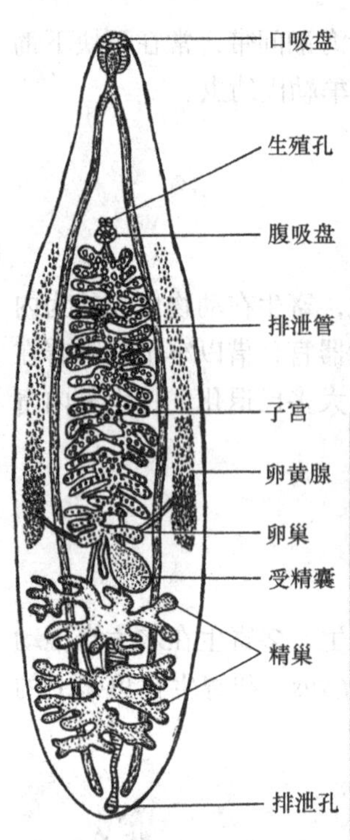

图5-9 华支睾吸虫结构图

表有纤毛，称为毛蚴。毛蚴寻找螺类寄生（华支睾吸虫的受精卵在螺体内孵出毛蚴），并在螺体内进行繁殖（幼体生殖），经历胞蚴、雷蚴、尾蚴及囊蚴等多个阶段，数量大增。尾蚴或囊蚴在适当的时机进入脊椎动物体内，完成生活史。

复殖亚纲的某些扁形动物能寄生在人体内，有的危害较大，如华支睾吸虫（*Clonorchis sinensis*）（图5-9）、肝片吸虫（*Fasciola hepatica*）、布氏姜片虫（*Fasciolopsis buski*）、日本血吸虫（*Schistosoma japonicum*）等。

辅助阅读

血吸虫的成虫寄生在人或其他哺乳动物的肠系膜静脉和门静脉中，吸食血液。在人体内寄生的血吸虫主要有3种：日本血吸虫、埃及血吸虫（*Schistosoma haematobium*）和曼氏血吸虫（*S. mansoni*），在我国流行的是日本血吸虫，它所引起的疾病简称为血吸虫病。

日本血吸虫雌雄异体，但两性共同生活，产生的受精卵能穿过肠壁进入肠道，随宿主的粪便排出，如能进入淡水，便可孵化出毛蚴。毛蚴在水中游泳，碰到钉螺（*Oncomelania hupensis*）后，钻入钉螺体内寄生，一条毛蚴在钉螺体内历经多次幼体生殖，可繁殖出数万条尾蚴。尾蚴离开钉螺，在水表层活动，遇到寄主，便通过皮肤钻入体内，进入血管。

血吸虫病严重损害人的身体健康。20世纪50年代以前，血吸虫病在中国流行十分严重，造成疫区居民成批死亡，无数病人的身体受到摧残，丧失劳动能力，致使田园荒芜、满目疮痍，呈现“万户萧疏鬼唱歌”的悲惨景象。为此，中国政府投入大量人力物力防治血吸虫病，取得显著效果。

肝片吸虫又叫作“羊肝蛭”，分布于世界各地，我国不多。成虫扁平叶状，长2～4cm，有口吸盘和腹吸盘，寄生在牛、羊及人的胆管内，繁殖力强大，每天都会产出大量的受精卵，受精卵随胆汁排到肠道内，和寄主的粪便一起排出体外。如果有机会进入淡水，在适宜的温度下，经过2～3周，孵化出毛蚴。毛蚴在水中自由游动，遇到锥实螺（*Lymnaea*）即迅速进入其体内，此时，毛蚴脱去纤毛变成胞蚴，胞蚴无口，其胚细胞发育产生数个雷蚴，雷蚴有口、咽和肠，可长到2mm，并形成很多尾蚴、子雷蚴，子雷蚴最终也生成尾蚴。尾蚴有长尾和两个吸盘，离开锥实螺，在水中游泳，不久，尾脱落，成为囊蚴，囊蚴附在水草上，或者在水中保持悬浮状态，等待时机。脊椎动物吃草或饮水时吞进囊蚴即被感染。囊蚴在脊椎动物肠内破壳而出，穿过肠壁经体腔而达肝脏，发育为成虫（图5-10）。

三、绦虫纲（Cestoda）

（一）绦虫纲的特点

绦虫纲的动物称为绦虫，全部营内寄生生活，高度寄生，因此，寄生虫对寄生生活的适应性在绦虫身上表现得非常明显：附着力很强，繁殖力强大，感觉器官退化。

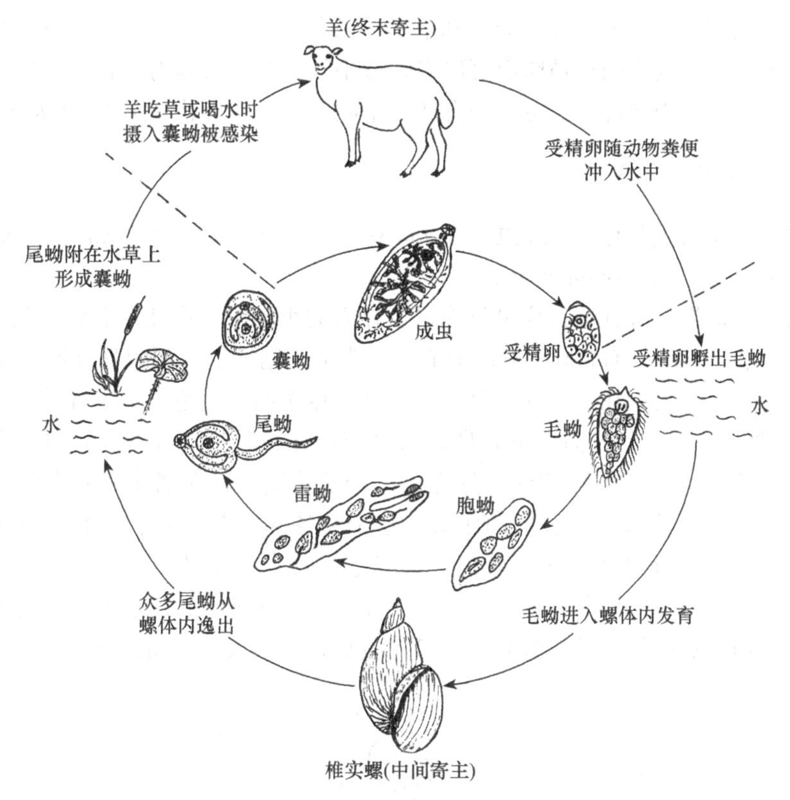

图5-10　肝片吸虫的生活史

辅助阅读

寄生是生物的一种营养方式，在动物界，往往表现为小动物附着在活的大动物身上，通过吸收大动物的体液、组织或已消化的食物获取营养，其中，获得营养的小动物叫作寄生虫，受害的大动物则叫作寄主（宿主）。寄生有多种类型，有的寄生虫并不经常和寄主生活在一起，仅仅是进食时才附在寄主身上，吃饱后就离开，这是暂时性寄生或称半寄生，如蚊子和蚂蟥的吸血行为等；如果寄生虫必须始终附在寄主身上，离开寄生就不能活，则是专性寄生（真性寄生或真正寄生）。营专性寄生生活的往往是较低等的动物，主要集中在原生动物门、扁形动物门和原腔动物中。

动物的生活是艰难的，寄生生活也不轻松。首先，寄生虫会遭到寄主的强烈排斥，其次，寄主的死亡会使寄生虫（专性寄生）的后代无以为继。为此，营专性寄生生活的寄生虫必须做出特别的变化才行：为抵御排斥防止从寄主身上脱落，衍生出强有力的附着器；为确保自己的后代能找到寄主，采取多生策略，拥有惊人的繁殖力，以抵消因更换寄主而引起的大量死亡。不过，营专性寄生的寄生虫一旦找到寄主，它们的运动机能及神经和感觉器官也就趋于退化。

绦虫的成虫呈带状，寄生于脊椎动物的肠道内，为抵御寄主的消化作用，体壁结构类似吸虫，但原生质层向外伸出无数微毛，负责吸收营养物质。除少数种类外，绦虫的身体都由3部分组成：头节、颈部和节片。头节为附着结构，负责挂在寄主的肠道上，颈节为繁殖节片，能大量生成节片，根据发育程度，节片分为幼节、成熟节和孕节。孕节含有大量的受精卵，脱落后随寄主的粪便排出，其中的受精卵散落出来，被中间寄主摄入体内，孵出幼虫，开始寄生。

绦虫大多只有一个中间寄主，也有的有两个中间寄主，如舌状绦虫（*Ligula*）。

（二）绦虫纲的常见动物

绦虫纲的常见动物主要有猪带绦虫（*Taenia solium*）、牛带绦虫（*Taenia saginata*）、九江头槽绦虫（*Bothriocephalus gowkongensis*）。

猪带绦虫在全世界广有分布，成虫只能寄生在人的小肠中，感染率不高，但寿命较长。成虫白色带状，全长2～4m，有800～1000个节片。头节为附着器，用以挂在肠壁上；颈部为新节片制造者，每天能生出十几个节片，每个节片都有雌雄两套生殖系统，可进行自体受精，形成孕节；每个孕节内含3万～8万个受精卵，常数节连在一起，随寄主的粪便排出体外，一般可存活数周。猪吞食人粪时，虫卵或节片进入猪的消化道内，在消化液的作用下，孵出六钩蚴，六钩蚴钻进肠壁，进入血管，借助血流到达全身各部，以肌肉中最多，经60～70天，六钩蚴发育为囊尾蚴。囊尾蚴为卵圆形乳白色的囊泡，具有囊尾蚴的肉俗称“米猪肉”或“豆肉”。人吃了这种猪肉后，如果囊尾蚴未被全部杀死，则在到达十二指肠时，囊尾蚴的头节自囊内翻出，借小钩及吸盘附着于肠壁上，2～3个月后，发育成熟（图5-11）。

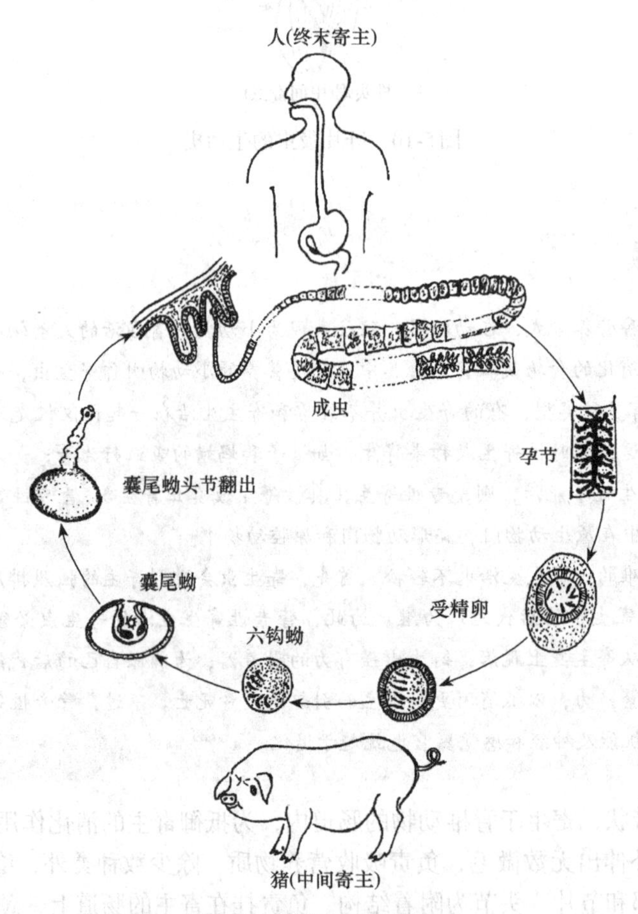

图5-11　猪带绦虫的生活史

此外，如果猪带绦虫的受精卵进入人的消化道，也能孵化出六钩蚴，通过血流到达全身，最终发育成囊尾蚴。由此可知，人虽为猪带绦虫的终末寄主，但也可能成为它的中间寄主。相对而言，牛带绦虫更加长大，人只能成为其终末寄主，中间寄主则是牛、羊等多种哺乳动物。

九江头槽绦虫成虫主要感染10cm以下的草鱼（*Ctenopharyngodon idellus*），幼虫寄生在剑水蚤（Cyclopidae）体内。

小　结

扁形动物身体扁平，两侧对称，中胚层形成肌肉，运动能力显著提高；出现中枢神经，形成梯形神经系统。扁形动物为最原始的三胚层动物，实质组织有储存养料和水分的功能；出现了原始的排泄系统——原肾管。扁形动物有无性繁殖和有性繁殖，但以有性繁殖为主，并拥有主动交配能力。

扁形动物分3个纲：涡虫纲、吸虫纲和绦虫纲。涡虫纲多自由生活，运动能力较强，神经系统和感觉器官相对发达；吸虫纲全部寄生生活，有较强的吸附能力，附在寄主身上，神经系统和感觉器官多已退化，生殖系统发达；绦虫纲高度寄生，成虫寄生于脊椎动物的肠道内，消化系统全部消失，生殖系统高度发达。

复习思考题

1. 解释名词：皮肤肌肉囊、原肾管。
2. 扁形动物有哪些重大的进步特征？
3. 扁形动物分哪3个纲？各纲的常见动物有哪些？
4. 寄生虫有什么特点？

第六章

原腔动物

（1）身体长圆形，线状、囊状或圆筒状，两侧对称。
（2）有假体腔，体表有比较发达的角质膜。
（3）具完全的消化道，即口和肛门分开。
（4）多雌雄异体，体内受精，有的孤雌生殖。
（5）海水、淡水、潮湿的土壤中生活或寄生生活。
（6）种类庞杂，形态各异，分类困难。

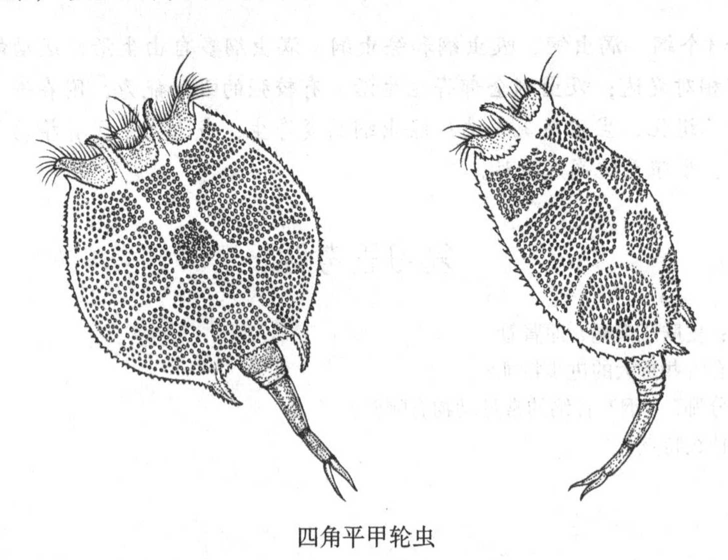

四角平甲轮虫

原腔动物又称为假体腔动物（Pseudocoelomata），以前也叫作线形动物（Nemathelminthes）。这类动物最大的特点是：在体壁和肠管之间有一个宽大的腔，称为假体腔，内有体腔液和少量细胞，生殖器官淹没其中。原腔动物的运动很慢，在海水、淡水及潮湿的土壤中都有分布，不少种类营寄生生活。

第一节　基本特征

原腔动物是非常庞杂的一个类群，其标志性特征是具有假体腔，进步性特征是具有完全消化道。

一、原腔动物具有假体腔

原腔动物最显著的特征是具有假体腔。假体腔又称为初生体腔，是动物最早出现的一种原始的体腔类型，它是位于体壁与消化管之间的一个空腔，外面以中胚层的纵肌为界，里面以内胚层的消化管壁为界，没有体腔膜，腔内充满液体或是有间质细胞的胶状物，是为体腔液。假体腔不是新生结构，而是胚胎发育过程中囊胚腔的残余部分保留下来而形成的，但却是原腔动物的标志性特征。

假体腔的出现改变了原腔动物的生活方式。首先，假体腔改变了动物的运动方式，假体腔是一个充满液体的封闭囊腔，虽无固定的形状，但肌肉收缩的力量可以作用其上，让身体弯曲，之后，肌肉放松，身体伸直，如此反复，蠕动前行。事实上，线虫动物门，如人蛔虫（*Ascaris lumbricoides*），不再依靠纤毛摆动驱动身体前行，而是靠纵肌伸缩使身体沿背腹向弯曲，做曲伸摆动。但由于假体腔是一个封闭鼓胀的腔，再加上这类动物的身体不分节，肌肉不发达，结果，这种运动方式的运动速度很难得到提高，仅仅是运动方式的改变而已。其次，假体腔中的液体或胶状物能储存营养和代谢产物，并能在假体腔内缓缓流动，这在一定程度上起到了循环交流的作用，提高了耐饥饿能力。再次，假体腔内还能储存大量水分，起到调节维持体内水分平衡的作用，提高了耐干旱能力，这让原腔动物能够生活在陆地上。

二、原腔动物的基本结构

原腔动物身体的横截面为圆形（图6-1），最外一层是体壁，即皮肤肌肉囊，中间是宽大的假体腔，最里面是肠管，模式结构就像是一个粗管子（体壁）套着一个细管子（肠管）。

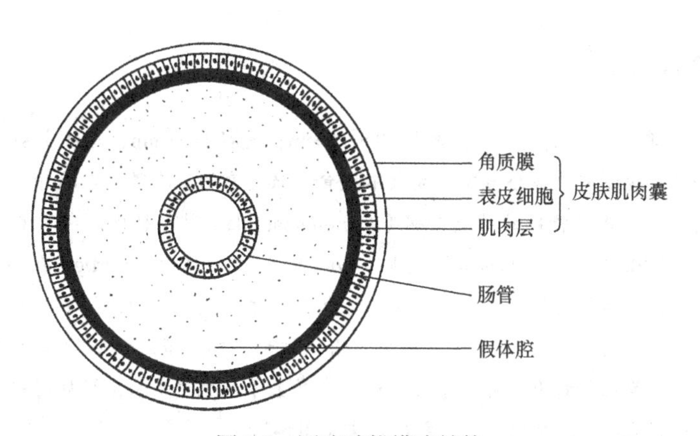

图6-1　原腔动物模式结构

原腔动物的体壁可分3层，中间层是外胚层形成的表皮细胞，有些种类的表皮细胞变成合胞体；内层是中胚层形成的肌肉层，很薄；外层是表皮细胞分泌的角质膜（角质层），起保护作用。大部分原腔动物的体表都有比较发达的角质膜，因此须蜕皮才能生长，发达的角质膜有利于自我保护和防止体内水分流失，这有利于原腔动物扩大生活范围。

原腔动物的假体腔里装满液体或胶状物，致使其外形呈长圆形、线状或圆筒状，尽管如此，原腔动物仍是两侧对称的体制。

三、原腔动物具有完全消化道

相对于扁形动物，原腔动物出现了一个明显的进步特征：具有完全的消化道，即口和肛门分开，位于身体的两端。原腔动物的消化道分为前肠、中肠和后肠，前肠和后肠均是由外胚层内陷形成的，只有中肠来源于内胚层，前肠包括口、咽、食道，后肠包括直肠和肛门。

四、其他特征

同扁形动物一样，原腔动物也没有专门的呼吸器官，多靠体表与环境交流完成呼吸，无氧环境中的寄生种类则进行厌氧呼吸。原腔动物的排泄系统仍属于原肾管类型，神经系统同扁形动物的比较，也没什么实质性的进步。

大多数原腔动物是雌雄异体，甚至雌雄异形，这比扁形动物进步。

第二节　分　类

目前已知原腔动物拥有20 000多个物种，但分类困难，一般认为应包括9个独立的门：线虫动物门（Nematoda）、线形动物门（Nematomorpha）、棘头动物门（Acanthocephala）、轮虫动物门（Rotifera）、腹毛动物门（Gastrotricha）、动吻动物门（Kinorhyncha）、内肛动物门（Entoprocta）、兜甲动物门（Loricifera）和鳃曳动物门（Priapulida）。其实，这9个门的动物形态差距非常大，彼此之间的亲缘关系也不够清楚，甚至有的观点认为鳃曳动物不属于原腔动物。这里主要介绍种类多，与人类关系密切的线虫动物门、轮虫动物门和棘头动物门，其他6门放在“辅助阅读”中简单介绍。

辅助阅读

（1）线形动物门身体呈细线形，成虫体长30～150cm，直径1～3mm，与线虫动物门不同，线形动物门的角质膜下面的表皮没有形成合胞体。成虫不摄食，只是靠幼虫阶段积累的营养维持生命活动，繁殖结束后，很快死去。线形动物门的游线虫纲（Nectonematoida）种类很少，在海水中生活；铁线虫纲（Gordioida）目前发现300多种，常见的有铁线虫（*Gordius*）、拟铁线虫（*Paragordius*）。

铁线虫成虫外观很像生锈的细铁丝，角质膜厚，雌雄异体，淡水活动，经常多条缠绕在一起。受精卵于水中孵化。幼虫身体前端有一个可伸缩的吻，借以运动，钻入节肢动物的血腔内，靠体壁吸取营养。落入水中的昆虫、蜈蚣等都有可能被感染。幼虫在寄主体内蜕皮生长，经数周到数月完成发育，寄主落入淡水时，钻出寄主身体，交配产卵，之后死去（图6-2）。

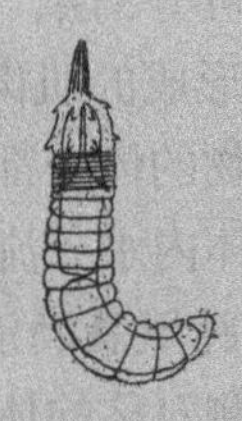

图6-2　铁线虫（左）及其幼虫（右）

（2）腹毛动物门身体很小，体长多为65～500μm，体圆筒形，背隆起，腹面平，前端有口，后端尖细，多分叉，口周围和腹部有纤毛，腹部的纤毛常排列成带，摆动时可推动身体前进。身体的前、后和侧面生有黏腺，用以附着于其他物体上，角质层覆盖于整个身体表面，并形成鳞片、棘刺或小钩。

腹毛动物门假体腔不发达，体表有纤毛，体内有两条神经索，神经系统近似梯形，生殖系统的结构也近似涡虫，所以，腹毛动物门被认为是假体腔动物中最原始的一类。

腹毛动物生活在水底沉积物周围，摄食原生动物、细菌和各种藻类，目前已发现400种左右，海水种类雌雄同体，进行有性繁殖，如侧毛虫（*Pleurodasys*）、尾趾虫（*Urodasys*）；淡水种类的精巢退化，行孤雌生殖，如鼬虫（*Chaetonotus*）。

（3）动吻动物门体长一般不超过1mm，体表没有纤毛，但具角质层和棘刺。身体分为13个节带，节带之间有很薄的角质膜，第1节带为头节，为一能伸缩的吻，其顶端为口，生殖孔位于末节带上。运动时，吻插入底泥中，收缩，牵引身体前进。

动吻动物生活于沿海水底泥沙中，以硅藻和海底泥沙中的有机质为食，目前对其繁殖习性了解不多，只知它们雌雄异体，幼年个体的节带分界不清，经多次蜕皮后，节带逐渐明显，成年后不再蜕皮。

动吻动物门约有100种，如动吻虫（*Echinoderes*）。

（4）内肛动物门成虫一般不超过5mm，单体或群体固着生活。单体的身体分为萼部、柄部和基部的附着盘。萼部球形，顶端边缘有一圈触手形成触手冠，触手基部为凹陷的前庭，前庭内有口、肛门、排泄管及生殖管开口；柄部多呈念珠状膨大，群体的往往是2个或3个柄共用一个附着盘。

因为肛门位于触手冠之内，故名内肛动物，内肛动物主要固着生活于浅海底部岩石或动物的外壳上，靠触手纤毛的摆动形成水流，将食物带入口内。内肛动物多雌雄异体，间接发育，幼虫在水中游泳，固着后变态，再以出芽的形式生成群体。

内肛动物门约有150种，比较常见的有柄萼虫（*Pedicellina*）。

（5）兜甲动物门又称铠甲动物门（Chaetognatha），个体很小，通常不足0.5mm，显微镜下，兜甲动物外观很像花篮，“花”是它的翻吻，用于摄食等，“篮”是几丁质的兜甲，躯干部可缩入其中。兜甲动物有1对原肾管，雌雄异体，间接发育。

兜甲动物全部海生，生活于泥沙、砾石的缝隙间，蜕皮生长。目前发现约120种，如神秘矮铠甲虫（*Pliciloricus enigmatus*）。

（6）鳃曳动物门也写作曳鳃动物门，形体小或中等，身体圆柱形，分化为吻、躯干和尾部。吻能翻转，生有25纵列的刺，躯干表面有体环，但不分节。

鳃曳动物主要取食多毛类，多分布在靠近两极地区的冷海中，从浅海到深海都有，在泥沙中穴居或管居生活，蜕皮生长。目前仅发现16种，如鳃曳虫（*Priapulus caudatus*）。

一、线虫动物门（Nematoda）

线虫动物通称线虫，身体为长圆筒形（图6-3），两端尖细，体表无纤毛，头部有口、唇片和乳突；活动于有机质较多的地方。自由生活的种类身体较小，体长通常在1mm左右，如秀丽线虫（*Caenorhabditis elegans*）；寄生种类较大，最长的可达8m（寄生在鲸体内）；也有的种类既能寄生生活也能自由生活，如粪类圆线虫（*Strongyloides stercoralis*），只是寄生世代体形更大些。

（一）线虫动物门的主要特征

1. 体壁结构 线虫体表的角质膜比较发达，角质膜下面是表皮细胞（上皮细胞），表皮

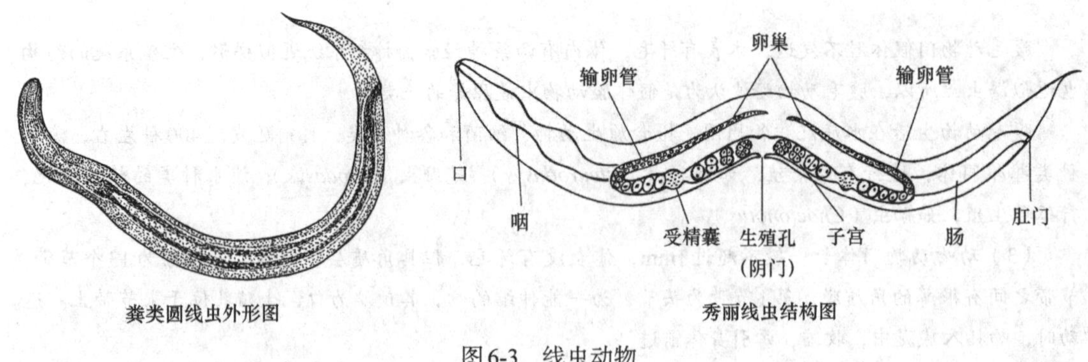

图6-3　线虫动物

细胞多为合胞体：细胞界限不清，看上去就像一个具有多个核的大细胞。表皮之内是肌肉层，表皮层在背、腹、左、右向内加厚形成纵向的体线将肌肉层隔开，其中背、腹体线细，侧体线粗（图6-4）。

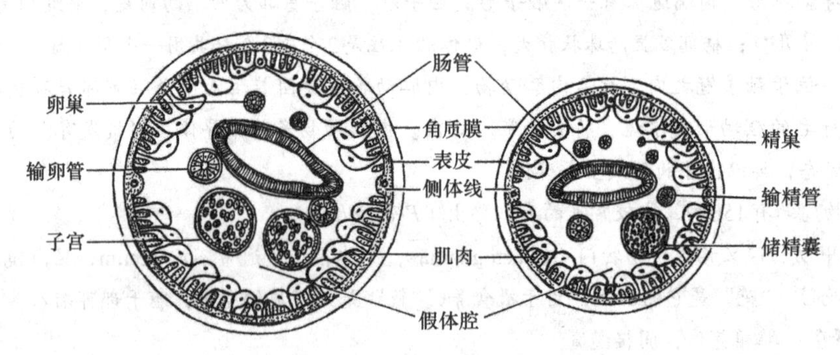

图6-4　人蛔虫横切图（左雌右雄）

线虫的肌肉层不发达，但在肌肉层和假体腔的共同作用下，虫体仍可表现出背腹向的曲伸扭动或蛇形运动。有些线虫的体表有刺、环等，借此可做短距离的爬行或游泳。由于角质膜发达，线虫须蜕皮才能生长，通常一生蜕皮4次。

2. 摄食与消化　自由生活的线虫底栖，在土壤和底泥中觅食，食性很广，有的以细小的动物为食，也有的以藻类及植物根部细胞为食，有的以细菌和有机碎屑为食。寄生生活的线虫以寄主的体液或消化道内的营养物为食。

线虫的消化道为一直形管，分前肠、中肠和后肠。前肠包括口和咽，口位于身体前端，咽肌肉发达，可抽吸食物；后肠包括直肠和肛门，肛门多开口于身体后部的腹中线上。线虫的咽腺和中肠的腺细胞产生消化酶，在中肠内完成细胞外消化。

3. 排泄系统　线虫的排泄系统属原肾管型，也是起源于外胚层，但与扁形动物不同的是，它没有焰细胞，应属特化类型，有腺型和管型，也有结合型（腺型管型兼而有之），如秀丽线虫。

腺型的排泄系统比较原始，由外胚层内陷形成，通常由1～2个原肾细胞构成，原肾细胞从体腔液中吸收代谢产物，自排泄孔排出体外，如小杆线虫（*Rhabditis maupasi*）。陆生线虫的排泄系统多为管型：身体两侧各有1条侧管，存在于左、右体线内，两侧管在前端以横管相连，最后经过共同的小管以排泄孔开口在前端腹部，如驼形线虫（*Camallanus*）、蛔虫（蛔目）

等。管型是由腺型演变来的，也是从体腔液中吸收代谢产物，排出体外。

4. 神经和感觉 线虫的运动能力较差，感觉器官不发达。线虫的感觉器官主要集中在身体两端，有乳突、头感器、尾感器等，水生种类在咽的两侧还有1对感光的眼点。

线虫拥有筒状神经系统：由围咽神经环及其向前、向后发出的纵向神经索组成。围咽神经环位于咽部，与之紧密相连的还有背神经节、腹神经节和侧神经节；神经索通常6条，有背神经索、腹神经索和侧神经索等，其中，背、腹神经索最发达，分别包埋在背体线和腹体线中。

5. 生殖发育 大多数线虫雌雄异体，雄虫相对较小，身体后端弯曲成钩状。少数线虫雌雄同体，并能进行自体受精。还有极少数陆生线虫可行孤雌生殖。

线虫的生殖系统呈管状，位于假体腔中。雄性的多单个存在，开始是精巢，其后是输精管，输精管末端膨大形成储精囊，再向后与肌肉质的射精管相连，最后，通过泄殖孔（与肛门共用）开口体外；雌性的生殖系统通常成对出现，卵巢或对向排列在身体两端或平行于身体两侧，卵巢之后是输卵管和子宫，子宫会合于阴道。线虫一般体内受精，卵在子宫上端近输卵管处遇上精子，受精卵存在于子宫内，往往还要包上卵壳，之后，经阴道、生殖孔（阴门）排出体外。排出体外的卵在不同种类其成熟度有较大差别，如人蛔虫的还只是单个细胞，蠕形住肠线虫（蛲虫，*Enterobius vermicularis*）的已经发育为幼虫，只是没孵出而已，而旋毛虫（*Trichinella spiralis*）产出体外的就已经是幼虫了，应为卵胎生。

线虫直接或间接发育，发育过程中最奇异是，器官发生完成后，体细胞就停止分裂，体细胞数目也就恒定下来，以后虫体的生长是由细胞体积增大来实现的。

（二）线虫动物门的常见动物

在原腔动物中，线虫动物门的种类最多，已知约有16 000种，它们大多自由生活，淡水、海水和潮湿的土壤中都有，有时数量极多，在肥沃的农田中可达到100万条/m^{2}以上。自由生活的线虫以各种有机物为食，不同种类的食性各不相同。水生种类通常在泥底生活，海水多淡水少，且淡水种类和海水种类差别很大。也有不少线虫寄生于动植物体内，比较常见的有人蛔虫、蛲虫（*Enterobius vermicularis*）、十二指肠钩虫（*Ancylostoma duodenale*）、毛首鞭形线虫（*Trichuris trichura*）（图6-5）、小麦线虫（*Anguina tritici*）、松材线虫（*Bursaphelenchus xylophilus*）等，其中，松材线虫为典型的外来入侵物种。

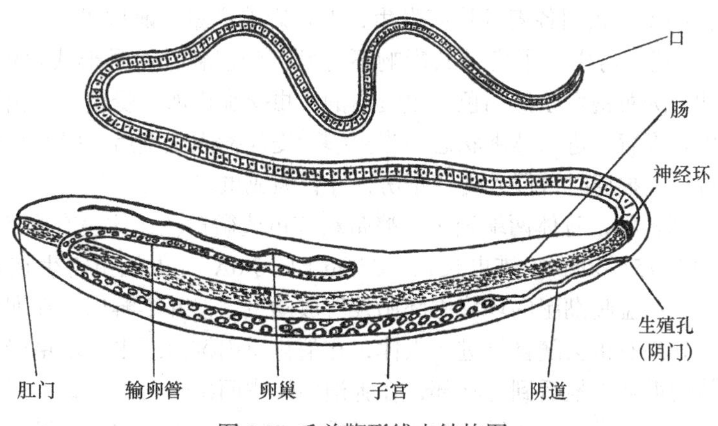

图6-5 毛首鞭形线虫结构图

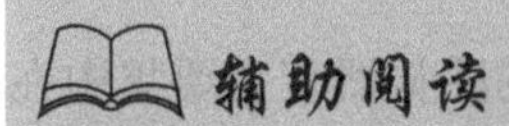

由于人类的活动等，生物被有意或无意地带到异地。在新环境中，这些外来生物有的能生存下来，但有的种类在进入新区域后，由于非常适应环境且没有天敌制约，数量剧增，大肆侵占当地物种的生存空间和生存资源，致使生态系统失去平衡，造成严重的危害而无法控制，这就是外来物种入侵。据报道，目前，外来物种入侵给全球造成的经济损失每年超过4000亿美元。

外来物种入侵的例子不胜枚举，最有名的还是澳大利亚的兔子（家兔，*Oryctolagus cuniculus domestica*）。其实，在澳大利亚，赤狐（*Vulpes vulpes*）、家猫（*Felis catus*）、家鼠（主要是小家鼠，*Mus musculus*）、单峰驼（*Camelus dromedarius*）、“野猪”（家猪野化）、家马（*Equus caballus caballus*）、家驴（*Equus asinus africanus*）、山羊（*Capra hircus*）、水牛（*Bubalus arnee*）以及6种鹿等都已在野外泛滥成灾，对环境和本地物种造成重创。再如，云南是我国淡水鱼类最为丰富且最有特色的省份，20世纪60年代到70年代，人们两次大规模地引进长江鱼类，结果对当地水域环境造成严重伤害，致使云南省所产的432种土著鱼类中，有130种已经失去踪影。

外来物种入侵给我国造成的损失每年不低于2000亿元。截至2020年8月，中华人民共和国生态环境部发布的《2019中国生态环境状况公报》显示，全中国已发现660多种外来入侵物种。其中，71种对自然生态系统已造成或具有潜在威胁并被列入《中国外来入侵物种名单》。

秀丽线虫体长约1mm，生活在土壤中，以细菌为食，成虫有雌雄同体（图6-3）和雄虫两种性别，雄虫通常占群体的0.2%。雄虫有1031个体细胞和1000个生殖细胞；雌雄同体有959个体细胞和2000个生殖细胞。雌雄同体是雄性系统先成熟，产生精子储存在受精囊内，雌性系统成熟后产生卵子进行受精，自体受精能产生300～350个后代，也可与雄虫交配，如果交配，则优先选择外源精子，后代数目还可增加到1200～1400个。刚孵出的幼虫有556个体细胞和2个原始生殖细胞，之后蜕皮4次，其间如果遇到食物短缺，则会停止发育，待环境转好时再恢复进食，第4次蜕皮后进入成虫阶段。通常，在22～25℃的适宜环境下，秀丽线虫在孵化后的45～50h就会发育为成虫并开始产卵繁殖。

秀丽线虫身体透明，体细胞数目恒定，生命周期短，易培养，而且能冻存复苏，因而成为生命科学研究的重要模式生物。

小麦线虫危害小麦，我国各麦区均有发生，严重影响产量。雌成虫体长3～4mm，雄成虫2～3mm，生活在麦花子房中，子房受其影响不再发育为麦粒，而是形成虫瘿。虫瘿似麦粒，初为油绿色，后期变为黄褐色至黑褐色，虫瘿内的成虫交配产卵，受精卵孵出幼虫，多达数千条，幼虫蜕皮后停止发育，进入休眠状态。当虫瘿随麦粒播入土壤后，吸水变软，幼虫从中爬出，为害麦苗，待小麦抽穗时再侵入麦花子房，发育为成虫。

人蛔虫的成虫圆柱状，身体两端渐细，略带粉红色或微黄色，体表有横纹，隐约可见4条纵向的体线，雄虫长15～30cm，雌虫长20～35cm（图6-6A）。人蛔虫寄生在人的肠道内，受精卵随人粪便排出，在温暖潮湿的环境中胚胎发育成幼虫，但并不孵出，在卵内蜕皮一次，此时的卵具感染力，如果有机会随食物进入人体，在消化道内孵出幼虫，幼虫能穿过肠黏膜进入静脉，随血液在体内循环，最后到达肺部，在肺泡内蜕皮两次，再沿气管上行，到达咽部，刺激咽部做吞咽动作，再次进入消化道，到达小肠后，再蜕皮一次，数周后发育为成虫。一般来

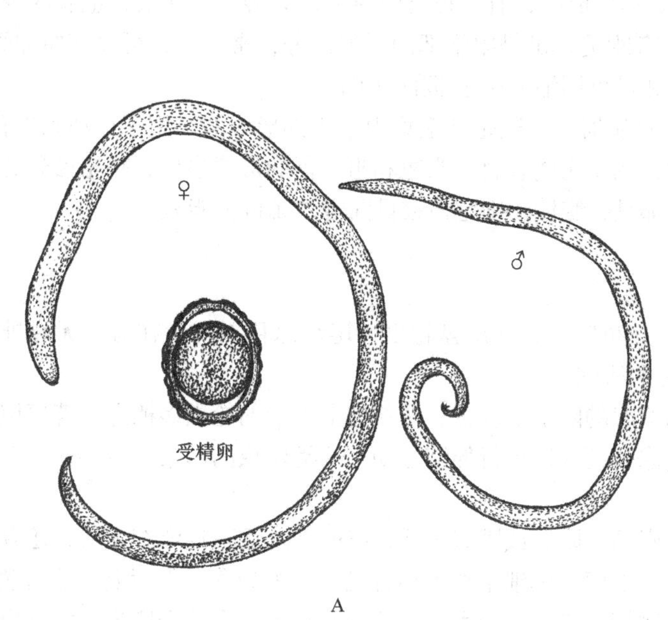

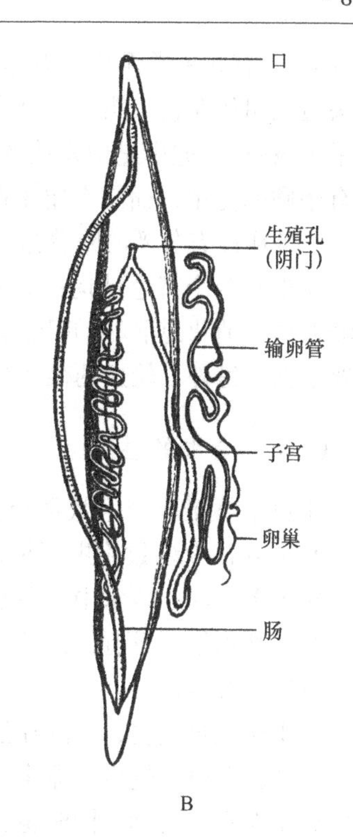

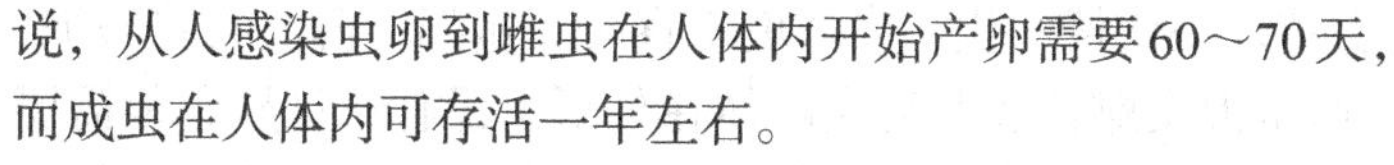
A　　B

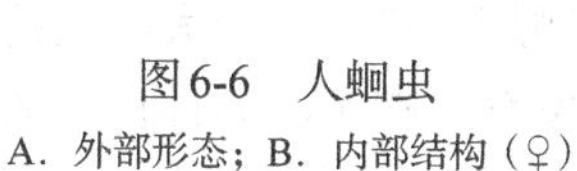
图6-6　人蛔虫

A．外部形态；B．内部结构（♀）

说，从人感染虫卵到雌虫在人体内开始产卵需要60～70天，而成虫在人体内可存活一年左右。

蛔虫的生殖器官为管状结构，左右各一，分别曲形回折于假体腔内，逐渐变粗，内有逐渐发育成熟的精子或卵子。依发育程度分别称之为精巢、输精管和储精囊（雄）或卵巢、输卵管和子宫（雌）（图6-4，图6-6B）。雌雄虫在人的小肠内交配，雌虫每日可产20万粒卵，一生可产0.7亿～1亿粒卵。

二、轮虫动物门（Rotifera）

（一）轮虫的形态

轮虫的身体微小，体长多为0.1～0.5mm，个别轮虫可达3mm。轮虫的体壁有3层：最外面是角质膜；中间是1层上皮细胞（表皮细胞），同种轮虫的上皮细胞数目是固定的；上皮细胞层里面是中胚层形成的肌肉，由斜纹肌和横纹肌组成。

轮虫的外形大多呈圆筒形、囊形或钟形，一般背部隆起，腹略扁平，身体大致可分头、躯干和足（尾）3部分

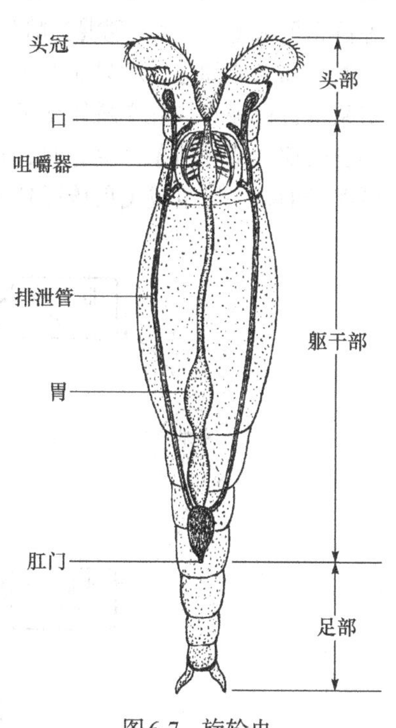

图6-7　旋轮虫

（图6-7），有些种类无足。头部有纤毛环组成的头冠，纤毛摆动时似车轮转动，所以得名轮虫，其头冠也叫作轮盘。头冠的基本形态为漏斗形，底部是口；躯干部最宽大，外面往往罩有1个兜甲（被甲），兜甲是由发达的角质膜形成的，有的种类兜甲上还有棘刺及花纹，也有的种类没有坚硬的兜甲，而是在躯干部生有刚毛；足是躯干部的延伸部分，常分节，可以弯曲伸缩，足的末端往往有分叉的附着器。头和足可回缩入躯干部的兜甲内。

轮虫有两个特色结构：头冠和咀嚼器。头冠是纤毛集中于头部形成的，用于运动和摄食；咀嚼器位于消化道前端的咀嚼囊中，用于咀嚼食物。头冠和咀嚼器的形式多样，是轮虫分类的重要依据。另外，轮虫的很多组织都是合胞体，细胞核数目固定，无再生能力。

（二）轮虫的生态

轮虫个体虽小，但数量众多，分布广泛，除尾盘轮虫（尾盘总目）寄生在海洋无脊椎动物的身上外，大多数轮虫都是自由生活的。

轮虫多生活于淡水中，海水和潮湿的陆地上较少。在陆地上生活的轮虫多栖息于苔藓植物上，身体蠕虫形，具有假体节，能像套筒式地进行伸缩运动，这类轮虫的卵巢成对存在，至今还没有发现过雄体。

淡水轮虫种类多，有的在浅水底栖，附着或固着生活；有的在水面附近浮游生活；还有的附着和浮游兼营。轮虫以原生动物、细菌、单细胞藻类和有机颗粒等为食，头冠上纤毛的摆动能使轮虫在水中运动，同时也将食物旋入口中。绝大多数的淡水轮虫只有单个卵巢，雌雄异体（有的种类从未发现过雄体），直接发育。在生活条件良好的水域，往往只能见到雌体，这些雌体无须交配，直接产卵，所产卵称为夏卵，夏卵很快孵化，而且孵出的后代均为雌体，即非混交雌体。非混交雌体继续进行孤雌生殖，一代接一代。当环境不良时（水温下降、食物短缺、种群密度大等），会出现混交雌体，通常混交雌体和非混交雌体在外形上没什么区别，但需要交配，如未能如愿，就只能产小卵，小卵孵出的个体均为雄体，雄体很小，体内只有发达的生殖系统，积极寻找混交雌体交配。交配后的混交雌体产休眠卵，休眠卵有厚厚的壳，借以度过不良时期，待环境条件变好时，再孵出非混交雌体，开始新一轮的生活（图6-8）。休眠卵也有可能借助风、昆虫或飞鸟传播到远方。

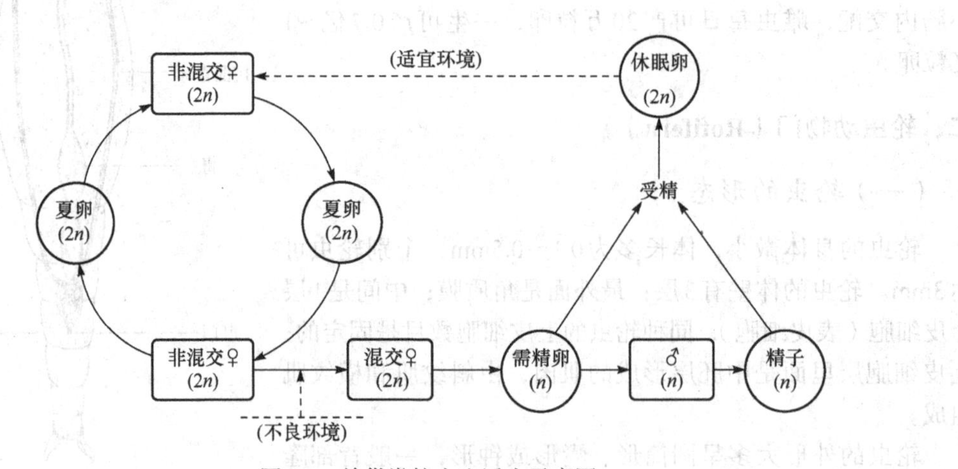

图6-8　单巢类轮虫生活史示意图

轮虫生命周期短，正常情况下，雌体寿命只有10天左右，因为能进行孤雌生殖，所以，在条件良好的水域，轮虫能迅速繁殖，短时间内达到惊人的数量。

多数轮虫是借休眠卵度过不良环境的，但也有不少种类的轮虫，在枯水季节，会停止活动，身体缩入兜甲，失去水分，代谢水平降到极低，近乎死亡，等待时机，一旦环境条件转好，能很快复活，这种现象叫作隐生。隐生的轮虫忍耐能力极强，可在土中存活几年甚至几十年。

（三）轮虫动物门的常见动物

大多数的轮虫是世界性种类，在世界各地都有其踪迹。目前，已发现约2500种，我国报道有300多种，在淡水中，最常见的种类是：萼花臂尾轮虫（*Brachionus calyciflorus*）、角突臂尾轮虫（*B. angularis*）、螺形龟甲轮虫（*Keratella cochlearis*）、矩形龟甲轮虫（*K. quadrata*）、针簇多肢轮虫（*Polyarthra trigla*）、长三肢轮虫（*Filinia longisela*）、梳状疣毛轮虫（*Synchacta pectinata*）、颤动疣毛轮虫（*S.tremula*）、前节晶囊轮虫（*Asplanchna priodonta*）等（图6-9）。

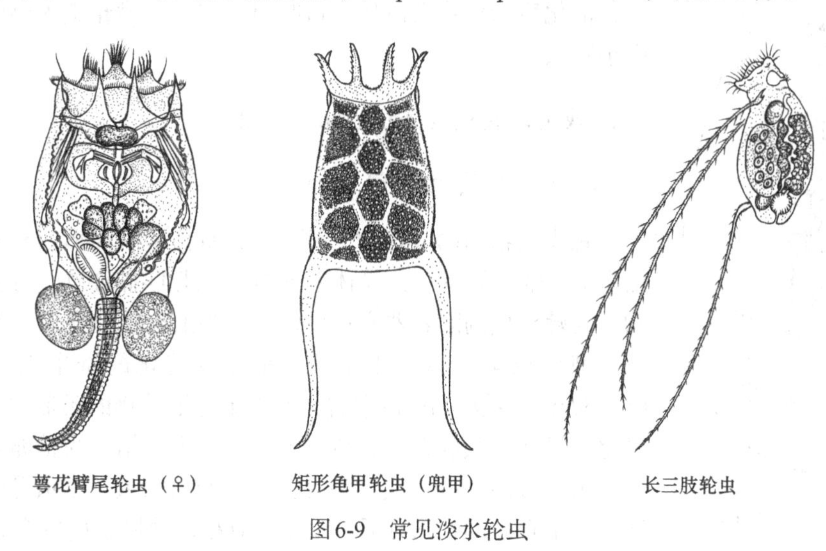

萼花臂尾轮虫（♀）　矩形龟甲轮虫（兜甲）　长三肢轮虫

图6-9 常见淡水轮虫

萼花臂尾轮虫在我国分布很广，体表白色或淡棕色，体长为0.30～0.35mm，身体后端有一长足，能自由弯曲，伸缩摆动。萼花臂尾轮虫以单细胞动植物为食，全年可繁殖，春、夏季数量很多。萼花臂尾轮虫是鱼苗最有价值的开口饵料，在水产养殖中很受重视。

辅助阅读

自然环境中，鱼类在鱼苗阶段死亡率极高，究其原因，主要是被敌害捕食和饥饿。在养鱼生产中，要提高鱼苗的成活率，就得从这两个方面入手。首先是清塘，在池塘中施放生石灰，杀死敌害生物；其次，在池塘中施放动物粪肥，培育轮虫。

清塘后不久，水质恢复正常，先是细菌、后是单细胞藻类大量出现，而在池塘中施放的粪肥也含有大量的有机质，这些都是轮虫的重要食物。有了食物这个基础，轮虫施展孤雌生殖，数量激增，致使每毫升水中能达到几十个。此时，将刚刚开口摄食的鱼苗放入池塘。因为轮虫游动慢、个体小、营养高、数量大，这对鱼苗来说，意味着追得上、吃得下、吃得好、吃得饱，所以，在这样的池塘中，鱼苗成活率高，生长快。

养鱼人都知道，轮虫是鱼苗最佳的开口饵料。可为什么养鱼塘中会出现这么多轮虫呢？事实上，各种淡水水域，尤其是养鱼塘中，往往有大量轮虫生活，秋季，轮虫产生休眠卵，休眠卵沉到水底，混杂于泥土中，数量很多，有的养鱼塘每平方米能达到几万粒甚至几百万粒。平常，这些休眠卵即使有条件萌发，也往往由于食物缺乏和敌害捕食，很难上升到足够的数量，而生石灰清塘对轮虫的休眠卵没有伤害，却能杀灭多种敌害生物，这就为轮虫的暴发扫清了障碍，而食物的足量供应又使轮虫的孤雌生殖潜力得以充分发挥，结果，巨量的轮虫陪伴鱼苗度过最艰难的开口期，自然就提高了鱼苗的成活率。

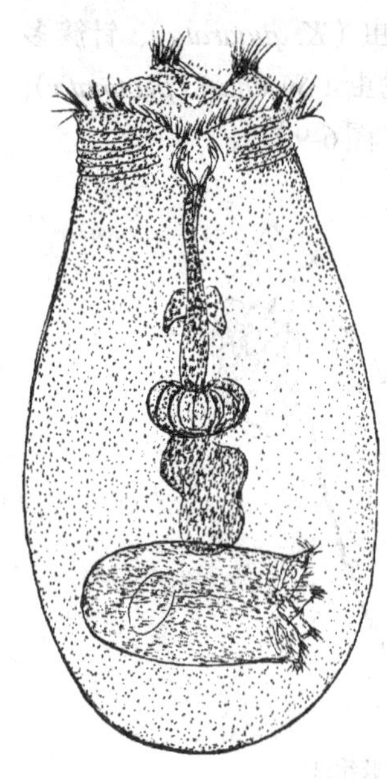

图6-10　前节晶囊轮虫

前节晶囊轮虫也是我国常见的一种淡水轮虫，体长0.3～1.2mm，无足，身体囊袋状，透明似灯泡，后端浑圆，肠和肛门次生性消失（图6-10）。前节晶囊轮虫喜欢捕食其他轮虫，咀嚼器能伸出口外摄取，消化后的食物残渣仍由口吐出。前节晶囊轮虫为卵胎生，直接产小轮虫。

三、棘头动物门（Acanthocephala）

（一）棘头动物门的特点

棘头动物门的动物称为棘头虫，身体呈圆筒形或稍扁平。棘头虫有1个显著的特征：身体前端有1个能伸缩的吻，吻上有许多倒钩，为棘头虫的附着器官；另外，棘头虫表皮细胞为合胞体。

棘头虫全部营寄生生活，是高度特化的寄生虫。成虫体长8～65cm，多数在10cm左右，寄生于脊椎动物的肠道中，消化系统退化，靠体壁吸收营养，雌雄异体，体内受精，受精卵随寄主的粪便排出，被昆虫等节肢动物吞食后，孵出幼虫。昆虫等中间寄主被终末寄主脊椎动物取食后，幼虫在脊椎动物肠道内发育为成虫。

（二）棘头动物门的常见动物

棘头虫全世界都有分布，目前已知约有1200种，我国比较常见的是寄生在猪体内的猪巨吻棘头虫（*Macracanthorhynchus hirudinaceus*）和寄生在多种淡水鱼体内的长棘吻虫（*Rhadinorhynchus*）。

猪巨吻棘头虫的成虫背腹略扁，体表有具环纹的角质层，乳白色或粉红色，身体前端有1个可伸缩的吻突，吻突上有6纵行吻钩，每行6个，前大后小（图6-11）。雄虫体长5～10cm，雌虫体长20～65cm。猪巨吻棘头虫寄生于猪的小肠内，虫卵随猪粪排出，在土壤中可存活数月至数年。当虫卵被甲虫的幼虫吞食后，卵壳破裂，棘头蚴孵出，穿破甲虫的肠壁进入血腔，大约经3个月，发育为感

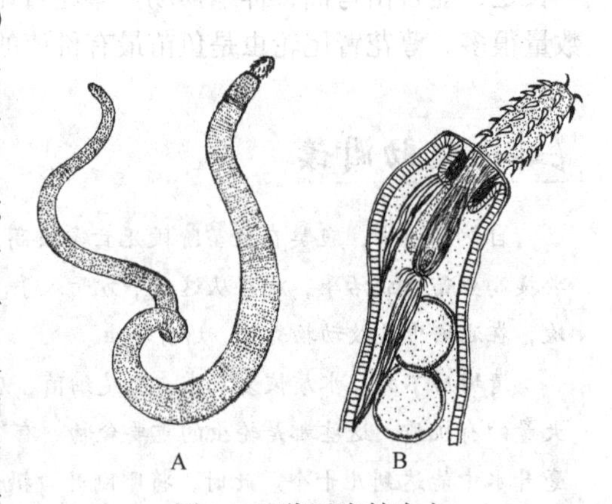

图6-11　猪巨吻棘头虫
A. 整体；B. 前端放大

染性棘头体。当猪吞食甲虫（包括幼虫、蛹和成虫）时，棘头体就进入猪体内，在小肠内发育为成虫。

小 结

原腔动物的标志性特征是具有假体腔，进步性特征是具有完全的消化道，另外，其体表还有比较发达的角质膜。原腔动物有两种运动方式：蠕动和游动，因为肌肉不发达，假体腔中又充满液体，所以，原腔动物的蠕动速度很慢；轮虫靠摆动纤毛游泳，速度也不快。原腔动物有两种生活方式：自由生活和寄生生活，自由生活种类个体很小，寄生种类有些较大。

原腔动物分类困难，通常分9个门，种类比较多的是线虫动物门、轮虫动物门和棘头动物门。

复习思考题

1. 解释名词：假体腔、角质层、体线、隐生。
2. 原腔动物有哪些重要特征？
3. 原腔动物的分类情况怎样？
4. 轮虫是如何适应淡水生活的？
5. 指出线虫、轮虫和棘头虫的特点和常见动物。

第七章

环节动物门

（1）身体同律分节，出现疣足和刚毛，运动能力增强。
（2）出现真体腔，出现循环系统，代谢水平提高。
（3）排泄系统为后肾管。
（4）具链状的神经系统。
（5）主要进行有性生殖，直接或间接发育。
（6）生活于海水、淡水及潮湿的土壤中，寄生种类很少。

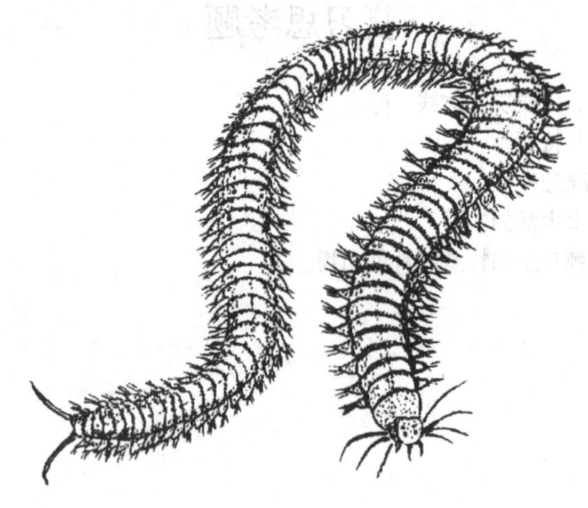

沙蚕

环节动物是高级蠕虫，身体由许多相似的体节构成，圆柱形或扁圆柱形。有些种类在水中生活，有些种类在土壤中或潮湿的陆地上生活，比较常见的有沙蚕、蚯蚓、蚂蟥等。

第一节　基 本 特 征

相对于原腔动物，环节动物在动物进化史上向前迈进了一大步，出现了许多重大的进步特征，运动能力明显增强。

一、环节动物身体同律分节，出现疣足和刚毛，运动能力显著提高

环节动物身体分节，躯体由许多体节组合而成，节与节之间体内以节间膜隔开，体表形成节间沟。具体表现为：除最前端的2节（口前叶和围口节）和最后端的1节（尾节或肛节）外，其余各体节的形态和功能基本相同，特称同律分节。在多毛纲，这些体节上还出现了疣足和刚毛（图7-1）。疣足扁平，由体壁侧向外凸形成（雏形的附肢），刚毛位于疣足上，形状多样，几丁质。疣足和刚毛有多种功能，如运动、感觉、呼吸。寡毛纲无疣足、刚毛少而细小，须在

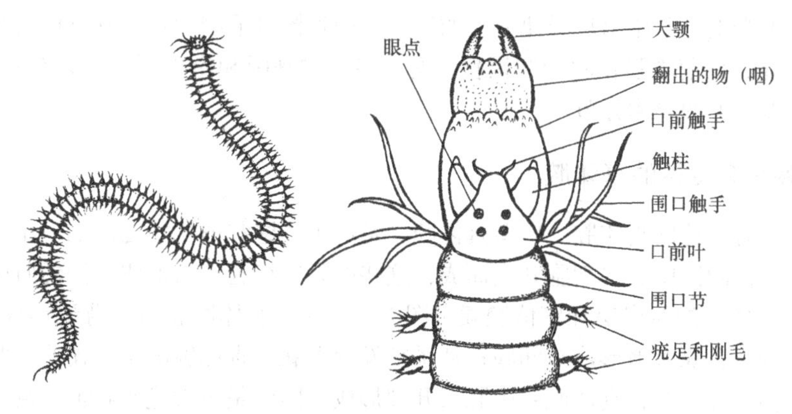

图7-1　沙蚕整体（左）及其前部背面（右）

显微镜下才能看到，环毛蚓（*Pheretima*）的多数体节上都生有一圈刚毛。

身体分节可使运动更加灵活快捷，疣足和刚毛的出现则进一步强化了运动能力，这对于环节动物获得食物、拓展生存空间都有十分积极的意义。

环节动物的同律分节是在原腔动物表面分节的基础上演变而来的，但却是高等无脊椎动物的重要标志。从进化的角度来讲，同律分节意义重大深远：现实意义是强化了动物的运动能力，促进了动物形态结构和生理功能向高一级水平发展；理论意义是为异律分节的出现奠定了基础。

辅助阅读

蚯蚓和线虫都是线状蠕虫，都喜欢土中穴居，但蚯蚓的运动能力明显强于线虫，这是因为蚯蚓身体分节、肌肉发达、体表有刚毛的缘故。

陆生蚯蚓的肌肉占身体的40%左右，产生运动的主要是环肌和纵肌。当蚯蚓前进时，某段体节的纵肌收缩，环肌舒张，使得此段体节变短变粗，拉动身体缩短；因为体表的刚毛是斜向后生长的，所以体节变短粗时，其前部体节的刚毛就会钉入土粒，结果只能是拉动后部体节前行；之后，环肌收缩，纵肌舒张，使这些短粗的体节变长变细，这时，其后部体节的刚毛则钉入土粒，固定不动，因而只能是推动前部体节前行（图7-2）。这种收缩舒张节律像波浪一样从前向后沿身体传递，推动蚯蚓蠕动，缓缓前行，虽说运动速度不是很快，但由于陆生蚯蚓身体粗壮，前进的力量还是很大的，足以推开土粒，在潮湿的土壤中钻出洞穴前进。

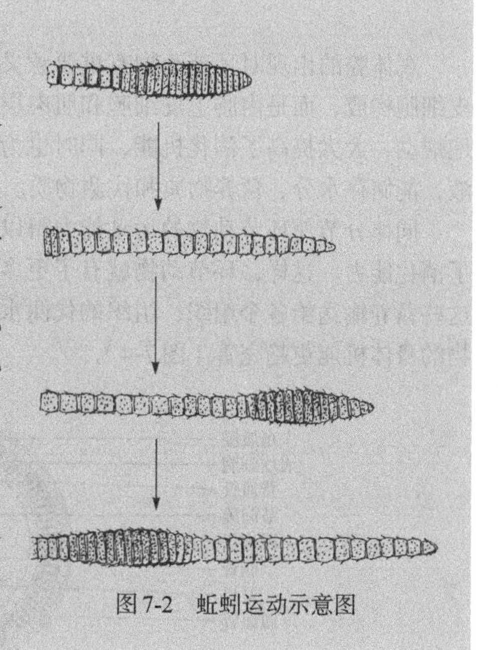

图7-2　蚯蚓运动示意图

所谓异律分节，是在同律分节的基础上，某些相邻的体节愈合在一起，形成体区，不同的体区执行不同的功能。异律分节使动物身体功能分化更加具体，是明显的进化现象。其实，在有些环节动物的身上已开始出现异律分节的征兆，如管栖多毛纲动物，其身体后半部定居在栖管中，疣足退化，而前端强化呼吸和摄食，有了专门的呼吸和摄食器官。只有到了节肢动物，才出现了真正意义上的异律分节。

二、环节动物具有发达的真体腔

环节动物具有发达的真体腔。所谓真体腔，是位于体壁和消化管之间的一个空腔，从胚胎发育上看，它是由两团中胚层细胞开裂而成，这些中胚层细胞向内形成肠壁的肌肉层和脏体腔膜，向外发育为体壁的肌肉层和壁体腔膜（图7-3），左、右体腔膜背靠背地形成上下肠系膜，各体节的体腔膜也背靠背地形成节间膜；从系统发育上看，真体腔的出现比假体腔晚，故又名次生体腔。与假体腔不同，真体腔由中胚层开裂形成，因而是重大进步特征。真体腔的出现让环节动物的体壁（皮肤肌肉囊）达到4层：角质膜、表皮层、肌肉层和壁体腔膜，相对于原腔动物，环节动物的角质膜很薄，肌肉层较厚：外侧是较薄的环肌，内侧为发达的纵肌。

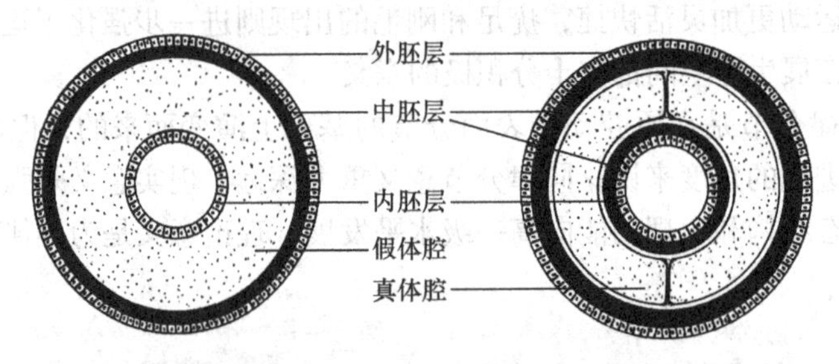

图7-3 假体腔（左）与真体腔（右）的比较

真体腔的出现对环节动物有重要意义，首先，它使环节动物的消化道不再是由单层的肠上皮细胞构成，而是由肠上皮细胞和肌肉层共同构成，且出现肠系膜，这样，肠就可以自主稳定地蠕动，大大提高了消化机能，同时也为肠的进一步分化提供了条件；其次，真体腔内有体腔液，能储存水分、营养物质和代谢物质。

同律分节使环节动物的运动能力得以提高，有利于获得更多的食物，真体腔的出现又提高了消化能力，这样，环节动物就有了更多的营养，营养多了，循环系统就得发达起来，以便把这些营养输送给各个组织，组织的代谢水平也就提高了，排泄系统也必须跟上，所以，环节动物的身体机能更趋完善（图7-4）。

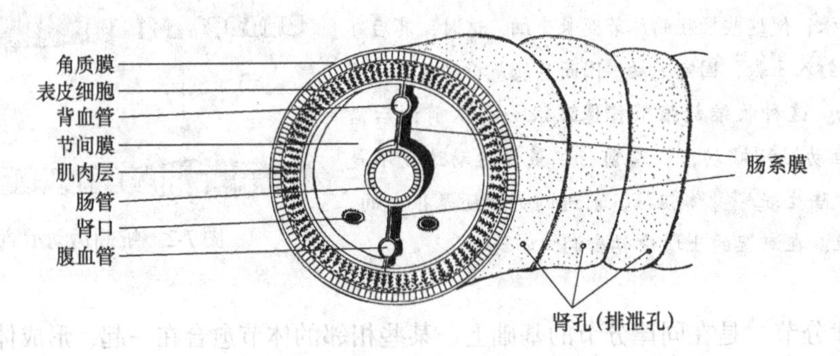

图7-4 环节动物的身体横切结构图

三、环节动物开始出现循环系统

自环节动物开始，动物出现了循环系统。环节动物循环系统的出现与真体腔的发生有着密切的关系：真体腔的发育挤占了假体腔的空间，使假体腔急剧缩小，最后演变成相互连接的血管网络。多数环节动物的循环系统由纵血管和环行血管组成，各血管再以微血管彼此相连，这样，血液始终在封闭的管道内流淌，不流入组织间的空隙，这种循环方式叫作闭管式循环。闭管式循环的血液流动速度快，可以迅速地完成对氧气、营养物质和代谢产物的输送。

蚯蚓拥有闭管式循环，如环毛蚓（*Pheretima*），封闭的血管网由纵血管、环行血管和微血管组成。纵血管主要是背血管和腹血管，分别位于消化道的背面和腹面；环行血管围绕着消化道，连接背血管和腹血管；微血管分布于体壁和内脏上。背血管能搏动，推动血液由后向前流，身体前端的4对或5对环血管膨大，形成可跳动的动脉弧（心脏），推动血液由背血管流入腹血管，腹血管的血液由前向后流动（图7-5）。

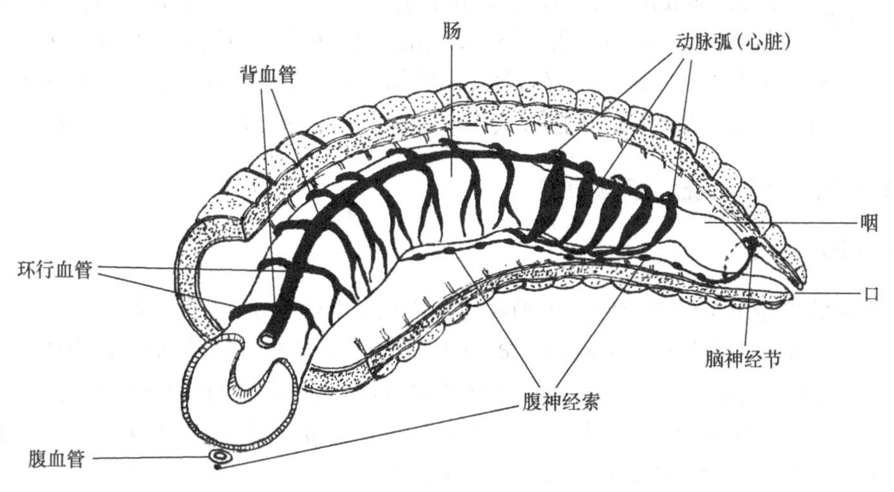

图7-5　环节动物的身体结构

血液的一个重要特点是能高效地运送氧气，这与血色蛋白有直接关系，血液的颜色也是由血色蛋白决定的。血色蛋白有血红蛋白、血绿蛋白和血蓝蛋白等，血红蛋白因含铁而呈红色。环节动物有血红蛋白和血绿蛋白，但相对分子质量都远大于脊椎动物的血红蛋白，且存在于血浆中。

四、环节动物的呼吸器官开始发育

一般来说，环节动物靠体表和疣足与空气或水进行气体交换，完成呼吸。由于环节动物代谢水平高，需氧量大，这就要求其体表通透性很强，而且必须经常保持湿润才行。

生活在潮湿陆地上或土壤中的环节动物进行简单的体表呼吸，没有专门的呼吸器官，如陆蚯蚓和旱蚂蟥。陆蚯蚓生活在湿润的土壤中，土壤中有很多毛细孔道，能容纳空气，陆蚯蚓的体表角质膜极薄，空气中的氧气可以很快渗透至皮下的微血管中，完成气体交换。

生活在水底，特别是生活在底泥中的环节动物，由于环境中氧气缺乏，往往会发育出专门的呼吸器官——鳃，其实，这些鳃都是体壁的延伸，目的是扩大与水的接触面以获得更多的氧

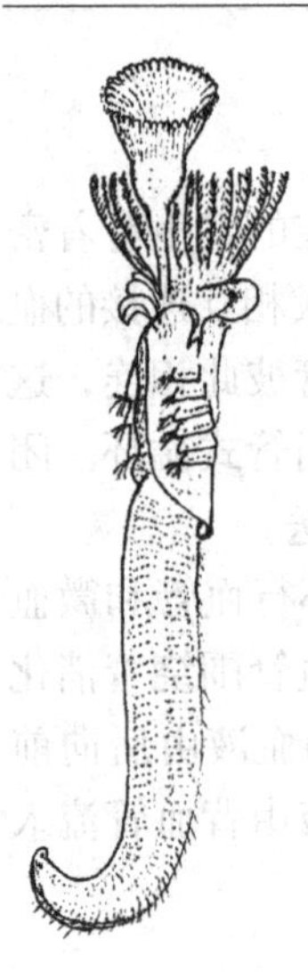

图7-6　龙介沙蚕

气，如水蚯蚓中的仙女虫（Naididae）等。而底栖穴居的环节动物，由于身体与水的接触面非常小，为获得足够的氧气，鳃的结构就更加复杂，如缨鳃虫（Sabellidae）和龙介沙蚕（Serpulidae）（图7-6），其触柱变形为发达的羽状鳃，而颤蚓（Tubificidae）的做法则是让身体后端伸出泥沙质的管子，不断在水中摇曳颤动。

五、环节动物的排泄系统为后肾管

除了比较原始的种类仍用原肾管排泄外，多数环节动物的排泄系统都是后肾管。相对于原肾管，后肾管的排泄效率大为提高。

后肾管来源于外胚层，是开放的管道，每体节有1对或多对。典型的后肾管是1条迂回盘曲的管子，一端是带纤毛的漏斗状肾口，开口于前1节的体腔，另一端是肾孔或排泄孔，开口于本体节的体表腹面。后肾管的工作原理是：体腔液自肾口流入，由肾孔排出，因为有微血管密布，所以后肾管除了排除体腔中的代谢产物外，还能接受血液中的代谢废物和多余的水分，加之后肾管本身有重吸收作用，最终，流出肾孔的液体含有大量的代谢废物，与最初进入肾口的体腔液很不相同。因此，后肾管的排泄方式与原肾管完全不同，排泄效率大大提高。

六、环节动物的神经系统和感觉器官

（一）神经系统

环节动物的神经系统形似索链，由脑神经节（咽上神经节）、围咽神经环、咽下神经节及腹神经索组成，故称为链状神经系统或索式神经系统（图7-5）。脑神经节是由身体前端咽背侧的1对咽上神经节愈合而成的，主要负责支配感觉器官；脑神经节通过围咽神经环与1对愈合的咽下神经节相连，咽下神经节是摄食控制中心，也是腹神经索的第1个神经节，后面的腹神经索纵贯全身。腹神经索由两条腹神经合并而成，在每一体节内形成1个神经节，每个神经节都发出几对（通常为3对）侧神经，以调控本体节的各种活动。这样一来，环节动物的各体节既相互独立，又协调统一。

环节动物的神经细胞更加集中，已形成贯穿全身的链状神经系统，这比原腔动物的筒状神经系统明显集中发达。链状神经系统使环节动物对外界的反应更加迅速，动作更加协调。

（二）感觉器官

环节动物的感觉器官比较发达，特别是多毛纲，有了明显的头部，头部由两个体节构成：口前叶和围口节。口前叶上有眼点、口前触手、触柱和项器（化学感受器），有些种类还发育出了简单的晶状体眼，多毛纲的鳍缨虫（*Branchiomma*）有简单的复眼；围口节上有围口触手（图7-1）。蛭纲身体前端多有眼点，能感受光线的强弱。寡毛纲的感觉器官大都退化，多没有眼点，但体表有感光细胞。

七、环节动物的生殖发育

陆生或淡水生活的环节动物雌雄同体，体内受精，直接发育；海洋生活的环节动物多是雌雄异体，体外受精，间接发育，早期有一个浮游生活的担轮幼虫阶段。

环节动物主要依靠有性繁殖产生后代，生殖细胞直接或间接来源于体腔膜，只有少数种类可以进行无性繁殖，如多毛纲中的裂虫（Syllidae）和寡毛纲中的仙女虫等，其身体的后部可自然断掉而发育成新个体。个别种类还会孤雌生殖，如杂色刺沙蚕（*Neanthes diversicolor*）。

很多环节动物的再生能力很强，特别是多毛纲和寡毛纲。

第二节　分　类

环节动物有17 000多种，分3个纲：多毛纲、寡毛纲和蛭纲。有人将分节不明显的螠虫和星虫也放到环节动物门中，列为两个纲，即螠纲和星虫纲。

辅助阅读

（1）螠纲的动物叫作螠虫，有人将其单独列为一个门，即螠虫动物门（Echiura），约有200种，全部海洋生活，多栖息于浅海的泥沙堆上或礁石缝中，有的在泥沙滩的“U”形管中栖居。

螠虫身体两侧对称，长囊状、棍状或卵形，不分节，前端有口前叶变成的吻，吻后有腹刚毛1对。螠虫次生体腔发达，闭管式循环，雌雄异体，生殖细胞由肾管排出后在海水中受精，间接发育，有担轮幼虫期，早期身体后端有分节现象。

我国较常见的螠虫是单环刺螠（*Urechis unicinctus*）和叉螠（*Bonellia viridis*）。单环刺螠俗称海肠子，在山东胶东沿海产量最大，喜欢潜入沙中生活。单环刺螠体表布满大小不等的粒状突起，吻圆锥形，极具弹性，可伸长至1m，用于捕食。

（2）星虫纲的动物叫作星虫，有人将其单独列为一个门，即星虫动物门（Sipuncula），约有300种，全部海洋生活，营底栖穴居生活，有的与珊瑚或海绵共栖。星虫外形长筒状，体长多在10cm左右，不具体节，无疣足，无刚毛。身体前端有一细长能伸缩的吻，用以摄食和钻穴。吻前有口，口的周围有触手，展开似星芒状，因而称为星虫。

星虫次生体腔发达，闭管式循环，后肾管排泄，雌雄异体，体外受精，发育过程有担轮幼虫期。

我国产量较大的是光裸星虫（*Sipunculus nudus*），主要分布于福建、广东、广西、海南和台湾沿海。光裸星虫又名方格星虫、沙虫、沙肠子、沙肠虫，长10～20cm，浑身光裸无毛，体壁纵肌成束，与环肌交错排列，形成方块格子状花纹。光裸星虫生活在沿海滩涂沙泥底质的海域，退潮时，潜伏在沙泥洞中，涨潮时钻出。光裸星虫目前已开展人工育苗。

一、多毛纲（Polychaeta）

（一）多毛纲的特点

多毛纲的环节动物通称沙蚕，全部水生，除极少数种类进入淡水外，都生活于海洋中，小的只有1mm，大的可达2m，有的体色还非常鲜艳。

沙蚕有明显的头部，头部有多种感觉器官，围口节上有口，头后体节数目往往不固定，但每一节上都有1对疣足，疣足上有成束的刚毛（图7-1）。游走目的沙蚕咽能翻出口外形成吻，吻端有几丁质的大颚，用于捕食。管栖目的沙蚕没有吻，身体后部的疣足退化。

活动能力强的沙蚕多是肉食性，如吻沙蚕（*Glycera*）等；穴居的沙蚕要么吞食泥沙吸收其中的有机物，要么伸出触手，粘取沉积物上的有机碎屑，前者如沙蠋（*Arenicola*）等，后者如蛰龙介（*Terebella*）等，另外，更多的穴居沙蚕靠过滤海水，从中获得藻类和浮游动物等。

沙蚕多是雌雄异体（穴居种类有雌雄同体），间接发育，幼虫为担轮幼虫。不过，沙蚕没有固定的生殖腺，只是在生殖季节，才在体腔内出现生殖细胞。原始种类大多数体节都可形成生殖细胞，高等种类只在少数体节生成生殖细胞，成熟的精子或卵子经肾孔或裂开的体壁排出体外，在海水中受精。为了提高受精率和扩大后代的生存范围，有些沙蚕在生殖期到来前形态发生变异，形成生殖态的沙蚕，生殖态的沙蚕跟原来营养态的很不一样，特称异型化现象。异型化有多种表现形式，如微点沙蚕（*Nereis irrorata*）身体明显地分成两段，后段变成生殖节（图7-7）。但总体说来，异型化的沙蚕游泳能力增强，常在月明之夜离开海底（有的仅是生殖节部分），游到水面附近，集体追逐，排精产卵。个别穴居种类可体内受精，有多个交配点。

有些沙蚕能进行无性繁殖，无性繁殖主要是进行出芽生殖或断裂生殖，如裂虫（*Syllis*）和自裂虫（*Autolytus*）（图7-8）等。

（二）多毛纲的生态类型

多毛纲约有10 000种，分3种生态类型：游走、穴居和寄生。游走类少数浮游生活，多数底栖，这类沙蚕运动能力较强，头部感官明显，积极觅食，捕食时吻能伸出口外。常见种类有浮沙蚕（*Tomopteris*）（图7-9）、海毛虫（*Chloeia*）等，不过，这其中也有穴居的，如矶沙蚕（*Eunice*），特别是黑斑矶沙蚕（博比特虫，*E. aphroditois*）（图7-10），体长可超过1m，能伏击捕食小鱼。穴居类定居在沙穴、泥穴或自己分泌物制成的管子中，这类沙蚕身体后部的疣足退化，口部的触手发达，上有纤毛，但没有能伸出口外的吻，如龙介沙蚕（图7-6）、缨鳃虫（*Sabella*）和旋鳃虫（*Spirobranchus*）。寄生种类生活在棘皮动物的体内，身体扁平，有吸盘，

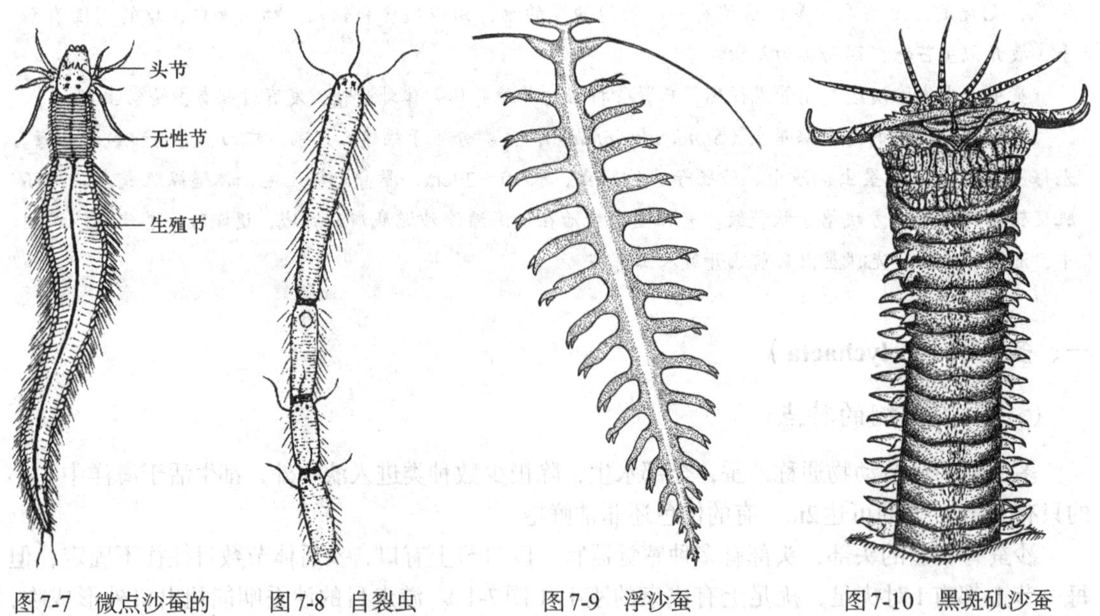

图7-7　微点沙蚕的异型化　　图7-8　自裂虫　　图7-9　浮沙蚕　　图7-10　黑斑矶沙蚕

雌雄同体，如吸口虫（*Myzostoma*）。

辅助阅读

缨鳃虫是多毛纲的环节动物，多生活在珊瑚丛中，底栖，定居在自己制造的管子中。缨鳃虫最显眼的地方是它那美丽的放射状“羽冠”，就像花朵一样，硕大美丽。羽冠实际上是由口前节上的触手等演变而来的，主要目的是采食。

缨鳃虫的食物主要是小颗粒的有机物，采食时，它从栖管里伸出头部，羽冠展开，羽冠上有很多羽腕。羽腕上的纤毛有规律地摆动，形成水流，水流中夹带的食物颗粒被网住，运送到羽冠底部的口中。对于大颗粒的食物，缨鳃虫一概不吃，但并不丢弃，而是运送到腹面的一个特殊的囊里。缨鳃虫的羽冠基部有“领”，能分泌黏液，黏液和腹囊内储存的食物颗粒混合起来，生成很细的线。缨鳃虫慢慢滚动身体，这些细线就会逐渐添加到管子边缘上，使管子慢慢“长长”。

缨鳃虫的这种取食方式在动物界并不罕见，事实上，它是动物对附着（固着）生活的一种适应，与其非常相似的还有触手冠动物（参见第十二章）等。由于运动能力差，不能积极追逐食物，为了提高摄食效率，这类动物都衍生出了醒目的放射状采食器，这些采食器虽然来源不同，但却有异曲同工之妙，都能很好地滤食水中细小的食物颗粒。

二、寡毛纲（Oligochaeta）

（一）寡毛纲的特点

寡毛纲是由多毛纲演变而来的，已移居到土壤和淡水底泥中生活，为适应穴居，疣足退化，刚毛减少。

寡毛纲的环节动物通称蚯蚓，蚯蚓运动速度较慢，土中穴居（图7-11），头部不明显（仍由口前叶和围口节构成），感官不发达，没有疣足，体表生有微细的刚毛，但刚毛的数目远远少于多毛类，因此称为寡毛类。蚯蚓的生殖系统也比沙蚕复杂，且集中于相对固定的少数体节中，形成生殖环带。蚯蚓雌雄同体，异体受精，有交配现象，直接发育。

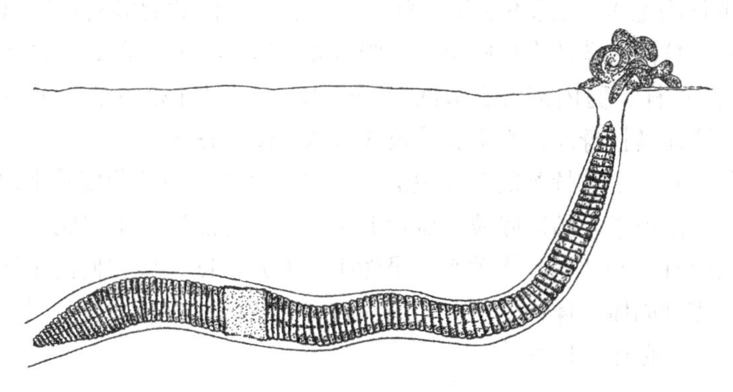

图7-11　蚯蚓

蚯蚓交配时，两个虫体的身体前部逆向叠加，腹部紧贴，相互给对方受精，之后分离；不久，各自的生殖环带分泌黏稠物形成卵袋，卵产于其中；接下来，身体后退致使卵袋向前移动，

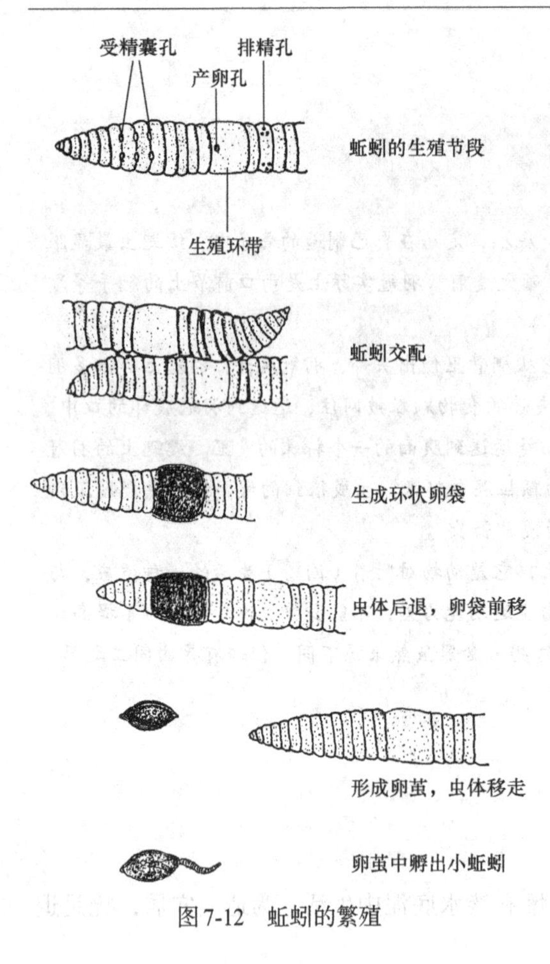

图7-12　蚯蚓的繁殖

当卵袋到达受精囊孔位置时，精液排出，让袋中的卵受精；最后，卵袋从身体前端脱出，两端封闭，形成卵茧。卵茧麦粒状，淡褐色，内含多枚受精卵。受精卵在卵茧中发育成小蚯蚓后钻出，自由生活（图7-12）。

（二）寡毛纲的生态类型

寡毛纲约有6700种，大者可超过2m，小者不足1cm。主要有两种生态类型：潮湿土壤生活和淡水底栖生活，少数种类寄生生活，如蛭蚓（Branchiobdellidae）。海水种类很少。

多数种类的蚯蚓在潮湿的土壤表层穴居生活，叫作陆蚯蚓，如环毛蚓、杜拉蚓（*Drawida*）。陆蚯蚓靠身体的前端不断挖掘吞噬土壤，并分泌黏液，做成穴道，在干旱或寒冷时，可潜入土壤深层躲避。由于陆蚯蚓靠吞食有机质生活，有的国家提倡饲养陆蚯蚓来处理城市生活垃圾。少数种类在淡水中生活，叫作水蚯蚓。水蚯蚓体形细长，体长1～150mm，有些种类能够生活在污水沟中，数量极多，它们吞食淤泥，吸收其中的有机质，对于净化水质作用很大，如水丝蚓（*Limnodrilus*）、颤蚓（*Tubifex*）等。

三、蛭纲（Hirudinea）

（一）蛭纲的特点

蛭纲的环节动物俗称蚂蟥（蚂蝗），身体扁圆，也有的呈圆柱形，无疣足，刚毛退化（原始的棘蛭目尚存少量刚毛）。头部不明显，背面有眼点，身体的后端有后吸盘，肛门在后吸盘的背面，大多数种类身体前端还有口吸盘，口吸盘相对较小。身体的每个体节上都有很多体环（体环看上去和体节一样，但内部没有节间膜隔开），所以身体很灵活，可借助吸盘做尺蠖运动，有的蚂蟥还能拉扁延长身体在水中做波浪式游泳（图7-13）。

除少数原始种类外，多数蛭类的节间膜消失，体腔打通，一种葡萄状组织逐渐侵入，压缩体腔空间形成血窦，血窦中充满体腔液，血管退化，循环功能让血窦完成。

蛭纲与寡毛纲应有很密切的亲缘关系，虽然生活方式不同，但它们的生活环境，尤其是生殖方式基本一致：雌雄同体、体内受精，受精卵包在卵茧内，直接发育，只是蛭纲的生殖环带仅在繁殖期出现，且不存在无性繁殖。

（二）蛭纲的生态类型

蛭纲约有500种，体长多为1～30cm，在水中生活的称为水蚂蟥（水蛭），在陆地上生活

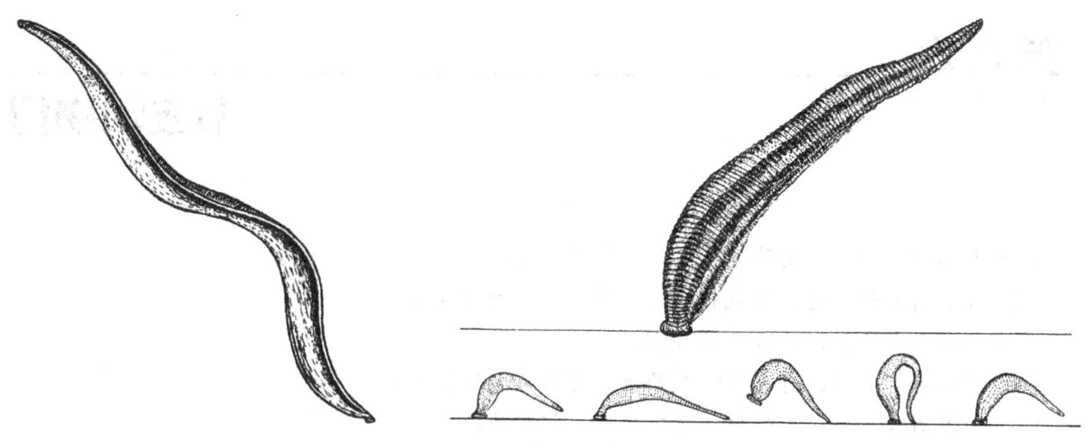

图7-13　水蛭及其运动

的叫作旱蚂蟥（陆蛭）。在水蚂蟥中，少数种类靠捕食小动物为生，但多数还是寄生在水生动物的身上吸食血液或体液，常见动物有扁蛭（*Glossiphonia*）、鳃蛭（*Ozobranchus*）、日本医蛭（*Hirudo nipponia*）、宽体金线蛭（*Whitmania pigra*）等。旱蚂蟥都生活在潮湿的丛林中，营暂时性的寄生生活，吸食陆生脊椎动物的血液，尤其对哺乳动物的活动和气味非常敏感，有时数量极多，如山蛭（*Haemadipsa*）。蛭类一般取食后可以数月内不再取食，日本医蛭甚至可以生存一年半而不取食。

蚂蟥能产生蛭素，蛭素是有效的天然抗凝剂，有溶解血栓的作用，在医学上应用价值很大。现在，我国不少地方饲养水蛭，主要是日本医蛭和宽体金线蛭。

小　　结

环节动物门是高等无脊椎动物，出现了许多重大的进步特征：身体分节，具有疣足和刚毛，运动能力明显增强；出现真体腔、闭管式循环、后肾管和链状神经系统等。

环节动物门分3个纲：多毛纲、寡毛纲和蛭纲。多毛纲通称沙蚕，在海水中生活，雌雄异体，间接发育；寡毛纲通称蚯蚓，陆地穴居或淡水底栖，雌雄同体，直接发育；蛭纲通称蚂蟥或蛭类，繁殖方式同寡毛纲，但主要营暂时性的寄生生活。

复习思考题

1. 解释名词：同律分节、真体腔、闭管式循环。
2. 环节动物有哪些重大的进步特征？
3. 环节动物分哪几个纲？各纲的常见动物有哪些？
4. 为什么说蛭纲与寡毛纲有比较密切的亲缘关系？

第八章

节肢动物门

（1）身体异律分节，附肢分节，运动灵活快捷。
（2）体壁角质膜发达，形成独特的外骨骼，有蜕皮现象。
（3）拥有混合体腔，进行开管式循环。
（4）呼吸器官多样，有多种形式的鳃，有书肺、气管等。
（5）排泄器官多样，有绿腺、壳腺、基节腺和马氏管。
（6）链状神经系统，感官敏锐，复眼发达，大多有触角。
（7）主要进行有性生殖，多间接发育，有不同形式的幼虫。
（8）种类多，数量大，分布广，有些可生活在荒漠地带。

蚁蛛（左）和蚂蚁（右）

节肢动物门是动物界的第一大门，种类最多、数量最大、分布最广。已知现存节肢动物有120多万种，占动物界总物种数的80%以上；许多种群数量十分惊人。例如，一个蜜蜂（*Apis*）群体可能有3万只以上，一群飞蝗（*Locusta migratoria*）的数量可达数亿只，据估计，南极海域的磷虾总重量超过50亿t；节肢动物分布十分广泛，存在于地球各个角落，有些能生活在极度干旱的荒漠中，生活方式多样，有些群体营社会化生活。

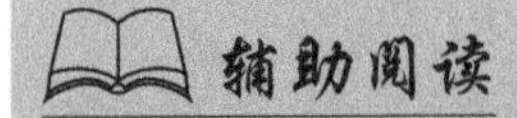

辅助阅读

飞蝗是分布很广的一种蝗虫，全世界有9个亚种，其中有3个亚种产于我国：东亚飞蝗（*L. migratoria manilensis*）、亚洲飞蝗（*L. migratoria migratoria*）和西藏飞蝗（*L. migratoria tibetensis*），最常见的是东亚飞蝗。在自然条件下，东亚飞蝗一年发生两代，第一代称为夏蝗，第二代称为秋蝗。

东亚飞蝗成虫有群居和散居两种类型，二者的外形、性情和行为很不一样：散居型的身体粗壮，翅较短，体色随栖息环境不同而不同，多为草绿色，且生性羞涩，移动性差；群居型的身体细长，灰黄褐色，翅较长，性情凶猛，往往聚集成大群，飞行迁徙。蝗虫早期（若虫）不会飞，称为跳蝻，东亚飞蝗的跳蝻在密度小、食物充足的环境中，发育为散居型飞蝗；在密度大、食物少的环境中，发育为群居型飞蝗。一般认为，散居型应是飞蝗的正常态，群居型是飞蝗对环境剧烈变动产生的生理反应。

群居型飞蝗非常好动，如果再赶上虫口密度大，持续时间长，则会发生集体迁飞，所经之处，绿色植物几乎全被吃光，常常把成片的农作物都吃成光秆，形成“蝗灾”。蝗灾多发生在干旱的年份，一旦发生，无法制止，究其原因，一是数量太多（有时达到几十亿只），二是群居型的飞蝗处于癫狂状态，无所畏惧。不过，由于东亚飞蝗，食物广，生长快，适应性强，现在，不少地方已开始人工养殖，成为一种受欢迎的昆虫食品。

第一节 基本特征

节肢动物是一个非常强大的动物类群，特别是甲壳类、蜘蛛和昆虫，适应环境的能力极强。节肢动物之所以有超强的适应能力，与其发达而灵巧的身体结构有密切关系。

一、节肢动物的身体异律分节，体区功能强大，协调统一

节肢动物由环节动物进化而来，在进化过程中，体节数目趋于减少，相邻的体节组合在一起形成体区，以强化执行特定的机能。不同的体区形态不同，完成不同的机能，但彼此协调，形成统一的整体，功能强大，这样，身体由同律分节变为异律分节。

在节肢动物中，昆虫的身体明显地分头部、胸部和腹部3个体区（图8-1），头部为感觉和摄食中心，胸部主要司支持和运动功能，腹部负责代谢和生殖。也有些节肢动物的身体由两个体区组成。例如，蜘蛛的身体分头胸部和腹部，多足类的身体分头部和躯干部，蜱螨类的身体很小，头、胸部和腹部基本愈合为一体。

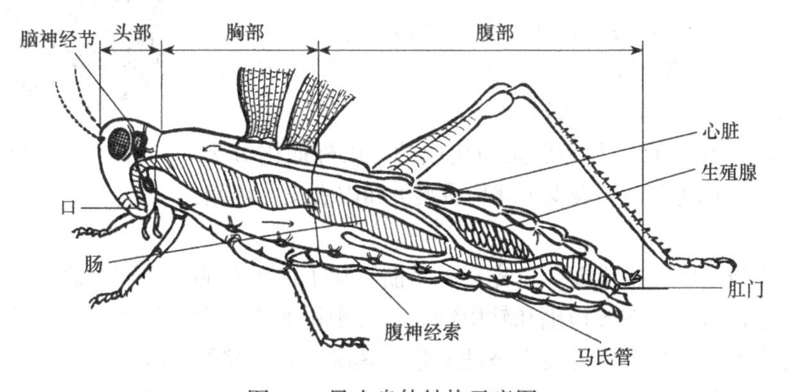

图8-1 昆虫身体结构示意图

二、节肢动物具有分节的附肢，运动灵活便捷

节肢动物之所以叫作节肢动物，是因为这类动物的身体上都生有分节的附肢。节肢动物的附肢不仅分节，节与节之间及附肢与身体的相接处都是以关节相连的，这样，肌肉的收缩与舒张可带动附肢曲折收放，形成关节运动。关节运动与前述各类动物的运动方式完全不同，它使动物的运动能力得到了极大的强化，活动灵活而便捷。

理论上，除了身体的最前1节（顶节）外，节肢动物每个体节上都有1对附肢，附肢的功能是让身体移动；但事实上，随着动物的不断进化，节肢动物的附肢也发生了很大的变化。一般来说，头部的附肢特化，变成感觉和摄食器官，如触角、大颚和小颚，触角用于感觉，大颚用于咀嚼，小颚用于抱持食物；胸部的附肢（胸肢）强化，变得长而粗壮，形成步足，以加强运动和支持，不过，最前面的胸肢有时形成颚足，协助摄食；腹部的附肢（腹肢）有的形成游泳足，有的退化，有的变为交配器或产卵器。

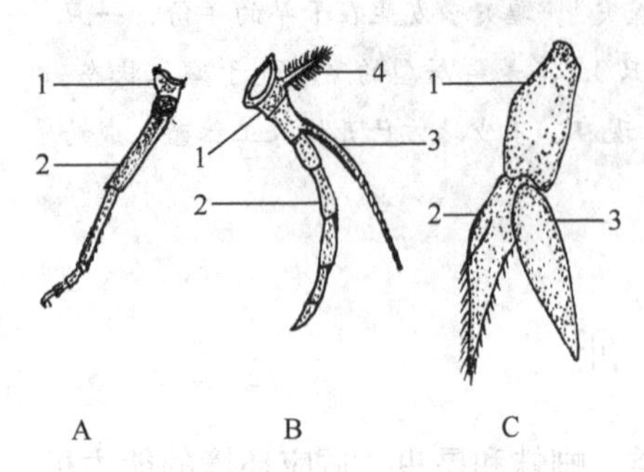

图8-2　节肢动物的附肢

A．单肢式；B、C．双肢式

1．原肢；2．内肢；3．外肢；4．上肢

节肢动物的附肢有两种类型：双肢式和单肢式（图8-2）。双肢式较为原始，是由与体壁相连的原肢和原肢发出的内肢（端肢）、外肢3部分组成的，有些双肢式的原肢外侧还有分支，叫上肢，有呼吸功能。单肢式由双肢式演变而来，其外肢已经完全退化，只保留了原肢和内肢，并且变得更加发达强壮，如昆虫的3对步足。

三、节肢动物的体壁角质膜发达，形成独特的外骨骼

节肢动物的体壁由外向内可分为表皮层、皮细胞层和基膜3部分（图8-3），其中，皮细胞是1层有生命的体细胞，而基膜则是血细胞向体腔外周分泌的产物。

表皮层即角质层，是皮细胞的分泌物，位于身体的最外面。原腔动物、环节动物的体表都有角质层，但节肢动物的角质层却是异常发达，坚硬而厚实。为了不影响正常活动，身体各节之间及附肢分节处的角质层非常薄，靠节间膜相连接，角质层内面可供肌肉附着，肌肉收放，产生关节运动，所以，节肢动物的角质层特称为外骨骼。外骨骼结构独特，主要是由几丁质（含氮的多糖类化合物）和节肢蛋白构成的，由外而内分为3层：上表皮（上角质膜）、外表皮（外角质膜）和内表皮（内角质膜）。

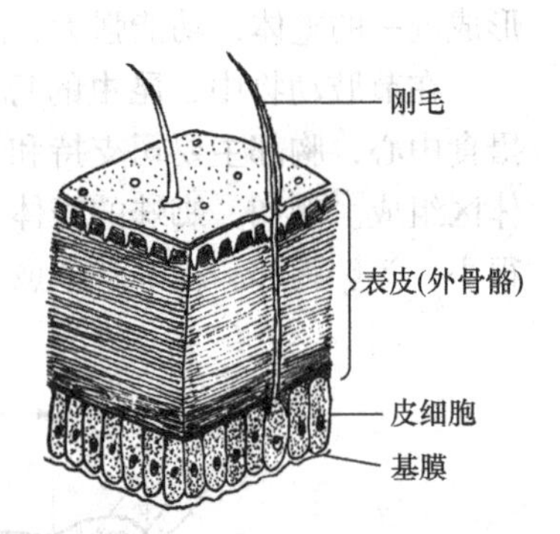

图8-3　节肢动物的体壁

外骨骼对节肢动物非常重要。首先，外骨骼强化了保护功能，它能有效地防止机械损伤和有害物质的入侵，这一点在肢口纲和软甲纲身上表现得尤为突出。例如，虾蟹类（十足目）的外骨骼上沉淀有大量钙盐，甲壳变得坚硬厚重。其次，外骨骼的支撑使节肢动物有了稳定的外形，并且产生了关节运动，这对于寻找食物和适应环境是十分有利的。再次，外骨骼能有效地防止体内水分散失，特别是昆虫和蜘蛛，外骨骼的上表皮部分具蜡层，密不透水，保水效果极佳，因此，它们能够在非常干旱的荒漠中生活。

外骨骼的出现一方面大大提高了节肢动物的生存能力，但另一方面，坚硬的外骨骼箍在身体外面，使其生长受到极大限制。为此，节肢动物必须定期蜕皮：重新分泌生成新的外骨骼，褪去旧的外骨骼。蜕皮是节肢动物生长过程中一个重要的生命现象，包括生长蜕皮、变态蜕皮和生殖蜕皮（彩图5）。

四、节肢动物体内有成束的横纹肌，收放快捷有力

扁形动物、原腔动物、环节动物（蠕虫）的体壁是皮肤肌肉囊，这种运动保护结构是斜纹肌平铺在表皮下面构成的，因此，它们只能收放身体蠕动前行。节肢动物不再拥有皮肌囊，肌肉为横纹肌，横纹肌的伸缩迅速而有力，而且，这些横纹肌形成了肌肉束，两端附着在外骨骼的内表面。节肢动物的肌肉束一般按体节成对地排列，每个体节有躯干肌和附肢肌两类，彼此相互配合，可使其快速完成各种复杂动作，如爬行、跳跃、游泳、飞行等，有利于完成捕食和防御及织网、交配、产卵等生命活动。

节肢动物拥有外骨骼，身体和附肢均分节，这在强化保护功能的同时，又增加了灵活性，横纹肌的出现则进一步提升了运动速度，所以，节肢动物的身体结构和运动能力已与前述各类动物不可同日而语。

五、节肢动物拥有混合体腔和开管式循环

节肢动物的真体腔不发达，且与胚胎发育过程中囊胚期保留下来的假体腔共存，共同构成混合体腔，由于其内部充满血液（体腔液、血淋巴），混合体腔也被称为血腔或血窦，各种器官组织就浸泡在体腔液中。由于血腔的存在，节肢动物的循环系统为开管式。

开管式循环的血液不是始终在封闭的管道里流淌。节肢动物的心脏位于身体背面，一般呈管状，心脏壁由肌肉组成，两侧有成对的心孔；血管不发达，仅为一短管，向前通到头部，有的心脏两端都有血管，分别通到身体前后部。心脏收缩，推动着血液通过血管输送到身体远端，进入血腔，泛流在器官组织的间隙里，回流的血液再通过心孔进入心脏，完成循环。由此不难看出，节肢动物的血液循环只是起到搅动血液的作用。

节肢动物的循环系统虽然是开管式的，但因为肠道等内脏器官直接浸泡在血液中，肠道吸收的营养可透过肠壁直接进入血液中，然后随血流分送到身体各部，需要营养的各组织器官也是直接从血液中吸收，所以，这种开管式循环输送养料的能力并不低。另外，开管式循环的血压很低，可以有效地防止因附肢折断或身体损伤而引起的大量失血。

节肢动物循环系统的复杂程度与其身体大小和呼吸方式紧密相关。靠体表呼吸的小型节肢动物，心脏和血管均缺失；虾蟹类用局限于身体一隅的鳃呼吸，为了及时输送氧气，除心脏外，还有较发达的血管；昆虫用遍布全身的气管呼吸，往往只有管状的心脏而没有血管。多数陆生节肢动物的循环系统只输送养料和代谢废物，不运送氧气和二氧化碳，气体在体内的运送是由气管系统来完成的。

节肢动物的血色蛋白多为血蓝蛋白，血蓝蛋白含铜，与氧结合时呈蓝色，分离时无色。低等昆虫也有血蓝蛋白，但高等昆虫的血蓝蛋白则发生丢失，血液无色。

六、节肢动物的呼吸器官多样化，有的呼吸效率极高

节肢动物的呼吸器官均是由体壁演变而来的，演变成呼吸器官的体壁，角质层退化，通透性变强，以利于气体交换。由于生活环境多样，节肢动物的呼吸器官也是多样化。

有些小型节肢动物的体壁很薄，生活在水中或潮湿的环境中，通过体表渗透即可满足对氧气的需求，因此，这类节肢动物没有专门的呼吸器官，如剑水蚤（Cyclopoidae）、恙螨（Trombiculidae）；鳃足纲主要靠游泳足进行气体交换，糠虾亚目靠头胸甲内面的软膜表面进行

气体交换，这也属于体表呼吸范畴。个体大、运动快、代谢高的节肢动物则演化出了专门的呼吸器官，如水生类群的鳃、陆生类群的气管和书肺，呼吸效率很高。

水生节肢动物的鳃是体壁外突形成的，特点是：表面积大、通透性强。软甲纲大多有鳃，其中，十足目的鳃是最复杂的，由胸部体节的侧壁及附肢基部形成，位于胸部的鳃腔中，被厚实的头胸甲包围。水由头胸甲的腹缘、后缘或胸部附肢基部流入鳃腔，完成气体交换后，由头胸甲的前端两侧流出。水流的动力主要来自第2颚足颚基叶的不断打动。对虾（Penaeidae）、管鞭虾（Solenoceridae）和樱虾（Sergestidae）的鳃为枝鳃（由鳃轴向两侧伸出侧支，或侧支再分支），其他类群多为叶鳃（沿鳃轴向两侧伸出叶片状鳃页），但无论哪种，鳃轴中都有血管进出，最终让缺氧血变为富氧血。招潮蟹（*Uca*）等经常在陆地活动的类群，离水后，鳃腔中依然携带有水，并有呼吸孔对外开放，以容许空气进入，气体的交换仍靠鳃完成。肢口纲的鳃位于腹部，其腹部的后5对附肢各自左右愈合成薄板，薄板下表面体壁向外折叠形成上百个薄片，薄片叠加成书页状，故称书鳃或页鳃，表面积很大，附肢的活动可让书鳃与水充分接触（图8-4）。有些昆虫的幼虫（稚虫）在淡水生活，用特殊的气管呼吸。

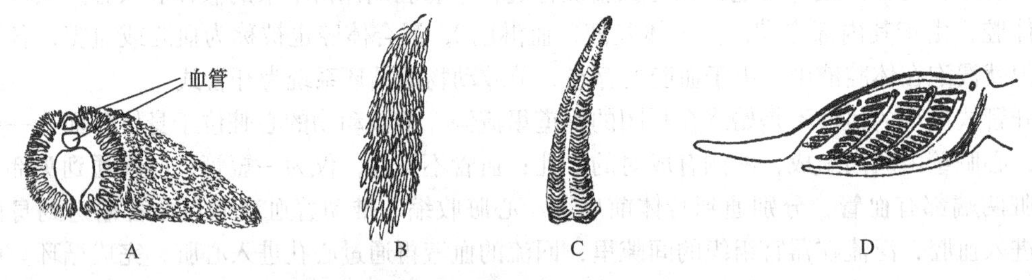

图8-4　水生节肢动物的呼吸器官（鳃）

A. 枝鳃；B. 毛鳃；C. 叶鳃；D. 书鳃

辅助阅读

昆虫是典型的陆生节肢动物，但有一些昆虫却移居到淡水中或内陆咸水湖中生活，这就需要它们改变呼吸方式。水生昆虫的呼吸方式主要有两种类型：一种是调整身体结构，依然呼吸空气；一种是长出特别的结构，从水中吸收氧气，如气管鳃。

依然呼吸空气的水生昆虫多半是成虫，成虫活动能力较强，可不断地游到水面上来吸取空气。但这种做法很容易暴露自己，故这类昆虫发展出了一些适应性结构，以减少到水面呼吸的危险。例如，蝎蝽（Nepidae）只有接近腹部末端的1对气门具有呼吸作用，而且延伸成为长长的呼吸管，这样，身体隐藏在水下伸出呼吸管就可以吸到空气；仰泳蝽（Notonectidae）、潜水蝽（Naucoridae）、龙虱（Dytiscidae）和水龟甲（Hydrophilidae）在体表持有1层稳定的空气膜（气盾）或携带气泡入水，即自备"氧气瓶"，从而大大减少了浮到水面换气的次数。

气管鳃多存在于水生昆虫的稚虫身上，这些昆虫稚虫身体的某些部分向外伸展，呈丝状、叶状，其中密布气管小枝，从水中吸取氧气，供呼吸之用。蜉蝣目（Ephemeroptera）稚虫、襀翅目（Plecoptera）石蝇稚虫和毛翅目（Trichoptera）石蛾幼虫（石蚕）、广翅目（Megaloptera）幼虫的气管鳃由腹部的附肢演变而来；蜻蜓目均翅亚目（Zygoptera）豆娘的稚虫身体末节的体壁向后延伸形成3个气管鳃，多呈片状；差翅亚目（Anisoptera）蜻蜓的稚虫则在直肠内面生有气管鳃，特称直肠鳃。

大蚊（Tipulidae）和摇蚊（Chironomidae）的幼虫身体末端具有向外突起的表皮囊，囊内充满血液，这种表皮囊被称为血鳃。细腰蚊（Ptychopteridae）的幼虫身体后端也有一个长长的呼吸管。

陆生节肢动物的呼吸器官是由体壁内陷而形成的，主要有书肺和气管（图8-5）。书肺与书鳃的结构有些类似，呈书页状，能很好地扩大表面积；气管是用于呼吸的通气管道。蜘蛛同时拥有书肺和气管，而多足类和昆虫只用气管呼吸，因而气管的结构比较复杂：起始端为气门，气门之后是气管，气管越分越细，遍布全身，形成气管网络，最细的分支伸到了组织间，直接与细胞接触。有的气门用唇瓣作为关闭装置，以减少水分的散失，有的气管局部膨大形成气囊，气囊收放能增加气管内进出气体的流量，从而强化呼吸作用。气管是陆生节肢动物特有的一种呼吸器官，它将气体交换和气体运输合二为一，这在动物界是非常独特的，其呼吸功能十分强大，呼吸效率极高，尤其是昆虫。

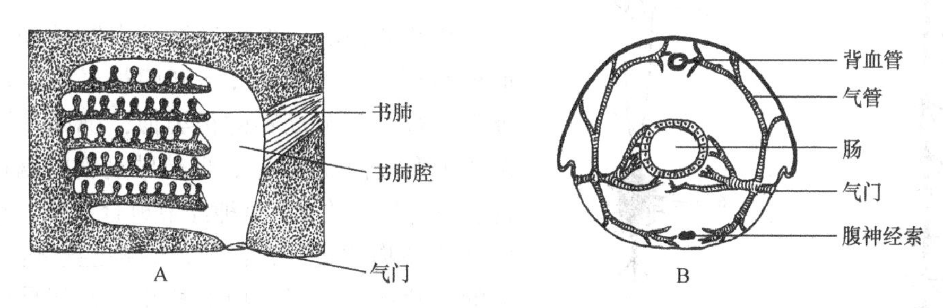

图8-5　陆生节肢动物的呼吸器官

A. 书肺；B. 气管

七、节肢动物的摄食能力强，消化系统功能强大

节肢动物行动敏捷，生长很快，代谢水平非常高，这就需要大量的营养，所以，节肢动物拥有发达而高效的摄食消化系统（见本章第三节“昆虫的摄食”部分）。

节肢动物的消化道由前肠、中肠和后肠组成。前肠和后肠是外胚层内陷形成的，中肠则来源于内胚层。从功能上讲，前肠用以摄取和储存食物；中肠产生酶，对食物进行化学消化，是营养物质吸收的主要场所；后肠回收水分形成粪便。

消化道的最前端是口，口周围的附肢演变组合成口器。节肢动物的口器有很多种，吃固体食物的往往有咀嚼能力，有些虾蟹类的胃中还有研磨装置，大大提高了消化吸收能力。节肢动物的胃肠消化吸收力很强，而且能储存营养物质，所以，节肢动物的消化系统能很好地为机体提供营养，以适应其快速运动。

八、节肢动物排泄器官多样化，陆生类群有特殊的马氏管

不同类群的节肢动物生活环境不一样，代谢水平不一致，因而，节肢动物的排泄器官就会有多种类型。低等小型的节肢动物没有专门的排泄器官，其代谢产物先暂存于角质层下面，待蜕皮时随外骨骼一起带出。高等节肢动物则有发达的排泄器官，在很大程度上替代了后肾管，

这些排泄器官包括排泄腺和马氏管两类，另外，甲壳动物的鳃也能排出部分代谢产物。排泄腺为后肾管演变而来，主要有甲壳动物的绿腺（触角腺）、壳腺（小颚腺）和蜘蛛的基节腺。

马氏管最初是意大利人马尔必齐（Malpighi）于1669年在家蚕身上发现的，后来知道，在其他昆虫及蜘蛛、蜈蚣等多种节肢动物身上都有。马氏管既不是原肾管也不属于后肾管，是新发生的一种特殊类型的排泄器官，是肠壁延伸形成的单层细胞盲管，开口位于中肠和后肠之间，数目不等（图8-1）。马氏管游离在血腔中，有些还能伸缩扭动，能很好地吸收血腔中的代谢产物，这些代谢物被送至后肠后，随粪便经肛门排出体外，但其中的水分等可透过直肠回收，送回到血腔中。马氏管为陆生节肢动物所特有，是为适应干燥的陆地环境而演化出来的一种特殊的排泄器官，其排泄物为尿酸，排泄效率很高。

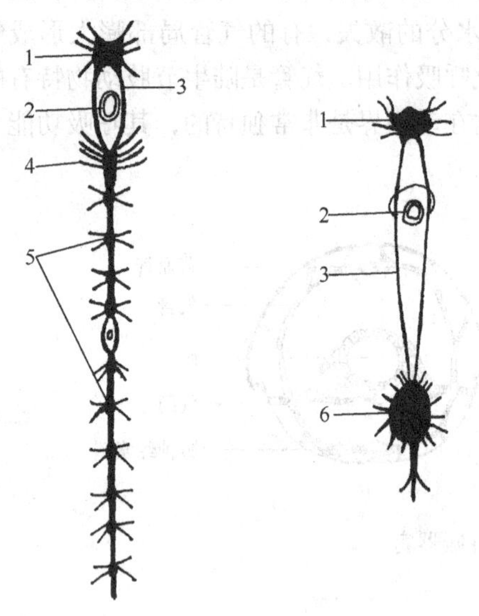

图8-6　虾（左）和蟹（右）的中枢神经系统

1. 脑神经节；2. 食道；3. 围食道神经环；4. 食道下神经节；5. 腹神经索；6. 腹神经团

九、节肢动物的神经系统和感觉器官

（一）神经系统

节肢动物的中枢神经系统由脑神经节、围食道神经环、食道下神经节和腹神经索组成。这种神经系统与环节动物的很类似，都属于链状神经系统（索式神经系统），但节肢动物的脑神经节和食道下神经节均由3对神经节愈合而成，愈合程度比环节动物的更高，而且，腹神经索也随腹部体节的变化而发生了相应的特化，尤其是体节愈合程度高的类群，如蟹类，腹神经索上的所有神经节及咽下神经节全部愈合，形成一个较大的神经团，即腹神经团（图8-6）。

相对于环节动物，节肢动物的神经系统在结构上更趋集中，在功能上更加完善，但这种链状的神经系统毕竟不是高度发达的神经类型。事实上，节肢动物的各种活动基本都是靠本能来完成的，虽然很多工作做得尽善尽美，但它们并不知道自己在做什么，只是按程序完成就是了。不过，这种本能性的本领在昆虫身上还是发展到了登峰造极的地步，特别是高等昆虫，其功能的强大程度令人吃惊。例如，蜜蜂和胡蜂（Vespidae）能建造十分精巧的蜂巢；切叶蚁能用树叶培育真菌；悍蚁（*Formica*）能让其他种类的蚂蚁变成蚁奴，让蚁奴替自己照顾幼虫和采集食物。

辅助阅读

切叶蚁主要生活在南美洲，种类很多，其中，有2属［芭切叶蚁（*Atta*）和顶切叶蚁（*Acromyrmex*）］39种的切叶蚁在面积广大的地下巢穴中建立农场，种植真菌。

切叶蚁营社会性生活，一窝切叶蚁的数量可达800万头，它们有严密的分工，工作井然有序。首先是体型最大的工蚁离巢去寻找它们喜好的植物叶子，找到后，回巢召集同伴。中等体型的工蚁会切下树叶，搬回巢穴。当叶子运到巢穴后，交给巢内的小工蚁，小工蚁再把叶子送到农场中，在那里，叶片被舐掉蜡质层，切成小块，并咀嚼成菌床，播下菌种。绒毛状的真菌将被巢穴中体型最小的工蚁细心照料，生产出营养丰富的菌丝体，供幼虫食用。

在真菌种植过程中，管理很重要，除了保持比较稳定的温度和湿度外，切叶蚁还能分泌抗生素和调整pH等措施，有效地抑制杂菌。另外，保持蚁穴空气流通也很重要，因为真菌生长产生的二氧化碳如不及时排出会导致蚁群窒息死亡。

（二）感觉器官

节肢动物运动速度快，出现了多种感觉器官，如眼睛、听器、触角等，感觉十分灵敏。节肢动物的眼睛多为复眼，复眼由许多小眼构成，小眼有角膜和晶状体，单独或联合成像。

许多节肢动物的视觉非常发达，如口足目的虾蛄（螳螂虾）拥有已知动物界最特别的眼睛，能分辨多种颜色和偏振光。一般说来，对于运动快且喜欢白天活动的动物来说，视觉尤其重要。例如，招潮蟹用长长的眼柄把眼睛高高举起，拥有360度的视野；蜻蜓（差翅亚目）的每个复眼最多由3万只小眼组成，使它能够在飞行中捕食；蜜蜂的复眼能看到紫外线，以利于寻找蜜源；食虫虻（Aslidae）和胡蜂（Vespidae）的复眼也很发达（彩图6A、B）。很多昆虫除了拥有复眼外，还有单眼，以维持飞行的稳定性，鳞翅目幼虫的单眼类似成虫复眼中的一个小眼，甚至还能提供色觉。蛛形纲则是将复眼中的小眼数量减少并强化，尤其是跳蛛（Salticidae），其拥有8只眼睛，视觉极好（彩图6C）。

多数节肢动物都有触角，行触觉功能，而昆虫的触角还有嗅觉功能，借以觅食、求偶和寻找产卵地点，例如，许多种类的蛾子，只有雄性的触角呈羽毛状（彩图6D），以强化嗅觉。昆虫的听器多位于胸部和前腹部，能接受声波。夜晚，蟋蟀（Gryllidae）的雄性会摩擦前翅发出声音，雌性能根据音质判断雄性的体质状况。

还有，蝗虫（蝗总科，Acridoidea）口器上的1对触须及蛱蝶（Nymphalidae）的1对前足，能感受食物味道；家蝇（*Musca*）的触角能测出风速；蜘蛛身上布满刚毛，能够感受小虫前进产生的微风（彩图6C）；臭虫（Cimicidae）对温度很敏感，吸血时，它会选择体温正常的健康人，而放弃发烧的病人。

总之，节肢动物的感觉器官五花八门、多种多样，但对于一种动物来说，往往只强化一种或少数几种，只要这些感官提供的信息足以支持其完成各种生命活动也就可以了。

十、节肢动物的生殖和发育

节肢动物主要靠有性生殖产生后代，但也存在无性繁殖。在有性繁殖中，一些种类，如某些蟹类、蜘蛛和很多昆虫，有特殊的求偶习性。

（一）无性繁殖

节肢动物的无性繁殖主要有孤雌生殖、幼体生殖和多胚生殖等。

孤雌生殖在很多节肢动物身上普遍存在，如水蚤、蚜虫（Aphididae）、蜜蜂等。

幼体生殖的节肢动物不多，短小异足瘿蚊（*Heteropeza pygmaea*）是一个例子。其雌性幼虫如果有足够的食物供应，就可能发育成为母幼虫，母幼虫体内产生很多子幼虫，子幼虫吸收母幼虫的营养，或发育为雄性，或发育为雌性，如果是雄性，只能变为成虫；如果是雌性，可能变为成虫，也可能继续进入下一轮的幼体生殖。

多胚生殖是指1个卵可生成2个或多个胚胎，且胚胎能正常发育，这种现象主要存在于寄生蜂身上。寄生蜂卵的一端是极体，极体能形成滋养羊膜，用以吸收寄主的营养；极体的另一端是卵核，卵核可多次分裂，形成无数个胚胎（胚胎的多少常取决于寄主的承受能力），每个胚胎将来都会发育成一个寄生蜂幼虫。

（二）有性繁殖

节肢动物多数都是雌雄异体、体内受精，有卵生的，也有卵胎生的。卵生的节肢动物有些还能护幼，如软甲纲十足目的腹胚亚目，雌性将受精卵粘在腹肢上看护；卵胎生的节肢动物种类不多，常见的有麻蝇（Sarcophagidae）和蝎子（蝎目），而采采蝇（*Glossina*）的幼虫在母体内发育，还能吸收除了卵黄以外的营养，故而能产出很大的蛆，这应属于假胎生范畴。

辅助阅读

采采蝇也译作鳌鳌蝇、催催蝇，是双翅目舌蝇属（*Glossina*）的吸血昆虫，产于非洲，有20多种，它们以人和哺乳动物的血为食，能传播非洲锥虫病（非洲睡眠病）。采采蝇幼虫单个地在母体内发育，发育期约为9天，其间用口取食母体生殖道分泌的营养液为食。幼虫产出后落地，钻入土中，1小时内即可化蛹，数周后羽化为成虫，追逐动物，吸食血液。一般来说，雌蝇若不能吸到足量的血，则只能生出一只发育不全的小幼虫；若能吸饱血，则每10天就会生出一只硕大的幼虫。

除了采采蝇这种假胎生外，有些昆虫，如蚜虫（Aphididae），若虫在母体的生殖道内发育，但不用口取食，而是利用一种特殊的胎盘状组织获得营养；另外，捻翅目的一些昆虫的胚胎游离于母体血腔中，通过渗透作用获得营养。

（三）生长发育

节肢动物的生长发育是通过蜕皮来实现的。除少数进行直接发育外，大多数节肢动物都是间接发育的，具有不同形式的幼体。例如，河蟹（*Eriocheir sinensis*）的早期就有蚤状幼体和大眼幼体，之后才变成仔蟹（图8-7）。很多节肢动物在发育过程中，幼体的体节数都会随蜕皮次数增加而增加，即增节变态。

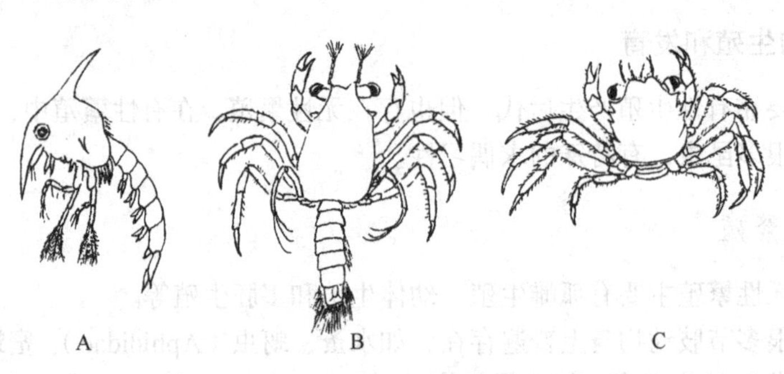

图8-7　河蟹的幼体

A. 蚤状幼体；B. 大眼幼体；C. 仔蟹

第二节　分　　类

节肢动物是动物进化上的一个高峰，已知现存的节肢动物有120多万种，按最新的动物分类体系，通常将其分为4个亚门：甲壳亚门、螯肢亚门、多足亚门和六足亚门。已灭绝的节肢动物有三叶虫亚门（Trilobitomorpha），另外，也有的教科书将有爪纲也列入节肢动物中，称之为原节肢动物亚门（Protoarthropoda），但更多的是单列一个门，即有爪动物门（Onychophora）。

辅助阅读

三叶虫亚门只有1纲，即三叶虫纲（Trilobita），三叶虫纲的动物通称三叶虫，在距今5.4亿年前的寒武纪出现，至二叠纪灭绝，在地球上前后生活了近3亿年。目前已发现的三叶虫化石有1万多种，大的长达70cm，小的只有2mm。

三叶虫身体卵圆形或椭圆形，背面外骨骼发达，中轴突起，两肋低平，呈左、中、右三叶，故名三叶虫。虫体扁平，分头、胸、腹3部分。头部有半圆形头甲，上有2只复眼，腹面有1对触角、口和4对附肢；胸部由许多相似的体节组成，每节1对附肢；腹部各节愈合成尾板，最后1节为尾节，没有附肢。

三叶虫被认为是最原始的节肢动物，它们最早出现发达的复眼，海洋生活，雌雄异体，卵生，间接发育，幼虫体节数目不固定，随蜕皮次数增加而增加，直至成年。

辅助阅读

有爪纲（Onychophorida）也称为原气管纲（Prototracheata），其外形似蠕虫，身体不分节；附肢是由体壁突起形成的，短而扁，也不分节；体壁角质层薄，没有形成外骨骼。分析以上特征可知，有爪纲不是节肢动物，但有爪纲的附肢末端有两个爪，体内有混合体腔，心脏管状，气管呼吸，这些特征又是陆生节肢动物的重要特征，所以，有爪纲与节肢动物应有密切的关联。有的教科书干脆将其放到节肢动物门中讲述，为了与其他节肢动物区别开来，单列一个亚门——原节肢动物亚门，认为它是节肢动物的祖先向陆生发展进化的一种早期类型。

有爪纲种类不多，已发现200种，统称栉蚕（图8-8），俗称天鹅绒虫，生活在热带潮湿的森林里，我国西藏南部曾发现盲栉蚕（*Typhloperipatus*）。栉蚕有简单的眼睛，多在夜间活动，捕食小虫，行动缓慢，发现猎物后，能从口乳突中喷出两股黏线，并摇晃头部，让黏线黏住小虫。栉蚕雌性明显大于雄性，卵生或卵胎生。

与有爪纲关系密切的应该是缓步动物门（Tardigrada）。缓步动物门的动物常被称为熊虫或水熊（图8-8），目前已发现1200多种，体长多在0.1～0.8mm，这类动物身体不分节，有4对短粗的足，足末端具爪；生活在潮湿陆地、淡水及海水中，蜕皮生长，雌雄异体，卵生，直接发育，可孤雌生殖。隐生状态下有惊人的适应力。

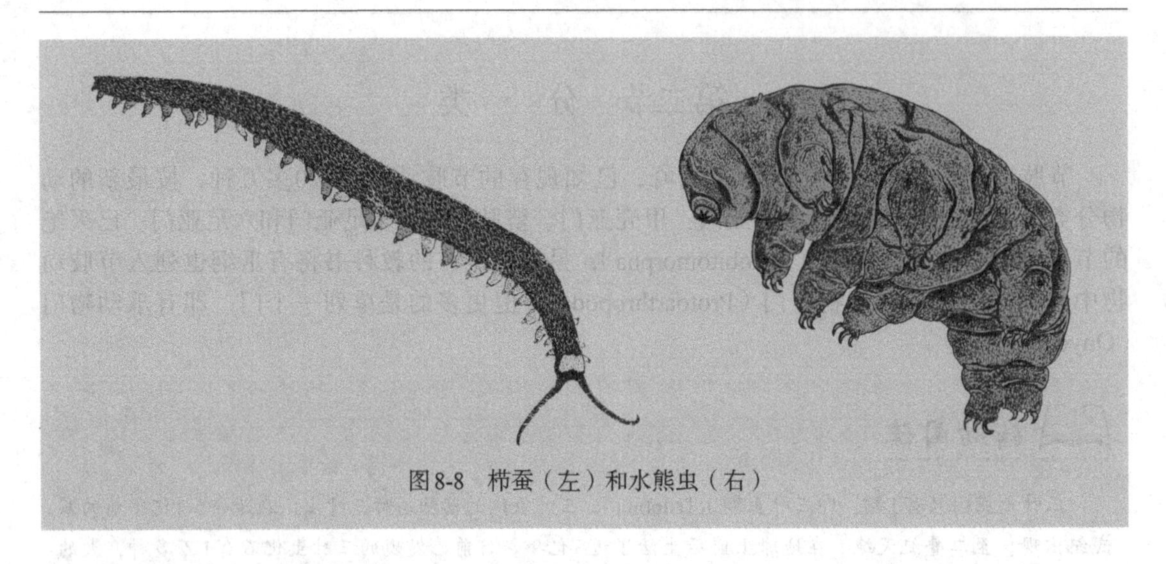

图8-8　栉蚕（左）和水熊虫（右）

一、甲壳亚门（Crustacea）

甲壳亚门是比较原始的节肢动物，其中，较低等的鳃足纲与三叶虫有很多相似之处。据此，有人猜测，甲壳动物可能是由三叶虫类发展而来的。

（一）甲壳亚门的主要特征

甲壳亚门的动物非常适应水中生活，在海洋里种类繁多，数量庞大，也有不少种类生活在淡水中，只有极少数种类能生活于潮湿的陆地上；就生活方式而言，绝大多数自由生活，少数固着生活或寄生生活。水生种类用体表或鳃呼吸，陆栖类群呼吸空气：软甲纲十足目的鳃腔内壁血管丰富，相当于肺，如椰子蟹（*Birgus*）；等足目的游泳足变成伪气管，如潮虫（Oniscidae）。

甲壳亚门的动物体表有发达的外骨骼，特称为甲壳，大型种类的甲壳上还沉淀有钙盐，坚硬厚实；甲壳亚门的动物身体分节情况不一致，原始种类体节多，高等种类体节少，最高等的软甲纲体节数目固定，只有21节。

甲壳亚门的动物身体通常由头、胸、腹3部分构成，其关键性特征在头部：头部由6个体节愈合而成，有5对特化的附肢，即2对触角、1对大颚和2对小颚。胸部体节数目不固定，往往随种类的不同而不同，胸部体节还常常与头部有不同程度的愈合，每个胸节上都有1对附肢，即胸肢，胸肢的类型常常是分类的重要依据。腹部差别很大，低等类群的腹部与胸部分界不清，都有相同的附肢，合称躯干部，如桨足纲；较高等的类群腹部无附肢，尾节（腹部最后1节，也叫肛节）上大多有1对尾叉；高等类群腹部有附肢，即腹肢，但胸肢转变为步足，如软甲纲。

在甲壳动物中，除了活动能力较差的种类，如固着生活的蔓足亚纲和寄生生活的等足类为雌雄同体外，绝大多数都是雌雄异体，体内受精或体外受精，卵生，间接发育，常常有多个幼体阶段，很多种类最初的幼体是无节幼体。无节幼体呈椭圆形，有1个中眼和3对附肢，3对附肢相当于成体时的第1、2触角及大颚，在无节幼体阶段则用于游泳。甲壳动物的幼体蜕皮频繁，成体蜕皮较少，少数种类的成体不再蜕皮，停止生长，如蟹类。

（二）甲壳亚门的重要类群

甲壳亚门已知种类超过6万种，分类很不统一，通常分为6个纲：浆足纲、头虾纲、鳃足纲、颚足纲、介形纲和软甲纲。其中，浆足纲（Remipedia）、头虾纲（Cephalocarida）已知分别有10种和9种，它们全部海生；介形纲（Ostracoda）的动物称为介形虫，身体微小（体长0.15～2mm），包在相连的两片甲壳内，目前发现6000种，绝大多数种类海洋生活，少数淡水生活，极少数陆栖。

1. 鳃足纲（Branchiopoda）　鳃足纲的节肢动物身体不大，一般不超过10cm，头部有1对复眼，第一触角短小。胸部和腹部的体节数目因种类不同而差别很大，胸部的附肢都是扁平呈叶状，为游泳和呼吸器官，腹部通常没有附肢，身体最末节有1对尾叉。

鳃足纲动物全部水生，海水种类少，淡水多见于湖泊、池塘及间歇性的小水体中。适应能力很强，环境适宜时，常进行孤雌生殖，数量极多；环境不适宜时，能产生休眠卵。

鳃足纲约有900种，常见的有丰年虫（*Chirocephalus*）、卤虫（*Artemia*）、鲎虫（*Triops*）和水蚤（图8-9），其中，水蚤是枝角目（Cladocera）动物的通称，孤雌生殖时卵胎生，直接发育。

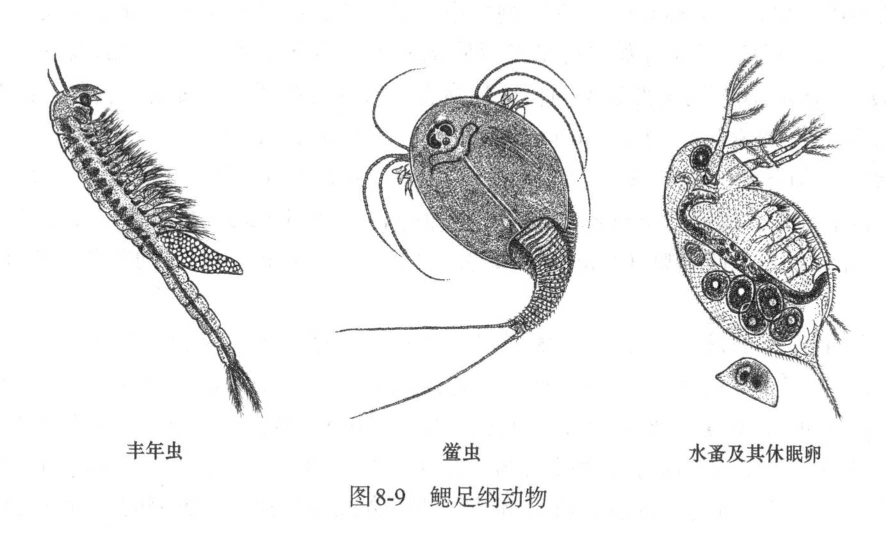

图8-9　鳃足纲动物

2. 颚足纲（Maxillopoda）　颚足纲的节肢动物身体较小，胸部有6节，腹部没有附肢，比较常见的有桡足亚纲、蔓足亚纲和鳃尾亚纲。

桡足亚纲（Copepoda）的胸部很有特点：第1节或前2～3节与头部愈合，所以看上去只有3～5个体节，第1对胸肢变成颚足，单肢式，辅助摄食，中间4对胸肢为游泳足，双肢式，最后1对胸肢有变化，且雌雄不同。腹部有3～5节（雌性第1、2节愈合），第1节为生殖节，最后1节有尾叉。桡足类广泛生活在海水或淡水中，已知约有8400种，体长多为0.3～3.0mm，常见的有猛水蚤（猛水蚤目）、剑水蚤（剑水蚤目）和哲水蚤（哲水蚤目）等（图8-10）。

蔓足亚纲（Cirripedia）的身体分节不明显，腹部退化，背甲变成外套，外套能分泌石灰质的壳板，将身体包裹，予以保护。胸部的6对附肢均长而多节，卷曲如蔓，用以从海水中捞取浮游生物。蔓足类雌雄同体，异体受精，卵生，间接发育，有无节幼体和腺介幼体，浮游生活，成体营固着生活。已知蔓足类约有1000种，常见的有茗荷（*Lepas*）和藤壶（*Balanus*）。

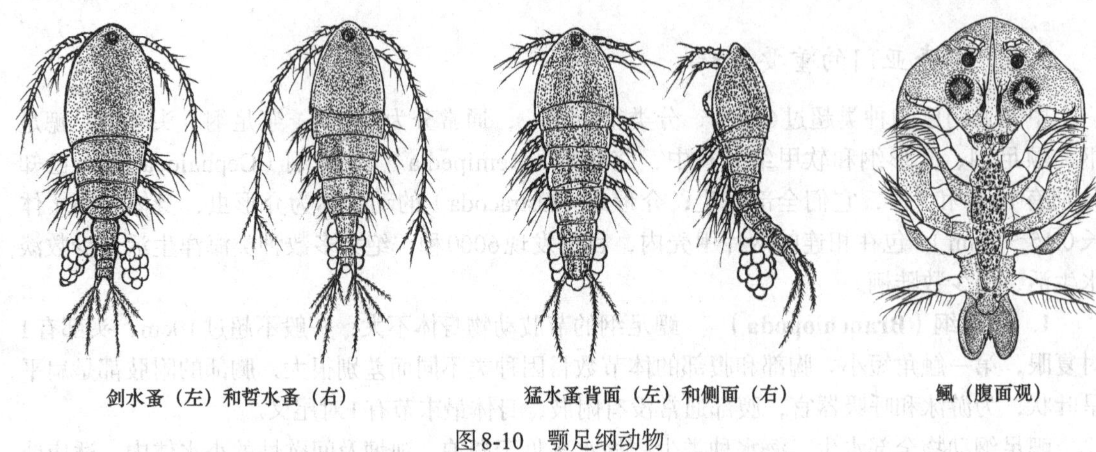

图8-10 颚足纲动物

鳃尾亚纲（Branchiura）的动物统称鲺，身体扁平，有盾状的头胸甲，第2小颚变成吸盘，第1胸节与头部愈合，其附肢变为颚足，其余4对胸肢用于游泳，第5、6胸节（只1对胸肢）与腹部愈合，腹部后端有中央凹，内有极小的尾叉。鲺全部寄生生活，约有150种。

3. 软甲纲（Malacostraca） 软甲纲为甲壳亚门中最高等的类群，身体较大，体节数目固定，胸部8节，腹部7节（原始的叶虾亚纲腹部8节），除尾节外，胸、腹部的每个体节上都有1对附肢。胸部的体节与头部有不同程度的愈合，有些类群还有厚实的头胸甲，甚至头胸甲能覆盖全部胸节，如磷虾目（Euphausiacea）和十足目（Decapoda）。

软甲纲有4万多种，海水多，淡水少，极少数种类能生活在潮湿的陆地上，常见的有等足目（Isopoda）的海蟑螂（Ligiidae）、潮虫，糠虾目（Mysidacea）的糠虾，磷虾目的磷虾，端足目（Amphipoda）的钩虾（Gammaridae），口足目（Stomatopoda）的虾蛄（螳螂虾）等（图8-11）。

软甲纲中最高等的是十足目，包括虾类（图8-12）、蟹类［短尾下目（Brachyura）］，以及由虾向蟹过渡的类群［异尾下目（Anomura）］，包括铠甲虾（Galatheidae）、瓷蟹（Porcellanidae）、蝉蟹（Hippidae）、寄居蟹（Paguridae）、石蟹（Lithodidae）等。十足目最大的特点是：8对胸肢中，前3对为颚足，协助摄食，后5对为步足（螯足），用于爬行、捕食或防御（故名十足目）。另外，十足目头部与胸部愈合成头胸部，外罩宽大的头胸甲；腹部的发育程度则很不一致。虾类尤其是对虾（Penaeidae）的头胸部圆筒形，腹部发达，前5对腹肢为游泳足，尾肢（第6腹节的附肢）和尾节（第7腹节）组成尾扇；蟹类的头胸部扁平，步足强大，腹部薄片状，折叠于头胸部腹甲下方，没有尾肢；过渡类群腹部弱，胸部的步足长而粗壮，只是最后1对或2对明显短小。虽说十足目有陆栖种类，但陆栖种类的幼体也必须在水中发育，因此，成体仍需回到水中产卵。

十足目的种类很多，已知约6000种，不少种类体形很大，如锦绣龙虾（*Panulirus ornatus*）可达19kg，巨螯蟹（*Macrocheira kaempferi*）仅头胸甲就长达38cm，足部展开有4.2m。十足目中有许多种类还是人类的优良食品，在水产捕捞或养殖生产中占有重要地位，如河蟹（大闸蟹，*Eriocheir*）、梭子蟹（*Portunus*）、青蟹（*Scylla*）、龙虾（*Panulirus*）、原螯虾（*Procambarus*）、沼虾（*Macrobrachium*）、白虾（*Exopalaemon*）、新米虾（*Neocaridina*）、新对虾（基围虾，*Metapenaeus*）、对虾（*Penaeus*）、毛虾（*Acetes*）等（图8-13），其中，毛虾用于加工虾皮。

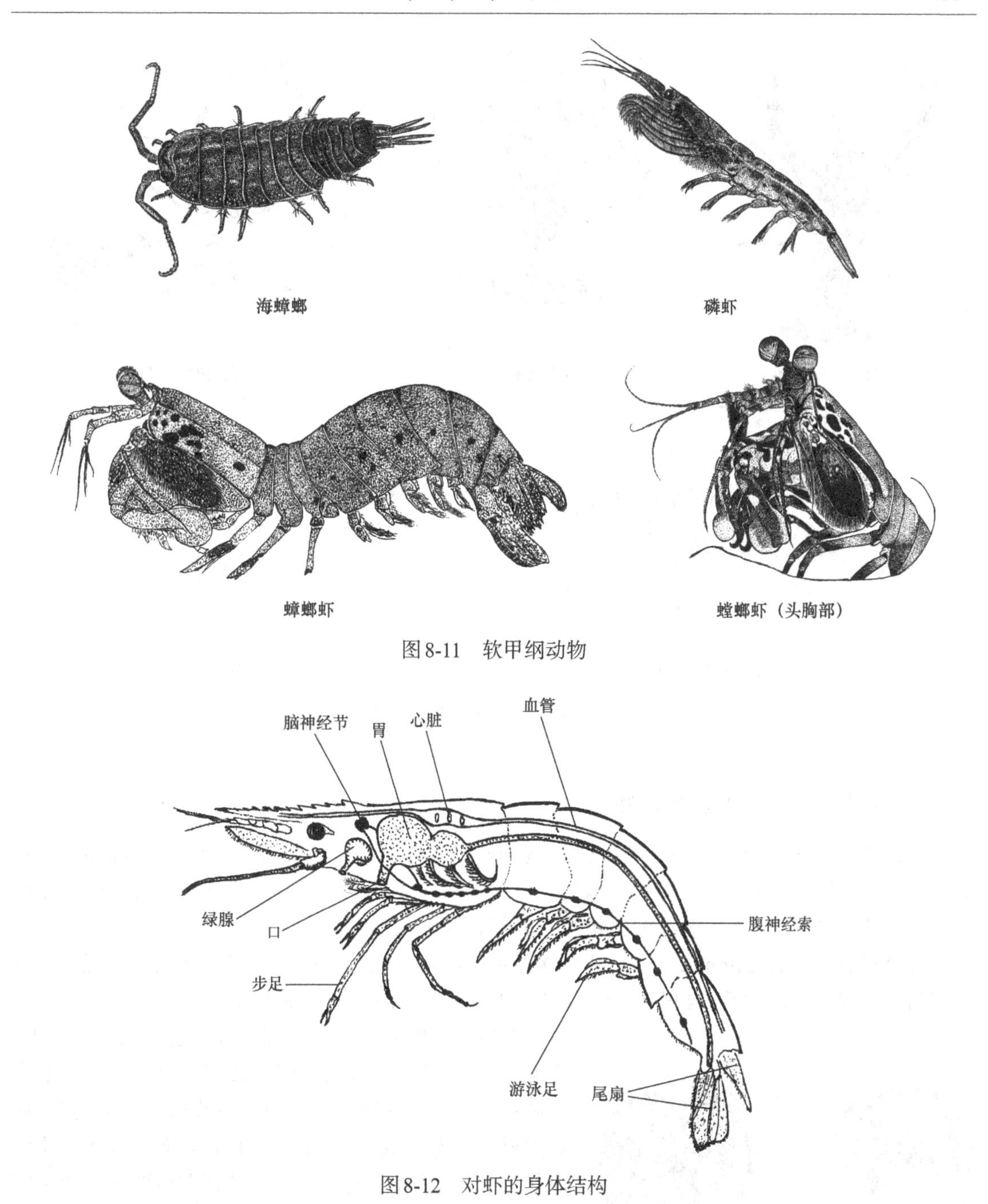

图8-11　软甲纲动物

图8-12　对虾的身体结构

二、螯肢亚门（Cheliceriformes）

（一）螯肢亚门的主要特征

螯肢亚门的节肢动物没有触角，没有大颚，没有小颚。身体分为头胸部和腹部两部分，头胸部有6对附肢，第1对短小，钳状，用以进食，特称螯肢；第2对为触肢（须肢），在不同种类功用不同，但通常不用于爬行；后4对为步足。腹部的附肢在陆生种类已经退化。

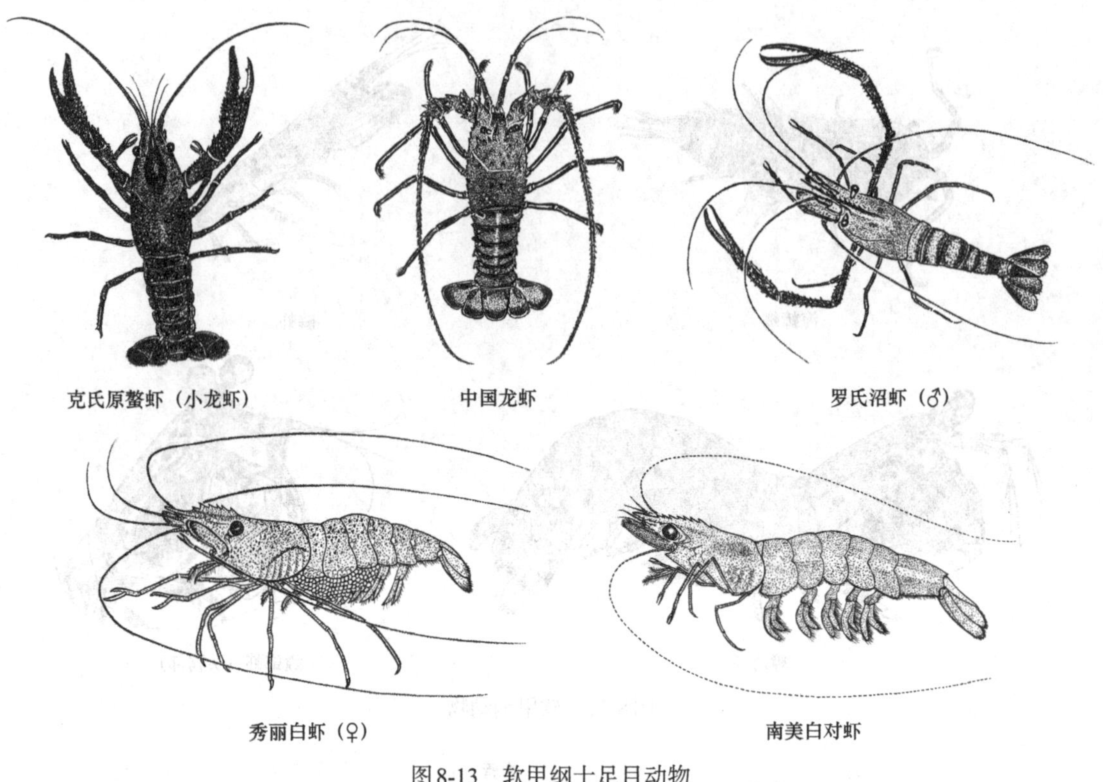

图8-13　软甲纲十足目动物

（二）螯肢亚门的重要类群

螯肢亚门分3个纲：海蜘蛛纲、肢口纲和蛛形纲。其中，海蜘蛛纲（Pycnogonida）约有600种动物，全部海洋生活，多在两极海域。海蜘蛛的4对步足细长，在第一步足和触肢之间还有1对携卵肢，不过，也有些种类雌性的携卵肢退化。

1. 肢口纲（Merostomata）　肢口纲是古老的节肢动物，最早出现在寒武纪，现存只有剑尾目，是典型的活化石，4亿年来没有多大变化，至今仍保持其原始的形态。

肢口纲背腹扁平，头胸部罩有发达的马蹄形背甲，背甲上有1对复眼和1对单眼；腹部也有背甲，后端为尾剑；头胸甲、腹甲和尾剑间有关节相连。头胸部的6对附肢中，螯肢短小，触肢为步足（雄性钩状，雌性钳状），步足基部形成咀嚼板，排列在口两侧，用来咀嚼食物，最后1对步足之后还有1对唇瓣；腹部也有6对附肢，第1对左右愈合，形成生殖厣，盖住生殖孔，后5对为扁平的游泳足，形成书鳃（图8-14）。

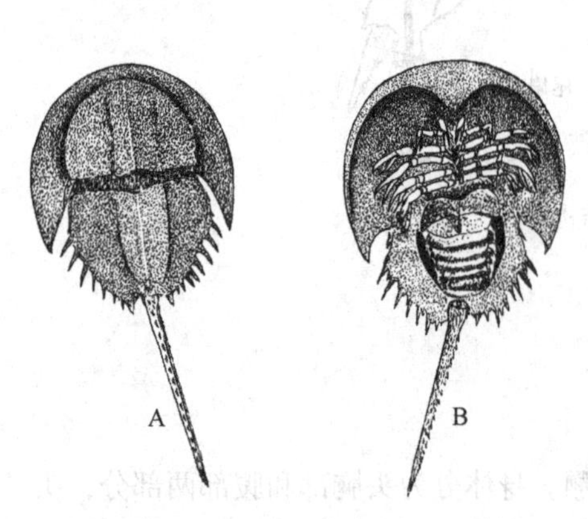

图8-14　肢口纲动物——鲎

A. 背面观；B. 腹面观

肢口纲的节肢动物通称鲎，幼体形态和三叶虫非常相似，称为三叶幼体。现存只有4个物种，均为海洋生活，我国最常见的是中国鲎（*Tachypleus tridentatus*）。

辅助阅读

肢口纲现存4个物种均隶属剑尾目（Xiphosurida）鲎科（Limulidae），分别是：生活于大西洋的美洲鲎（*Limulus polyphemus*）、生活于太平洋和印度洋的巨鲎（*Tachypleus gigas*）、圆尾蝎鲎（*Carcinoscorpius rotundicauda*）、中国鲎。

中国鲎又名中华鲎、东方鲎、日本鲎，俗称马蹄蟹，体棕褐色，成年雌体重约4kg，雄体小，重约1.8kg，浙江以南海域都有分布，喜栖息于沙质海底，尤其是盐度较低的河口水域。游泳能力差，常潜伏爬行，寻找食物，如蠕虫和软体动物。夏夜，众多成体聚集在潮间带繁殖，雌鲎在高潮线以下扒沙做窝，产卵于其中，雄鲎将精液撒到卵堆上，卵堆被泥沙覆盖。潮水退去后，受精卵在沙层中孵化，孵化期约40天。刚孵化的幼体长7～8mm，没有尾剑，仅2对书鳃，被潮水带入海中，经2次蜕皮变为幼鲎。幼鲎继续蜕皮生长，大约10年才能达到性成熟。

中国鲎以前在我国沿海数量很多，但近年来数量锐减，2021年被列为国家二级重点保护野生动物。

2. 蛛形纲（Arachnida）　蛛形纲与肢口纲很相似：没有触角，身体分头胸部和腹部，头胸部有6对附肢，第1对为螯肢（图8-15）。不过，蛛形纲与肢口纲也有很大不同：①蛛形纲的触肢有变化，低等种类的形似步足，高等种类的触肢短小，有感觉和交配功能；②蛛形纲腹部的附肢已经退化；③蛛形纲的节肢动物陆栖，书肺或气管呼吸或两者兼备，有些种类能生活在极度干旱的荒漠中。

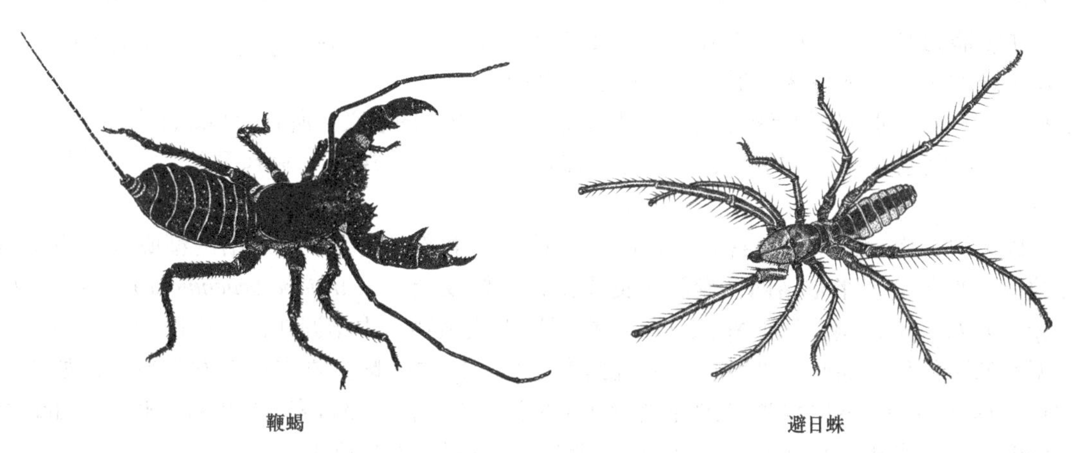

图8-15　蛛形纲动物

蛛形纲已知约有8万种，分11个目：蝎目（Scorpiones）、伪蝎目（Pseudoscorpionida）、盲蛛目（Opiliones）、蜱螨目（Acarina）、须脚目（Palpigradi）、有鞭目（Uropigi）、裂盾目（Schizomida）、无鞭目（Amblypygi）、避日目（Solifugae）、节腹目（Ricinulei）和蜘蛛目（Araneida）。其中，与人类生活关系密切的是蝎目、蜘蛛目和蜱螨目。

（1）蝎目　蝎目是蛛形纲中最原始的一个类群，其头胸部短，分节不明显，6对附肢中，第2对钳状，粗壮有力。腹部长，分节明显，由12节构成，前7节短宽，称为前腹部；后5节狭

图8-16　蝎目动物——钳蝎

窄，称为后腹部（俗称蝎尾），最后的尾节呈袋形，有毒刺（图8-16）。腹部附肢多退化，只是第1对左右愈合为生殖厣，第2对特化成栉状器。另外，在腹部第3～5节的腹面各有1对书肺孔。

蝎目是节肢动物的登陆先驱，现存种类常生活在干燥环境中，昼伏夜出，捕食小爬虫。雌雄异体，卵胎生，刚出生的仔蝎白色，爬到母蝎背上（彩图7），蜕皮后不久即独立生活。

蝎目已知1700多种，体长多为3～9cm，广泛分布于热带和温带地区。肥尾蝎（*Androctonus*）的毒性很强，可以致人死亡。我国常见的是东亚钳蝎（*Buthus martensii*），已进行人工养殖。

（2）蜘蛛目　　蜘蛛目的节肢动物通称蜘蛛，其体节愈合程度高，因而身体分节不明显，头胸部和腹部之间以腹柄相连。附肢中，螯肢发达，基部常有毒腺，触肢变为脚须，用作感觉和帮助摄食，雄性的更短，末端显著膨大，用以储精、授精，特称脚须器，4对步足发达；腹部的附肢几乎完全退化（图8-17），只有2～3对演变为纺绩突，纺绩突连同体内的丝腺（纺绩腺）合称纺绩器。

图8-17　蜘蛛目动物——捕鸟蛛

纺绩器为蜘蛛目的特征性结构，纺绩器产生的纺丝（蛛丝）是一种特殊的蛋白质，有着极大的强度和韧性。蛛丝对蜘蛛的繁殖、捕食和生存都有十分重要的意义。所有的蜘蛛都产蛛丝，有些小型蜘蛛或刚刚孵出不久的小蜘蛛，还能借助蛛丝产生的“飘力”，随风升起，达到扩散异地的目的。

蜘蛛均为肉食性动物，喜欢捕食昆虫，对农业生产有重要影响。结网型蜘蛛（不足总种数的一半）会在半空结网，专门捕捉飞虫，如横纹金蛛（*Argiope bruennichi*）、棒络新妇（*Nephila clavata*）；漏斗蛛（Agelenidae）在石块下或植物丛中结漏斗网，用以捕捉爬虫；游猎型蜘蛛不结网，而是四处游荡，伺机捕食小虫，这类蜘蛛主要靠视觉发现猎物，如跳蛛（Salticidae）；还有一部分蜘蛛在地下的洞穴中生活，专门捕捉路过家门口的各种爬虫，如螲蟷（Ctenizidae）；水蛛（*Argyroneta aquatica*）则在淡水中捕捉豆娘稚虫。

辅助阅读

水蛛又名银蜘蛛，主要分布于欧洲和亚洲北部，是生活在淡水里的蜘蛛，见于水质洁净、水草丰富、常年有水的池塘中。

水蛛完全生活在水中。为了解决呼吸问题，潜水时，水蛛体表的绒毛上会附着许多微小气泡，这个气罩（水盾）使水蛛看上去像一个水银球，光彩照人；另外，水蛛还有很多水下空气住所。水蛛在水生植物间结网，在网下储存气泡，气泡的浮力使网变形成为口朝下的钟罩，这便是水蛛的住所。水蛛在住所里进食休息，雌蛛还在里面产卵。由于水生植物的光合作用，水蛛栖息的水环境里氧气含量很高，这些氧气能不断地渗透到水蛛的住所里。如果天气不好，水中氧气缺乏，渗透到住所里的氧气不足时，水蛛便会从水面上采集空气，进行补充，以确保自己能在水下住所中长久安全地生活下去。

蜘蛛没有触角，其脚须也远不如昆虫的触角感觉灵敏，但蜘蛛体表的刚毛发达，能感觉到声波。蜘蛛一般有8只眼，结网型蜘蛛的眼小，视力弱，但对震动敏感；游猎型蜘蛛的视力发达，眼很大。多数蜘蛛有两种呼吸器官：1对书肺和1对气管，少数种类只有其中的一种。蜘蛛的排泄器官为基节腺或马氏管，多数种类只有其中一种，少数种类两种兼有。

蜘蛛雌雄异形，雌蛛明显大于雄蛛，有的种类雌蛛体重是雄蛛的1000倍以上。蜘蛛体内受精，交配方法特殊。首先，雄蛛织出小网（精网），把精液排到网上，并用脚须器把精液吸进，之后，四处寻找雌蛛，发现后，小心接近，最后，抱住其腹部，将脚须插入雌蛛的生殖孔内，释放精子。交配后，迅速撤离，稍有不慎，就可能被雌蛛吃掉。蜘蛛卵生，直接发育，雌蛛产卵后用丝线裹起来，形成卵袋（彩图8），有的还能照顾幼蛛一段时间。

蜘蛛目有3万余种，有的很小，肉眼根本看不清，有的则很大，如生活在南美洲热带雨林中的捕鸟蛛（Theraphosidae），有的体重超过100g。

（3）蜱螨目　蜱螨目节肢动物体的头胸部和腹部愈合，身体变为小球状，前部为颚体（假头），其上有1对螯肢、1对脚须和口。颚体之后为本体，本体和颚体之间有围头沟。

蜱螨类靠体表或气管呼吸，有性生殖或孤雌生殖，一生历经卵、幼虫、若虫、成虫4个阶段。幼虫3对步足，若虫和成虫均4对步足，但若虫无生殖孔，不能繁殖。

蜱螨目是蛛形纲种类最多的类群，目前已知有5万多种，包括蜱和螨两类。它们个体虽小，但分布广、数量多，对农业及人类的生活都有重大影响。

蜱虫（扁虱）成虫体长2～10mm，全部寄生生活，主要吸食陆生脊椎动物的血液。全世界已发现800余种，分为软蜱（Argasidae）和硬蜱（Ixodidae）。软蜱生活在动物巢穴中，成虫通常多次吸血、多次产卵，每次产卵量都不太大；硬蜱则在旷野生活，吸血后身体大胀，之后大量产卵，产卵后不久死亡，如全沟硬蜱（*Ixodes persulcatus*）。

螨虫体长多在0.5mm左右，有些小到0.1mm，它们体壁薄，生有刚毛。螨类中，危害植物的有红叶螨（*Tetranychus*）等，影响人类生活的有尘螨（*Dermatophagoides*）、粉螨（Acaridae）、恙螨（Trombiculidae）、疥螨（Sarcoptidae）和蠕形螨（Demodicidae），寄生在人体上的有人疥螨（*Sarcoptes scabiei*）、毛囊蠕形螨（*Demodex folliculorum*）和皮脂蠕形螨（*D. brevis*）。

辅助阅读

尘螨种类较多，已记录的有34种，它们常常以人体脱落的皮屑为食，在居室的地毯、床垫和家具套上有很多。尘螨生长发育的最适温度为25℃左右，相对湿度为80%。

尘螨数量较多时，可引起人类哮喘和过敏性鼻炎。经常清扫地面、晾晒被褥和枕头等，可减少尘螨的数量，减少疾病的发生。

三、多足亚门（Myriapoda）

（一）多足亚门的主要特征

多足亚门的节肢动物身体分头部和躯干部两部分，头部的各体节愈合，有附肢3对或4对，即1对触角、1对大颚和1对或2对小颚，大颚用于切割和磨碎食物；躯干部由许多相似的体节组成，每节都有1对同型的步足。这类动物视觉较差，多具单眼或小眼丛形成的聚合眼。

多足亚门的节肢动物用气管呼吸，用马氏管排泄，虽然全部陆生，但一般不能生活在十分干燥的陆地上，且喜隐居在泥缝、石隙和落叶中。

多足亚门的节肢动物雌雄异体，体内受精，卵生。少数种类为直接发育，多数间接发育（增节变态）：幼虫体节少，在以后的蜕皮中，逐步增加体节和足的数目，直到成虫为止。在有些种类中，孤雌生殖也很常见。

（二）多足亚门的重要类群

多足亚门已知约有15 000种，分为4个纲：唇足纲、倍足纲、少足纲和综合纲。其中，少足纲（Pauropoda）约有550种，它们的身体很小，体长为0.5～2.0mm；综合纲（Symphyla）的动物外形似蜈蚣，体长为2～8mm，约有200种。

1. 唇足纲（Chilopoda） 唇足纲的特点是：头部有2对小颚；躯干部第1对附肢演变成颚足，内有毒腺，用以毒杀猎物及防御，躯干部后端有生殖节，生殖孔开孔于其腹面；最后1节的步足细长，有感觉功能。

唇足纲约有3200种，全部肉食，最常见的是蜈蚣（Scolopendridae）和蚰蜒（Scutigeridae）（图8-18）。

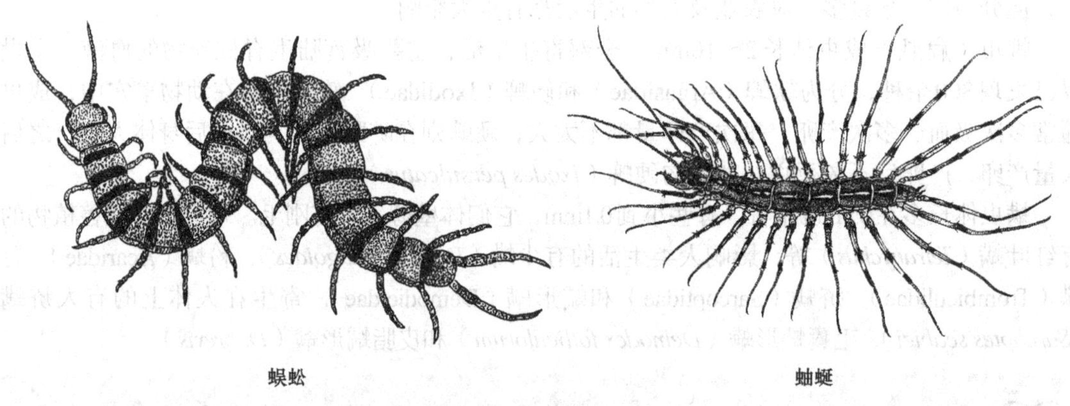

图8-18 唇足纲动物

2. 倍足纲（Diplopoda） 倍足纲也叫马陆纲，其特点是：头部有1对小颚；躯干部的第1对附肢不形成颚足，而是发生退化，躯干部的第2～4体节各只有1对附肢，除此4节外，躯干部的体节合二为一，所以，看上去每体节有2对步足；倍足纲的生殖孔位于躯干部第3节或第4节的腹面。

倍足纲的节肢动物俗称千足虫，约有11 000种，多食腐叶，也吃植物，受刺激后会盘卷身体“假死”，还能分泌臭液防御，如山蛩（Spirobolidae）和各种马陆（彩图9）。

四、六足亚门（Hexapoda）

六足亚门由原来的昆虫纲提升而来，分内颚纲和昆虫纲。内颚纲（Entognatha）有3个目：弹尾目（Collembola）、原尾目（Protura）和双尾目（Diplura）。其中，最常见的是弹尾目的跳虫（Poduridae），俗称烟灰虫，体形很小，数量很大，活动于潮湿的陆地上。

昆虫纲（Insecta）是动物界最繁盛的类群，不仅种类多，数量大，而且分布广，除海洋外（昆虫在海洋中几乎完全不能生存），地球上到处都有它们的踪迹。昆虫是特别适合陆地生活的节肢动物，并在3.54亿年前开始飞行，昆虫中，只有少数种类为次生性水生。

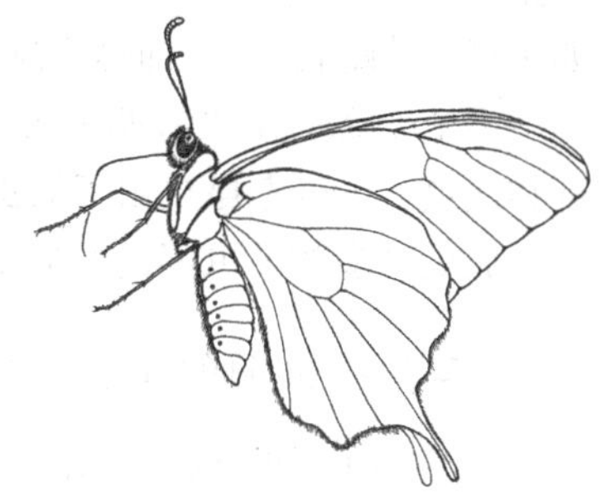

图8-19　昆虫的外形

（一）昆虫纲的主要特征

1. 外部形态　昆虫纲的身体结构十分严谨，身体明显地分为头、胸、腹3个体区。头部由5个体节组成，各体节愈合得十分完好，外骨骼也相互拼合成一个完整的头壳；胸部由3个体节组成，不愈合，形成前胸、中胸和后胸；腹部至多11节，较进化的种类体节数趋于减少（图8-19）。

昆虫的头部有触角、眼等感觉器官，口器发达、多样化，适合摄取各种食物。胸部有3对长大粗壮的步足：前足、中足和后足，有的昆虫步足也发生特化，如蝗虫的后足变为跳跃足、蝼蛄的前足变成开掘足、螳螂的前足形成捕捉足。多数种类的中胸和后胸各有1对翅，翅是昆虫重要的生物学特征，也是昆虫主要的分类依据。昆虫的腹部可分为3段：第1～7腹节为生殖前节（脏节），两侧各有1对气门，附肢已退化；第8、9节为生殖节，一般保留有附肢，但已特化为外生殖器，其中第8节上有1对气门；第10、11节为生殖后节，无附肢，不过，原始种类第11节有附肢，即1对尾须。

2. 触角和口器　昆虫只有1对触角，高度特化，不同种类，甚至同一种类的不同性别，触角的形状和结构也不一样。就功能而言，触角有触觉、嗅觉，甚至听觉功能；就形状而言，有的为刚毛状（蝉和蜻蜓），有的呈丝状或线状（蝗虫和天牛），有的呈念珠状或串珠状（白蚁），有的为锯齿状或锯状（芫菁和叩头虫的雄虫），有的为栉齿状或梳状（绿豆象的雄虫），有的为羽状或双栉齿状（家蚕蛾），有的为膝状或肘状（蚂蚁），有的是具芒状（苍蝇），有的是环毛状（蚊子），有的是球杆状或棍棒状（蝴蝶），有的是锤状（部分瓢虫），有的是鳃叶状（鳃金龟）。

昆虫头部的附肢除了演变成触角外，还演变为1对大颚、1对小颚和1片下唇，它们与上唇和舌共同组成口器。昆虫最原始、最典型的口器是咀嚼式口器，另外还有嚼吸式口器（蜜蜂）、刺吸式口器（蚊子）、虹吸式口器（蝴蝶）、舐吸式口器（苍蝇）和锉吸式口器（蓟马）等。

3. 生长发育　昆虫的生长发育是指从卵中孵出到性成熟为止的整个过程，主要是指幼虫的生长发育历程。

在昆虫发育过程中，表现最明显的是蜕皮现象。同种昆虫，一生中的蜕皮次数是相对固定的，有翅亚纲的昆虫达到性成熟后就不再蜕皮。刚孵化出的幼虫称为1龄幼虫，完成第1次蜕皮后成为2龄幼虫，依此类推。相邻两次蜕皮之间所历经的时间称为龄期。昆虫性成熟前的最后1次蜕皮称为羽化，由若虫、稚虫或蛹变为成虫。

蜕皮对昆虫生长发育的影响是十分显著的，蜕皮不仅是身体量的变化，有时也有质的变化，即变态。昆虫的变态发育有多种形式：表变态（石蛃目）、原变态（蜉蝣目）、不全变态和全变态等形式，其中，最常见的是后两种。

不全变态主要有两种形式：渐变态和半变态。渐变态的昆虫性成熟前为若虫阶段，若虫的外形、生活环境和生活习性与成虫近似，只是体形小、翅发育不全、性器官未成熟而已，因而不能飞行，也不能进行有性繁殖，如蝗虫、蟋蟀、螳螂、竹节虫等；半变态的昆虫性成熟前为稚虫阶段，稚虫的外形和成虫相差不是太多，但生活习性与成虫不同，稚虫水生，成虫陆生，如蜻蜓（蜻蜓目）、石蝇等（襀翅目）。

不全变态的昆虫有两种虫态：若虫（稚虫）和成虫；全变态的昆虫则有3种虫态：幼虫、蛹和成虫。全变态昆虫由于幼虫的外形和生活习性与成虫差别极大，必须经过蛹期的过渡才能变为成虫，多数昆虫都进行全变态发育。通常认为，全变态昆虫进化程度最高。

（二）昆虫纲的重要类群

昆虫纲已知的物种总数在100万以上，除无翅亚纲（Apterygota）的石蛃目（Microcoryphia）和衣鱼目（Zygentoma）为原生性无翅外，其余29个目均有翅，统一划归为有翅亚纲（Pterygota），只是有些种类为适应环境，发生退化，不再有翅，属于次生性无翅。

昆虫中，比较常见的和人类生活关系密切的主要有以下10个目。

1. 蜻蜓目（Odonata）　蜻蜓目主要包括均翅亚目的豆娘（蟌）和差翅亚目的蜻蜓两类（彩图10），约有6500种。体中大型，体色鲜艳，头大灵活，触角短，刚毛状，复眼非常发达，单眼3个，咀嚼式口器。胸部有发达的翅，各翅均有1翅痣；腹部细长，尾须短。交配姿势特异（雌雄对接，组成桃心形），半变态，稚虫捕食水中小虫和小鱼虾，成虫陆生，擅飞，捕食飞虫。

2. 螳螂目（Mantodea）　螳螂目的昆虫通称螳螂、刀螂（彩图11），约有2000种。体细长，头三角形，触角丝状，复眼大而突出，单眼3个，咀嚼式口器。前胸狭长，前足为典型的捕捉足，中足和后足细长。前翅革质，后翅膜质。腹部有1对短小的尾须。螳螂一般生活于林地、草丛和田间，捕食各种虫类，生性凶残，被誉为“昆虫世界的老虎”。卵集中产在卵囊内，卵囊特称为“螵蛸”，黏附在树枝上或石块下，集中孵化。渐变态发育。

3. 等翅目（Isoptera）　等翅目的昆虫通称为白蚁，约2000种，生活在温暖的地区。体乳白色或暗色，触角念珠状，咀嚼式口器，以干木、枯叶和菌类为食。仅繁殖蚁有翅，翅膜质，前后翅的形状、质地一样。腹部有尾须1对。白蚁是著名的社会性昆虫，土栖、木栖或土木两栖，巢穴发达，有的建在地下，有的建在地上。繁殖蚁多在雨季出巢婚飞，落地后，双双配对，之后，翅脱落，选择合适的栖息地，共同挖穴筑巢。不久，雌蚁腹部膨大，专职产卵。后代分兵蚁和工蚁，分别负责保卫和内勤工作。渐变态发育。

4. 直翅目（Orthoptera）　直翅目约有20 000种，常见的有：蝗虫、蝼蛄、螽斯、蟋蟀、蟋蟀等（彩图12）。这类昆虫的身体一般较大，复眼大而突出，单眼2个或3个，触角丝状，咀嚼式口器。前胸发达，背板隆起呈马鞍形，前翅革质，后翅膜质，不飞时安放于前翅下面，不少种类的前翅可摩擦发音。腹部末端有尾须1对，雌虫产卵器发达。直翅目昆虫绝大多数种类为植食性，卵产于土中。渐变态发育。

5. 半翅目（Hemiptera）　半翅目的昆虫通称蝽或椿象（彩图13），约有35 000种。这类昆虫最大的特点是前翅基部加厚成革质，端部膜质，后翅膜质。蝽的身体一般为椭圆形，有发达的臭腺。复眼发达，突出于头部两侧，单眼2个或无，触角丝状。刺吸式口器，多数植食，吸食植物汁液，少数猎食，吸食动物血液。不少类群水生，如蝎蝽（Nepidae）、负子蝽（Belostomatidae）、仰蝽（Notonecidae）和划蝽（Corixidae）等。无尾须，渐变态发育。

6. 同翅目（Homoptera）　同翅目约有32 800种，常见的有：角蝉（图8-20）、叶蝉、沫蝉、蜡蝉、蚜虫等（彩图14）。这类昆虫身体大小差别很大，复眼发达或退化，单眼2个或3个，无翅种类缺单眼，触角刚毛状或丝状，刺吸式口器，多吸食植物汁液。前翅革质或膜质，后翅膜质（有的种类雌虫无翅）。多渐变态发育，少数类群全变态发育。

7. 鞘翅目（Coleoptera）　鞘翅目的昆虫通称甲虫，是昆虫纲最大的一目，全世界已知约35万种，我国有7000多种，常见的有：步甲、虎甲、龟甲、龙虱、萤火虫、叩头虫、吉丁虫、金龟、天牛、瓢虫（图8-21）、芫菁、象鼻虫等（彩图15）。鞘翅目昆虫最大的特点是前翅质地坚硬、角质化，形成鞘翅，不能用于飞行，只是起保护后翅的作用；后翅膜质，用于飞行，不飞时折叠于前翅下（彩图16）。鞘翅目昆虫的身体多为圆形或长圆形。复眼发达，一般无单眼，触角多样化，多为咀嚼式口器。3对足常因摄食和活动方式不同而有变化。食性复杂，大致可分为肉食性和植食性两种，适应多种生活环境，不少类群水生。全变态发育。

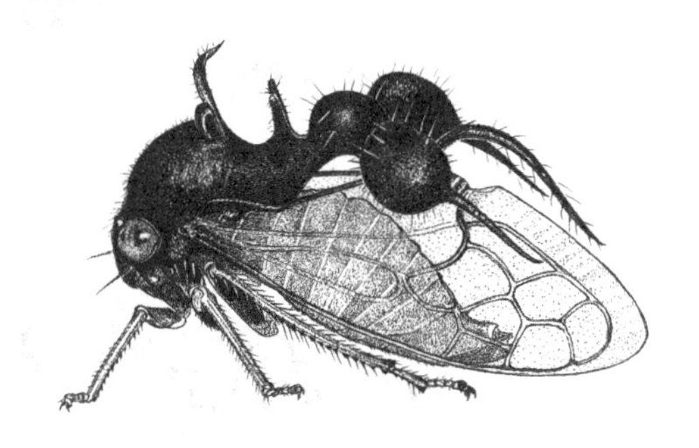

图8-20　同翅目昆虫——角蝉

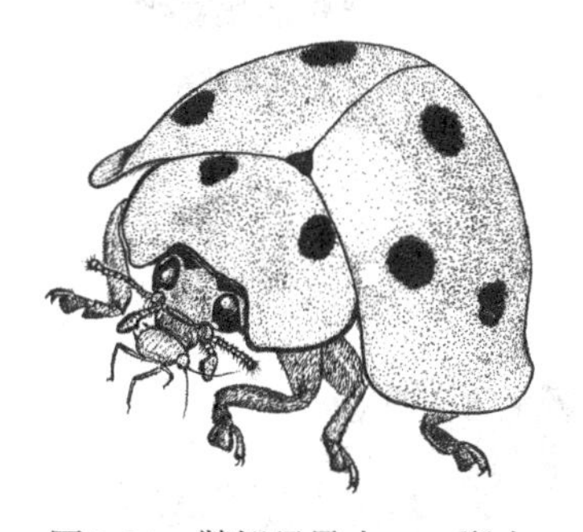

图8-21　鞘翅目昆虫——瓢虫

8. 鳞翅目（Lepidoptera）　鳞翅目的昆虫通称蛾或蝶（成虫）、毛虫（幼虫），为昆虫纲的第二大目，全世界已知约20万种，我国记载的有8000余种（彩图17）。鳞翅目昆虫最显著特点是具有2对宽大的翅（少数蛾类雌虫的翅退化），膜质，上有鳞片和鳞毛覆盖，色彩鲜艳。虹吸式口器（少数蛾类成虫口器退化）。复眼发达，单眼2个，少数无单眼。蝶类触角棒状（图8-22）；蛾类触角多样化（图8-22）：丝状、羽状等，但绝不会是棒状。幼虫多靠咀嚼植物叶片为食，成虫一般吸食花蜜。全变态发育。

9. 双翅目（Diptera）　双翅目包括蚊、蝇、虻、蠓类（彩图18），全世界已知种类有85 000种，为昆虫纲的第四大目。双翅目昆虫最大的特点是成虫只有1对发达的前翅（后翅特化为平衡棒）。口器有刺吸式和舐吸式两种。头部灵活，复眼发达（图8-23），单眼3个或无，触角丝状（蚊类）、具芒状（蝇类等）。成虫善飞，幼虫水栖、陆栖或寄生。全变态发育。

10. 膜翅目（Hymenoptera）　膜翅目为昆虫纲的第三大目，全世界已知种类近12万种，我国有2300余种，包括蜂（彩图19）和蚂蚁（Formicidae）。这类昆虫头部灵活，复眼发达（图8-24），单眼3个或无，触角多样化，口器有咀嚼式或嚼吸式，肉食和植食；有2对膜质的翅，前翅显著大于后翅，部分个体翅退化；腹部第1节并入胸部。全变态发育，常筑巢养育后代，蚂蚁和部分蜂营社会化生活。

除了以上10目外，有翅昆虫还有蜉蝣目（Ephemeroptera）、襀翅目（Plecoptera）、纺足目（Embioptera）、竹节虫目（Phasmatodea）（图8-25）、蜚蠊目（Blattaria）、革翅目（Derma-ptera）、蛩蠊目（Grylloblattodea）、缺翅目（Zoraptera）、啮虫目（Psocoptera）、虱目（Phthiraptera）、缨翅目（Thysanoptera）、广翅目（Megaloptera）、蛇蛉目（Raphidioptera）、脉翅目（Neuroptera）（图8-26）、毛翅目（Trichoptera）、长翅目（Mecoptera）、蚤目（Siphonaptera）和捻翅目（Strep-siptera），另有21世纪新发现的螳螂目（Mantophasmatodea）。

美眼蛱蝶

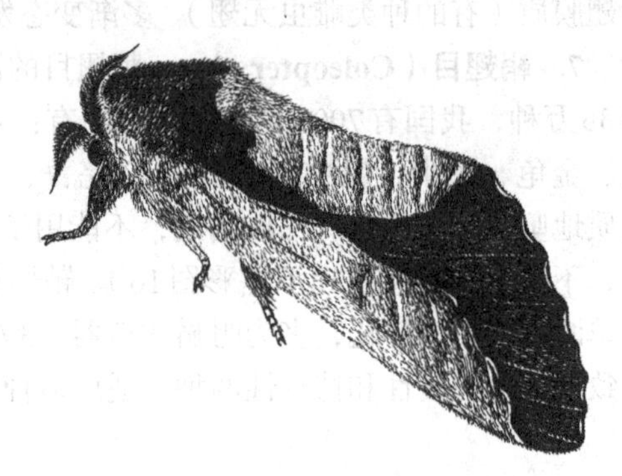

核桃美舟蛾

图8-22　鳞翅目昆虫

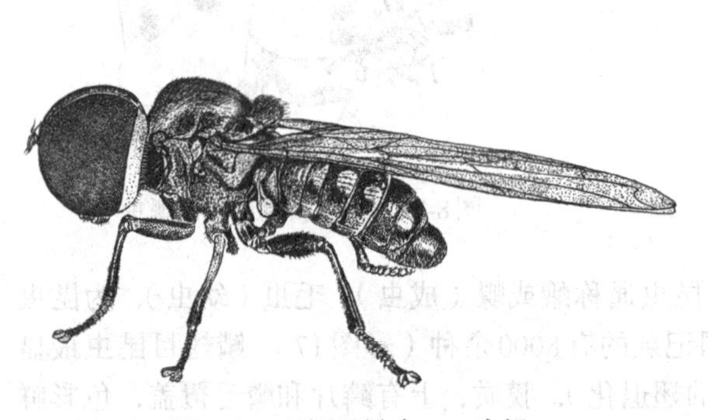

图8-23　双翅目昆虫——头蝇

图8-24　膜翅目昆虫——蜾蠃

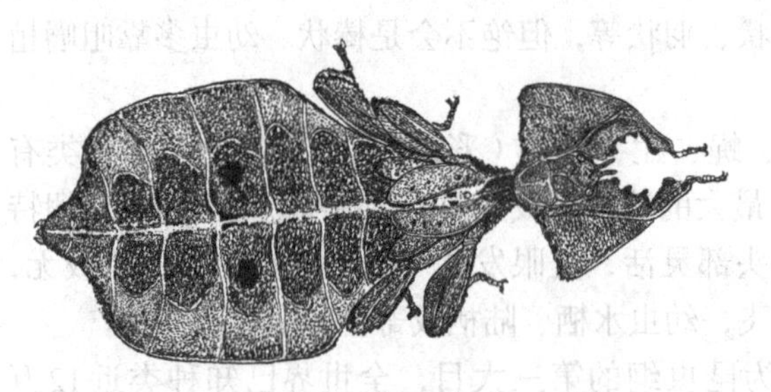

图8-25　竹节虫目昆虫——叶䗛

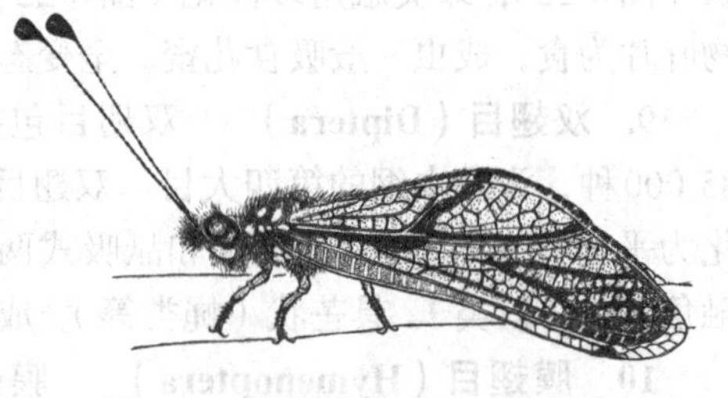

图8-26　脉翅目昆虫——蝶角蛉

第三节　昆虫的生活

昆虫的身体结构严谨，器官高度特化，运动能力极强，无论是摄食、繁殖，还是其他各个生命环节，都进行得井井有条，有的还有社会化的生活。可以说，在动物界，昆虫的适应能力达到了一个相当的高度，昆虫是动物界最早飞上天空的，也是无脊椎动物中唯一飞向天空的动物。实际上，昆虫的发展与陆生植物的进化协调一致，尤其是开花植物。目前，仅人类命名的昆虫就有100多万种，昆虫在人们周围比比皆是，所以，关于昆虫的生活，特别是有翅亚纲昆虫的生活，很值得探究一番。

一、昆虫的生活史分阶段完成

昆虫的生活史是按照严格的分阶段进行的，不全变态的昆虫分3个阶段：卵、若虫（稚虫）和成虫；全变态的昆虫分4个阶段：卵、幼虫、蛹和成虫，其中，卵和蛹不吃不动（有的蛹对外界刺激有明显反应），可看作过渡阶段，真正的生活阶段只是幼虫（若虫或稚虫）期和成虫期。

昆虫的幼虫（若虫或稚虫）阶段是生命的基础时期，该阶段性器官不发育，生活的目的只是积累营养，摄食与消化器官高度发达，吃食贪婪而高效，生长很快，基本上表现出一个“吃”字；昆虫的成虫期突出一个“生”字，该阶段性器官完全发育，表现出各种生殖行为：求偶追逐、交配产卵等。昆虫一生中的这两个阶段不仅生命含义完全不一样，而且有严格的分界点：羽化。羽化实际上是有翅类昆虫生命中的最后一次蜕皮。羽化前，昆虫一味地吃，不断地蜕皮，进行跳跃式生长，从不会出现交配繁殖（有性生殖）行为；羽化后，不再蜕皮生长，专事繁殖，而且绝大多数种类都能够通过飞行寻找配偶和产卵场所，应该说，飞行为昆虫求偶和扩大产卵范围提供了极大的便利。

统计表明，全变态的昆虫约占昆虫总数的85%。全变态的昆虫在幼虫和成虫分化上更加彻底，这类昆虫应该更高级，适应能力也更强。对于全变态的昆虫来说，幼虫和成虫相差太过悬殊，根本无法一步到位，必须有一个蛹的阶段予以过渡。在表象上，蛹是不吃不动的，是静息的一个虫态，但实际上，其内部却发生着翻天覆地的变化，进行器官的重大改造和重建。

除非遇到干旱或处在越冬期等，一般来说，在环境适宜的条件下，卵和蛹两个阶段持续的时间都不会太长。但幼虫（若虫或稚虫）和成虫就不同了，这两个阶段持续的时间长短及分配比例，明显地表现出种的特性，多数种类强化幼虫（若虫或稚虫）阶段，少数种类强化成虫阶段。前者如北美洲的十七年蝉（*Magicicada septendecim*），若虫期一般为17年，成虫期仅20天左右；类似的还有蜉蝣，稚虫期3～4年，而成虫期往往不到1天，根本不吃东西；还有不少蛾子，摄食与消化器官完全退化，完成交配产卵后随即死亡，但这些蛾子的幼虫期却较长。相反，母白蚁、蜂王、蚁后等，由于需要多次产卵，成虫期明显加长，有的长达10年以上，但它们的幼虫期却只有几十天。

二、昆虫的生活习性高度特化

昆虫种类繁多，但几乎没有完全在海洋中生活的，应该说，昆虫是高度特化的陆生节肢动物。在陆地上，有如此多的昆虫生活，各种昆虫的生活习性必须高度特化才行，就栖息地而言，在内陆，包括干旱的沙漠、寒冷的两极以及大小不同的各种水体，甚至高盐度的内陆湖，都有特定种类的昆虫生活。昆虫的生活能力令人瞠目。

（一）昆虫的运动

昆虫有两种运动方式：步行和飞行，步行靠步足，飞行靠翅，步足和翅都集中在身体中部，即胸部。就步足而言，昆虫只有3对，但这3对步足的运动速度却明显快于多足纲的数十对步足，这是高度特化的结果。例如，黑胸大蠊（*Periplaneta fuliginosa*）能以50cm/s的速度连续疾走，1秒钟行走的距离大约是体长的16倍；棉蝗（*Chondracris rosea*）的跳跃足发达，即使不用翅协助，一下子也能跳出2m多，相当于一个跳远运动员从足球场的一端跳到另一端；人蚤（*Pulex itritans*）的跳跃高度可达身体的100多倍；叶蝉（*Empoasca maligna*）若虫的弹跳力也毫不逊色。

昆虫是最早飞入空中的一类动物，有些昆虫的飞行能力十分了得。就飞行速度而言，无霸勾蜓（*Anotogaster sieboldii*）追逐猎物时的瞬时速度能达到30m/s，不少昆虫的飞行时速都能轻易超过50km，而且往往能连续飞行10余小时；就飞行技巧而言，双翅目的昆虫水平最高，能在空中迅速前行，也能定置悬于空中；就飞行距离而言，不少昆虫能超过2000km，如美洲的大桦斑蝶（帝王蝶，*Danaus plexippus*）就是世界著名的迁徙蝴蝶，它们在墨西哥越冬，之后一路北上，历经3代，到达美国北部或加拿大南部，此时已是秋季，为了越冬，第4代蝴蝶全部南飞，去墨西哥越冬，单程飞行超过4000km。小红蛱蝶（*Vanessa cardui*）的迁徙能力也不容小觑，它们能成群飞越沧海，寻找合适的栖息地。

（二）昆虫的摄食

昆虫的食谱十分广泛，可以说，陆地上的任何自然有机物，都能被昆虫所利用。

据研究，地球上近一半的昆虫以植物为食，没有哪一种植物是昆虫所不敢问津的，就连有毒的植物，昆虫也敢吃。例如，斑蝶（Danaidae）的幼虫，就专爱吃有毒的植物，而且能将植物毒素积聚在自己体内，用以防御。有人估算，陆地上1/3的植物叶子是被昆虫吃掉的。昆虫不仅咀嚼叶子，植物的各个部位包括种子、花粉、花蜜和汁液都能为昆虫所利用，白蚁则专门吃枯叶和干木头。肉食性的昆虫约占昆虫总种类的1/3，其中多数捕食其他昆虫、蜘蛛，甚至小型脊椎动物；埋葬虫（Silphidae）特别喜欢小动物的尸体；羽虱（Amblycera、Ischnocera）咀嚼鸟兽的羽毛或毛发；虱（虱目）则终生吸食动物血液。相对来讲，杂食性的昆虫不多，而且多半是一些古老的昆虫，如蟑螂、蠋蛉等。

就整体而言，昆虫几乎无所不食（有机物），但就种类而言，昆虫的食性趋向特化，不少昆虫只取食寥寥几种食物，并且为取食这类食物而演变出专门的口器。例如，蝴蝶的幼虫往往只摄取某科甚至某属的植物，所以，成虫只是在这些植物上产卵，其辨认鉴别植物的水平相当高。例如，常见的柳紫闪蛱蝶（*Apatura ilia*）多在柳叶上产卵，幼虫只吃柳树和杨树的叶子。有的昆虫幼虫只吃一种食物，如家蚕（*Bombyx mori*）只吃桑叶，三化螟（*Tryporyza incertulas*）只取食水稻的茎秆，梨实蜂（*Hoplocampa pyricola*）幼虫只危害梨果实，如此单一的食物却不会出现营养匮乏症。更有甚者，有些食肉昆虫，幼虫阶段大量摄食却从不排便，其消化吸收率可见一斑。

不同种类昆虫的食性不一样，就是同一种昆虫，幼虫和成虫的食性也有很大差别，全变态的昆虫尤其是这样。例如，柳紫闪蛱蝶的成虫主要吸食柳树身上流出的汁液；梨实蜂的成虫则吸食杏花等多种花的花蜜；黑带食蚜蝇（*Episyrphus balteatus*）的幼虫捕食蚜虫，成虫则采食花蜜；横带芫菁（*Epicauta vittata*）的幼虫在土中取食蝗虫的卵块，而成虫则以植物为食，完全改素食了。

（三）昆虫的防御

同其他动物一样，昆虫除了要找到食物吃，还要防止被其他动物吃掉。在自然界，昆虫的天敌很多，特别是鸟类，很多鸟类专以昆虫为食。最初，昆虫飞向天空后，只有结网的蜘蛛和其他昆虫能捕捉它们，但后来地球上又出现了鸟类和蝙蝠，空中优势就不那么明显了。为了抵御捕食，昆虫在体色和体态上大做文章，将保护色、警戒色和拟态发挥到极致。

尽管昆虫的身体只有头、胸、腹3部分，但体态和体色却是千变万化的，能模拟栖息环境或有毒生物的形态和颜色，这就是拟态。拟态最有名的昆虫应是竹节虫（竹节虫目），几乎达到了以假乱真的地步，有些蝴蝶的幼虫前期像鸟粪（彩图20A），后期像小蛇（彩图20B），这也是一种拟态。拟态是体色和体态的有机结合，可使动物达到自我保护和隐蔽捕食的目的。昆虫在这方面有着非凡的技艺，如产在马来西亚的兰花螳螂（*Hymenopus coronatus*），其外形酷似花瓣，如果它伏在兰花上静止不动，是极难被发现的。

保护色在昆虫身上很普遍，而且涵盖各个虫态，包括卵和蛹。竹节虫的卵常被单粒产出，之后落于地面，很难被发现；柑橘凤蝶（*Papilio xuthus*）的蛹如果是结在绿枝上，就呈嫩叶般的绿色或黄绿色，如果是在枯枝上，就呈褐色，总之，尽量与环境保持一致（彩图21）。警戒色也是昆虫防御方面的一种保护性适应，如胡蜂的体色黑黄相间，非常醒目，是典型的警戒色，有些昆虫深谙此道，并利用之，如透翅蛾（Aegeriidae）不仅体色酷似胡蜂，就是体态甚至动作也很像，这就是拟态了。还有些昆虫既有保护色，又有警戒色，还拟态，如全长超过10cm的提灯蜡蝉（*Fulgoridae laternaria*）伏在树干上，从侧面看像小鳄鱼，从背面看，则隐在斑驳的树皮中很难被发现，一旦被敌害发现，前翅会突然展开，露出后翅上夸张的眼斑（图8-27），让袭击者误以为是天敌而被吓跑。

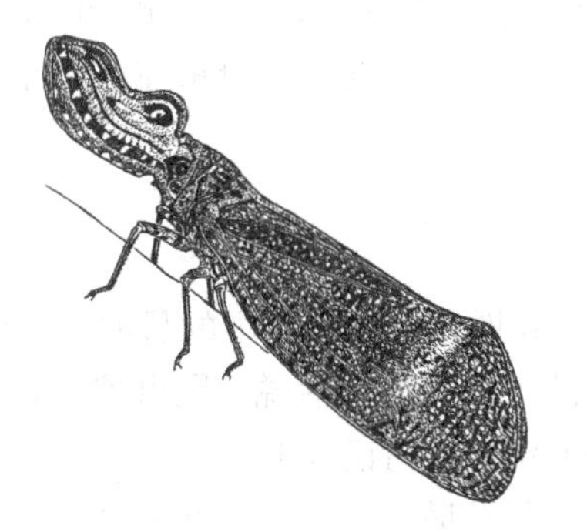

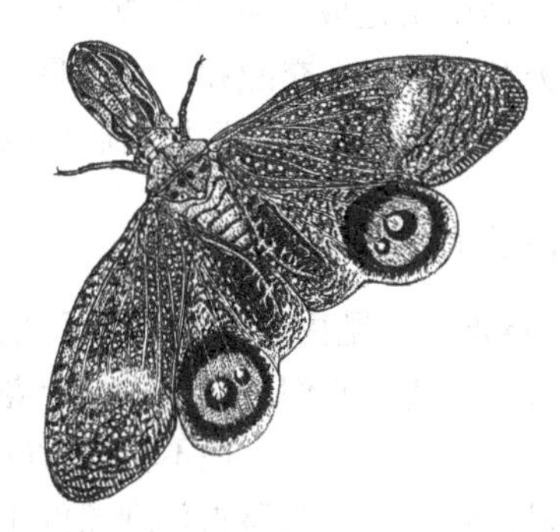

图8-27　提灯蜡蝉侧面观（左）及展翅（右）

昆虫的防御手段多种多样，除保护色、警戒色和拟态外，还有棘刺、毒毛、伪装、假死、恐吓、撕咬、钳夹、刺蛰、分泌刺激性液体，甚至是聘请外援等。射炮步甲（*Brachinus*）能从腹端喷出毒液，炽热的液体接触到空气后迅速汽化，防御效果奇佳。瓢虫茧蜂（*Perilitus coccinellae*）幼虫寄生在七星瓢虫（*Coccinella septempunctata*）或稻红瓢虫（*Micraspis discolor*）

体内，幼虫老熟时钻出，在寄主腹下吐丝结茧，此时瓢虫已进入垂死状态，但仍会为蜂茧提供保护。

（四）昆虫的适应

1. 越冬 昆虫是变温动物。在寒带和温带，冬季非常寒冷，生活在这里的昆虫都有独特的越冬技巧。

在低温环境中，昆虫不吃不动，新陈代谢渐渐降到极低的水平。在这种情况下，昆虫的耐受力极强，特别是全变态昆虫，耐受低温的能力超乎想象，身体严重冻僵，但环境好转后仍能恢复正常生活。例如，黄刺蛾（*Monema flavescens*）的蛹能够在−20℃的环境中度过100天。事实上，在自然界，能忍耐−50℃低温的昆虫不在少数，实验表明，金凤蝶（*Papilio machaon*）的蛹能耐受−196℃的超低温。

在自然界，多数昆虫以卵或蛹的形式越冬，少数昆虫以幼虫或成虫的形式越冬，也有以两种或两种以上的虫态越冬的，但无论如何，越冬期的昆虫一般都是处于休眠状态，不吃不动。但也有例外，冬尺蠖蛾（*Operophtera brumata*）已然适应了低温生活，竟然在−2℃的冬季飞翔、交配、产卵。不过，冬尺蠖蛾却是以蛹的形式休眠度夏的。

2. 假死 假死是动物因受到外界刺激而突然停止活动、佯装死亡的现象。事实上，假死是一种逃生伎俩，不少脊椎动物遇到敌害时也会使用这一招。昆虫的假死现象主要表现在甲虫（鞘翅目）身上：将身体蜷缩起来，静止不动，或收拢步足从高处跌落下来，一段时间内表现出死亡状态，不久即恢复正常活动。

当遇到敌害捕食时，动物往往靠三种反应来应对，一是迅速逃离现场，二是恐吓吓走对方，三是装死不动。甲虫身体很小，威慑力差，大多也没有什么厉害的防御性武器，翅的特殊结构使其展翅逃生的速度较慢，只好采用假死的手段。甲虫的假死至少有两大好处，一是不动的身体不容易被敌害发现或使其失去捕食的兴趣，二是能从高空跌落，使敌害失去目标。

三、昆虫的繁殖竞争异常激烈

昆虫的有性生殖是成虫阶段最重要的生活内容，包括求偶、交配、产卵和抚幼几个阶段。其中，求偶为基础阶段，交配和产卵才是核心内容，雄虫重视交配，雌虫注重产卵，而抚幼只是少数昆虫才有的行为，目的是提高后代的成活率。

（一）昆虫的求偶

1. 求偶特点 昆虫的求偶是为了见到并打动异性，以达到交配的目的。多数昆虫的成虫阶段时间很短，所以它们不会在求偶上花费太多的工夫，换句话说，昆虫求偶效率极高，一旦雌雄相见，马上进入主题，绝不会把时间过多地浪费在谈情说爱上。

在无脊椎动物中，有明显求偶现象的不多，主要是节肢动物中的跳蛛和昆虫，以及软体动物中的头足纲。昆虫的求偶多半为雄性所为，或者说雄性主动性更强，内容主要是寻找和引诱雌性，它们往往靠发达的感觉来达到目的。有的靠视觉积极寻找，有的通过声音努力吸引，有的靠震动来传递信息，当然，最重要的还是性激素（性信息素）的诱惑。不过，单靠一种方式来求偶的昆虫几乎没有。例如，蝴蝶主要靠视觉求偶，先凭宽大的翅认出对方，双方见面后还要用嗅觉进一步验明正身。

2. 视觉求偶　白天活动的昆虫主要利用视觉求偶。雄性蜻蜓（包括豆娘）常在水边占上一块地盘来表明自己的实力，为了争夺优势地盘，雄虫间还要进行激烈的争斗。拥有地盘的雄虫体色格外鲜艳，它们要么在自己的领空巡回飞行，要么停留枝头，坐等新娘上门。一旦发现雌虫到来，立即与其交配，之后，引领雌虫把卵产下。蝴蝶一般不占地盘，它们求偶的方式多是雄性先羽化成蝶，然后在有可能有雌蝶出现的地方来来回回巡飞，寻觅异性。青斑蝶（*Parantica sita*）的雄蝶一旦找到雌蝶，就会从腹部末端伸出毛笔器，释放性激素，引诱雌蝶（图8-28）。雄性食蚜蝇（Syrphidae）在空中悬停，向雌蝇展示自己的飞行技巧，从而打动对方。

图8-28　青斑蝶求偶

一般来说，白天求偶的昆虫往往都有容易识别的体色和视力发达的眼睛，然而，也有例外。摇蚊（Chironomidae）的做法是形成规模庞大的求偶集团，以增加视觉冲击力。如在非洲的马拉维湖，雨季凌晨，当第一只摇蚊冲出水面后不久，亿万只摇蚊就跟着飞起来了，共同集结成巨大的“蚊柱”，袅袅上升，远远看去，整个湖面就好像是冒烟一样。

利用视觉求偶的昆虫多在白天活动，但也有例外，如萤火虫（Lampyridae）。不同种类的萤火虫发光的亮度和频率并不一样，目的是相互区别，以免造成混乱而浪费时间。

3. 听觉求偶　利用听觉求偶的昆虫也不少，典型的是蟋蟀、纺织娘、螽斯之类。它们在晚间鸣叫，由于是夜深人静，它们细小的声音也能发挥很好的作用。其实，蟋蟀的声音并不单调，有地盘之歌，目的是驱逐同性，有爱情之歌，目的是吸引异性，还有爱的呢喃。有些昆虫喜欢在白天用声音求偶，如某些蝗虫能通过颤动后腿，发出“嚓啦、嚓啦”的响声。不过，若是虫口密度不大，还要在白天用声音传递信息的话，就必须拥有“大嗓门”才行，如优雅蝈螽（*Gampsocleis gratiosa*）；如果要合唱的话，则声音必须超强洪亮才能胜出，如黑蚱蝉（*Cryptotympana atrata*）等。

4. 嗅觉求偶　信息素（外激素）是动物体分泌的化学物质，具有很强的挥发性，通过嗅觉起作用，性信息素则多在异性之间起作用。很多动物都会产生性信息素，但在昆虫这里却成了惯用的求偶手段，并将其发挥到了极致，异性的性信息素对昆虫有极大的吸引力和超强的动情作用。例如，雄蛾的触角只要接触到雌蛾释放的几个分子的性信息素，就会产生明显的求偶反应。通常，一只雌蛾产生的性信息素可导致方圆数千米的雄蛾向其靠拢。

性激素是多种昆虫惯用的求偶手段。如扇角甲（Callirhipidae）、羽角甲（Rhipiceridae）等，雄性的触角外形独特夸张，就是为了更好地捕捉雌性释放的性激素分子。

5. 其他求偶方式　上述3类只是昆虫最常见的求偶方式，事实上，昆虫的求偶行为五花八门、多种多样。

舞虻（Empididae）、蝎蛉（Panorpidae）和蚊蝎蛉（Bittacidae）的雄性常用美味的食物打动雌性。飞虱（Delphacidae）的雌雄个体通过振动草叶来彼此传递爱的信息，而苇瘿蝇（*Lipara*）的雄虫寻找配偶时，会摇动枯萎的苇草茎秆，以多种特殊的振动音发出信号，寻求雌虫的反应。在水面上生活的水黾（Gerridae），雄虫常常用前足拍打水面，掀起涟漪，传送出求爱的信息，收到信息的雌虫如果中意对方，也会以同样的方式表达自己的意愿。

（二）昆虫的交配

昆虫的交配也称为“交尾”，是雌雄个体后腹部的深入接触，目的是雄虫向雌虫体内输送精子。同一种昆虫，雌雄虫的交配器高度协调，就像钥匙和锁的关系，异种间则不配套。昆虫的交配时间一般都比较长，但由于身体结构不同，不同类群的昆虫交尾的姿势很不一样，有的还会在飞行中交尾，如蜻蜓。

交尾是昆虫繁殖过程中至关重要的一环，特别是雄虫，求偶交尾几乎就是繁殖的全部内容，所以说，雄虫在交尾上无所不用其极，但努力的方向无非是让雌虫专心地为自己产出更多的后代。例如，有些种类的雄性昆虫在交配过程中，会向雌虫体内输送精包，这种精包很有营养，能够为雌虫的生殖腔所吸收，这样一来，雌虫就有可能为自己产出更多的后代，而雄螳螂为了提供营养，有时会甘心让雌螳螂把自己吃掉。

为了让雌虫专门为自己生产后代，雄性昆虫会采取各种措施，阻止雌虫与其他雄虫交配。例如，有的雄虫在注入精子的同时也送上了一种化学物质，这种物质能明显抑制雌虫的性欲；有的雄虫会在雌虫身上涂抹抗引诱剂，这种物质能大大降低雌虫对其他雄虫的吸引力。当然，最彻底的做法是让雌虫无法再次交配。绢蝶（Parnassiidae）在交配后，雄蝶会在雌蝶腹端构筑一个角质的臀袋，把雌性的外生殖器罩住；更多雄性昆虫的做法是释放交配塞，将雌虫的生殖道塞住；有些蜂类干脆将自己的交配器舍弃在雌性体内；还有些昆虫则是延长交配时间，如常见的稻绿蝽（*Nezara viridula*）能够保持交尾状态长达10天，让其他雄虫无机可乘。

如果不能阻止雌虫再次交尾，雄性昆虫也有办法让雌虫为自己生育后代，这就是后来者居上。例如，雄性豆娘和黄星天牛（*Psacothea hilaris*）在受精前，会先清除雌性体内其他个体的精子。绿树蟋的做法则更胜一筹，在交尾后，雄性的交配器会把雌体以前储存的精子带出来，供自己食用。面对后来者居上这一做法，作为第一交配对象的雄性昆虫会紧紧看着自己的配偶，直至它们顺利产卵为止。

（三）昆虫的产卵

产卵是雌虫的事儿，雄虫一般很少参与，但为了保证雌虫产出的是自己的后代，有些雄虫也会帮忙。

雌性昆虫产卵最关键的是将受精卵产在合适的地方（图8-29）。这里所说的合适是对后代而言的，主要有两条：一是有食物可吃，二是安全隐蔽，不容易被敌害发现。前者如蝴蝶把卵

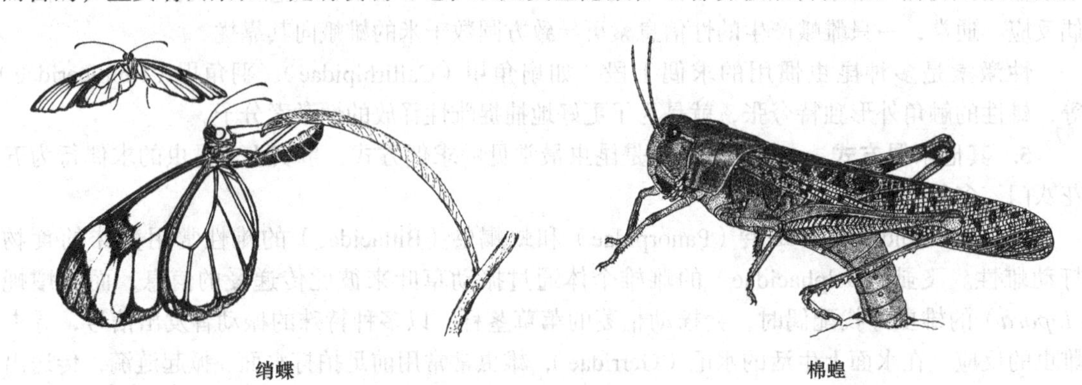

图8-29 昆虫产卵

产在植物上，后者如蝗虫把卵产在土壤中。

多数昆虫成虫和幼虫（稚虫或若虫）的食性迥然不同，但令人奇怪的是：成虫不仅知道自己吃什么，更重要的是知道自己的孩子吃什么，它们常常凭借气味就能找到后代喜欢吃的食物。菜粉蝶（*Pieris rapae*）的幼虫（菜青虫）只吃十字花科植物，芥子油是这类植物所特有的，母蝶就对芥子油气味特别敏感，据此找到菜叶产卵。而菜粉蝶盘绒茧蜂（*Cotesia glomerata*）是一种寄生蜂，喜欢把卵产在菜青虫体内，它对芥子油的气味也很敏感，借此，先找到十字花科植物，然后，再寻找菜青虫啃过的叶子或其他活动痕迹，最终找到菜青虫，实施产卵。

对于寄生蜂来说，即使找到寄主，时机不合适，也无法实施产卵。凤蝶赤眼卵寄生蜂（*Trichogramma papilionis*）喜欢在凤蝶的卵内产卵，但却只能利用产出半天以内的新鲜凤蝶卵，所以，对寄生蜂来说，及时准确地找到寄主是很重要的事情。黄毒蛾黑卵寄生蜂（*Telenomus euproctidis*）也是一种卵寄生蜂，它把卵产在台湾黄毒蛾（*Euproctis taiwana*）的卵内，研究表明，这种寄生蜂对母蛾分泌的性激素很敏感，借此找到母蛾，钻到母蛾腹端的毛丛中，搭乘母蛾飞翔，待母蛾产下卵时，寄生蜂跳到蛾卵上产卵。

以上都只是为后代找到了食场，但后代的安全问题并没有多大保障。蜣螂（Geotrupidae）的做法更胜一筹，如屎壳郎（俗名）不仅能在第一时间找到动物粪便，而且能快速地把粪便制成粪球，并且滚到安全的地方，埋在地下，或直接打洞埋入地下，然后产卵。幼虫孵出后，以父母备下的粪便大餐为食，安全舒适（图8-30）。类似的还有卷叶象甲（Attelabidae），母虫会把植物的叶子切开、折叠、卷起，制成叶包，每个叶包中都有一粒虫卵，孵化后的幼虫就以叶包为食，因为叶包仍悬在植物上，所以既新鲜又安全，风雨无碍（图8-31）。

图8-30　屎壳郎滚粪球

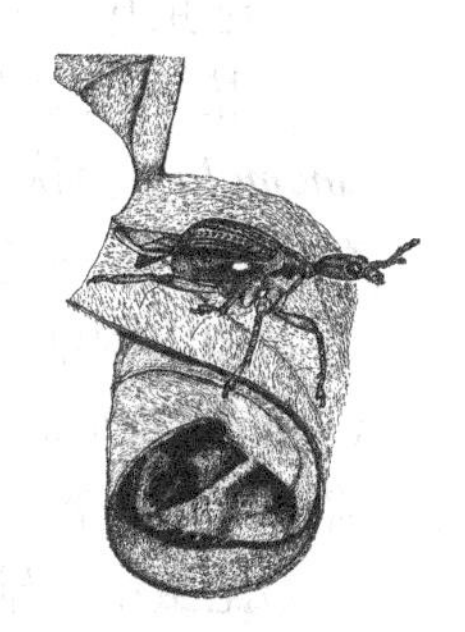

图8-31　卷叶象甲制作叶包

比蜣螂和卷叶象甲更高明的是膜翅目的狩猎蜂和花蜂。狩猎蜂包括蜾蠃（Eumenidae）、蛛蜂（Pompilidae）、泥蜂（Sphecidae）和胡蜂，它们的后代都是肉食性的；花蜂包括切叶蜂（Megachilidae）、木蜂（Xylocopidae）、熊蜂（Bombidae）和蜜蜂，其后代是素食性的。胡蜂、熊蜂和蜜蜂是社会化生活的昆虫，将在后面介绍，现在说说其他狩猎蜂和花蜂。

狩猎蜂和花蜂在后代的食物及安全问题上都有上佳的表现：首先是寻找一个合适的地点筑巢，然后再去寻找食物，食物备足后，在巢中产下一粒卵（有些狩猎蜂是先产卵，后准备食物），最后，封堵巢穴。不少种类为后代构筑的巢穴和准备的食物都是超一流的，如某些蜾蠃，天生就是泥壶匠，母虫会用泥土筑起壶形的巢，遮风挡雨，美观实用（图8-24）。为了保证食物虫长期新鲜可口，且能老老实实被自己的后代吃掉，蜾蠃事先会使用自己的螫刺扎向虫子的神经节，使之成为“植物虫”，不死不动。

相反，有些昆虫在产卵上可谓是马马虎虎，似乎全没些认真的气象。蝙蝠蛾（Hepialidae）夜间贴地飞行，边飞边产卵，并无固定的产卵场所。黄环链眼蝶（*Lopinga achine*）和蛇眼蝶（*Minois dryas*）也是在空中撒卵，只是稍微认真一点，将卵撒在幼虫生活的禾本科植物丛中；东亚矍眼蝶（*Ypthima motschulskyi*）倒是停在幼虫爱吃的草叶上产卵，但仍将卵抛到地面上。它们这样做并非没有道理，试想，如果让卵黏在草叶上，就可能被某些食草动物吞入肚中，远不如在地面上孵化安全，特别是卵期持续时间比较长的昆虫。

总之，在昆虫中，几乎没有绝对漫不经心的妈妈，雌虫都干得十分认真。例如，黑弄蝶（*Daimio tethys*）不光会在幼虫喜欢的植物上产卵，还用腹端在产出的卵上反复摩擦，让自己的刚毛脱落粘在卵上，使卵看上去更像尘埃，以达到伪装保护的目的。更有甚者，如卵形叶甲（*Oomorphoides*），干脆把产出的每一粒卵都涂抹上自己的粪便，让食卵者打消捕食的念头。

（四）昆虫的抚幼

对于后代的照料，即抚幼，昆虫做得比较少，这主要是因为昆虫的成虫期较短，一般来不及看到自己的后代出世，父母就离世了。虽然做得少，但并不差。

同其他动物一样，在照顾后代方面，有母亲单独照顾的，有父亲单独照顾的，也有双亲共同照顾的，还有让后代代为照顾的，尤其是后者，在某些昆虫身上发挥到了极致，形成社会化生活。另外，还有些昆虫把照顾后代的工作“委托”给了蚂蚁（Formicidae），如黑灰蝶（*Niphanda*）、霾灰蝶（*Phengaris*）等，母蝶总是把卵产在周围有蚂蚁活动的植物上，而且，植物和蚂蚁都必须是专用物种，不能搞乱。

昆虫中，母虫抚幼的稍多，通常的做法是看护受精卵和幼虫。很多椿象会这样做，蝼蛄也会这么做，八重山紫蛱蝶（*Hypolimnas anomala*）会认真地看护自己产下的卵块。当然，最典型的还是革翅目的蠼螋。雌蠼螋在土中做穴产卵，然后认真守护，母虫不仅护卵，还会清除卵上的细菌，吃掉坏卵，一旦环境有变，还会将卵转移。而瘤螋（*Challia fletcheri*）会在受精卵孵化后死去，用自己的身体为子代提供生命中的第一餐。

图8-32 田鳖护卵

昆虫中，雄虫抚幼的不多，田鳖（*Kirkaldyia*）可算作这方面的典型代表。田鳖雌虫在水面之上产卵，如植物茎秆上，雄虫独自照看受精卵，雄虫会趴在卵上，为卵补充水分（图8-32），一旦身体变干，就赶紧爬入水中弄湿身体，再爬回原处，如此反复，直到若虫孵出为止；负子蝽（*Sphaerodema*）则是让妻子把卵产在自己的背上，背着受精卵四处活动，随时予以照料（彩图13A）。

埋葬虫又称葬甲，这类动物一般执行一夫一妻制，雌雄双方共同抚幼，但略有分工，雄虫主要保卫家园，雌虫主要是照料幼虫。

四、部分昆虫的生活高度社会化

所谓生活社会化是指动物以大群体集体生活，在群体中，个体分工明确，彼此合作紧密。在昆虫中，营社会化生活的不多，只有白蚁、蚂蚁、蜜蜂、胡蜂和熊蜂，其中，胡蜂和熊蜂只能算是半社会化生活。

下面以蜜蜂为例，介绍昆虫的社会化生活。

为了更好地完成“吃”和“生”这两件大事，蜜蜂集体生活，成员特化，形成3种类型：蜂王、雄蜂和工蜂。蜂王和雄蜂专门负责生的问题，工蜂负责其他一切事务，主要是吃和防止被吃。为了提高工作效率，3类成员都高度特化：蜂王通常只有一个，体形最大，专门负责产卵，精力旺盛时，一天能产2000多粒；雄蜂大约有数百个，定期出现，只有一个工作，即与蜂王交配，交尾后便死去；工蜂个头最小，虽为雌性，但生殖器官不发育，寿命也不长。不过，因为工蜂在蜂群中数量极多，往往有几万只，有时超过10万只，加上它们又都是典型的“工作狂”，所以，工蜂包揽了除“生”以外所有的工作。

相对于蜜蜂，白蚁和蚂蚁的社会中还多了一种成员：兵蚁，专门负责防御。

营社会化生活，众多个体组成一个完整的大家庭，没有“家”是不行的，所以，社会化生活的昆虫都会构筑壮观的巢穴，就连半社会化生活的胡蜂和熊蜂也会制造精美实用的巢。蜂巢造型之奇特，结构之巧妙，可谓巧夺天工，每个蜂房都是正六边形，既节省材料，又能合理利用空间，增加容量，还牢固耐用。蚂蚁的地下巢穴也是异常发达，有的蚁巢深入地下8m，面积达$100m^2$。昆虫学家曾仔细研究过切叶蚁的巢，里边竟像个巨大的宫殿，分蚁后室、幼虫室、保育室、储藏室等，四通八达，十分宽敞。白蚁的巢穴建在地面上的叫“蚁冢”或“蚁塔”，有的高达6m，简直就是“摩天大楼”。蚁塔不仅非常牢固，而且还建有空气调节管道及导水沟渠，以便空气流通和雨水外排，使巢内的温度和湿度总是保持在适宜的状态。

小　结

节肢动物是动物界最繁茂的一个门，种类多、数量大、分布广。

节肢动物全身包被坚实的外骨骼；具有分节的附肢，且不同种类的附肢发生不同的退化和特化；节肢动物有混合体腔，行开管式循环；消化系统发达；呼吸器官多样化，有多种形式的鳃，有书肺和气管等多种形式；排泄器官也多样化，特别是马氏管的出现，大大减少了体内水分的流失；节肢动物具链索状中枢神经系统，感觉器官发达；生殖方式多样。

节肢动物分4个亚门：甲壳亚门的外骨骼发达，身体分头、胸、腹3部分，头部有5对特化的附肢，即2对触角、1对大颚和2对小颚；螯肢亚门的身体分头胸部和腹部两部分，无触角，头胸部有6对附肢，第1对为螯肢，第2对为触肢，其余为步足；多足亚门的身体分头部和躯干部两部分，头部有3对或4对附肢，即1对触角、1对大颚和1对或2对小颚，躯干部由许多相似的体节组成，每节都有1对步足；六足亚门最重要的是昆虫纲，昆虫纲的特点是身体明显地分为头部、胸部和腹部3部分，头部有1对触角，有发达的口器，胸部有3对长大的步足，腹部附肢大多退化。

复习思考题

1. 解释名词：异律分节、外骨骼、混合体腔、气管、马氏管、无节幼体。
2. 甲壳动物最重要的特征是什么？软甲纲的特点是什么？
3. 肢口纲和蛛形纲有什么特点？代表动物是什么？
4. 多足动物有什么特征？代表动物是什么？
5. 昆虫纲的特点是什么？为什么昆虫的种类和数量如此之多？

第九章

软体动物门

（1）身体柔软不分节，分头部、足部、内脏团、外套膜4部分，多有贝壳。

（2）假体腔和真体腔并存，假体腔较大，多开管式循环。

（3）口腔内多具齿舌，肝脏发达，肛门开口于外套腔。

（4）呼吸器官起源于外套膜，水生种类为鳃，陆生种类为“肺”。

（5）神经系统大致分为3种类型：双神经型、神经节型和发达型。

（6）多雌雄异体，异体受精；多间接发育，有担轮幼虫、面盘幼虫和钩介幼虫。

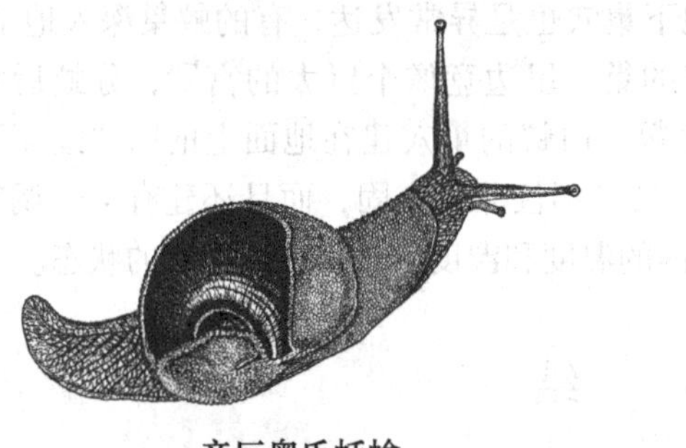

帝巨奥氏蛞蝓

烟灰蛸

软体动物又称为“贝类”，种类很多，有些是人类的重要食品。软体动物大多生活在水中，海洋多，淡水少，个别种类寄生生活。

第一节 基本特征

软体动物有次生体腔，用后肾管排泄，早期发育过程中有担轮幼虫阶段，这些特征和环节共有，二者应该由共同的祖先进化而来，但软体动物的身体不分节，运动方式和环节动物截然不同。

一、软体动物的身体分区

软体动物的身体柔软，不分节，分4个区部：头部、足部、内脏团和外套膜（图9-1），另外，大多数软体动物的体外都有贝壳保护。

（一）足部

与环节动物不同，软体动物的身体不分节，也没有附肢，它采取了别样的运动方式：收放腹部带动身体前行，这使得腹部肌肉逐渐演变成了宽厚的肌肉块，这个肌肉块就是足，专门负责运动。应该说，正是因为采取了这种别样的运动方式，才进化出软体动物。

软体动物的这种运动方式在提高运动速度上略逊一筹，但肌肉质的足产生的拉力并不小，

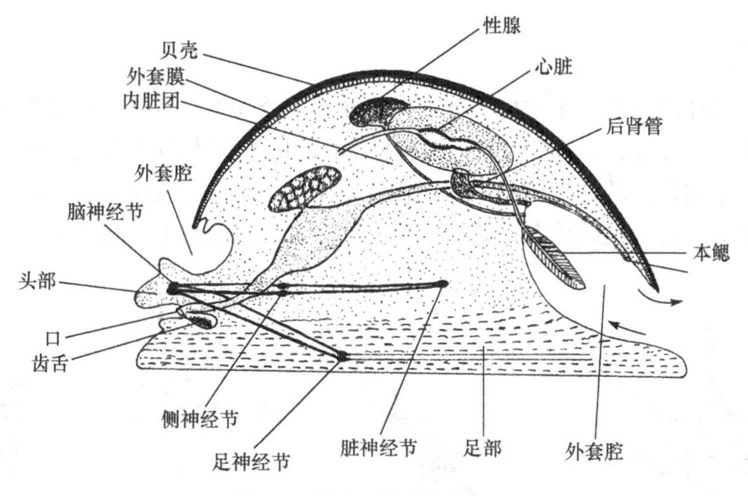

图9-1　软体动物结构模式图

有的能把身体拉到底泥中，如角贝（Dentaliidae）、竹蛏（Solenidae）；有的能让身体紧紧地吸附在礁石上，如鲍鱼（*Haliotis*）；有些软体动物的足发生退化，改用其他方式运动，如扇贝（*Pecten*），双壳能不断拍击，喷出水流，借反作用力推动身体前进；固着生活的软体动物，如牡蛎（Ostreidae），足几乎完全退化；而头足纲的足分化为腕和漏斗，腕移至头部，用于捕食，漏斗用于喷水运动。

（二）头部

头部是动物的感觉和摄食中心。软体动物的足发达，这使它们能够较快地移动，积极搜寻食物，因此，感觉器官和摄食器官逐渐发达起来，形成了头部。头部有眼、触角等感觉器官，有口和齿舌等摄食器官。行动敏捷的软体动物，头部分化非常明显，如乌贼（Sepiidae）和枪乌贼（Loliginidae）等；而行动迟缓的种类，则头部退化，如牡蛎和角贝等。

（三）内脏团

内脏团是软体动物内脏的集中区，位于足的背方，心脏及消化、生殖、排泄等多种器官系统都集中在这里。

内脏团是软体动物代谢、生殖的中心，必须加强保护，为此，软体动物又衍生出了专门的外套膜。

（四）外套膜

外套膜是软体动物背部皮肤褶向下伸展扩张而形成的1个或1对膜，垂下来像外套一样将内脏团包裹起来。外套膜将内脏团包裹起来，在身体的下部会留下空隙，这些空隙就是外套腔（外套沟），肛门、排泄孔、生殖孔等都开口于外套腔。外套腔四周的外套膜上生有纤毛，纤毛的摆动形成水流，这样，外套腔与外界水体就很容易发生交流。

由于外套膜非常柔软，保护力度明显不足，为此，外套膜又分泌了坚硬的贝壳。贝壳的出现对于软体动物提高适应能力、拓展生存空间有很大帮助。

（五）贝壳

拥有贝壳是软体动物的一个重要特征，所以软体动物又叫作贝类。但不同软体动物的贝壳数并不相同，大多是1片，也有2片的，还有8片的，低等种类尚未形成完整的贝壳，而高等种类的贝壳则趋于退化。软体动物的贝壳不仅数目不同，形状也是五花八门（图9-2），有些外形奇特，色彩艳丽；有的极其稀有，如翁戎螺（Pleurotomariidae）（图9-3）。

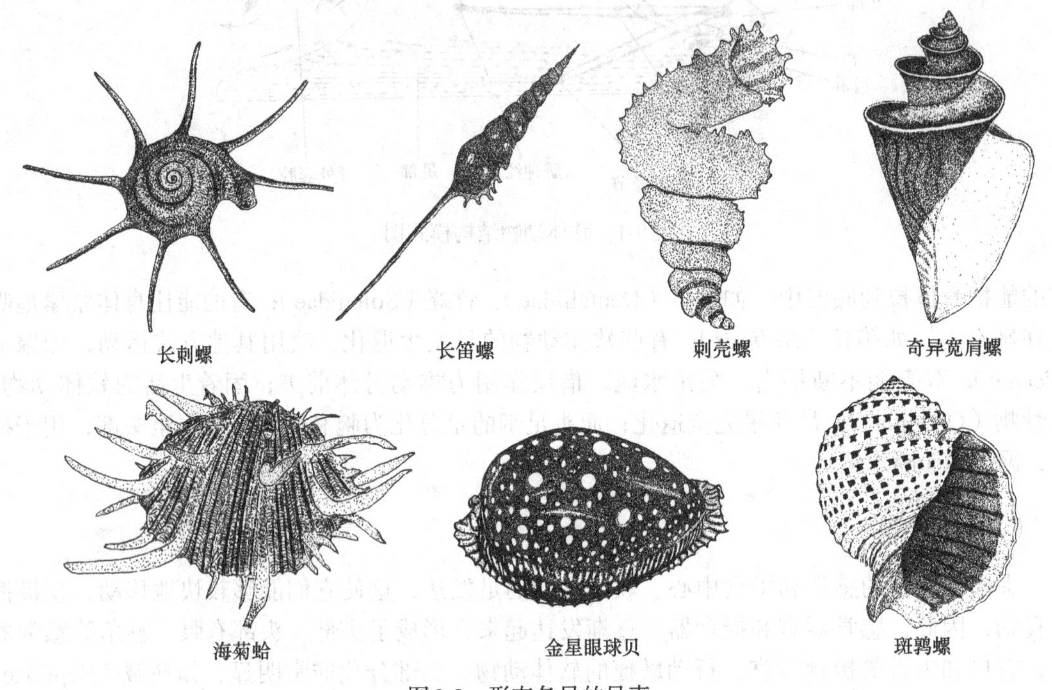

图9-2　形态各异的贝壳

软体动物的贝壳一般由3层组成：壳皮层（壳素层）、棱柱层和珍珠层。壳皮层在最外边，比较薄，有光泽，耐酸碱的腐蚀；中间是棱柱层，主要成分是方解石（碳酸钙），厚重而坚实，起支撑和保护作用；最内是珍珠层，富有光泽，能不断增厚。当有异物进入外套膜和珍珠层之间，外套膜就会形成一个珍珠囊，将异物包起来，并不断分泌珍珠质来包围异物，结果是越包越大，最后形成了闪闪发亮的珍珠（图9-4）。根据这个原理，人们发明了人工培育珍珠的方法，人工育珠大大提高了珍珠的产量。

辅助阅读

珍珠是生物类珠宝，是由软体动物的外套膜分泌形成的。从形成上看，可分为天然珍珠和人工培育的珍珠；从环境上看，可分为海水珍珠和淡水珍珠。目前发现的最大天然海水珍珠叫作“真主之珠”，是1934年5月7日在菲律宾巴拉旺海湾的一个砗磲（Tridacnidae）体内采到的，重达6350g；最大天然淡水珍珠是1987年冬在我国太湖的褶纹冠蚌（*Cristaria plicata*）体内采到的，重达194.81g。

从理论上讲，很多软体动物都能形成珍珠，但事实是，通常只有某些双壳纲的软体动物（双壳贝）

才出产珍珠。人工育珠就是在这些双壳贝的体内人为地植入异物，促使珍珠形成，这样一来，一个双壳贝就可能产生十几颗珍珠，大大提高了珍珠的产量。目前，用于人工育珠的双壳贝种类并不多，淡水种类主要有褶纹冠蚌、三角帆蚌（*Hyriopsis cumingii*）和池蝶蚌（*H. schlegelii*）；海水种类主要有白蝶贝（*Pinctada maxima*）、黑蝶贝（*P. margaritifera*）、马氏珠母贝（*P. martensii*）和企鹅珍珠贝（*Pteria penguin*），其中黑蝶贝生产的是黑珍珠。

中国是珍珠生产大国，产量占世界总产量的90%，其中淡水珍珠产量占99%。南太平洋波利尼西亚群岛的大溪地岛（塔希提岛）是黑珍珠的主要出产地。

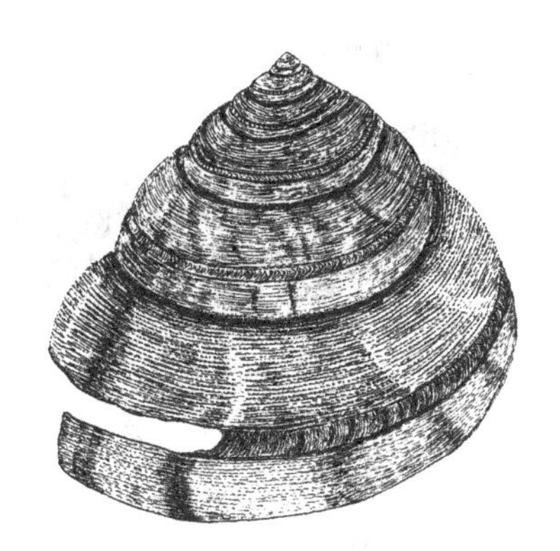

图9-3　翁戎螺的贝壳

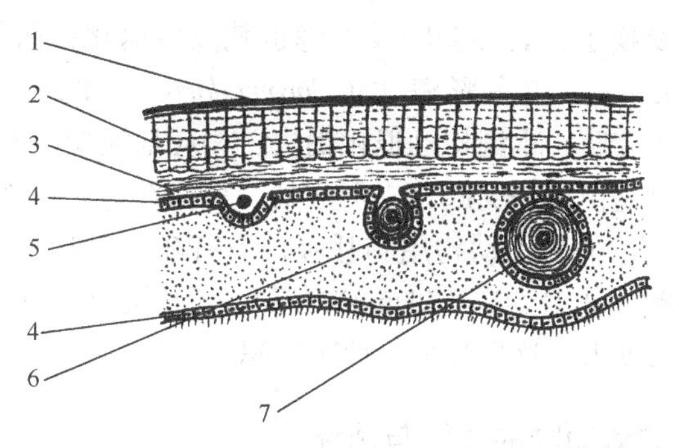

图9-4　珍珠的形成过程

1. 壳皮层；2. 棱柱层；3. 珍珠层；4. 外套膜；5. 异物；6. 珍珠囊；7. 珍珠

二、软体动物的消化系统

软体动物的消化管主要由口、食道、胃、肠和肛门组成，多数种类的口腔内有角质颚片或齿舌。齿舌是软体动物特有的摄食器官，上有角质齿，可将食物锉碎后舔食。肛门开口于外套腔。

软体动物的消化腺主要有唾液腺和肝脏，其中，肝脏较大，很发达。

软体动物最初以底泥中的有机质为食，随着进化发展，食性也趋于多样化。双壳纲发展出了滤食，而头足纲全部肉食。

三、软体动物的呼吸器官

软体动物体表有贝壳，贝壳阻碍了气体交换，因而衍生出了专门的呼吸器官：鳃和肺。鳃在水中吸收氧气，肺与空气进行气体交换，但无论鳃还是肺，都是外套膜内面的上皮演变形成的，自然也就存在于外套腔中。大多数软体动物外套腔的壁上和鳃上长有纤毛，纤毛摆动，外界水进出外套腔，穿鳃而过，进行气体交换；而头足纲的外套膜有节奏地收放即可让水进出外套腔。陆生软体动物的外套腔容积也可变化，使空气进出。

为了获得足够的氧以支持运动和代谢，软体动物鳃的结构还是比较复杂的，往往由鳃片和鳃轴两部分构成，鳃轴内有血管，两侧有三角形鳃片，这就是栉鳃（图9-5）。低等软体动物栉鳃较多，高等类群仅1对栉鳃。在双壳纲中，原始类群依然是栉鳃，如胡桃蛤（Nuculidae）；较高等的鳃片延长成丝状，即丝鳃，如蚶（Arcidae）；大多数种类是下垂的丝鳃再向上回折，

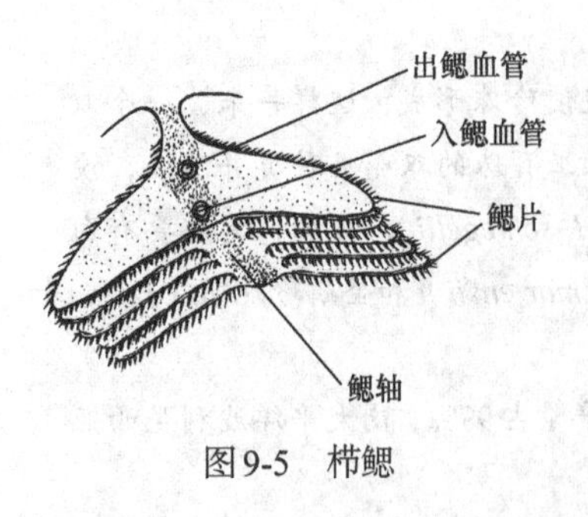

图9-5　栉鳃

且彼此间连合成网状，这就是瓣鳃；杓蛤（Cuspidariidae）的鳃变化最大，为隔鳃。

因为空气中的含氧量远高于水，所以，软体动物肺的结构相对简单，仅仅是外套膜上的微细血管密集成网而已。相应地，这类动物的外套腔也就叫作肺腔，其外套膜边缘相互愈合，仅留狭孔，即气孔，目的是防止体内水分流失过多。

最初，软体动物的鳃都在外套腔中，这类鳃称为本鳃，如栉鳃等，不过，后来也有些软体动物，如后鳃亚纲的海兔（Aplysiidae），由于贝壳减小被包在外套膜中，皮肤裸露，它们就直接用皮肤与海水进行气体交换了，其外套腔及本鳃也就发生退化；而蓑海牛（*Cerberilla*）和多彩海牛（*Chromodoris*）（图9-6）的贝壳、外套腔、本鳃均已退化消失，相应地演变出次生鳃，次生鳃是由皮肤突起分支形成的，暴露在外，特称裸鳃。肺螺亚纲的软体动物用肺呼吸，没有鳃，但其中有些水生种类，如扁卷螺（Planorbidae），气孔附近的外套膜发生褶皱变形，这也算是一种次生鳃。

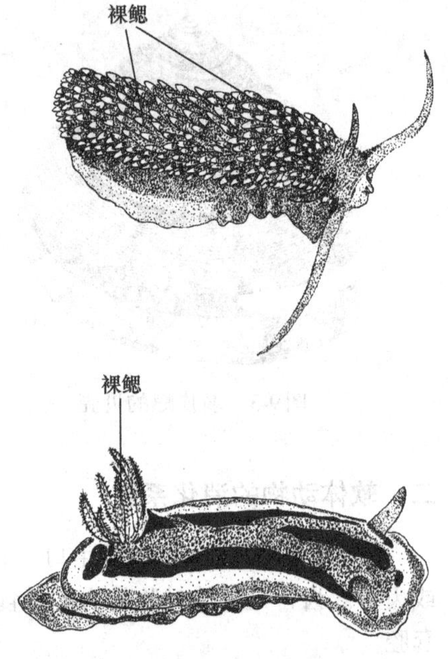

图9-6　蓑海牛（上）与多彩海牛（下）

四、软体动物的体腔与循环

软体动物虽属真体腔动物，但其真体腔并不怎么发达，仅形成了围心腔、生殖器官、排泄器官的内腔，而假体腔则相对宽大一些，存在于各器官的间隙，形成血窦。血窦内有血液，充满组织间隙，各种组织就浸润在血液中。多数软体动物的血液为无色或淡蓝色，血浆中的血色蛋白为血蓝蛋白。少数为血红蛋白，如蚶（Arcidae）。

软体动物的循环系统主要由心脏、血管和血窦组成。心脏位于围心腔内，多数种类的心脏并不发达，由心耳和心室构成，心耳1个或成对存在，心室则只有1个，壁厚，能搏动，为血液循环提供动力（图9-1）。血液由心室搏出，经动脉汇入血窦，流经身体各个部位，再由静脉回收至心耳。因为血窦的存在，血液不是全程受血管壁包围，所以，软体动物是开管式循环。

开管式循环的血液流速慢，输送氧气和营养物质的效率较低，很难支持快速运动，所以，行动敏捷的软体动物拥有闭管式循环，如头足纲。

五、软体动物的排泄系统

软体动物的排泄系统由数目不一的后肾管组成，每个后肾管包括肾口、管状部、腺体部和肾孔几部分，肾口开口于围心腔，管状部是薄壁的管子，腺体部有很多血管，肾孔开口于外套腔（图9-1）。

软体动物的围心腔内有体腔液，能接纳血液中的代谢产物，而肾口和管状部的内壁上有很多纤毛，纤毛的摆动使围心腔内的体腔液流入肾管，在腺体部回收有用的物质和水分，同时将血管中的代谢产物排入肾管，经肾孔统一排到外套腔中，最后扩散到外界。

六、软体动物的神经系统和感觉器官

（一）神经系统

软体动物的神经系统大致可分为3种类型：双神经型、神经节型和发达型。

双神经型是软体动物最原始的神经系统，由围食道神经环和由此向后发出的2对神经索组成：1对足神经索和1对侧神经索，类似梯形或筒状神经系统（图9-7）。无板纲、单板纲和多板纲拥有双神经型神经系统。

神经节型的神经系统通常有4对神经节：脑神经节、足神经节、侧神经节、脏神经节，各神经节之间有神经索彼此相连（图9-1）。脑神经节位于食管背侧，发出神经至头部，司感觉和摄食；足神经节位于足的前部，发出神经至足部，主管运动；侧神经节有神经到达外套膜和鳃；脏神经节的神经到达内脏器官。腹足纲、掘足纲和瓣鳃纲的软体动物拥有神经节型的神经系统。

在软体动物中，只有头足纲的神经系统属于发达型的，这与其快速运动紧密相关，这种神经系统是在神经节型的基础上建立起来的：主要神经节集中于食道周围，形成脑，由软骨包围保护（图9-8）。头足纲的这种神经系统也是无脊椎动物最高级的神经系统，这使其拥有较强的记忆力和应变能力，如章鱼（Octopodidae）就有很强的模仿能力。

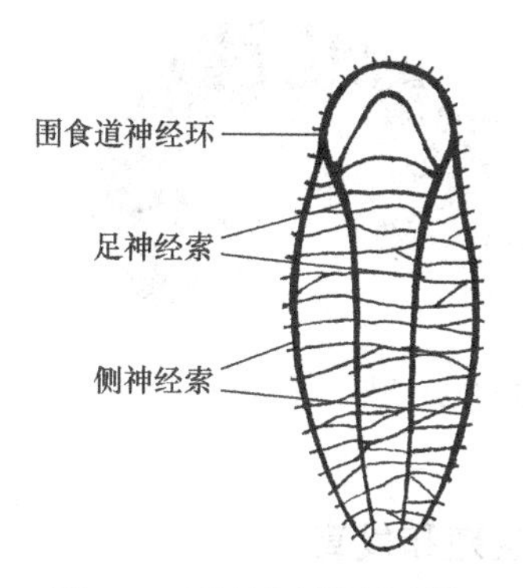

图9-7　双神经型神经系统

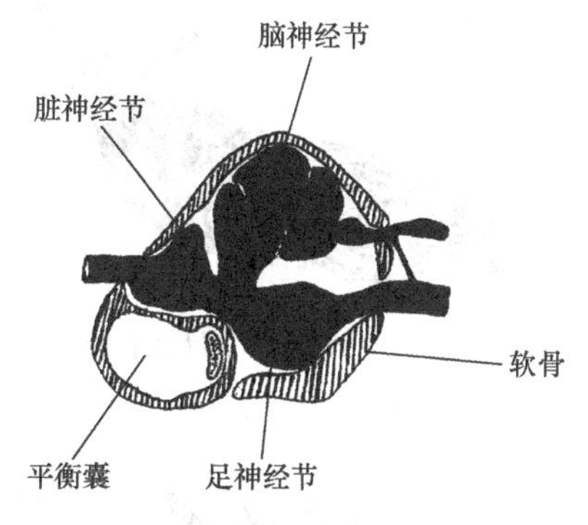

图9-8　枪乌贼的中枢神经

辅助阅读

章鱼是指头足纲八腕目蛸科的软体动物，尤指其中的蛸属（*Octopus*）。蛸属也叫作章鱼属，有90多种，分布于世界各海域。

章鱼虽能喷水前进，但主要还是靠8个腕在海底爬行。章鱼的腕非常灵活，腕上有很多吸盘，各个腕之间还有薄膜相连。与其他头足纲动物不同，章鱼选择了穴居，为此，其贝壳几乎完全退化，身体变得非常柔软，能躲进很小的洞穴中，特别是繁殖季节，雌章鱼更是在洞穴中生儿育女。如需外出活动，章鱼往往会模仿环境中的一物，如海藻、石块等，让自己“隐身”，有时也会模仿有威慑力的动物，如有毒的狮子鱼（*Pterois*）和海蛇（海蛇亚科），以达到吓退敌人的目的。若遇到难缠的家伙，章鱼就从墨囊里喷出浓黑的墨汁，释放“烟幕弹”，借以麻痹迷惑对方，自己趁机溜之大吉。

我们知道，很多动物都会“模仿秀”（拟态），但章鱼的模仿明显是技高一筹，因为它不仅仅是模仿得极其相似，更重要的是它能随时改变模仿对象。章鱼的这个本领取决于两个基础：一是章鱼能够随意改变体形和变换体色；二是章鱼有很强的记忆力和随机应变能力，智商较高。其实，章鱼的智商远不止于体现在“模仿秀”上，如有的章鱼还会搬石头盖“房子”把自己罩住，外出时，有时还会“拿”块石头做挡箭牌。

（二）感觉器官

软体动物的感觉器官有触角、眼、平衡囊和嗅检器等。多数软体动物都有1对平衡囊，囊内有平衡石，用来调整身体的平衡状态。嗅检器存在于外套腔中，用来检测水流，也可用来寻找食物。有些软体动物还没有晶状体眼，眼睛仅是一个含有感光细胞的凹坑，如帽贝（Patellidae），稍好一些的是凹坑内缩呈球形，如鲍鱼，最好的发展成了小孔成像眼，如四鳃亚纲的鹦鹉螺（Nautilidae）。

运动慢的软体动物感觉器官不发达，如无板纲、单板纲、多板纲和掘足纲；运动较快的腹足纲和双壳纲有触角和晶状体眼；运动最快的头足纲二鳃亚纲则有发达的晶状体眼（图9-9）。

图9-9　腹足纲的蛞蝓（左）和二鳃亚纲的枪乌贼（右）

七、软体动物的生殖和发育

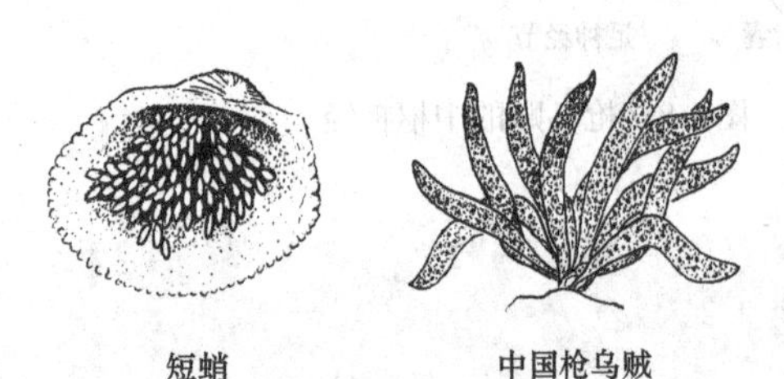

图9-10　头足纲动物的卵

海水生活的软体动物一般都是雌雄异体，体外受精，间接发育，低等类群仅有担轮幼虫，高等类群先后有担轮幼虫和面盘幼虫。不过，腹足纲多体内受精，受精卵产出后被胶状物质所包被，形成卵块或卵囊，形状各异，其后鳃亚纲为雌雄同体，异体受精；而头足纲则产较大的卵（图9-10），直接发育。

淡水生活的软体动物多直接发育，不过，双壳纲的蚌目却间接发育，如钩介幼虫。河蚌（Unionoidae）的钩介幼虫身上还有钩刺。钩介幼虫寄生生活，寄主为淡水鱼，钩介幼虫借助寄主（如河蚌）的活动传播到远方，所以，淡水鱼都远离河蚌。但鳑鲏鱼（鳑鲏亚科，Acheilognathinae）却主动接近河蚌，原来它要把卵产在河蚌的外套腔中；当然，河蚌也把钩介幼虫释放出来，固着在鳑鲏鱼身上（图9-11）。

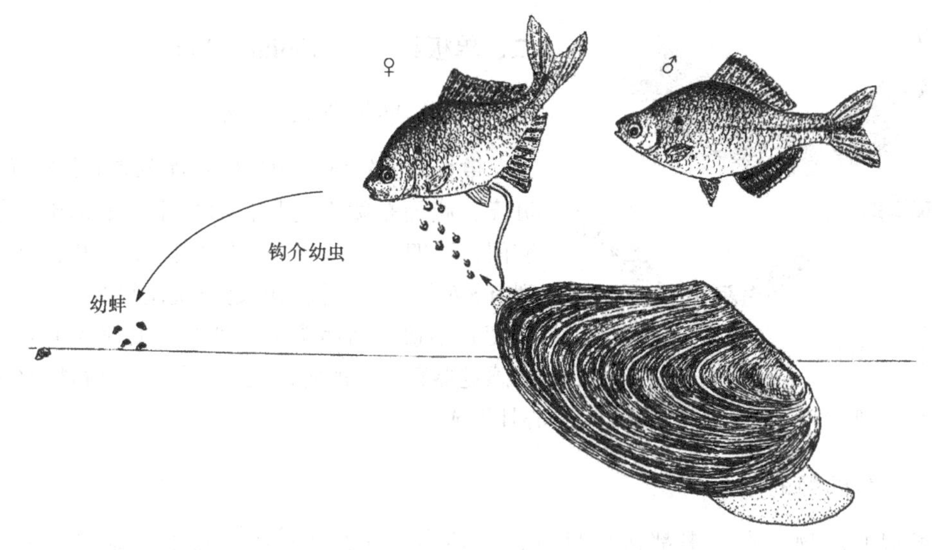

图9-11　河蚌释放钩介虫和鳑鲏鱼产卵

在潮湿陆地上生活的软体动物一般是雌雄同体，异体受精，直接发育，如肺螺亚纲。

第二节　分　　类

软体动物是动物进化上的一个小高峰，总物种数仅次于节肢动物，是动物界的第二大门，目前已记载的约有12万种，分7个纲：无板纲、单板纲、多板纲、掘足纲和头足纲全部在海水中生活；双壳纲主要在海水中生活，少数在淡水中生活；腹足纲的适应能力强，分布最广，海水、淡水和潮湿的陆地上都有。

一、无板纲（Aplacophora）

（一）无板纲的特点

无板纲是软体动物中最原始的类群，海底生活，全球分布。这类动物的身体蠕虫状，体长多在5cm以下，身体下面有1纵行的腹沟，沟中有不发达的足；无完整的贝壳，仅在表面有角质层和石灰质的细棘；外套膜很发达，外套腔位于体后，肛门和生殖孔开口于外套腔，多数种类有1对鳃。

无板纲的神经系统为双神经型，感觉不发达，没有眼没有触角，有不发达的齿舌，多以有孔虫等原生动物为食，有些种类完全钻入泥中穴居，有些在海藻或腔肠动物（海鸡冠等）的身上爬行、缠绕。

无板纲的软体动物多雌雄同体，间接发育，有担轮幼虫阶段。

（二）无板纲的常见动物

无板纲有300多种，比较常见的有新月贝（*Neomenia*）、毛皮贝（*Chaetoderma*）（图9-12），我国南海有龙女簪（*Proneomenia*）。

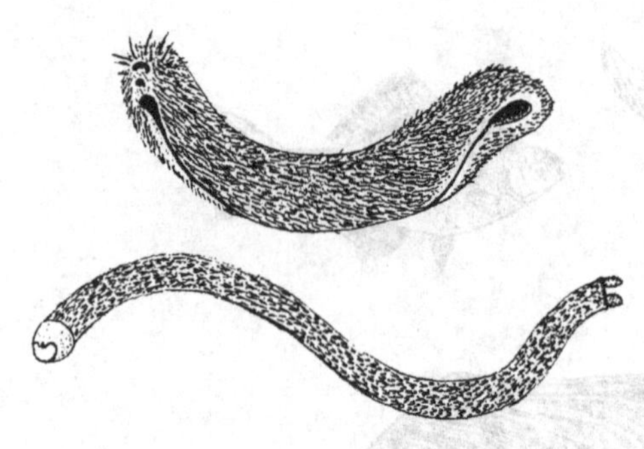

图9-12 新月贝（上）和毛皮贝（下）

二、单板纲（Monoplacophora）

（一）单板纲的特点

单板纲的软体动物身体背面罩有1个圆而矮扁的贝壳，腹面是宽大的足，口位于足的前端，足后为肛门，足四周为外套沟（外套腔），沟内两侧前后排列有5对栉鳃。单板纲的足虽说比较宽大，但其运动速度并不快，因而头部不明显，几乎没有什么发达的感觉器官。足的背部是内脏团，有后肾管6对、生殖腺2对、心脏2对（每1心脏由1心室2心耳组成）。

（二）单板纲的动物

单板纲的动物一直以来都认为只有化石种类，直到1952年，丹麦考察船在太平洋沿岸的哥斯达黎加深海采得活标本后，才改变了这一看法。这个标本1957年被定名为新碟贝（*Neopilina galathea*），以后在大西洋和印度洋又发现了8种单板纲动物。

新碟贝（图9-13）的口内有齿舌，取食硅藻和有孔虫等。其神经系统为双神经型，但围食道神经环的两侧增厚形成原始的脑神经节。

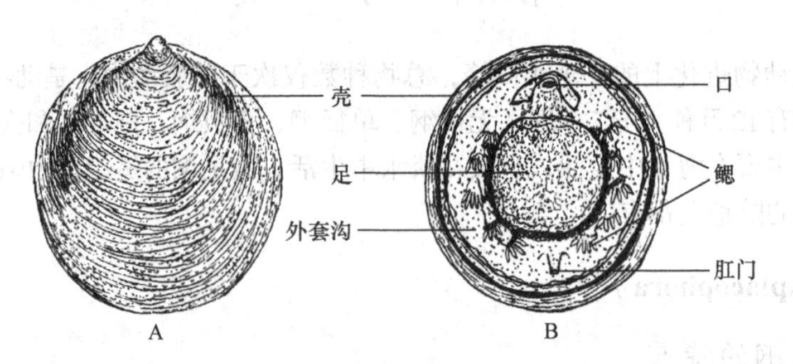

图9-13 新碟贝

A. 背面观；B. 腹面观

三、多板纲（Polyplacophora）

（一）多板纲的特点

多板纲软体动物的基本结构有些类似单板纲：身体腹部有1个宽大的足，足前方有口，后方为肛门，足的背部是内脏团，内脏团背面有外套膜垂下来，在外套膜和足之间形成外套沟，沟内有栉鳃。与单板纲不同的是，多板纲栉鳃数目因种类而异；背部有8块石灰质贝壳，呈覆瓦状排列，这种结构使其身体呈椭圆形，灵活性大大增加，甚至可卷曲；另外，多板纲的贝壳不能覆盖整个身体，身体边缘部分有裸露的环带，由外套膜包裹起来。

多板纲软体动物多雌雄异体，但不发生交配，受精作用发生在外界海水中或雌性外套沟中。卵单个产出或黏成束状，经担轮幼虫发育为成体，没有面盘幼虫阶段。

（二）多板纲的常见动物

多板纲的软体动物通称石鳖（图9-14），约有1000种，全部海产，全球都有分布，多生活于沿海潮间带，常常夜间活动，以足吸附在岩石上，多以藻类为食。体长多为2～5cm，但美国阿拉斯加海域的巨石鳖（*Cryptochiton stelleri*）体长可达43cm。我国沿海习见种类有红条毛肤石鳖（*Acanthochiton rubrolineatus*）和函馆锉石鳖（*Ischnochiton hakodaensis*）。

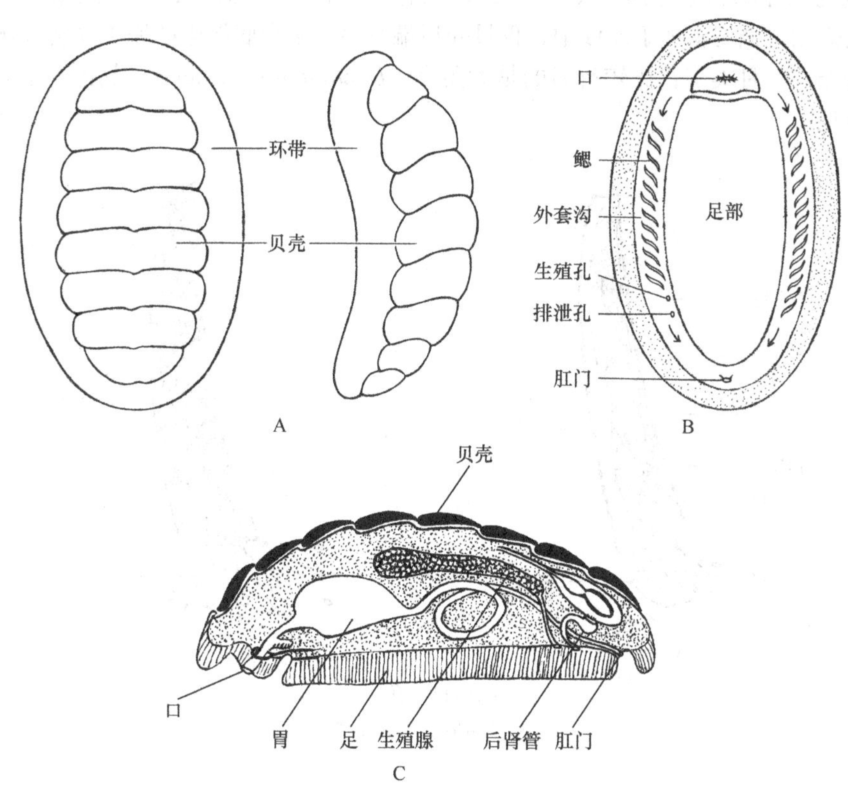

图9-14　石鳖结构图（箭头示水流方向）

A. 背面观（左）和侧面观（右）；B. 腹面观；C. 纵剖图

四、掘足纲（Scaphopoda）

（一）掘足纲的特点

掘足纲又名管壳类（Siphonoconchae），这类动物都有1个管状外壳，稍向背方弯曲，外形似象牙，两端开口，粗的一端为前端，开口大，称为头足孔；细的一端为后端，开口小，称为肛门孔。身体借背面的1柱形肌肉附着在壳上，两片外套膜在腹部愈合成管，前后端都有开口，前端开孔处有头和足。掘足纲的头部不明显，无触角无眼，有吻，吻内有口球，口球内有颚片和齿舌，吻基部两侧生有许多头丝，头丝末端膨大，且能伸缩，可伸出壳外。足柱状，能伸得很长，收缩时拖引身体潜入泥沙。肛门开口于足基部的外套腔中，掘足类无鳃，靠长长的外套膜呼吸。

掘足纲的神经系统为神经节型；循环系统有血管及血窦而没有心脏，靠足有节奏地伸出与缩回推动血液流动；有后肾管1对，囊状；有生殖腺1个。掘足纲以微小的生物为食，取食时，用头丝黏着食物，再借纤毛将食物送入口中，或借头丝中肌肉的收缩，将食物直接送入口中。掘足纲雌雄异体，个体发育过程中先后有两种幼虫：担轮幼虫和面盘幼虫。

（二）掘足纲的常见动物

掘足纲的软体动物通称角贝（图9-15），约有300种，全部海产，自潮间带至4000m的深海都有，它们用足掘泥斜埋于泥沙中，仅贝壳后端露出，采食底泥中的原生动物和藻类等。角贝在我国分布广，种类多，比较有名的是大角贝（*Dentalium vernedei*），贝壳长达10cm，分布于东南浅海地区。

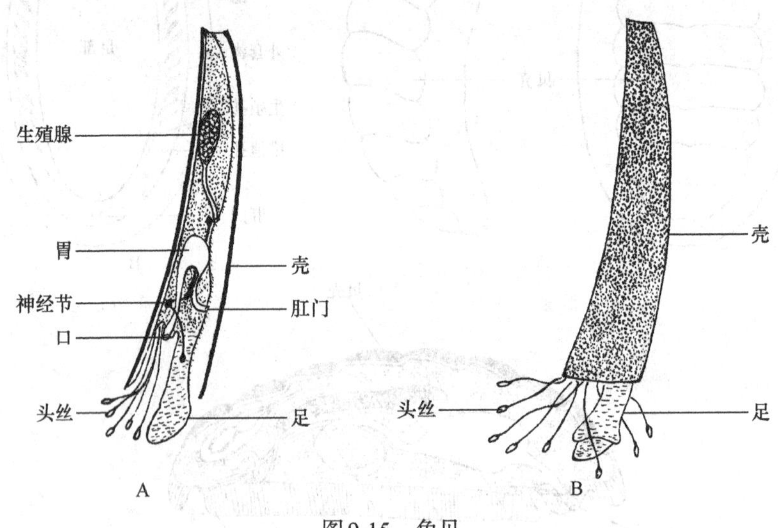

图9-15 角贝

A. 纵剖图；B. 侧面观

五、双壳纲（Bivalvia）

（一）双壳纲的特点

双壳纲也叫作瓣鳃纲（Lamellibranchia）或斧足纲（Pelecypoda），最显著的特点是都有靠闭壳肌扣合在一起的2片贝壳。贝壳内有2片外套膜，外套腔宽大，腔内有1对或2对鳃。双壳纲的心脏由1心室2心耳构成，有后肾管1对，神经系统为神经节型，主要由脑侧、脏、足3对神经节及其相连的神经索构成（图9-16），原始的种类有4对神经节。

双壳纲的两片外套膜在背缘愈合，但前、后和腹缘的愈合形式不同。低等类群没愈合，也就没有进、出水孔，如扇贝（Pectinidae）；高等类群分别有1～3个愈合点，形成2～4个孔，其中两个为出水孔和入水孔如牡蛎，砗磲等，有的出水孔和入水孔延长，成为出水管和入水管，如缢蛏（*Sinonovacula*）。

双壳纲头部不明显，感官不发达，只是有些种类在外套膜边缘有眼点，能感知敌害的临近，如砗磲（*Tridacna*）；活动力强的有多个触手和小晶状体眼，如扇贝（图9-17）。双壳纲口内的齿

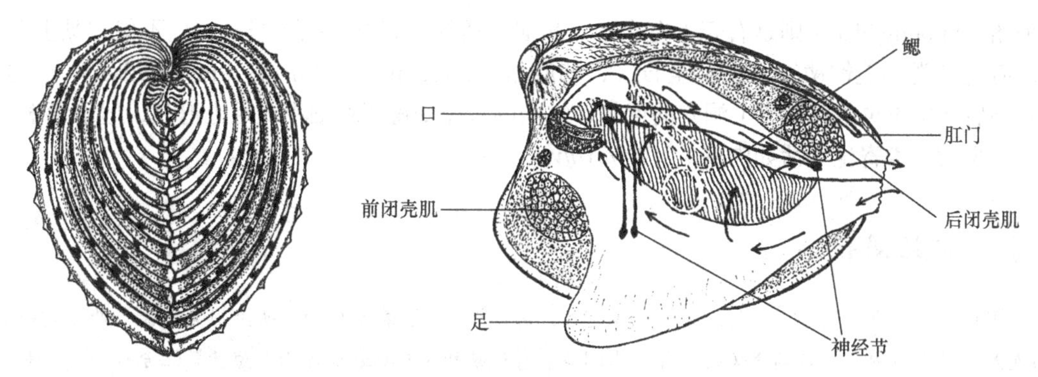

图9-16　心鸟蛤的两片贝壳（左）和河蚌的内部结构（箭头示水流方向）

舌和颚片退化，原始种类口两侧有唇须，能伸出壳外捡食有机颗粒，如胡桃蛤；绝大多数种类靠丝鳃或瓣鳃滤食浮游生物，深海生活的杓蛤则吸食其他动物。

双壳纲一般雌雄异体，间接发育，海产种类往往有担轮幼虫和面盘幼虫，淡水种类多有钩介幼虫。另外，很多双壳纲的软体动物能转变性别，甚至一年中就有两次性别转换。

图9-17　扇贝

（二）双壳纲的生活方式及常见动物

双壳纲有3万多种，全部水生，仅少数种类生活在淡水中，通常靠鳃过滤悬浮态的原生动物和藻类为食。滤食是双壳类非常有特色的摄食方式，为此，它们的运动很慢，不少种类的成体根本不会移动。双壳类的御敌方式是两壳扣合，不留缝隙，让敌害无从下手或干脆钻洞穴居。生活方式虽然消极被动，但生存能力并不差。双壳纲不仅种类繁多，有的还可以长得很大，如大砗磲（*Tridacna gigas*）壳长可达1.8m，重约300kg。双壳纲中有不少是经济贝类，为人类重要食品，如泥蚶（*Tegillarca granosa*）、贻贝（*Mytilus edulis*）、扇贝、牡蛎（Ostreidae）、文蛤（*Meretrix meretrix*）、缢蛏（*Sinonovacula constricta*）等。

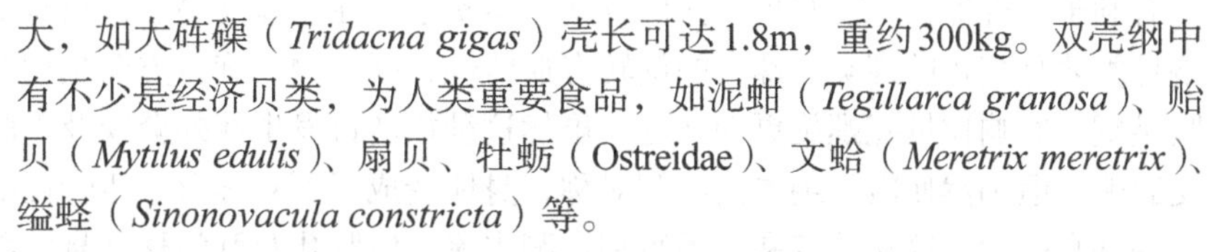

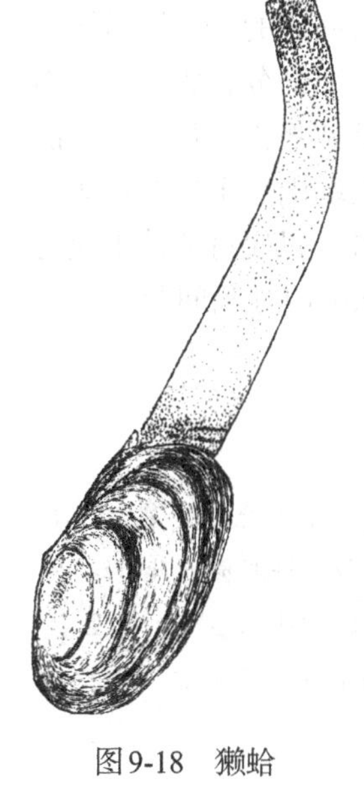

图9-18　獭蛤

双壳纲软体动物主要有4种生活方式：埋栖生活、附着生活、固着生活和凿居生活。移动性最强的是埋栖生活的双壳类，但正常情况下，埋栖生活的双壳类也不经常移动，而是靠发达的足将身体拉入底泥中躲避敌害。浅埋种类的水管较短，或者没有水管，如泥蚶（*Tegillarca*）；深埋种类的水管较长，如缢蛏和獭蛤（*Lutraria lutraria*）（图9-18）。附着生活的有贻贝（*Mytilus*）、珠母贝等，这类动物贝壳比较发达，没有水管，极少移动，靠足丝把自己拴在附着物上，只是在环境恶化时才切断足丝移居别处。固着生活的双壳类一旦定居，就不能改变位置，由于不再运动，它们的足退化，为自我保护，贝壳变得坚硬厚实，不过，它们是靠一个壳固定住身体，另一个壳开启与海水交流。两壳功用不同，因而大小不一，往往是固着端的贝壳较大，如牡蛎，左壳大右壳小，而海菊蛤（Spondylidae）则是右壳大左壳小。凿居生活的双壳类钻孔穴居，它们不仅在黏土上凿穴，有的种类还能够凿穿木头甚至石头，如船蛆（Teredinidae）和海笋（Pholadidae）。这类动物入洞后终生不再出来，有了洞穴的保护，它们的双壳变得薄脆细小，足也退化，但水管很长。另外，少数种类寄生生活如内寄蛤（*Entovalva*）。

辅助阅读

船蛆很像蠕虫，壳小，白色，位于身体前端，足位于壳下，在水中的木头上用壳凿穴，外套膜分泌石灰质衬于穴道内壁，末端分叉的水管伸出洞口。普通船蛆（*Teredo navalis*）为世界性分布，以温带海洋最多，体长20～45cm，一年产卵3次或4次，总数达100万～500万粒。船蛆对海洋木船的危害很大。

海笋和船蛆一样穴居，身体后部有两个长长的水管伸出洞外，从入水管进入新鲜的海水和食料，从出水管排出排泄物或生殖细胞。不过，海笋的两个水管，仅是在末端才分开，所以，从外表看，好像只有一个水管。吉村马特海笋（*Martesia yoshimurai*）分布于日本和中国沿海，凿岩生活，每年7～8月繁殖，精子和卵子从出水孔排到体外，在海水里相遇而受精，受精卵很快地发育成担轮幼虫，一段时间后再变成面盘幼虫，在海水里游泳一段时间后，遇到石灰岩就开始钻入（如果遇不到石块，就不发育成长）。幼虫钻进石块后，短期内完成变态，随着身体的生长，逐渐深入岩石内部，以后终生不再出来。吉村马特海笋对石灰岩构筑的码头、防浪堤危害很大。

六、腹足纲（Gastropoda）

（一）腹足纲的特点

腹足纲又叫作单壳类（Univalvia），特点非常突出：腹面有1个十分宽大厚实的足，身体失去两侧对称，背面有1个螺旋形的贝壳（有的退化）。

在进化过程中，腹足纲在体制结构上发生了两个重大变革：贝壳螺旋和身体扭转。贝壳螺旋有利于提升保护力度和扩大体内空间。事实上，在软体动物中，只有那些具发达贝壳的腹足纲种类才是真正的螺类。螺壳的旋转有遗传性，同一物种旋转方向是相对固定的。身体扭转对腹足纲的影响比贝壳螺旋更加深远，虽然这种扭转仅发生在外套膜及内脏团部分，头、足并不受影响，但仍然使腹足纲失去两侧对称，身体变成了不对称形。扭转使鳃和嗅检器移至身体前端的外套腔中，这显然有利于呼吸和检测水流，但肾孔及肛门移到身体前端则易于造成排泄物对自身的污染，所以在很多种类中，外套膜边缘在前端形成了出、入水管，以便将清洁水流与污物分开，并将废物送到离身体更远的地方。鲍鱼则通过在贝壳上开孔来解决呼吸问题。

辅助阅读

据推测，腹足纲最初身体是两侧对称的，背部有一个比较简单的贝壳。后来，随着进化发展，它们的身体逐渐变大，为了提供足够的空间和强有力的保护，其外壳沿中心轴发生螺旋，即贝壳螺旋，这样一来，贝壳变得高耸，而运动速度的加快使高耸的贝壳很容易受到迎面而来水流的冲击而后倾，以至于将身体后端的外套腔卡进了壳下，无法与外界保持畅通。为了不影响呼吸和排泄等生理功能，最终，内脏团发生了扭转，使本来位于身体后端的肛门、肾孔和鳃等移到了贝壳的前方，侧脏神经索也扭成"8"字形，而身体一侧的内脏由于受到挤压而退化，从而失去两侧对称，这就是身体扭转（图9-19）。现代胚胎学研究发现，腹足类在早期发育过程中，是两侧对称的，只是到了面盘幼虫后，身体突然出现扭转，随后是一个不对称的生长过程，最后成体变成了不对称的体制。

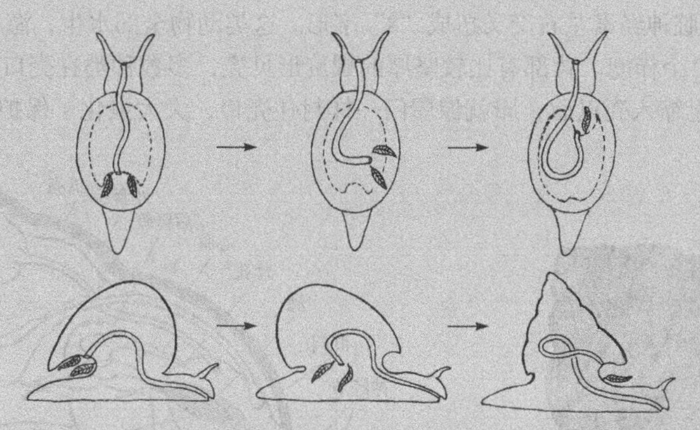

图9-19　腹足类的身体扭转（上）和贝壳螺旋（下）示意图

腹足类的体制变革使它们大多有一个螺旋形的贝壳，按旋转方向，这类螺壳可分两种：左旋螺和右旋螺。从其顶部看，逆时针旋转生长的为左旋螺，顺时针旋转生长的为右旋螺。事实上，绝大多数都是右旋螺，左旋螺多见于少数类群，如烟管螺（Clausiliidae）、左旋香螺（*Busycon contrarium*）等，其他类群仅偶有出现。由于右旋螺占绝大多数，专食蜗牛的琉球钝头蛇（*Pareas iwasakii*）特殊的下颌结构使其只能对付贝壳右旋的蜗牛，对贝壳左旋的蜗牛却无可奈何。

贝壳螺旋和身体扭转给腹足纲带来了广阔的生存空间，事实上，在软体动物中，腹足纲的分布最广，种类最多。腹足纲动物大多自由生活，运动能力较强，头部分化明显，口腔内有齿舌和颚片，肝脏发达，消化系统完善。神经系统为典型的神经节型，有4对神经节，感觉器官比较发达，有触角和眼睛等（图9-20），不少种类眼睛的晶状体还拥有渐变的折射率，可形成清晰的图像，如滨螺（*Littorina*）。篱凤螺［红娇凤凰螺（*Conomurex luhuanus*）］的眼睛借助眼柄探出壳外（图9-20），海底的光线经角膜、瞳孔等到达视网膜，可以帮助它们更快找到食物、及早发现天敌。在腹足纲中，只有少数种类不擅长运动，如壳螺（Siliquariidae）和蛇螺（Vermetidae）等。

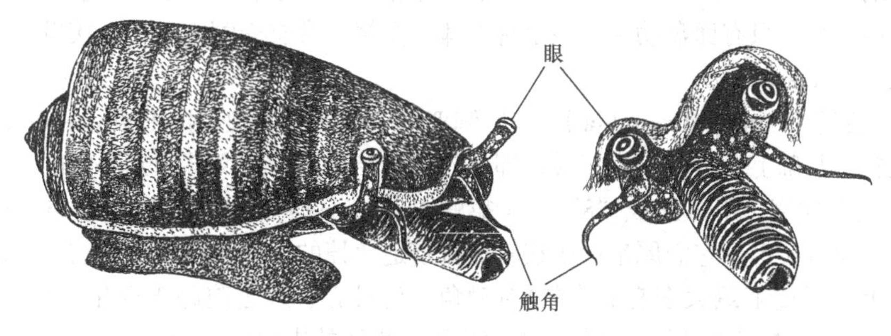

图9-20　篱凤螺

（二）腹足纲的分类及常见动物

腹足纲约有8.5万种动物，分3个亚纲：前鳃亚纲、后鳃亚纲和肺螺亚纲。腹足纲中也有不少经济贝类，最常见的养殖对象是鲍鱼（鲍），不少腹足类的贝壳很有收藏价值。

1. 前鳃亚纲（Prosobranchia） 前鳃亚纲的特点是身体发生扭转，鳃和心耳都移到心室的前方，两条侧脏神经索左右交叉扭成“8”字形。这类动物全部水生，海水多，淡水少，本鳃发达，1个或者2个栉鳃。背部有比较坚厚的螺旋形贝壳，多数种类在壳口有1个石灰质或角质的“厣”，头、足缩入壳以后，厣就像屋门一样封住壳口，大大强化了保护力度（图9-21）。

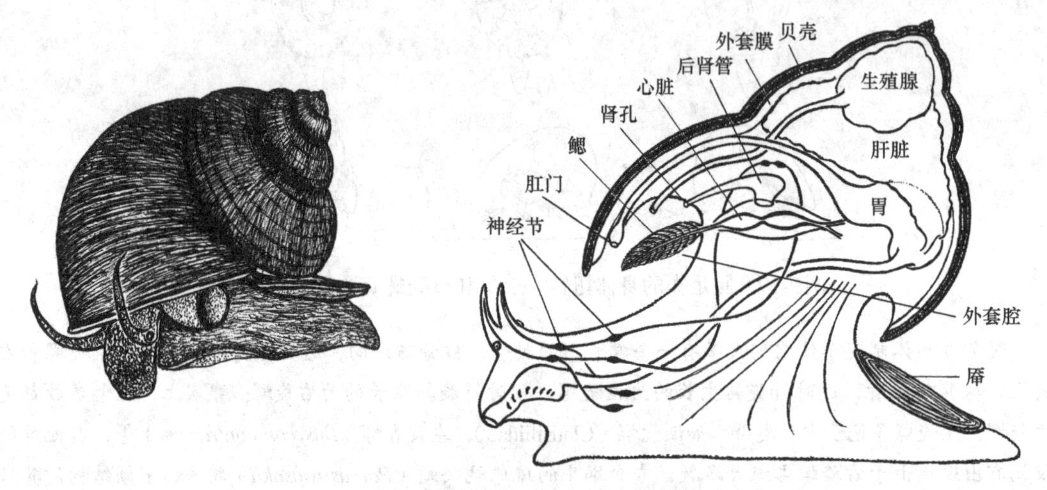

图9-21 圆田螺的外形（左）及内部结构（右）

前鳃亚纲的动物有1对触角，足发达，常常在水底四处爬行，有些种类捡食有机物颗粒，如织纹螺（Nassidae）、觿螺（Hydrobiidae）、汇螺（Potamididae）等；有些采食植物，如帽贝（Patellidae）、笠贝（Acmaeidae）、鲍（Haliotidae）、马蹄螺（Trochidae）、蝾螺（Turbinidae）；有些捕食动物，如冠螺（Cassididae）、鹑螺（Tonnidae）、蛙螺（Bursidae）、玉螺（Cypraeidae）、海蜗牛（Janthinidae）、骨螺（Muricidae）、芋螺（Conidae）等。由于运动速度不快，捕食性螺类多猎食活动能力不强的动物，如双壳贝、棘皮动物等；而芋螺（鸡心螺）口内有毒腺和毒针（齿舌），可射杀运动较快的猎物，如小鱼等；涡螺（Volutidae）则主要以动物尸体为食。其中，海蜗牛分泌黏液形成浮囊，借此营浮游生活。

前鳃亚纲一般雌雄异体，海水低等种类体外受精，间接发育，先后有担轮幼虫和面盘幼虫；高等种类体内受精，只有面盘幼虫，淡水种类体内受精，常有交配现象，直接发育，有的卵胎生，如田螺（Viviparidae）。

2. 后鳃亚纲（Opisthobranchia） 后鳃亚纲又称为直鳃亚纲（Euthyneura），特点是在身体发生扭转的基础上，再次发生扭转，即反扭转，结果是：鳃又移回到心室的后方，两条侧脏神经索也基本伸直，不再扭成“8”字（捻螺Acteonidae）除外，所以，这类动物看上去是两侧对称的，但事实上，它们原来由于扭转而排挤退化掉的内脏没能恢复如初，因而仍然是一种不对称体制。后鳃亚纲大多有1对或2对触角，但贝壳、外套腔趋于退化，甚至完全消失，无厣（捻螺除外），本鳃也退化，有的还发育出了次生性的皮肤鳃，即裸鳃。

后鳃亚纲约有1000种，生活方式多样，有的掘泥生活，如泥螺（*Bullacta*）；有的刮食海藻，如海兔（*Aplysia*）；有的特别喜欢捕食海葵和水母，如海蛞蝓（*Glaucus*）等；还有些类群的腹足上发育出1对翼状鳍，可煽动海水游泳，称为“翼足类”，如海若螺（*Clione*）（图9-22）。

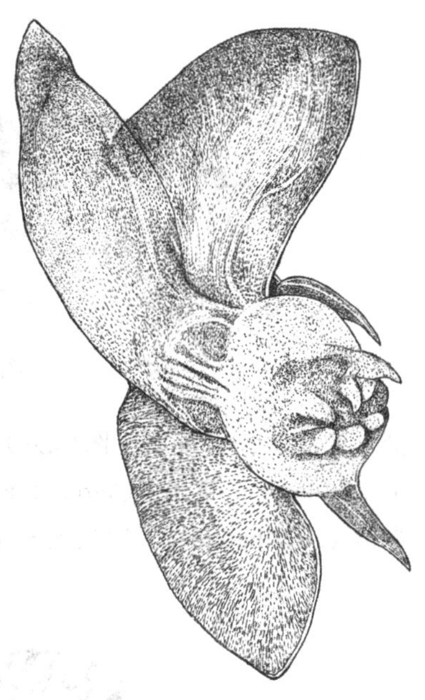
图9-22　海若螺

后鳃亚纲的软体动物全部海洋生活，雌雄同体，有交配现象，间接发育，有担轮幼虫和面盘幼虫阶段。

3. 肺螺亚纲（Pulmonata）　肺螺亚纲同前鳃亚纲一样，身体发生扭转，有1个螺旋形的贝壳，但比较薄，也没有厣，有少数种类的贝壳也退化了。肺螺亚纲区别于前鳃亚纲最大的特点是：开始尝试陆地生活，因而肺螺亚纲无鳃，以“肺”呼吸。另外，肺螺亚纲的运动能力较强，因而中枢神经更加集中，神经节都移到身体前端食道周围，所以，虽经身体扭转，但侧脏神经索一般也不交叉扭成“8”字形。

肺螺亚纲主要有两种生活环境：淡水和陆地。淡水生活的种类有螺壳和1对触角，眼位于触角基部，常见动物有萝卜螺（*Radix*）、椎实螺（*Lymnaea*）。陆地生活的活动于潮湿的地方或雨天活动，有2对触角，眼位于后触角的顶端。有的种类有比较薄的螺壳，如玛瑙螺（Achatinidae）和各种蜗牛（Fruticicolidae、Helicidae）等；有的螺壳退化，如蛞蝓（Limacidae）。比较特殊的是石磺（Onchidiidae）（图9-23），栖息于低盐度的河口海滨地区，间接发育，有面盘幼虫。

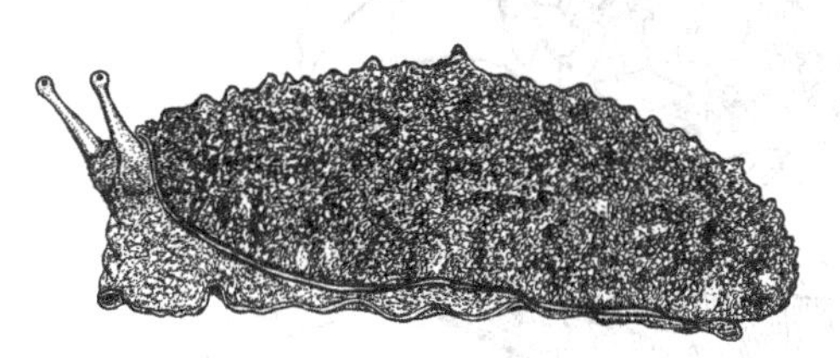
图9-23　石磺

肺螺亚纲的软体动物雌雄同体，有交配现象，多直接发育。

七、头足纲（Cephalopoda）

（一）头足纲的特点

与其他类群不同，头足纲的软体动物采取了一种崭新的运动方式——喷水运动，由此带来了身体结构上的一系列重大变革：贝壳充气使身体悬浮；外套膜特别发达，收缩有力成为外套肌，是喷水运动的动力源；足特化为腕和漏斗；神经系统和感觉器官更加集中发达；形成闭管式循环。

头足类的身体分头部、足部和躯干部（胴部）。头部和足部紧靠在一起，头部眼睛和口，口内为一肌肉质的口球。腕围于口四周，细条状，十分灵活，协助摄食；漏斗前端为出水孔，后端较大，与外套腔相连。躯干部外面是外套膜，内部是外套腔，外套腔宽大，内有鳃和内脏团。外套膜囊袋状，肌肉十分发达，能够快速扩张和收缩，使水流由外套腔迅速通过漏斗的出水孔，产生推力，推动身体运动。运动能力较强的种类，外套膜呈锥形，两侧还有肉鳍，以强化运动能力和增加运动的灵活性（图9-24）。

头足类的贝壳有多种类型：鹦鹉螺（Nautilidae）的外壳显著，平面盘卷（图9-25）；旋壳乌贼（Spirulidae）的壳似鹦鹉螺，为内外壳。其他均为内壳：乌贼（Sepiidae）的壳较大，舟

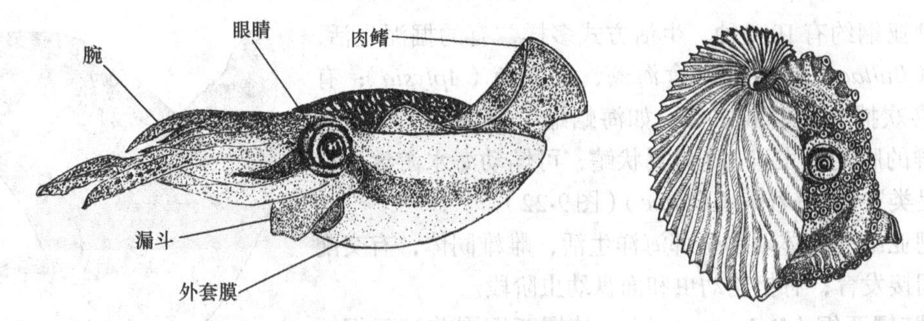

图9-24　乌贼（左）和船蛸（♀）（右）

状，像泡沫，石灰质（图9-26）；枪乌贼（Loliginidae）和柔鱼（Neoteuthidae）的壳细长，角质（图9-27）；章鱼（Octopodidae）和耳乌贼（Sepiolidae）的壳极度退化，甚至完全消失；而船蛸（Argonautidae）的壳也是平面盘卷，类似鹦鹉螺，但很薄，没有隔室，实际上它是雌性

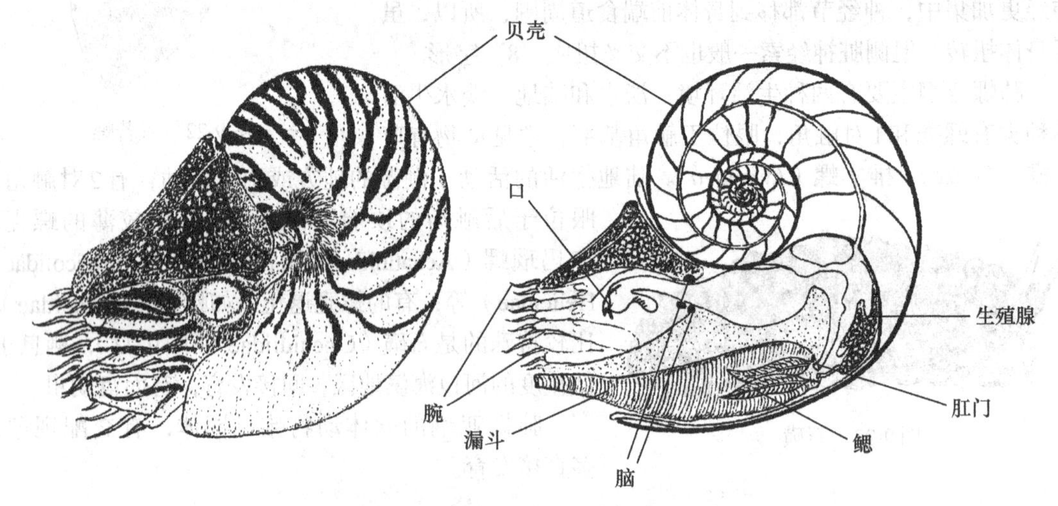

图9-25　鹦鹉螺的外形（左）及内部结构（右）

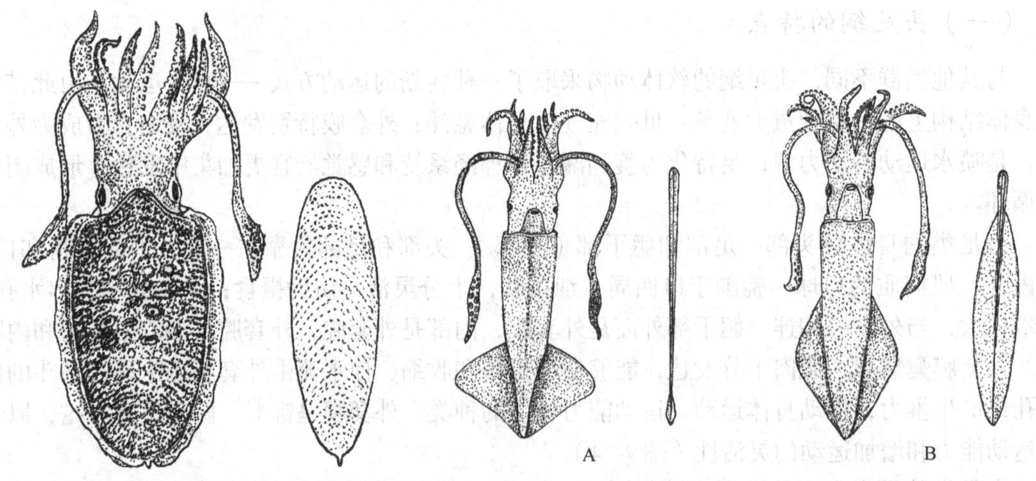

图9-26　乌贼背面观（左）及其内壳（右）

图9-27　柔鱼（A）和枪乌贼（B）腹面观（左）及其内壳（右）

的腕分泌形成的，目的是放置受精卵，这与其他头足纲贝壳完全不是一类型，属于次生性贝壳。

头足纲的软体动物运动速度快，感觉灵敏，喜欢捕食各种动物，主要是鱼和虾蟹类。这类动物雌雄异体，体内受精，直接发育。不少种类对产卵位置的选择十分精心，对受精卵呵护备至，繁殖结束后，多半都会死去。

（二）头足纲的分类及常见动物

头足类有700多种，全部海洋生活，分2个亚纲：四鳃亚纲（鹦鹉螺亚纲，Nautiloiea）和二鳃亚纲［蛸亚纲（Coleoidea）］。头足类化石很多，比较有名的有菊石（Ammonoidea）等。

1. 四鳃亚纲（Tetrabranchia）　四鳃亚纲的软体动物身体两侧对称，无墨囊，有2对鳃，腕很多，腕上没有吸盘；漏斗双叶状，不能愈合成1个完整的管子；眼睛为小孔成像眼，没有晶状体，视觉不发达。

四鳃亚纲目前只发现鹦鹉螺1科6种，我国只产珍珠鹦鹉螺（*Nautilus pompilius*），为国家一级重点保护野生动物。鹦鹉螺是古老的动物，主要分布于热带和亚热带海域，这类动物都有一个盘卷型的外壳，壳内间隔成很多室，身体只在最外面的大室（住室）中，其后众多的隔室被气体填充，用以调节沉浮。鹦鹉螺有63～94个腕，其中有两个腕变得非常肥厚，合在一起，当肉体缩入壳后，用它盖住壳口。鹦鹉螺白天多潜伏海底，夜间活跃，借喷水运动，四处寻找食物，多靠腕捡拾小动物果腹。

2. 二鳃亚纲（Dibranchia）　二鳃亚纲的头足类进化程度较高，漏斗已经愈合成1个完整的管子，有2个鳃，10个腕或8个腕，腕上有吸盘，贝壳包埋在外套膜里（内壳）或退化。这类动物有墨囊，遇到危险时，可喷出墨汁迷惑对方；求偶行为复杂，受精时雄性用特殊的茎化腕或长管将精荚送达雌体。

二鳃亚纲的种类较多，有的能发光，如萤乌贼（*Watasenia scintillans*）和帆乌贼（*Histioteuthis bonnellii*）；有的有剧毒，如蓝环章鱼（*Hapalochlaena maculosa*）和火焰乌贼（*Metasepia pfefferi*）；有的长得很大，如大王乌贼（*Architeuthis*），重可达1t。生活方式也多样化，有的在广阔的大洋生活，游泳速度很快，如柔鱼快速游动时速度可达3m/s；有的在近海游泳，运动速度较快，如枪乌贼；有的喜欢在珊瑚礁周围活动，游动灵活，如乌贼；有的底栖生活，如耳乌贼（图9-28）和章鱼（图9-29）；有的喜欢在海藻丛中捕食各种小虾，如微鳍乌贼（Idiosepiidae）；有的在深海游泳，如深海乌贼（Bathyteuthidae）、须蛸（Cirroteuthidae）、十字蛸（Stauroteuthidae）等。在我国，最常见的经济头足纲动物是柔鱼、枪乌贼、乌贼和章鱼。

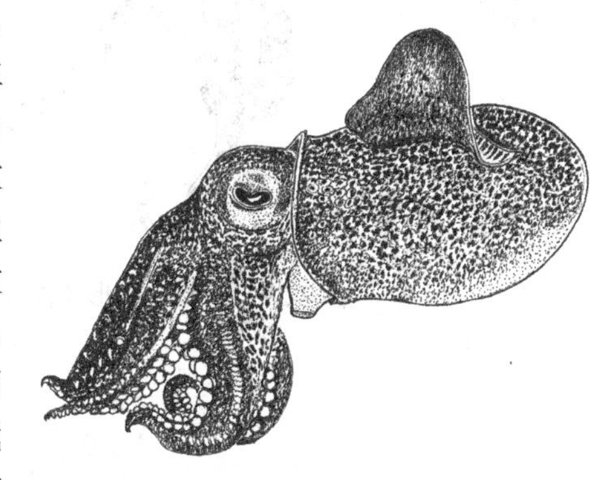

图9-28　耳乌贼

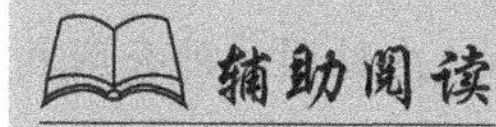

在头足纲二鳃亚纲中，柔鱼、枪乌贼、乌贼和章鱼是人类重要的食品。其中，柔鱼、枪乌贼是指枪

形目（Idiosepiida）的柔鱼科（Neoteuthidae）和枪乌贼科（Loliginidae），乌贼是指乌贼目（Nautiloidea）的乌贼科（Sepiidae），它们都有10个腕，章鱼是指八腕目（Octopoda）的蛸科（Octopodidae）。

柔鱼的躯干部圆锥形，末端尖细，肉鳍位于后端，两鳍相接呈横菱形，内壳为窄条形，角质。柔鱼适应大洋生活，游速快，有23种。我国海域比较常见的是太平洋褶柔鱼（*Todarodes pacificus*），其活动于水上层，主要捕食沙丁鱼等，性情凶猛，经常相互蚕食。

枪乌贼的外形和柔鱼相近，但肉鳍较长，两鳍相接呈纵菱形，内壳为宽条形，角质。枪乌贼在浅海生活，运动速度快，有46种。我国海域比较常见的是中国枪乌贼（*Loligo chinensis*），俗称“鱿鱼”，生活于南海，日间栖息在海底，晨昏和月夜上升至表层捕食，多以小鱼虾为食，也常常冲入鱼群猎食。

乌贼俗称墨鱼，躯干部相对短宽，呈盾形或袋状，内壳较大，宽圆而厚，石灰质，泡沫状，肉鳍窄而长。乌贼在浅海生活，运动灵活，有100多种。我国海域比较常见的是主要产于黄海、渤海的金乌贼（*Sepia esculenta*）和主要产于东海的曼氏无针乌贼（*Sepiella maindroni*）。

章鱼的躯干部短圆，一般没有肉鳍，内壳退化得很厉害，仅在表皮下留有两个小壳针。章鱼在海底爬行，捕食虾蟹等，喜洞穴生活，有300多种。我国海域最常见的是短蛸（*Octopus ocellatus*），其繁殖期有明显的钻洞行为，渔民利用这种习性，将红螺的壳用绳穿孔，放入海底诱捕短蛸。

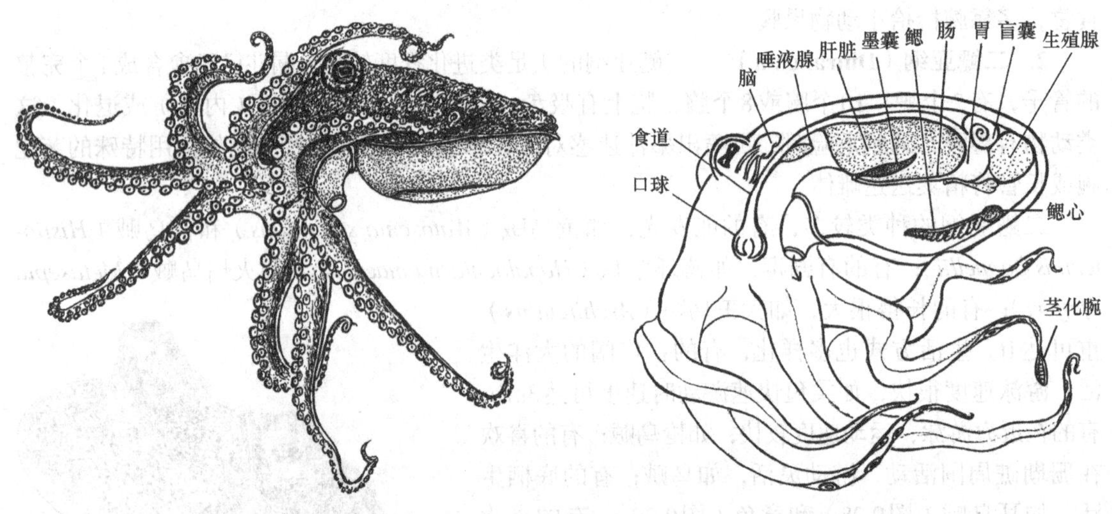

图9-29　章鱼的外形（左）及其内部结构（右）（箭头表示水流方向）

小　结

软体动物和环节动物极有可能有共同的祖先，两类动物都开始出现比较明显的头部，具有真体腔、循环系统、后肾管，早期发育过程中出现担轮幼虫。但它们的运动方式却迥然不同，软体动物收放腹部的肌肉在水底爬行，因而身体变得紧凑，由头部、足部、内脏团、外套膜构成，为加强保护，外套膜分泌形成贝壳。

软体动物门分7个纲，无板纲、单板纲和多板纲是比较原始的类群，它们的壳结构简单，甚至还没有完全形成，运动能力差，神经系统和感觉器官很不发达；掘足纲选择了掘泥生活，有一个象牙状的外壳，两端开口；双壳纲有两片贝壳和两片外套膜，大多数都采取了滤食生活，鳃瓣状；腹足纲则一直在水底爬行，但强化了运动能力，腹部形成了一个强有力的足，神经系统和感觉器官变得发达起来，尤其是体制结构发生了重大变革：贝壳螺旋和身体扭转，这种变革给它们带来了广阔的生存空间，分布区域迅速扩大，部分种类尝试陆地生活。头足纲最高级，从根本上颠覆了软体动物的运动方式，运动速度急剧提高，神经系统和感觉器官明显进化，全部成为肉食动物。

复习思考题

1. 解释名词：本鳃、次生鳃、开管式循环。
2. 软体动物的身体分哪几部分？贝壳是怎么形成的？
3. 软体动物的鳃有哪几种类型？
4. 软体动物的神经系统有哪3种类型？
5. 软体动物分几个纲？指出各纲的特点和常见动物。

第十章 棘皮动物门

（1）次生性辐射对称，多为五辐射对称。
（2）具内骨骼，内骨骼常有棘刺，突出体外。
（3）真体腔发达，具特殊的水管系统。
（4）雌雄异体，体外受精，间接发育，后口动物。
（5）全部海洋生活，固着、附着或移动生活。

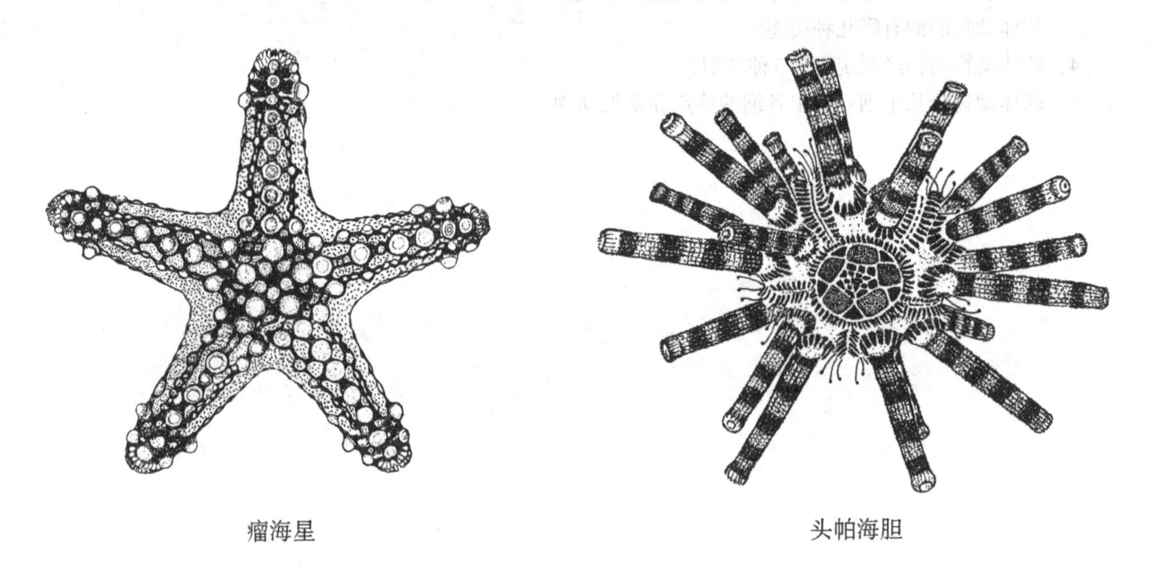

瘤海星　　　　头帕海胆

棘皮动物门是无脊椎动物中一个比较独特的类群，在地球上已经出现6亿年了，起源至今不够明朗，就进化地位而言，棘皮动物比节肢动物更高级；就分布范围而言，棘皮动物远不如节肢动物。

第一节　基 本 特 征

棘皮动物只能生活在海洋中，常见的有海星、蛇尾、海胆、海参等（图10-1）。从进化的角度讲，棘皮动物是从固着生活走向移动生活的，因此，移动方式非常特殊，移动速度很慢，原始种类根本就不会移动，自然，棘皮动物的循环系统、神经系统和感觉器官不发达，但都有很强的再生能力。

一、棘皮动物的体制为次生性五辐射对称

棘皮动物身体不分节，虽然形状多样，颜色各异，但基本结构却是一样的：由中央盘（体盘）和腕组成，分口面和反口面，有口的一面为口面，另一面为反口面（图10-2）；体制是辐射

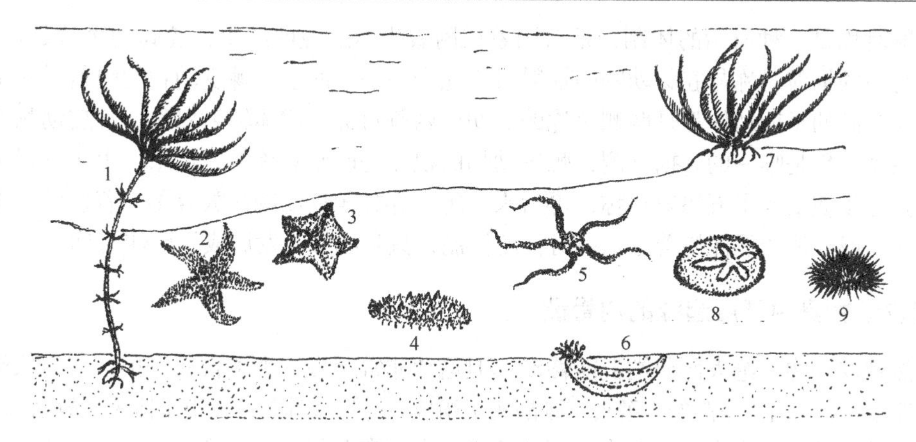

图10-1　各种棘皮动物

1. 海百合；2. 海星；3. 海燕；4. 刺参；5. 蛇尾；6. 赛瓜参；7. 海羊齿；8. 饼干海胆；9. 海胆

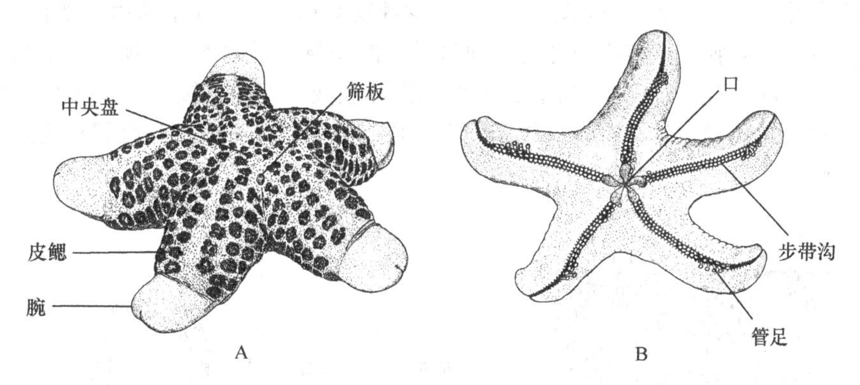

图10-2　粒皮瘤海星五辐射对称的体制

A. 反口面观；B. 口面观

对称，而且基本上是五辐射对称。所谓五辐射对称，是指通过身体中轴可找到5个（或5的倍数个）切面，通过这5个切面中的任何一个（图10-3），都可以将身体分为互为对称的两部分。

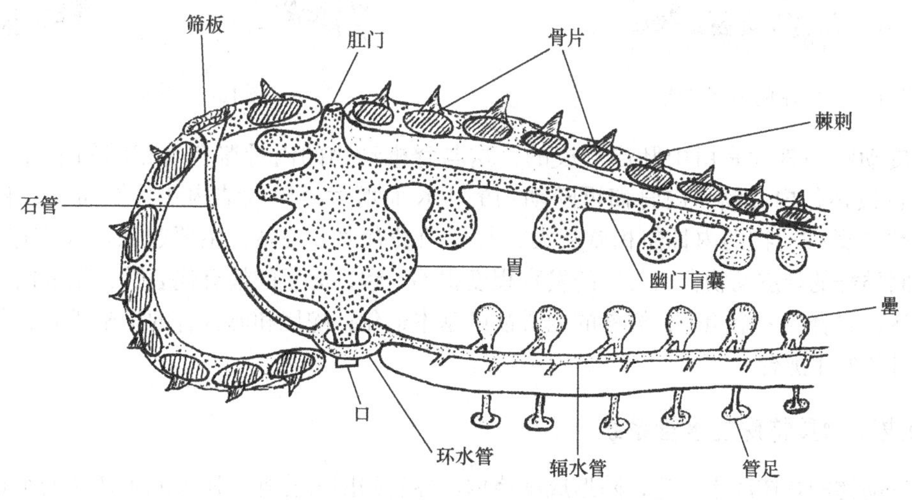

图10-3　海星身体过腕纵切

辐射对称是一种原始的体制，是对固着或附着生活适应的结果，腔肠动物就是辐射对称，但棘皮动物的辐射对称与腔肠动物的辐射对称完全不是一回事。棘皮动物的辐射对称是次生性的，因为它们的早期幼体都是两侧对称的。幼体两侧对称，成体辐射对称，棘皮动物的这种变态发育在动物界是唯一的。据推测，棘皮动物的祖先是两侧对称的，后来，由于选择了固着生活，身体逐步演变成了五辐射对称，再后来，绝大部分棘皮动物又放弃了固着生活，重新恢复移动生活，但身体依然保持着五辐射对称的体制，只是海参又发展成了两侧对称。

二、棘皮动物具中胚层起源的内骨骼

虽然棘皮动物中绝大部分类群能移动，但运动非常缓慢，为了自我保护，体内依然保留有坚硬的骨片，骨片由一单晶的方解石（碳酸钙）组成，并形成棘刺，突出于体表，故名棘皮动物。

棘皮动物的体壁由表皮和真皮两部分组成。表皮有两层，外面是角质层，很薄；里面是一层上皮细胞，有纤毛伸出角质层。真皮也有两层，外面一层是结缔组织，里面是肌肉层，结缔组织内有石灰质的骨片（骨板）（图10-4），不少棘皮动物的骨片经结缔组织连接，结成网状。肌肉层再向里是体腔膜，体腔膜向外突，通过骨片的间隙，到达体表，顶端多呈囊状，形成皮鳃（图10-5）。皮鳃位于口面或反口面，内部充满体腔液，外部直接与海水接触，可进行气体交换，因而有呼吸作用，甚至有排泄作用。在棘皮动物中，只有海星和海胆有皮鳃，海胆的皮鳃更复杂一些。

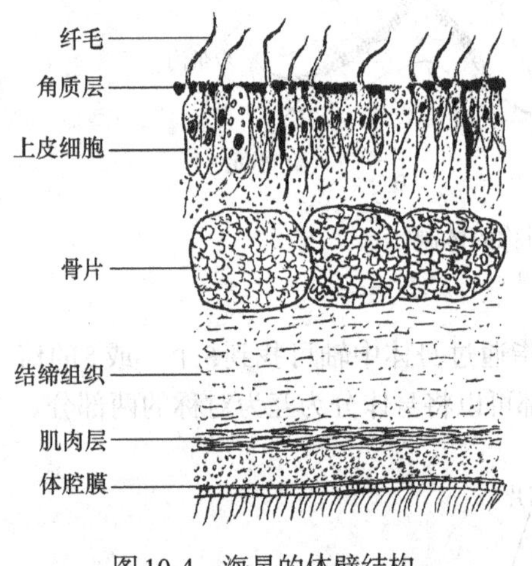

图10-4　海星的体壁结构

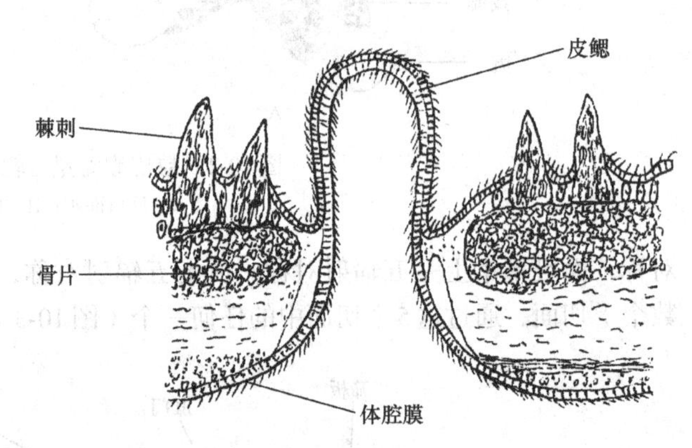

图10-5　皮鳃

棘皮动物的骨片是由中胚层形成的，这与脊椎动物的内骨骼有着相同的来源，因此这些骨片也被称作内骨骼。内骨骼可随动物的生长而增大，但就结构和功能而言，棘皮动物的内骨骼与脊椎动物的内骨骼相差甚大，与运动没有太大关系，主要起保护和支撑作用。

不同类群的棘皮动物，内骨骼的发育程度很不一致，海星的最有代表性，结成网状；海胆的最发达，愈合成一个胆壳；海参的内骨骼则基本退化；蛇尾和海百合的呈椎骨状，其中，海百合的骨片发生愈合。

三、棘皮动物具特殊的水管系统

棘皮动物的真体腔很发达，除形成围绕内脏器官的围脏腔外，还形成了特殊的水管系统和围血系统。水管系统是棘皮动物特有的结构，对棘皮动物的生活有重要影响。

棘皮动物的水管系统是一个相对封闭的管道系统，开始于筛板，筛板之下是石管，石管与环水管相连，之后是辐水管和侧水管。环水管上往往有波氏囊，能够调节水压。水管系统的末端是罍（坛囊）和管足，罍在体内，管足伸到体外，与海水接触（图10-6）。棘皮动物的管足在腕的腹面（口面）成行排列，形成步带区。管足的膜较薄，因而有呼吸和排泄作用。

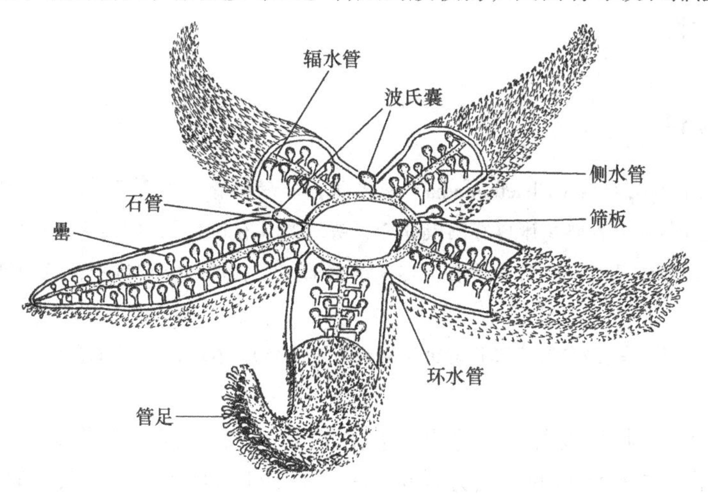

图10-6 海星的水管系统

棘皮动物的水管系统是一个液压传动装置，罍的收缩和扩张可使管足发生变形（伸长、缩短或摆动），从而带动身体前行。海星、海胆、海参完全或主要是靠管足来运动的。管足运动的特点是速度很慢，只能让棘皮动物在海底缓缓爬行，但管足运动产生的力量不容小觑，槭海星（*Astropecten*）和砂海星（*Luidia*）的管足较长，能帮助它们钻入泥沙中。有些海星，如海盘车（Asteriidae），步带区有4行管足，管足末端还有吸盘，能帮助它摄食双壳贝。

辅助阅读

海盘车是指海星纲钳棘目海盘车科的棘皮动物，多出产于寒带和温带海洋，我国北方海域最常见的是多棘海盘车（*Asterias amurensis*）。海盘车口面贴着地面活动，靠管足运动，1分钟可移动10cm。如果身体被掀翻了，腕的末端会先翻向地面，让管足吸附在岩石表面，然后扭动身体，慢慢翻身，调整过来。由于管足有吸盘，海盘车能牢固吸住岩礁，翻过峭壁。

海盘车是贪婪的肉食者，最喜欢捕食双壳贝，捕食的秘密武器就是其强大的水管系统和内骨骼，借此，一只直径22.5cm的海盘车就能产生40～50N的拉力，且能坚持6小时之久。海盘车常在海底移动，一旦触到双壳贝，就拱起身体用腕将其抱合，管足上的吸盘紧紧吸住两片贝壳，水管系统和内骨骼开始用力，将壳拉出一条缝隙，之后，海盘车将胃从口中翻出，塞入缝隙，包住鲜美的软肉，进行消化吸收。

四、棘皮动物是最低等的后口动物

棘皮动物多雌雄异体，但雌雄在外形上很难区别。繁殖季节，雄性向海水中释放精子，雌性释放卵子，精卵在海水中结合，逐渐发育成幼体，幼体起初浮游生活，后沉入海底。不同类群的棘皮动物，受精卵的发育方式和幼体的身体结构有很大不同，但幼体都会出现具纤毛沟的腕。

棘皮动物的胚胎发育与前述各类多细胞动物有一个重大的不同。前述各类多细胞动物原肠期的胚孔直接发育为口，而棘皮动物的胚孔形成肛门，相反一端的内外两胚层相互贴紧，最后穿成一孔，发育成为口，以这种方法形成口的动物就是后口动物（见第一章第二节）。棘皮动物、半索动物、毛颚动物和脊索动物都属后口动物，而棘皮动物以前的多细胞动物，包括节肢动物，都是原口动物。

 **辅助阅读**

毛颚动物是指毛颚动物门（Chaetognatha）的动物，外形似箭，半透明，体长多在4cm以下。身体分为头、躯干和尾3部分，各部在体内有隔膜分开，头端圆，有眼1对，腹面有口；躯干部有1或2对侧鳍；尾部具1个三角形的尾鳍；肛门位于躯干部末端腹面。毛颚动物全部海产，运动迅速，以小鱼或小的甲壳类为食。

毛颚动物有60多种，我国东海产肥胖箭虫（*Sagitta enflata*）。不过，也有报道说毛颚动物属原口动物。

原口动物和后口动物代表着动物的两大进化路线，它们不仅口的形成方式不一样，胚胎发育过程中，卵裂的方式和体腔的形成方式也不一样。原口动物螺旋卵裂，裂体腔法形成体腔；后口动物辐射卵裂，肠体腔法形成体腔。所谓裂体腔法是指在胚孔两侧、内外胚层交界处形成中胚层，之后中胚层裂出真体腔；而肠体腔法是指在原肠背部两侧由内胚层向外突出1对体腔囊，以后体腔囊和内胚层脱离，成为中胚层，中胚层包围真体腔。

五、棘皮动物全部海洋生活，循环系统、神经系统和感觉器官均不发达

棘皮动物全部海洋生活，除少数种类在大洋浮游外，均为底栖，从潮间带到最深的海沟都有分布。

在棘皮动物中，只有少数固着生活，多数移动生活。由于不运动或运动迟缓，棘皮动物的神经系统和感觉器官很不发达。多数棘皮动物都有3个相互关联的神经系统，即外神经系统、下神经系统和内神经系统。其中，外神经系统起源于外胚层，而下神经系统和内神经系统则起源于中胚层，起源于中胚层的神经系统在动物界仅此一例。棘皮动物的感觉器官最显著的是眼点，多为红色，位于海星腕的顶端腹面，能感光。有的蛇尾有晶状体眼。另外，很多棘皮动物的体表有纤毛，上皮细胞层内有大量的感觉细胞，能感受水流和化学刺激等。

棘皮动物的代谢水平不高，主要靠体腔液执行循环机能，另外尚有血系统和围血系统，其功能尚不能确定，可能与输送营养物质有关。棘皮动物没有专门的排泄器官，多靠体表、皮鳃、管足等扩散来排出体内代谢物，一般也没有专门的呼吸器官，不过，多数正形海胆的口部有鳃，海参有呼吸树。

第二节　分　　类

棘皮动物在进化史上发生了一个重大的变革，这就是从固着生活走向移动生活，这个变革带来了家族的重生。现存棘皮动物大约有6000种，分5个纲，这5个纲虽然都有上述5大特征，但在具体表现上却很不一致，差别较大。

一、海百合纲（Crinoidea）

海百合纲外观很像植物，类似树冠的部分叫作“冠”，由萼（中央盘）和腕构成，腕能弯曲摆动，原始种类有5个腕，大多数种类的腕发生多次分支，分支再向两侧伸出羽枝。生活时，反口面向下，口面向上，从海水中摄取有机颗粒和浮游生物。海百合纲的内骨骼都很发达，反口面的骨板愈合成壳，口面有盖板，由口向外延伸出5个步带沟到达腕和羽枝。水管系统没有筛板没有矗，管足自步带沟伸出，管足上有纤毛，纤毛驱动食物颗粒沿步带沟送入口内，最后，粪便由位于口面的肛门排出体外。

海百合纲的棘皮动物雌雄异体，无固定的生殖腺，幼体呈桶形，称为樽形幼体，樽形幼虫再发育为有柄幼体。

海百合纲是棘皮动物中最原始、最古老的类群，其化石种类很多，现存种类包括海百合和海羊齿（图10-7）。海百合有100多种，身体由细长的柄和放射状的冠构成，柄上有的有轮生的卷枝，柄下端有根状卷枝，借助根状卷枝在深海固着生活。海百合将精、卵释放到海水中受精，樽形幼虫游泳一段时间后再发育出柄。海羊齿也叫作海羽星，约有600种，其受精卵黏附在羽枝表面孵育，孵育出幼体后再离开，其幼体有柄，类似海百合，固着生活，到了成体，仅保留了最顶端的那一节柄，其上也有卷枝。海羊齿多生活于浅海，附着生活，平时靠卷枝固定在海底礁石上，移动时，靠爬行或游泳前进。

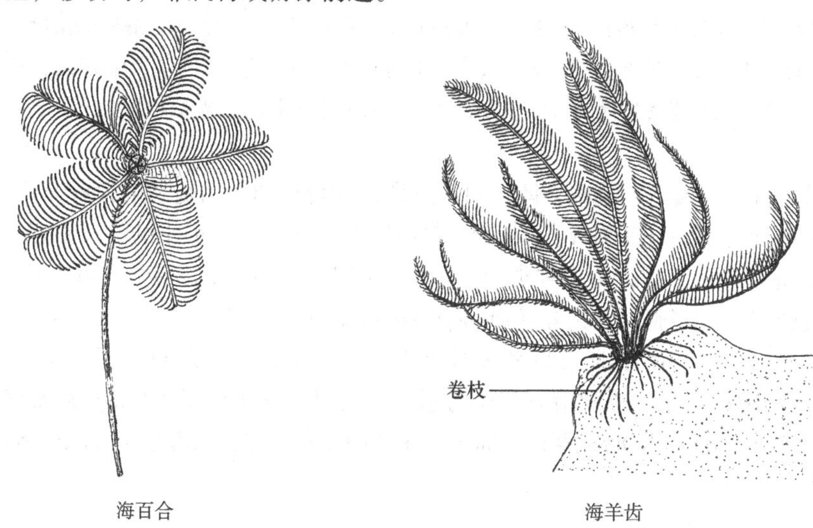

图10-7　海百合纲棘皮动物

辅助阅读

海羊齿是海百合纲羽星目的棘皮动物，除少数漂浮生活外，大多在浅海靠卷枝抓住硬物营附着生活，环境不适时，可随波逐流或靠腕上下摆动划水游走。不少种类还能借助腕在海底匍匐移动，爬行时，身体微微抬起，用腕及羽枝上的钩钩住物体，攀越岩壁。

大多数海羊齿喜欢昼伏夜出，白天，它们将腕卷曲，躲在岩缝中，晚上则爬出来，站在礁岩上，将辐射状的冠伸展开来，滤食海水中的浮游生物及悬浮的有机颗粒。

二、海星纲（Asteroidea）

海星纲的棘皮动物通称海星，外形呈星形，身体扁平，中央盘和腕分界不十分明显，腕粗壮不分支，各腕都有1条自口伸向腕端的步带沟，其内伸出管足，形成步带区。海星腕的数目一般是5个或5的倍数个。海星的内骨骼发达，骨片排列形式多样，结构松散，彼此以结缔组织相连，柔韧可曲，骨片突出体表的部分形成多种形式的棘刺，有的很长；海星的水管系统很完整，筛板位于反口面，管足发达，不少种类管足上还有吸盘。

海星靠管足运动，有的摄食有机碎屑，有的捕食海洋动物，它们的反口面一般都有肛门，但很少用，消化后的食物残渣仍由口吐出来。海星有很强的再生能力，只要中央盘连着1条腕，就能长成1个新个体；还有的海星，就是1个腕也可重新生成新个体，甚至能进行断裂生殖。

辅助阅读

由于运动缓慢，肉食类海星只能捕食比它速度更慢的动物，如双壳贝、海胆、珊瑚虫等。而运动稍快的动物，如蛇尾，海星就很难捕到。

在自然界，被捕食者有各种反捕食策略，海星猎物的反捕食策略就是赶快逃开，因为海星的行动实在是太慢了，猎物一旦在第一时间躲开，海星就很难再追上。如有的海参，当被海星触碰到时，会猛烈翻滚，在海星抓牢之前就逃之夭夭了。扇贝（Pectinidae）平时很少运动，但当躲避海星时，它的两个贝壳会一张一合地扇水，迅速游走。有的双壳贝感觉到海星来临时，会伸出斧足，猛蹬地，让自己快速移开。还有海葵，当感觉到海星接近时，便从附着的礁石上脱离下来，借助海流漂走。

海星一般进行有性繁殖，雌雄异体，间接发育，发育早期有羽腕幼虫和短腕幼虫阶段。

海星纲现存种类大约1600种（图10-8），它们体形大小不一，最小的海星直径只有1cm，大的可达90cm；海星体色多样，不少种类十分艳丽，如鸡爪海星（*Henricia*）和珠海星（*Fromia*）。少数海星的腕较多，如多腕葵花海星（*Pycnopodia helianthoides*）有15～24个，菊海星（*Heliaster*）最多达50个。我国北方沿海常见的是多棘海盘车（彩图22）、太阳海星（*Solaster*）和海燕（*Asterina pectinifera*）；广东、福建沿海有槭海星、砂海星、镶边海星（*Craspidaster hesperus*）和林氏海燕（*Asterina limboonkengi*）等；而面包海星（*Culcita*）和长棘海星（*Acanthaster planci*）则生活在珊瑚礁中。

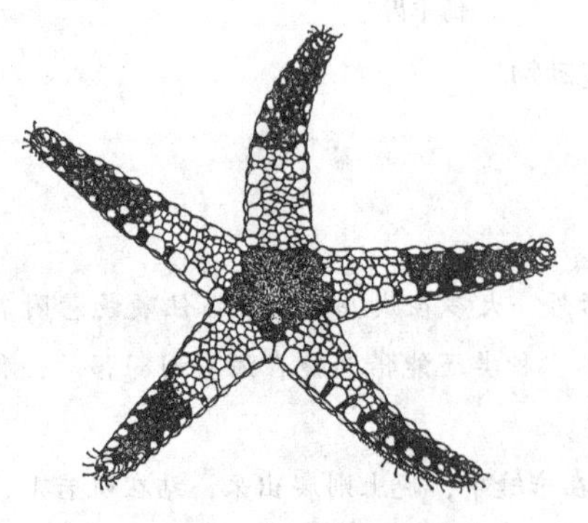

珠海星（反口面观）

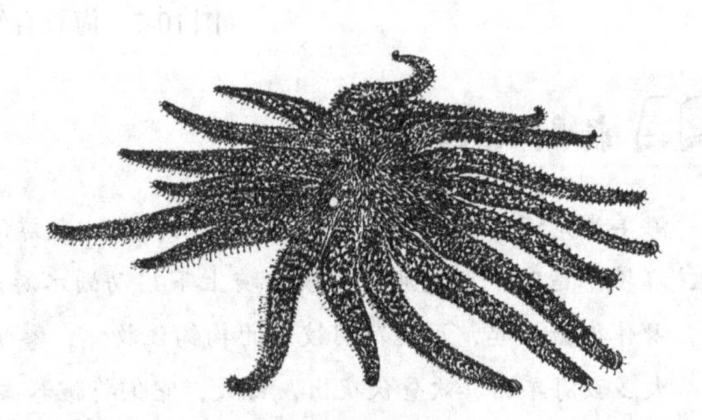

多腕葵花海星（反口面观）

图10-8 海星纲棘皮动物

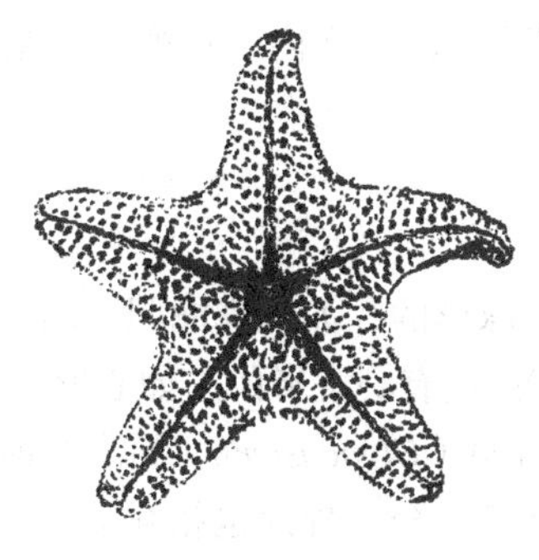

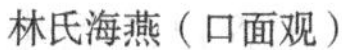

林氏海燕（口面观）

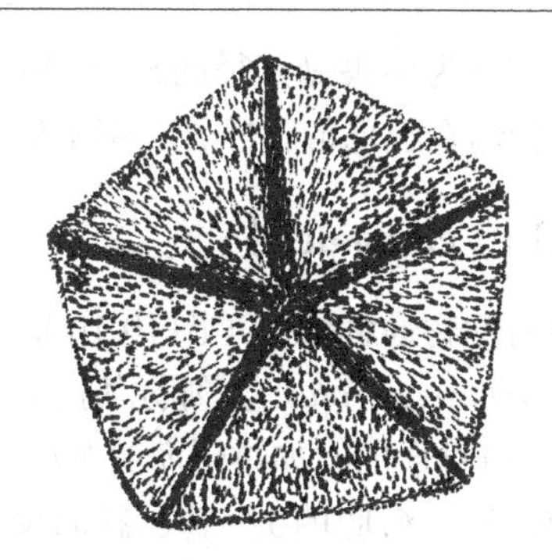

面包海星（口面观）

图10-8　海星纲棘皮动物（续）

三、蛇尾纲（Ophiuroidea）

蛇尾纲的棘皮动物通称蛇尾或海蛇尾（图10-9），它们身体扁平，中央盘和腕分界非常明显。中央盘圆形或五角星形，5个腕细长灵活。蛇尾纲分蔓蛇尾目（Euryalida）和真蛇尾目（Ophiurida），蔓蛇尾的5个腕有很多分支，能够做上下运动，缠绕其他物体，伸展开后，则像具有很多孔的篮或筐，以此捕捉小型浮游动物为食，如海盘（*Astrodendrum*）和筐蛇尾（*Gorgonocephalus*）；真蛇尾的5个腕没有分支，只能在水平方向屈曲运动，动作颇似划船，借此拖动身体在海底前行，成为移动速度最快的棘皮动物，如刺蛇尾（*Ophiothrix*）和真蛇尾（*Ophiura*）。

筐蛇尾（反口面观）

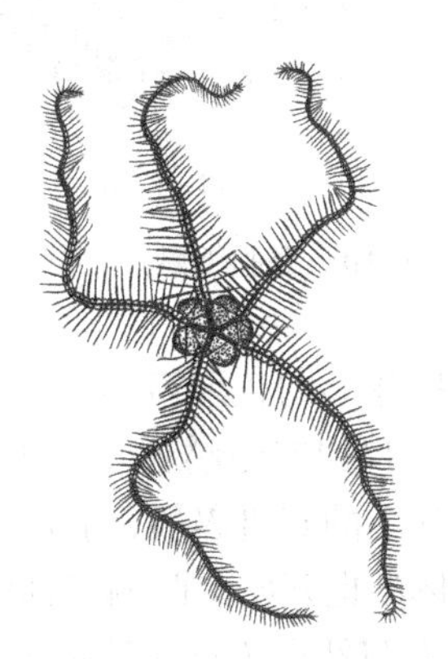

刺蛇尾（反口面观）

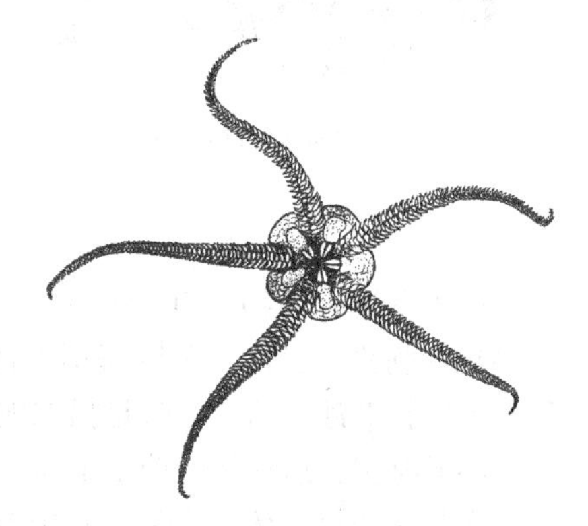

真蛇尾（口面观）

图10-9　蛇尾纲棘皮动物

蛇尾纲在棘皮动物中种数最多，约有2000种，它们大多在海底取食藻类、有孔虫及有机质碎屑等，食物由腕和触手捕捉后送入口内。蛇尾的消化管退化，有胃无肠无肛门，消化后的食物残渣由口吐出。由于蛇尾的内骨骼不太发达，常成为多种海洋动物的捕食对象，为保护自己，蛇尾一般都善于隐藏，常常钻到沙泥中，如阳遂足（*Amphiura*）等，也有不少种类在珊瑚礁中栖息，有的蛇尾还会攀爬在珊瑚上，有的则躲在海绵体内。

多数蛇尾是雌雄异体，个体发育中有蛇尾幼体阶段。少数蛇尾雌雄同体，卵胎生。

蛇尾看上去很像海星，但事实上，二者有重大区别：第一，蛇尾的筛板位于口面，水管系统中没有罍，腕上没有步带沟，管足减少并退化为触手，无运动功能；第二，蛇尾的中央盘很小，腕细长，常为中央盘直径的5～10倍，腕为运动器官，内部无内脏；第三，蛇尾的消化系统简单，内骨骼在腕部形腕椎骨，用于运动。

四、海胆纲（Echinoidea）

海胆纲的动物通称海胆（图10-10），外形多样，有球形的，如马粪海胆（*Hemicentrotus*）、石笔海胆（*Heterocentrotus*）、刻肋海胆（*Temnopleurus*）；也有心脏形的，如心形海胆（*Echinocardium*）；还有楯形的，如饼干海胆（*Laganum*）和楯海胆（*Clypeaster*）。无论哪种，看上去似乎都没有腕，其实海胆的5个腕已翻向反口面，与中央盘结合，骨片也相互愈合，形成1个完整的胆壳，胆壳由10个带区构成：5个具管足的步带区和5个无管足的间步带区相间排列，每个带区有2列骨片，共20列骨片，各骨片上均有疣突，疣突连接棘刺，棘刺可动。每个间步带区末端有1生殖板，上有1生殖孔，其中一个生殖板较大，为筛板；每个步带区末端有1眼板，上有眼孔，辐水管末端从眼孔中伸出体外，形成感觉器。

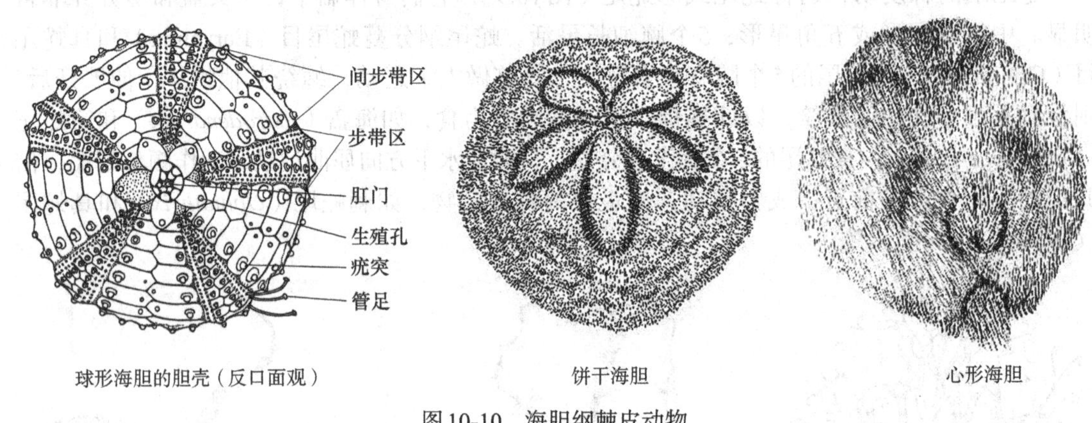

图10-10　海胆纲棘皮动物

海胆纲现存动物有900种，身体呈球形的正形海胆喜欢生活在岩石、珊瑚礁等硬质海底，主要靠棘刺移动身体，常以海藻为食，口内有咀嚼器（亚里士多德提灯）。身体呈楯形或心形的歪形海胆潜沙生活，靠管足摄取泥沙中的有机碎屑，肛门从反口面移至口面或身体后缘，特别是心形海胆，运动更是趋于定向，体型也开始向两侧对称演化。

海胆多雌雄异体，个体发育中有海胆幼虫（长腕幼虫），后变态成为幼海胆，经1～2年达性成熟。

五、海参纲（Holothuroidea）

海参纲的棘皮动物通称海参，与其他棘皮动物不同的是，海参的体制又从五辐射对称变成两侧对称：身体蠕虫状，分背、腹两面，前端有口，后端有肛门，靠管足运动或蠕动前行。海参虽然没有腕，但从管足的分布情况依然可以看出五辐射对称的痕迹：腹面平坦，有3个步带区，背面隆起，有2个步带区。瓜参（*Cucumaria*）背、腹面的步带区都有管足；锚海参（*Synapta*）背、腹面的管足均消失；芋参（Molpadiidae）的管足仅存在肛门附近；多数海参仅腹面的管足保留，用于运动，如虎纹海参（*Holothuria pervicax*）。

海参是棘皮动物中变化最大的：内骨骼退化为极微小的骨片，所以体表无棘；围绕着食道有一个石灰环，石灰环是海参纲特有的结构。口部的管足变成触手，用于抓取海水中的细小生物或捡食混在泥沙中的有机质碎片、藻类及原生动物，有些海参直接吞食泥沙；筛板不直接与外界相通，而是悬挂于体腔内，环水管向前分出小管，进入触手，向后发出5条辐水管，无管足的种类辐水管及侧水管也消失；海参的消化道长管状，末端膨大为泄殖腔，泄殖腔与呼吸树相连。呼吸树又称为水肺，树枝状，位于体腔中，为海参特有的呼吸和排泄器官，海水能够从泄殖腔进入呼吸树。多数海参都有呼吸树，有些种类受刺激时，呼吸树等内脏可从泄殖孔（肛门）射出，用以吸引和缠绕敌害。

辅助阅读

海参运动速度很慢，又没有强大的内骨骼和棘刺保护自己，如何逃避敌害的捕食呢？

其实，不同的海参有不同的自我保护之法。穴居海参要么躲在石缝中，要么把自己埋在泥沙中，把分支的触手伸出来，捕食海水中的有机物颗粒，遇到异常情况时，触手便迅速缩回体内；海底匍匐前行的海参，有的有很强的伪装能力，不容易被捕食者发现；有的体壁异常发达，像胶皮一样，使捕食者根本无法吞咽。有些海参在被捕食者噬咬时，会急剧收缩身体，从肛门中排出居维尔氏小管缠绕入侵者，同时释放黏液，有的黏液还有毒，甚至干脆连内脏一块抛出，上演“舍车保帅”的把戏。退一步说，即使身体被吃掉一半，只要环境适宜，海参也可以在几个月后将身体长全。

大多数海参为雌雄异体，个体发育中有耳状幼虫和桶形幼虫阶段，有些种类能够自己孵育幼虫。

海参纲约有1100种（图10-11），分布很广，从潮间带到深达万米的海沟都有，不少深海种类还会游泳。海参的摄食方式主要是悬浮取食或沉积取食，枝手目（Dendrochirotida）的瓜参、翼手参（*Colochirus robustusa*）和伪翼手参（*Pseudocolochirus*）等用树枝状的触手粘取海水中悬浮的有机颗粒送入口中；芋参目（Molpadiida）的海棒槌（*Paracaudina*）和海地瓜（*Acaudina*）等则采食泥沙中的有机物；最常见的是楯手目（Aspidochirotida）的海参，其外形有些像黄瓜，常在海底匍匐前行，捡食海底表层的有机物，如刺参（*Stichopus*）和虎纹海参（*Holothuria pervicx*），这类海参由于体壁厚、结缔组织发达而有很高的食用价值。在我国，最著名的食用海参是渤海的日本刺参（*S. japonicus*）和南海的梅花参（*Thelenota ananas*）。

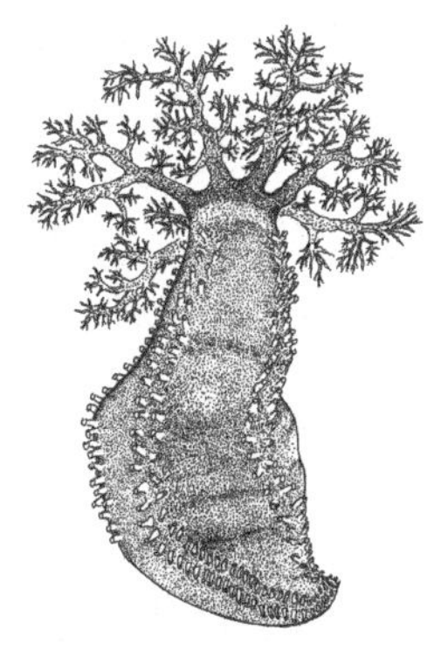

瓜参

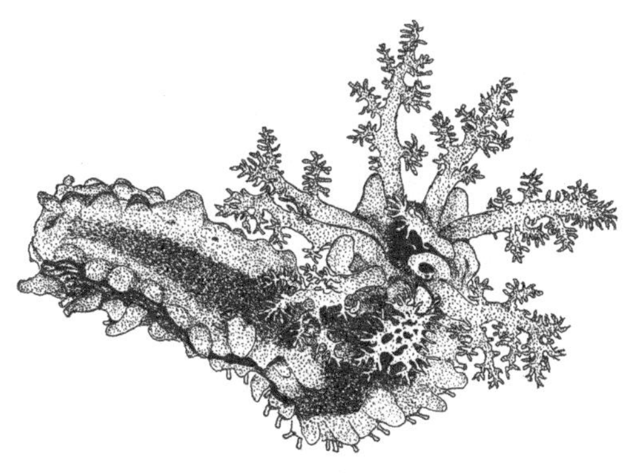

翼手参

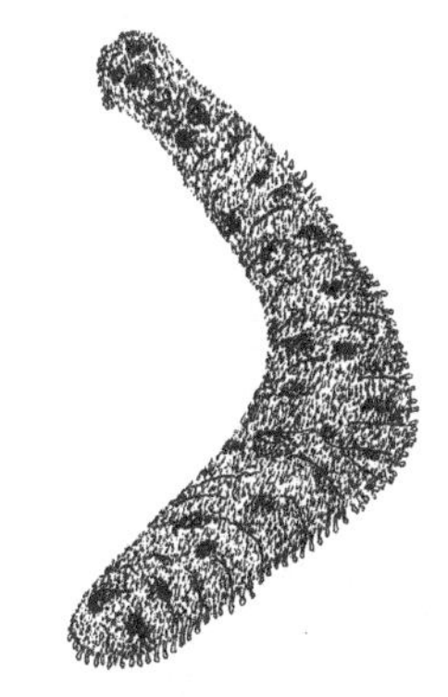

虎纹海参

图10-11　海参纲棘皮动物

小结

棘皮动物全部海洋生活，有适应固着生活的特点，如五辐射对称，体内有石灰质骨板，再生能力强，神经感觉不发达；也有高级的特征，如后口发育；另外，棘皮动物还有独特的水管系统。

棘皮动物门分5个纲，海百合纲外观像植物，营固着或附着生活；海星纲的中央盘较大，腕粗壮，靠管足移动；蛇尾纲中央盘小，腕细长，靠腕移动；海胆纲的骨板愈合成一个完整的胆壳，棘发达，靠管足和棘移动；海参纲又变为两侧对称，骨板退化，体柔软，靠管足运动或蠕动前进。

复习思考题

1. 解释名词：五辐射对称、皮鳃、后口动物。
2. 棘皮动物的重要特征有哪些？
3. 棘皮动物分几个纲？各纲有什么区别，代表动物是什么？

第十一章

半索动物门

（1）具口索。
（2）具咽鳃裂。
（3）具雏形的背神经管。
（4）全部在海洋中生活。
（5）在动物进化史上有独特的地位。

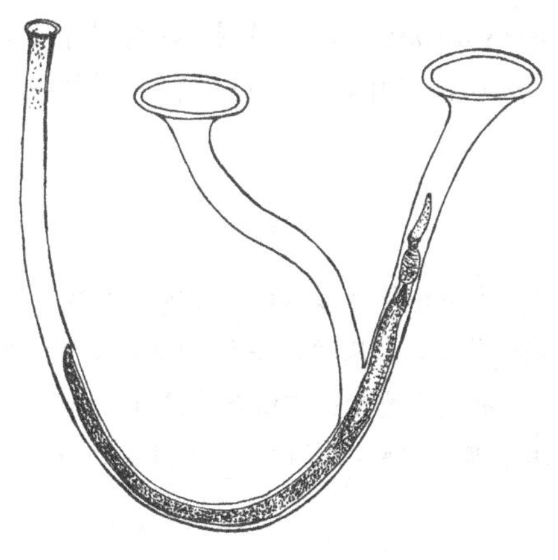

柱头虫在洞穴中

半索动物也叫作隐索动物、口索动物，种类不多，但在动物进化史上有着独特的地位。

一、半索动物的基本状况

半索动物全部海洋生活，约有100种，包括肠鳃纲（Enteropneusta）和羽鳃纲（Pterobranchia），羽鳃纲外形似苔藓植物，种类不多；肠鳃纲身体呈蠕虫状，最常见的就是各种柱头虫。

辅助阅读

羽鳃纲的半索动物约有20种，它们生活在近海，全部固着生活，多群栖，代表动物是头盘虫（*Cephalodiscus dodecalophus*）和杆壁虫（*Rhabdopleura*）。头盘虫体长2～3mm，栖息于自己分泌物形成的管子里，管子固着在石头或贝壳上；身体分吻、领和躯干3部分，吻扁平似盘，领部有多个突起的腕，腕上生有羽状触手，用以捕食海水中的微小生物；咽部有1对鳃裂，消化道弯曲成“U”形，肛门位于领的背面。杆壁虫也住在管鞘内，但多个虫体以柄彼此相连，领部只有两个腕，鳃裂退化。

肠鳃纲和羽鳃纲的半索动物彼此差别很大，这反映了生物进化中的一个重要规律：适应辐射。所谓适应辐射，是指分类地位很近的生物，由于采取了不同的生活方式，适应各自不同的生活环境，经长期演变发展，最终在形态结构上造成明显的差异。

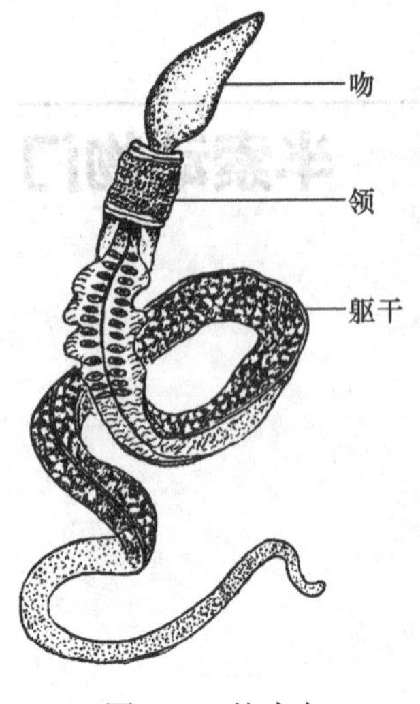

图 11-1　柱头虫

大多数半索动物雌雄异体，体外受精，间接发育，幼虫称为柱头幼虫，柱头幼虫经过短期的游泳生活后，沉入水底，发育为成虫。柱头幼虫在生活习性和形态结构上酷似海星的羽腕幼虫，因此，有人推测，半索动物应与棘皮动物有密切的亲缘关系。

下面以柱头虫为例，重点介绍半索动物独特的进化地位。

二、柱头虫及其主要特征

柱头虫身体细长，由吻、领和躯干3部分构成，肛门位于躯干部的末端（图11-1）。不同种类的柱头虫大小相差很多，最大的达2.5m，我国出产的柱头虫有7种，黄岛长吻虫（*Saccoglossus hwangtauensis*）和多鳃孔舌形虫（*Glossobalanus polybranchioporus*）为国家一级重点保护野生动物，其余5种均为二级。

辅助阅读

黄岛长吻虫又叫玉钩虫，栖息于山东胶州湾附近的海域，沙滩穴居，穴口较宽，漏斗状，洞穴深20～50cm；全长约30cm，吻部扁圆锥形，背腹两面各有1条纵沟，将吻隔为左右两部分；领部宽而短；躯干的前部有鳃孔90对左右。多鳃孔舌形虫分布于渤海至黄海南部，全长35～60cm；吻圆锥形，领部有1条深橘红色的环带，非常醒目；躯干部鳃孔有130～160对。黄岛长吻虫和多鳃孔舌形虫均为我国特产，目前数量极少。

柱头虫体表黏液较多，栖息于浅海海底泥沙中，通常生活在“U”形洞道内，以吻和领的伸缩掘泥沙做穴。躯干部前端背侧有许多成对的外鳃裂，外鳃裂与咽部的内鳃裂相通，内外鳃裂间有鳃囊。口位于吻基部腹面，柱头虫钻洞时将水及泥沙压入口内，泥沙进入消化道，水经鳃孔流出，完成呼吸。

柱头虫有三大特征：具口索，具咽鳃裂，具背、腹神经索，且背神经索伸入领中的部分出现空腔，形成雏形的背神经管（图11-2）。口索是口腔背侧向前方吻部突出1个小盲管，为半索动物所特有；咽鳃裂简称鳃裂，为呼吸器官，位于消化道前端咽部两侧，是一系列排列于身

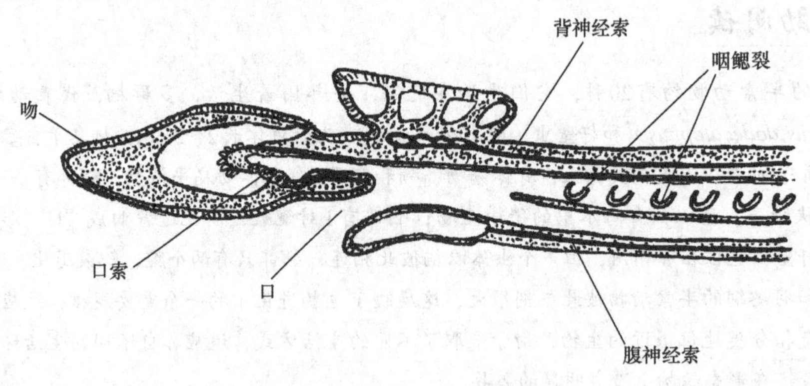

图 11-2　半索动物三大特征示意图

体两侧的裂孔，数目不等，与外界相通，水流通过时，完成气体交换；背、腹神经索为中枢神经。

三、半索动物独特的进化地位

过去曾认为半索动物的口索就是原始的脊索，但近年来研究表明，口索和脊索既不是同源器官，也不是同功器官，可能是一种内分泌器官。所以，半索动物应属于非脊索动物。

半索动物是非脊索动物的高等类群，自然拥有高等非脊索动物的特征，如腹神经索、开管式循环系统、肛门位于身体末端等；但半索动物同时也拥有一些脊索动物的特征，如咽鳃裂、背神经管（仅为雏形），而这些特征却是其他非脊索动物所不具备的。所以说，半索动物是非脊索动物向脊索动物进化的过渡类型，是二者相关联的“桥”，因而，半索动物在动物进化史上有独特的地位。

小　结

半索动物的代表动物为柱头虫，有三大特征：具口索、咽鳃裂和雏形的背神经管。半索动物在动物进化史上有独特的地位。

复习思考题

1. 柱头虫的身体结构怎样？
2. 柱头虫有哪三大特征？咽鳃裂的来源和作用是什么？
3. 为什么说半索动物在动物进化史上有独特的地位？

第十二章 无脊椎动物其他各门简介

第二章至第十一章讲述了10个门类动物的基本特征和分类情况。其中，第四章腔肠动物门辅助阅读中涉及栉水母动物门，第六章原腔动物含9个门，第八章节肢动物门辅助阅读中简单介绍了缓步动物门和有爪动物门，第十章棘皮动物门辅助阅读中提及了毛颚动物门，至此，本书共讲述了无脊椎动物的22个门。

本章简单介绍无脊椎动物另外的11个门，这11个门的特点是：种类较少、进化地位不够明确或与人类生活关系不太密切。

一、中生动物门（Mesozoa）

中生动物门是结构简单的多细胞动物，体长不超过9mm，体表是一层具有纤毛的细胞；身体前端分化成极帽，用以附着；繁殖方式有无性繁殖、有性繁殖和世代交替。

中生动物门有二胚虫和直泳虫两类，前者有75种，其细胞数目固定，寄生于头足类体内，有人将其独立为一门，即菱形动物门（Rhombozoa）；后者约有20种，寄生于多种无脊椎动物体内，有人将其独立为一门，即直泳动物门（Orthonectida）。

二、无腔动物门（Acoelomorpha）

无腔动物门曾被列入扁形动物门，这类动物体长一般不超过2mm，结构简单，无消化道，有眼点和平衡囊，雌雄同体。

无腔动物门全部海洋生活，有2个纲：无肠纲（Acoela）和纽皮纲（Nemertodermatida），前者约380种，后者约10种。

三、扁盘动物门（Placozoa）

扁盘动物门目前只发现1个物种，即丝盘虫（*Trichoplax adhaerens*），又称为多细胞变形虫。体扁平薄片状，一般2～3mm，最大不超过4mm，结构简单，除了有固定的背腹之外，无前后之分，也无口等器官。虫体表面是一层具纤毛的细胞，背面细胞稍扁平，腹面细胞呈柱状，中间则为实质组织，内有许多变形细胞。

丝盘虫生活在海洋中，以微小的原生动物为食。通常进行无性繁殖（出芽和断裂），也可进行有性生殖。

四、纽形动物门（Nemertea）

纽形动物身体长带形，长数毫米至数米，最长纪录达55m，多数不超过20cm。这类动物身体两侧对称、三胚层、无体腔，排泄器官为原肾管，这些特点类似扁形动物，但纽形动物有完整的消化道（口和肛门分开）和简单的循环系统，但没有心脏，而且身体前端有可伸缩的长吻，用于捕食及防卫，以小动物或其尸体为食，多数种类雌雄异体，间接发育。

纽形动物通称纽虫，大多在海洋底栖生活，少数生活在淡水或潮湿的土壤中，个别种类寄生生活，目前发现有1300多种，分无刺纲（Anopla）和有刺纲（Enopla）。

五、环口动物门（Cycliophora）

环口动物门又称为微轮动物门或圆环动物门，是一类水生无体腔动物，目前仅发现3种，身体囊状，不超过0.5mm，寄生于海螯虾（Nephropsidae）身上，生活史中有比较复杂的世代交替现象。

环口动物的无性世代有黏附盘，借此固着在海螯虾的口器上，游离端有口漏斗，口漏斗上有环状的口，故名“环口动物”。无性世代有“U”形消化管，积极摄食，故也称为摄食个体，摄食个体积累营养形成内芽体孕育体内，不久，内芽体逸出发育为摄食个体，固着于同一只海螯虾的口器上。当海螯虾即将蜕皮时，开启有性世代，内芽体分别形成雄体和雌体，雄体还可再生成多个雄体，之后，雄体逸出，固着于孕有雌体的摄食个体上，并使雌体受精，开启有性世代，受精雌体逸出后仍固着于原寄主身上，但其体内孕有幼虫，幼虫逸出后在海水中寻找新的海螯虾寄生，再次进入无性世代。环口动物有性世代的雌体和雄体均不摄食，完成繁殖后即死亡。

六、颚口动物门（Gnathostomulida）

颚口动物体长约1mm，没有体腔，无呼吸系统，无循环系统，无肛门（少数种类的肠末端有“临时肛门”），原肾管排泄。身体最复杂的构造是口器，其咽部具有坚硬的基板和齿状颚片。颚口动物雌雄同体，体内受精，受精卵通过体壁破裂排出，发育为浮浪幼虫。

颚口动物门已知约100种，如颚口虫（*Gnathostomula*）生活在浅海细砂间，可忍受极低氧的环境。

七、微颚动物门（Micrognathozoa）

微颚动物门目前只发现1个物种，即淡水颚虫（*Limnognathia maerski*），由丹麦科学家1994年在格陵兰西部的迪斯科岛地区的泉水里首次发现；体长0.1mm，其颚的构造复杂，为滤食器官。

淡水颚虫生活在严寒环境中，个体发育中早期有雄性器官，后期发育为雌体，这种现象被称为“雄性先育的雌雄同体”。产两种类型的卵：薄壳型的夏卵快速孵化，厚壳型的冬卵在低温季节休眠。

八、帚形动物门（Phoronida）

帚形动物门、苔藓动物门、腕足动物门和假体腔动物中的内肛动物门有一个共同的特点，就是拥有触手冠，所以也叫作触手冠动物。触手冠也叫作总担，是位于身体顶端由许多触手组成的环状结构，触手上还有纤毛，触手冠有滤食和呼吸作用。触手冠动物水生，通常海洋生活，移动性差，神经系统不发达，消化道通常呈“U”形，肛门位于身体前端。

帚形动物门的动物通称为帚虫，帚虫身体蠕虫状，长6～200mm，分触手冠和躯干两部分。触手冠由左右两列螺旋状触手组成，口位于两列触手之间，横裂状。躯干部躲在自己分泌形成的管子中。帚虫具有次生体腔，有后肾管一对，闭管式循环，多数雌雄同体，个体发育中有近似担轮幼虫的辐轮幼虫。

帚虫生活在浅海海底泥沙中，分布仅限于热带和温带的浅海区域。目前发现的种类很少，只有1科2属16种，如帚虫（*Phoronis*）和领帚虫（*Phoronopsis*）。

九、苔藓动物门（Bryozoa）或外肛动物门（Ectoprocta）

苔藓动物门的动物统称苔藓虫或苔虫，大多数生活在温带海水中，少数淡水生活。外形似苔藓植物，固着或附着在水中的物体上。群体生活，群体中的每个个体都很小，不及1mm，外被角质或钙质的壳，体壁外突，在口周围形成环形触手冠，肛门开口于触手冠的外侧。具真体腔，后肾管，雌雄同体，多出芽生殖。

苔藓动物门目前发现有6000种，分为2纲：被唇纲（Phylactelaemata）和裸唇纲（Gymnolaemata）。

十、腕足动物门（Brachiopoda）

腕足动物个体较大，外形很像软体动物门双壳纲的动物，但内部结构差别很大。腕足类的两壳是背腹向，不等大，背壳小腹壳大，腹壳后端还有一个肉质柄，用以固着外物，两壳内面各具一片外套膜，触手冠除了摄食、呼吸外，还是幼体孵化袋。

腕足动物全部海洋生活，多数分布在浅海，雌雄异体，现存300多种，分为2纲：无铰纲（Ecardines）和有铰纲（Testicardines）。前者背、腹壳几乎等大，壳多为几丁质，两壳由闭壳肌连在一起，有肛门，如舌形贝（*Lingula*），俗名海豆芽；后者背、腹壳差别大，壳多为钙质，两壳由齿和槽绞合，无肛门，如酸浆贝（*Terebratella coreanica*）。

需要指出的是，现在有人把触手冠动物和纽形动物门、环节动物门、软体动物门划归到冠轮动物总门中。相应地，动吻动物门、铠甲动物门、鳃曳动物门、线虫动物门、线形动物门、缓步动物门、有爪动物门和节肢动物划归到为蜕皮动物总门中。

十一、异涡动物门（Xenoturbellida）

异涡动物门目前只发现2个物种，即玻氏异涡虫（*Xenoturbella bocki*）和万氏异涡虫（*X. westbladi*）。它们以软体动物的卵为食，体长约4cm，身体结构简单，无脑无消化道无排泄系统，但却属于后口动物。

小　结

本章介绍了无脊椎动物其他11个门的特点，包括中生动物门、无腔动物门、扁盘动物门、纽形动物门、环口动物门、颚口动物门、微颚动物门、帚形动物门、苔藓动物门、腕足动物门、异涡动物门。

复习思考题

1. 触手冠动物包括哪些类群？这类动物有什么特点？
2. 腕足动物和软体动物门双壳纲动物有什么不一样？

第十三章 脊索动物门

（1）具脊索。
（2）具咽鳃裂。
（3）具背神经管。
（4）有肛后尾，心脏腹位。
（5）低等类群水生，高等类群陆生。

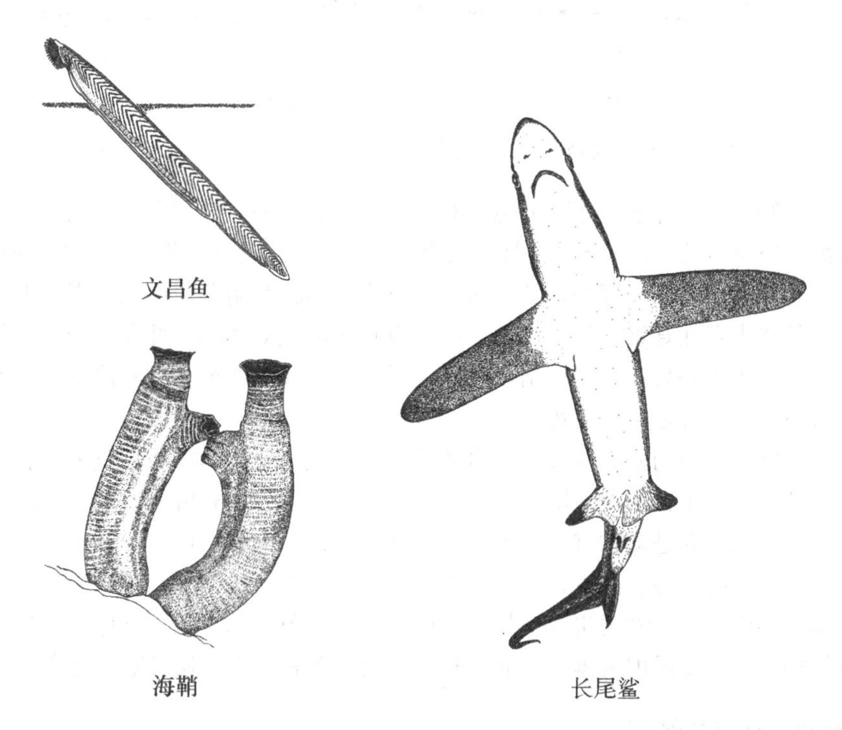

脊索动物门是动物界最高等的一个门，尤其是其中的脊椎动物亚门，体形高大，运动快捷，还独自完成了动物进化上的一大飞跃：由变温改恒温，出现了恒温动物——鸟类和哺乳类。其中，哺乳动物的中枢神经系统获得充分发展，以致最后演化出了“智力特别发达”的人。

第一节 基本特征

脊索动物虽然是由非脊索动物演变而来，但二者有很大的差别（图13-1）。脊索动物有很多重要特征，特别是“三大特征”非常显著。

一、脊索动物具有脊索

脊索是位于消化道背部的1条棒状结构，来源于胚胎期的原肠背壁，经加厚、分化、外

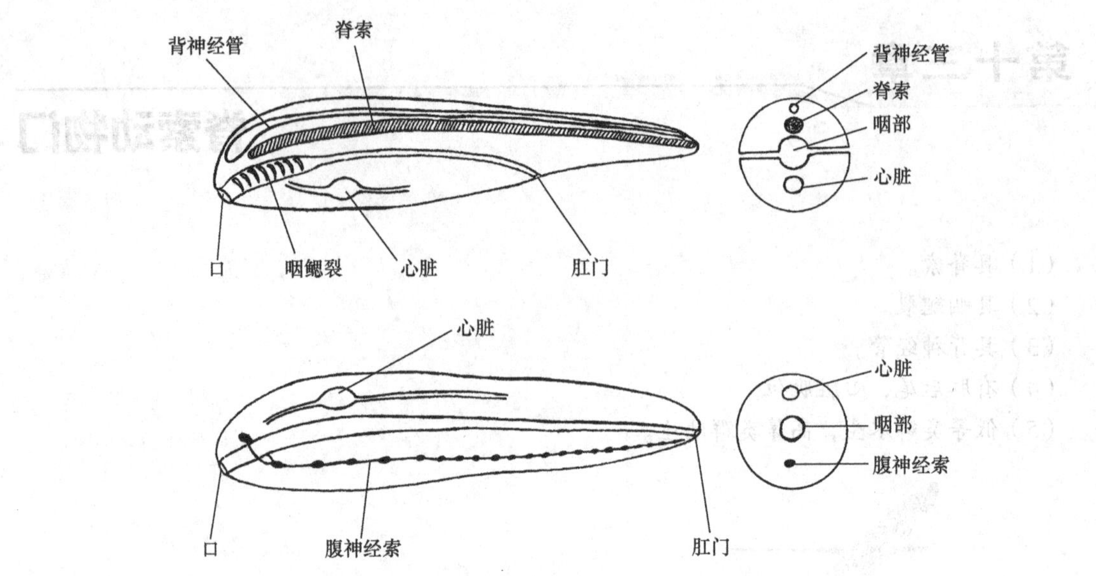

图13-1　脊索动物（上）与非脊索动物（下）身体结构模式比较

突，最后脱离原肠而成。脊索由富含液泡的脊索细胞组成，外有脊索鞘，脊索鞘类似于结缔组织，由脊索细胞分泌形成。脊索既具弹性，又有硬度，起支持身体的作用，是支撑躯体的主梁。

具有脊索是脊索动物最关键的特征，所有的脊索动物在胚胎期均出现脊索，但不同类群有不同变化：有的终生存在脊索，如文昌鱼；有的仅在尾部或幼体的尾部存在脊索，如海鞘和尾海鞘；而高等类群多半是只在胚胎期出现脊索，随后或多或少地被脊柱所代替，并且形成整套的内骨骼支持身体，这就是脊椎动物。

事实上，脊索动物最初是靠脊索支撑身体的，但进化为脊椎动物后，就依靠脊柱和内骨骼支撑身体了，这既增加了灵活性又增强了支持力度，最终才使之有可能发展成为高大的陆生动物。所以说，脊索的出现是动物进化史上的重大事件，这一先驱结构在脊椎动物身上得到进一步发展，使动物身体的支持、保护和运动功能获得“质”的飞跃。

在非脊索动物中，有些种类也有支持身体的结构，如节肢动物的外骨骼，棘皮动物的骨片等。但这些结构主要行使保护机体的功能，和脊索的来源和功用大相径庭，完全不是一回事。

二、脊索动物具有背神经管

背神经管是脊索动物的中枢神经系统，位于脊索背方，是1条中空的管状结构，是由胚胎期的外胚层加厚下陷卷曲形成的。脊椎动物的背神经管尤其发达，已经发生很大变化：前端膨大成脑，脑后部分形成脊髓，神经管腔在脑内形成脑室，在脊髓中成为中央管，而脊柱等内骨骼也进一步发展完善，形成头骨、椎管，予以保护。

在非脊索动物中，活动能力较强的高等类群，如环节动物和节肢动物，中枢神经系统都是链状的，为1条实心的神经索，位于消化道的腹面，结构也比较简单，与脊索动物的背神经管相差甚远。

三、脊索动物具有咽鳃裂

咽鳃裂是呼吸器官，位于消化道前端咽部两侧，裂隙状，间接（有围鳃腔）或直接与外界相通。水生脊索动物终生存在咽鳃裂；陆生脊索动物只在胚胎期出现过咽鳃裂，以后退化消失，改用肺呼吸；而由水生向陆生过渡的两栖动物，咽鳃裂存在于幼体期。

在非脊索动物中，有些水生种类也有鳃，如软体动物外套膜形成的本鳃和皮肤形成的次生鳃及节肢动物体壁突起形成的多种鳃，但这些鳃与消化道没有任何关系，也不是裂隙状构造。

四、脊索动物的其他特征

脊索动物除了具有上述三大特征外，还有其他一些特征，如体侧肌肉分节排列，中胚层形成内骨骼（和棘皮动物的内骨骼不是一回事），心脏腹位即心脏位于消化道腹面（节肢动物的心脏位于消化道背方），特别是在肛门的后方出现了尾部，即肛后尾。最初，肛后尾的出现显然是为了在海水中游动，但在以后的进化历程中，为适应环境，有的挪作他用，有的退化掉了。不过，在胚胎期，所有的脊索动物都存在肛后尾。

从以上特征不难看出，脊索动物与非脊索动物迥然不同，但脊索动物与一些非脊索动物，特别是高等非脊索动物有不少共同的特征，如身体两侧对称，三胚层结构，具有真体腔，同是后口动物等。所以，脊索动物与非脊索动物还是有很大关联的，特别是和高等非脊索动物应有密切联系。有人推测，脊索动物应该与棘皮动物和半索动物拥有共同的祖先。

第二节 分 类

现存脊索动物约有50 000种，分3个亚门：尾索动物亚门、头索动物亚门和脊椎动物亚门。其中，尾索动物亚门和头索动物亚门合称原索动物或无头类，脊椎动物亚门则称为有头类。

一、尾索动物亚门（Urochordata）

尾索动物全部在海洋中栖息，最常见的是各种海鞘（海鞘纲）。海鞘固着生活，数量很多，早在2000多年前，就曾被人类记载和描述，但由于结构非常特殊，一直不能被正确归类，直到1866年，俄国胚胎学家柯瓦列夫斯基仔细研究了海鞘的胚胎发育及生活史后，才为其找到了正确的分类地位。

海鞘的幼体具有脊索动物的“三大特征”，但脊索存在于尾部。变为成体后，由于尾部退化，脊索也跟着消失，相应地，背神经管退化成神经节，鳃裂却变得异常发达，以适应固着滤食生活。为加强保护，海鞘体外出现了保护性的被囊，故海鞘亦称被囊动物。

下面以海鞘为例，介绍尾索动物的基本特征。

（一）海鞘的基本特征

海鞘在海水中分布很广，能够进行出芽生殖，常以单体或群体的形式生活，多固着在礁石及贝壳上。海鞘身体的最外层是被囊，被囊的化学成分类似植物的纤维素，被囊内是1层柔软的外套膜。外套膜就是体壁，其分泌物形成被囊。海鞘的身体上有2个开口，顶部的是入水孔，侧面的是出水孔。外套膜在入水孔和出水孔的边缘处与被囊汇合，汇合处有环形括约肌控制管孔的启闭。

海鞘的口长在入水孔处，这里有1片筛状的缘膜，四周长有触手。缘膜的作用是过滤，只

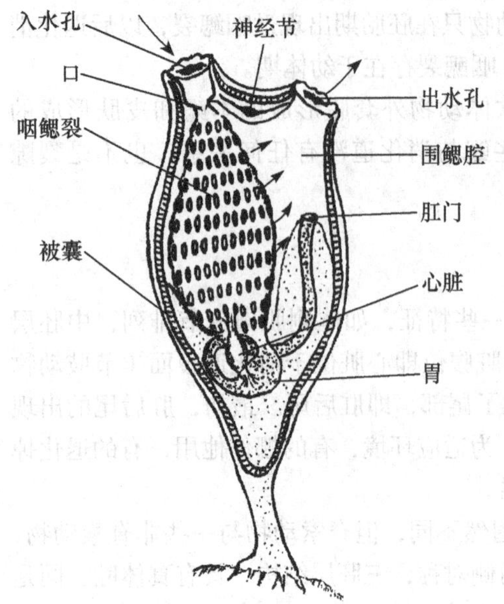

图 13-2 柄海鞘的身体结构（箭头示水流方向）

容许水流和微小食物颗粒进入消化道，缘膜后是宽大的咽，咽壁上有很多鳃裂。水流经过鳃裂，完成呼吸，之后到达围鳃腔，最后经过出水孔排出体外。咽腔的内壁生有纤毛，并在背腹两侧的中央各有1个咽上沟（背板）和内柱，沟内有腺细胞和纤毛细胞，负责黏聚水中的食物送入消化道。海鞘的肛门开口于围鳃腔，粪便随水流经出水孔排出体外（图13-2）。

由于是固着生活，海鞘的神经系统和感觉器官严重退化。中枢神经退化变成1个神经节，位于入水孔和出水孔之间的外套膜内，神经节分出若干神经分支通到身体各个部分。海鞘没有专门的感觉器官，仅在缘膜和外套膜上有少量的感觉细胞。

从以上结构不难看出，在脊索动物的三大特征中，海鞘只有发达的咽鳃裂，并没有脊索和背神经管。这也是为什么多年来一直不把它当作脊索动物看待的原因。但这只是海鞘的成体，其幼体却具有脊索动物的基本特征。

海鞘雌雄同体，异体受精，间接发育。幼体很小，外形酷似蝌蚪，有1条长尾，尾内有发达的脊索，脊索背面有背神经管，神经管的前端还膨大成脑泡，并有眼点和平衡器官等；咽部有成对的鳃裂；在身体的腹侧还有心脏（图13-3A）。海鞘幼体在海洋中游泳，不进食，生命期极短，只有数小时到几天不等。幼体期结束后，固着下来，变态为成体。

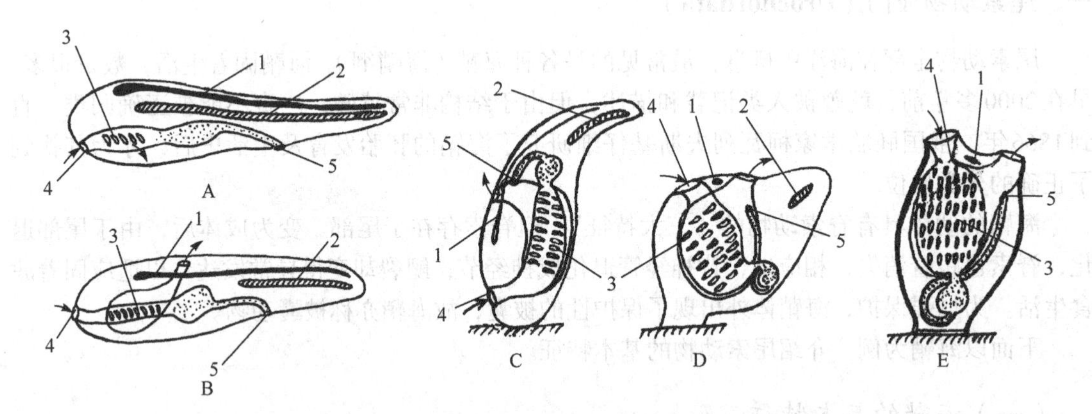

图 13-3 海鞘的变态发育（箭头示水流方向）

1. 神经管或神经节；2. 脊索；3. 咽鳃裂；4. 口；5. 肛门

A、B、C、D、E依次为变态发育先后顺序

在变态发育过程中，海鞘幼体的尾连同内部的脊索逐渐被吸收而消失，感觉器官也发生退化，神经管变为神经节；咽部大为扩张，鳃裂数急剧增多，同时形成围鳃腔；最后，由体壁分泌形成保护身体的被囊，完成从自由生活向固着生活的转变（图13-3E）。海鞘的变态发育失去了一些重要的构造，身体结构变得更加简单，这种越变越简单的变态发育称为逆行变态。

（二）尾索动物的分类

尾索动物现存约有1400种，分3个纲：尾海鞘纲、海鞘纲和樽海鞘纲。

1. 尾海鞘纲（Appendiculariae）　尾海鞘纲又称为幼形纲（Larvacea），是原始类型的尾索动物，终生具有尾和脊索，也有神经管，但鳃裂只有1对，且无围鳃腔。

尾海鞘纲现存60多种，体长一般不超过20mm，形如蝌蚪，在沿岸浅海中自由生活，代表动物是住囊虫（*Oikopleura*）和尾海鞘（*Appendicularia*）。住囊虫外无被囊，虫体罩有自己分泌形成的透明胶质囊，称为住室，住室有入水孔和出水孔，入水孔筛网状。住囊虫在住室内摆尾，打动水流，迫使住室前行，水流自入水孔进入住室，完成摄食和呼吸后从出水孔排出（图13-4）。每隔数小时，住囊的出、入水孔就可能被堵塞，此时住囊虫即激烈挥动长尾，从住室孔中冲出，并在短的时间里再分泌形成新的住囊。

2. 海鞘纲（Ascidiacea）　海鞘纲的特征前面已经谈到，这类动物变态发育，幼体似尾海鞘，移动生活，成体固着生活，被囊厚，鳃裂多，围鳃腔发达。

海鞘纲约有1250种，有单体和群体两种类型。单体型种类的每个个体独立生活，最大可达20cm，群体型是许多个体被围在一个共同的被囊内，但都有各自的入水孔，出水孔却是共用的，如美洲海鞘（*Amaroucium*）、拟菊海鞘（*Botrylloides*）、菊海鞘（*Botryllus*）等。在单体海鞘中，我国南部海域最常见的是瘤海鞘（*Styela canops*），北方海域分布较广的是乳突皮海鞘（*Molgula manhattensis*）和柄海鞘（*Styela clava*）（图13-5）。

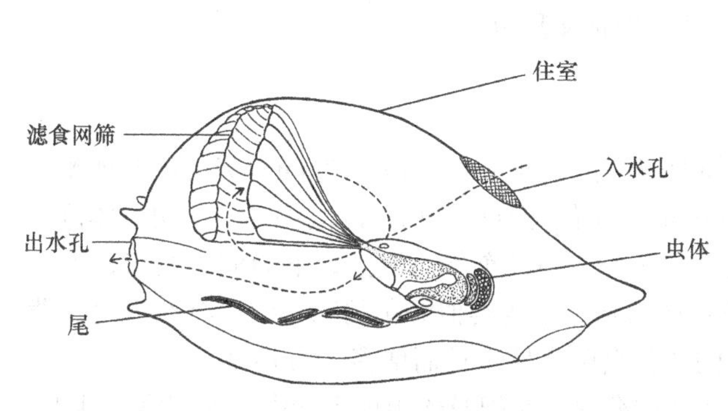

图13-4　住囊虫结构示意图（箭头示水流方向）

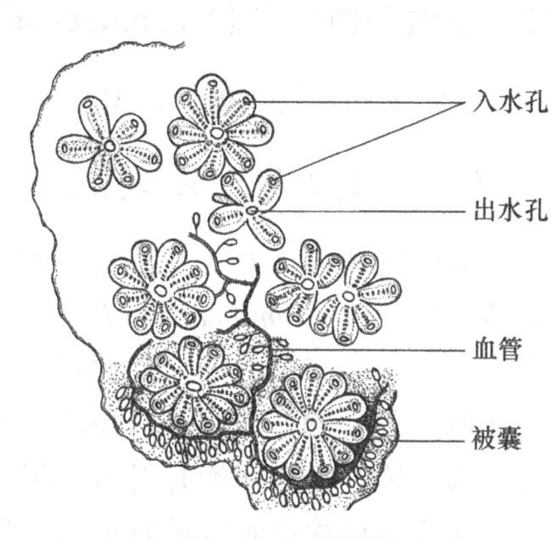

图13-5　菊海鞘

柄海鞘以柄固着在被海水淹没的物体上，经常是许多个体成簇密集地生活在一起，有时呈现垒叠的聚生现象。当受到惊扰或刺激时，体壁会骤然收缩，体内的海水就从入水孔和出水孔同时喷出，故山东沿海一带称之为海奶子。柄海鞘的心脏位于身体腹面靠近胃部的围心腔内，借围心膜的伸缩而搏动。心脏两端各发出一条血管，前端为鳃血管，通到鳃部；后端为肠血管，分支到各内脏器官和器官组织间的血窦中。柄海鞘具有可逆式血液循环流向，即心脏收缩有周期性间歇，当它的前端连续搏动时，血液不断地由鳃血管送至鳃部，接着心脏短暂停歇，接纳鳃部的血液回流心脏，之后，心脏的后端开始搏动，这次是将血液经肠血管送出，如此循环不止。因此，柄海鞘的血管无动脉和静脉之分，循环方式在动物界独一无二。

3. 樽海鞘纲（Thaliacea） 樽海鞘也叫海樽，身体呈桶形或樽形，长1～10cm，入水孔和出水孔分别位于身体的前后两端，被囊透明，囊内有环状排列的肌肉带，以此引动身体扩张、收缩，迫使海水从入水孔进入体内，从出水孔排出体外，从而推动身体前行，完成呼吸和摄食（图13-6）。樽海鞘浮游生活，有世代交替现象，无性世代和有性世代身体结构和生活方式相近，但无性世代出芽生殖，有性世代拥有精巢和卵巢，异体受精，直接或间接发育。

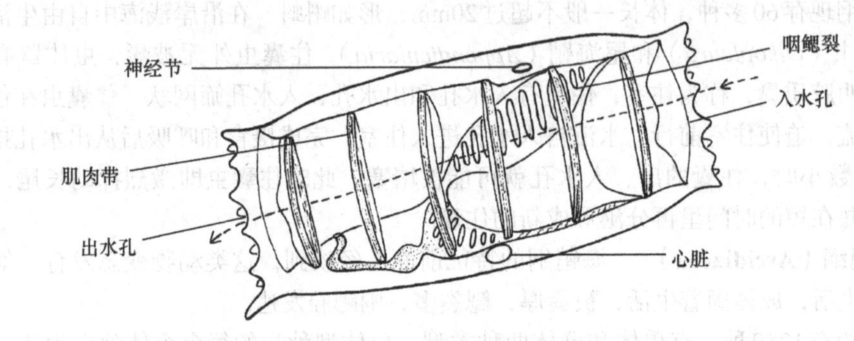

图13-6 樽海鞘结构示意图（箭头示水流方向）

樽海鞘纲有70多种，活动于温暖海洋，浮游生活。常见的动物有：樽海鞘（*Doliolum*）、磷海鞘（*Pyrosoma*）和纽鳃樽（*Salpa*）等。

二、头索动物亚门（Cephalochordata）

头索动物亚门的种类很少，全部海洋生活，通称文昌鱼。

（一）文昌鱼的基本特征

文昌鱼又名双尖鱼，海矛，蛞蝓鱼，外形似小鱼，全长多为40～57mm，美国产的加州文昌鱼（*Branchiostoma californiense*）可达100mm。文昌鱼身体侧扁，两端尖，半透明，体侧具有明显“<”字形肌节，其数目是分类的重要依据。身体前端有眼点，下为前庭及口，前庭外缘有多条触须，口周围有缘膜，口后是发达的咽，结构类似海鞘的咽，内壁具有纤毛、背板、内柱等。咽的两侧有很多鳃裂，鳃裂的数目会随身体生长而增多（图13-7）。

文昌鱼喜欢水质清澈的浅海，多栖息在沙质海底，常把身体半埋于沙中，前端露出沙外，或者以左侧贴卧沙面上，滤水生活。水流通过咽部时，经咽鳃裂过滤，滤出的食物进入消化道，过滤后的水则流经鳃裂进入围鳃腔，最后从腹孔（围鳃腔孔）排出体外。

文昌鱼的脊索不但终生保留，且延伸至背神经管的前方，故称为头索动物。文昌鱼的背神经管也很明显，但分化程度低，前端的管腔略微膨大，形成脑泡。文昌鱼的循环系统也比较原始，心脏还没有形成，仅具有能搏动的腹大动脉，血液也没有颜色。

文昌鱼雌雄异体，精子和卵子成熟以后，随水流从腹孔排出，在海水中相遇完成受精。受精卵很快就发育成幼体，幼体自由游动，栖息在细沙底的海域。幼体变为成体时，鳃裂数目明显增多，并由原来直接开口体外而变为通入新形成的围鳃腔中，最终借腹孔统一开口体外。

在文昌鱼身上可看到：脊索动物的重大特征终生存在。事实上，文昌鱼有5亿多年的历史，5亿年来，几乎没有发生过大变化，因而文昌鱼是典型的“活化石”。而海鞘（海鞘纲）则发生了退化，只保留了部分脊索动物特征，但环境适应能力却更强一些。

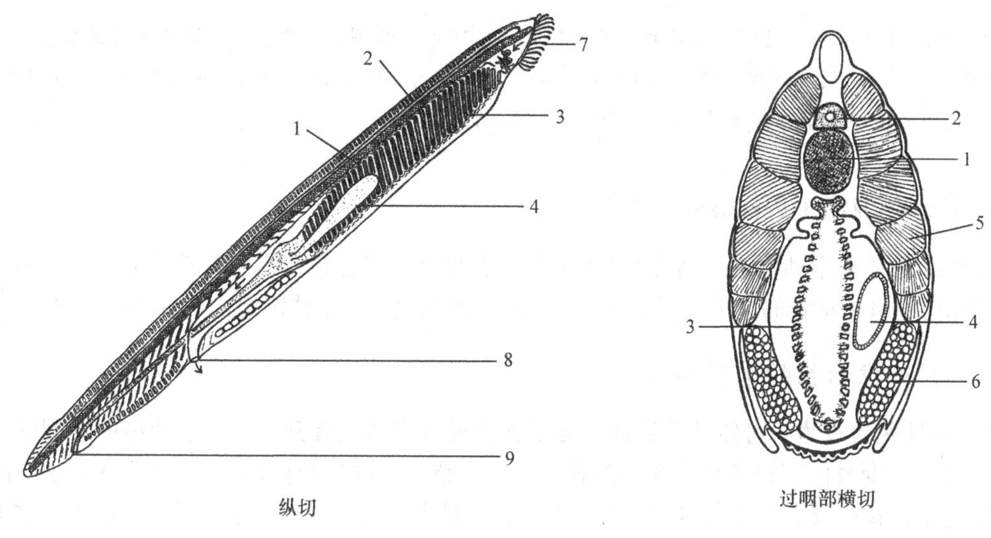

图13-7　文昌鱼结构示意图（箭头示水流方向）

1. 脊索；2. 背神经管；3. 咽鳃裂；4. 肝盲囊；5. 肌肉；6. 生殖腺；7. 口触须；8. 腹孔（围鳃腔孔）；9. 肛门

辅助阅读

"活化石"一词并非严格的科学术语，往往是指某些现存的古老物种，这些物种在整个地质历史过程中，基本处于进化的停滞状态，几千万年甚至数亿年来，几乎没有发生过什么大的变化，至今仍保留着诸多原始的特征，因而，它能像化石一样，能提供古老的信息。

如果一种生物长时间未发生改变，往往很难适应变化的环境，多半会被淘汰灭绝，成为真化石，所以，能称为"活化石"的生物种类很少。典型的活化石往往只能生活在一个相对狭小的区域之内，而且，同一类群的现存种类极少，通常只有一个或几个代表性的物种。

在动物界，典型的活化石有鹦鹉螺（*Nautilus*）、鲎（Limulidae）、文昌鱼和矛尾鱼（*Latimeria*）、楔齿蜥（*Sphenodon*）和鸭嘴兽（*Ornithorhynchus anatinus*）等。

（二）头索动物的分类

头索动物亚门只有1个纲，即头索纲（Cephalochorda），现存约1目2科30种，我国最常见的是白氏文昌鱼（*Branchiostoma belcheri*），产于厦门和青岛等海域。

辅助阅读

白氏文昌鱼在厦门非常有名。1923年，厦门大学生物系美籍教授莱德发现了厦门文昌鱼及其捕捞业，撰写《厦门大学附近之文昌鱼渔业》一文，在美国科学刊物*SCIENCE*上发表。自此，厦门丰富的文昌鱼资源和世界上绝无仅有的捕捞量，引起了国际生物学界的广泛关注。其实，厦门文昌鱼自古有名，文昌鱼的得名也与厦门渔民纪念文昌帝君有关。

白氏文昌鱼在我国分布很广，但只有厦门刘五店的文昌鱼能形成捕捞量，1933年的产量达到了282t。

自20世纪60年代以来，厦门文昌鱼的数量急剧减少，1989年的调查表明，黄厝海区文昌鱼数量最多，平均227尾/m²，而同安湾鳄鱼屿（文昌鱼传统栖息地）仅为110尾/m²。1994年的调查显示，在黄厝海区，文昌鱼的密度下降到7～8尾/m²，鳄鱼屿海区则不到1尾/m²。

三、脊椎动物亚门（Vertebrates）

脊椎动物是脊索动物中最高等的1个亚门。脊椎动物虽然也具有脊索动物的特征，但与原索动物相比，脊椎动物的进步特征十分明显，而且种类繁多，个体硕大，生活环境多样。

（一）脊椎动物的进步特征

1. 脊柱替代脊索，身体的灵活性及运动速度得到了极大提升　脊椎动物最典型的特征是具有脊椎。少数低等脊椎动物为脊椎雏形（不完整），同时拥有脊索，大多数脊椎动物的脊索逐步退化，脊柱成为支持身体的中梁。因为脊柱是由一枚一枚的脊椎组成的，所以，这类动物得名脊椎动物。脊柱的灵活性和支持力度远远大于脊索，加上内骨骼发展完善，致使脊椎动物身体的灵活性大大提高，无论是水里游的，天上飞的，还是陆上跑的，运动速度都达到了一个崭新的高度。

2. 神经管分化为脑和脊髓，神经系统和感觉器官高度发达　脊椎动物的中枢神经系统高度发达，背神经管已分化为脑和脊髓，发达的脑和脊髓需要强有力的保护，为此，脊柱担负起了保护脊髓的任务，为了加强对脑的保护，脊椎动物还出现了脑颅。运动能力的提高扩大了摄食范围，为了提高摄食能力，绝大多数脊椎动物出现了颌。另外，因为运动能力的提高，脊椎动物的感觉也变得十分发达，感觉器官明显，如眼、耳、鼻等，自然，就有了神经感觉高度集中、摄食高效的头部，所以，脊椎动物又名有头类。

3. 生活环境由水体拓展至陆地，陆生类群有强健的四肢和发达的肺　脊椎动物的生活环境也是由水体向陆地过渡：低等脊椎动物水生，有咽鳃裂（没有围鳃腔），用鳃呼吸；以后逐步过渡到陆生，咽鳃裂退化，改用肺呼吸；陆生脊椎动物有发达的肺，呼吸效率大大提升，能很好支持四肢运动和飞行。

4. 运动速度快，摄食能力强，代谢水平高，最终演化出恒温动物　脊椎动物的运动速度快，极大地扩大了活动范围，更容易找到食物；拥有上下颌，大大地提高了捕食和防御能力。为了支持快速运动，脊椎动物的心脏发达，收缩有力，肾脏能够高效地排出代谢废物，因此，脊椎动物的代谢水平很高，并最终演化出了恒温动物，即鸟类和哺乳动物。

相对于变温动物，恒温动物生存的时空获得了极大的拓展，这是动物进化史上的一个重大突破，但恒温动物对食物和氧气的需求也急剧增多，而且，恒温动物还必须有保温措施，尤其是生活在寒冷地区的恒温动物。

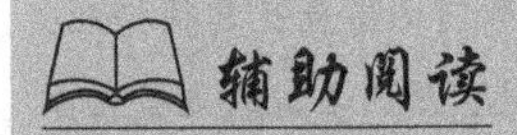

在动物界，只有脊椎动物完成了由变温到恒温的飞跃。在脊椎动物中，也只有鸟类和哺乳动物是恒温动物。恒温动物的体温能够稳定在一个比较高的水平，不会随环境温度的变化而变化，这就为体内新陈代谢的生化作用提供了一个稳定而高效的环境基础。

相对于变温动物（旧称冷血动物），恒温动物的进步意义十分明显：大大拓展了生存的时空，能够在地球上广泛分布，一年四季都能正常活动。而变温动物在寒冷的冬季就不能正常生活，只能以休眠的形式越冬（恒温动物也有冬眠的，但起因不是低温而是食物短缺）。另外，在高寒地区也极少有变温动物生活，尤其是两极的严冬，只有鸟类和哺乳动物活动，如南极的帝企鹅（*Aptenodytes forsteri*）和威德尔海豹（*Leptonychotes weddellii*）等，北极的麝牛（*Ovibos moschatus*）、北极熊（*Ursus maritimus*）和海象（*Odobenus rosmarus*）等。

事物总有其两面性，恒温动物虽然在拓展生存时空上有很大优势，但维持体温需要更多的能量，特别是鸟类，食物中平均约90%的能量用于维持体温，所以，恒温动物对食物和氧气的需求量远远大于变温动物。一般情况下，恒温动物饱餐一顿仅能维持十几个小时，而变温动物往往能维持十几天，甚至几个月。恒温动物不能长时间间断呼吸，特别是鸟类，即便是擅长潜水的鸟也不行。例如，王企鹅（*Aptenodytes patagonicus*）只能在水下待5～7分钟，潜水深度180～270m；厚嘴海鸦（*Uria lomvia*）只能潜水3分钟。哺乳动物的体温低于鸟类，但也只有那些个头很大的海兽，潜水时间才可能会长一些。例如，体重超过300kg的威德尔海豹可在水下待43分钟；潜水能力最强的是抹香鲸（*Physeter macrocephalus*），能在水下待2小时，潜水深度超过2000m。

恒温动物为了保持体温恒定，除了不断摄食，加强能量供应之外，还要在保温方面做出努力。鸟类的体表有厚厚的羽毛覆盖，而且没有汗腺，保温效果极好；哺乳动物，尤其是高纬度地区的哺乳动物，在冬季到来之前，都会换上厚厚的皮毛；海兽则主要靠厚厚的皮下脂肪隔热保温。

（二）脊椎动物的分类

脊椎动物有48 000多种，分6类：圆口纲、鱼类（纲）、两栖纲、爬行纲、鸟纲和哺乳纲（图13-8）。

1. 圆口纲（Cyclostomata）　圆口纲是最低级的脊椎动物，它们没有上下颌，没有四肢，脊索终生存在，只是在身体背部出现了雏形脊椎骨。圆口纲动物现存种类很少，有70多种，全部水生，鳃呼吸，水中繁殖。

2. 鱼类（纲）（Pisces）　相对于圆口纲，鱼类出现了上下颌、偶鳍（原始的四肢）和完整的脊柱。上下颌的出现提高了摄食和防御能力；偶鳍和脊柱的出现则提高了游动的速度和灵活性。鱼类是脊椎动物中最大的类群，现存约22 000种，它们在水中繁殖，高度适应水生生活。

由于有了上下颌，鱼类、两栖纲、爬行纲、鸟纲和哺乳纲一起被称为颌口动物或有颌类。

3. 两栖纲（Amphibia）　两栖纲是由水生向陆生过渡的脊椎动物，现存有4800多种，它们由远古的鱼类演变而来，由于出现了真正的四肢，两栖纲与爬行纲、鸟纲和哺乳纲一起共称为四足类动物。

两栖动物的成体已基本适应了陆地生活，主要用肺呼吸，但幼体却用鳃呼吸，水中生活，因而，两栖动物必须在水中繁殖。由于没有解决陆地繁殖的问题，从根本上讲，两栖动物还属于水生脊椎动物。

4. 爬行纲（Reptilia）　爬行纲是真正的陆生脊椎动物，现存有7300多种，它们的皮肤干燥，保水性强，完全用肺呼吸，需要特别指出的是，爬行动物能产羊膜卵，解决了在陆地上繁殖的问题。

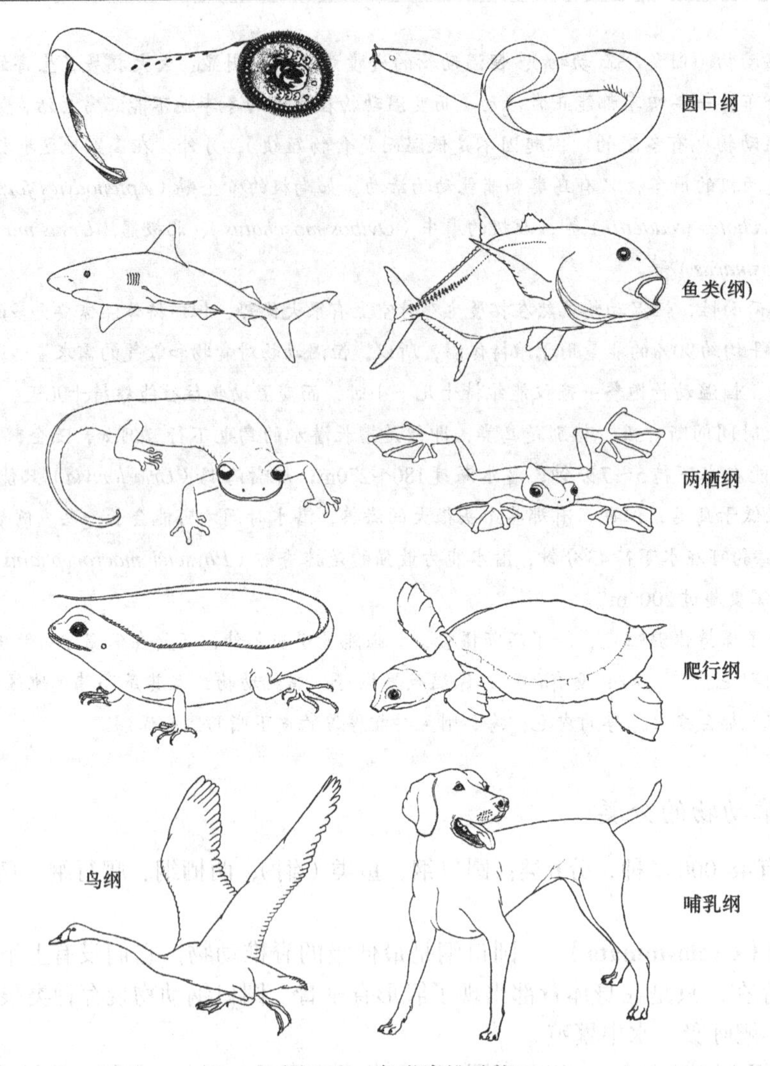

图13-8　各类脊椎动物

由于生殖过程中出现产羊膜卵，爬行纲和鸟纲、哺乳纲一道被称为羊膜动物，相应地，其他各纲的脊椎动物则称为无羊膜动物。

5. 鸟纲（Aves）　现存鸟纲有9400多种，它们身体流线型，体表有羽，前肢演变为翼，后肢粗壮有力，非常适应飞翔生活。鸟类的生活能力很强，分布广泛，能对后代进行悉心的照看。

鸟类的体温高而恒定，因此，与哺乳纲一道共称恒温动物。

6. 哺乳纲（Mammalia）　哺乳纲是最高等的脊椎动物，现存有5100多种，分布广泛。哺乳动物的高等特征体现在很多方面，最主要的是繁殖方式有了很大的进化：仅少数卵生，大多都是胎生，亲代对后代能悉心照看，特别是母兽，均能分泌乳汁养育后代；另外，哺乳动物的中枢神经系统也是动物界最发达的，不少种类有很好的后天学习本领，能更好地适应多变的环境。

哺乳动物虽是恒温动物，但体温和代谢水平不及鸟类。

小 结

脊索动物主要有三大特征：具脊索、具背神经管、具咽鳃裂，另外，脊索动物心脏腹位，多有肛后尾。

脊索动物分3个亚门，头索动物亚门终生保留有三大特征；尾索动物亚门的脊索仅存在于尾部或幼体的尾部，神经管多退化，咽鳃裂发达；脊椎动物亚门的脊索一般只出现在胚胎期，发育完全时被脊柱所替代，背神经管发达，发育为脑和脊髓，咽鳃裂在水生种类中依然保存，在陆生种类中则完全退化，用肺呼吸。

复习思考题

1. 解释名词：脊索、原索动物、有头类、有颌类、四足类、羊膜动物、恒温动物。
2. 脊索动物的三大特征是什么？
3. 脊索动物分几个亚门？各亚门有什么区别，代表动物有哪些？
4. 脊椎动物的进步特征有哪些？有哪几个类群？

第十四章

圆口纲

（1）身体细长，分头、躯干和尾3部分，体表黏滑无鳞。
（2）无下颌，无偶鳍，尾结构简单。
（3）脊索终生存在，脊椎雏形，脑不发达。
（4）鳃囊状，鼻孔单个存在。
（5）心脏1心房1心室，单循环，变温动物。
（6）生殖腺无生殖导管，卵生，直接或间接发育。
（7）全部水生，营寄生（腐食）或半寄生生活。

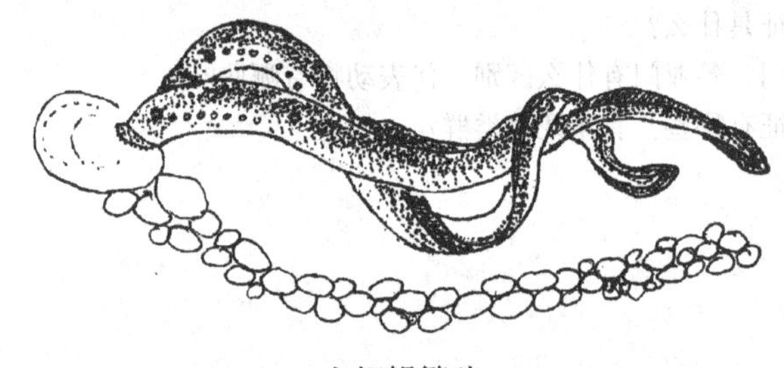

七鳃鳗繁殖

圆口纲的起源尚不十分清楚。到目前为止，已发现最原始的脊椎动物化石是距今5.3亿年前的昆明鱼（*Myllokunmingia*）、海口鱼（*Haikouichthys*）和钟健鱼（*Zhongjianichthys*），但数量较多的早期脊椎动物化石还是甲胄鱼（甲胄鱼目），甲胄鱼没有上下颌，生活于5.1亿年前的淡水中。圆口类可能是甲胄鱼的后裔，也可能与甲胄鱼有共同的起源，甲胄鱼大约在3.6亿年前绝灭，而圆口类由于做了特殊的变通才生存下来。

第一节　基本特征

圆口纲又称无颌类、单鼻类、囊鳃类，是最低等、最特殊的脊椎动物。圆口类完全水生，营寄生（腐食）或半寄生生活（图14-1）。

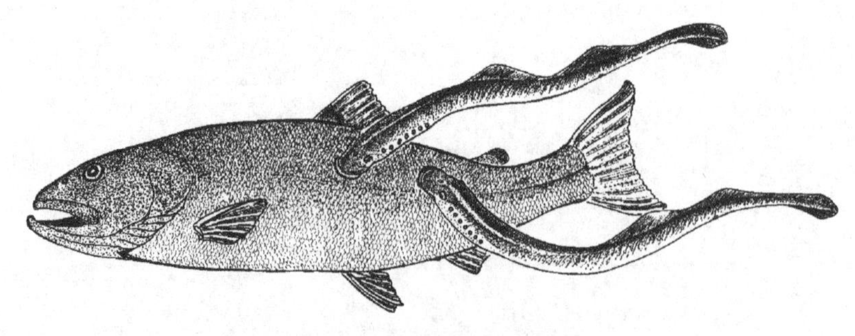

图14-1　七鳃鳗寄生在鱼体上

一、外形

圆口纲全部水生，包括七鳃鳗（图14-2）和盲鳗（图14-3）两类，它们的体形细长似鳗鱼，长度一般为15～100cm，身体分头、躯干和尾3部分。

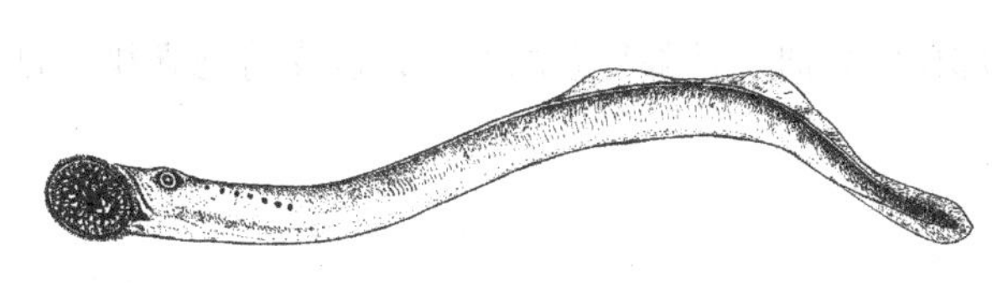

图14-2　七鳃鳗

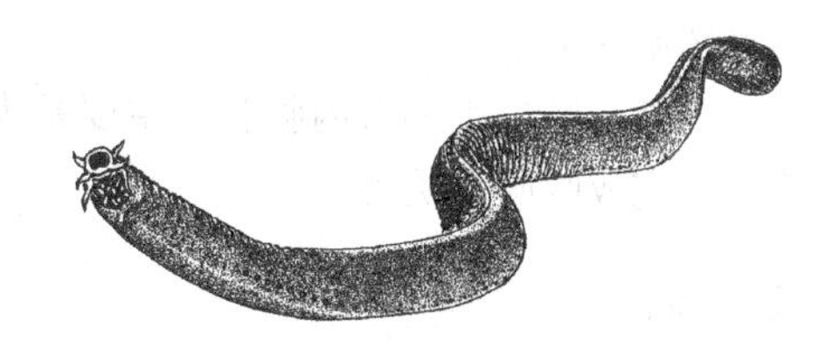

图14-3　盲鳗

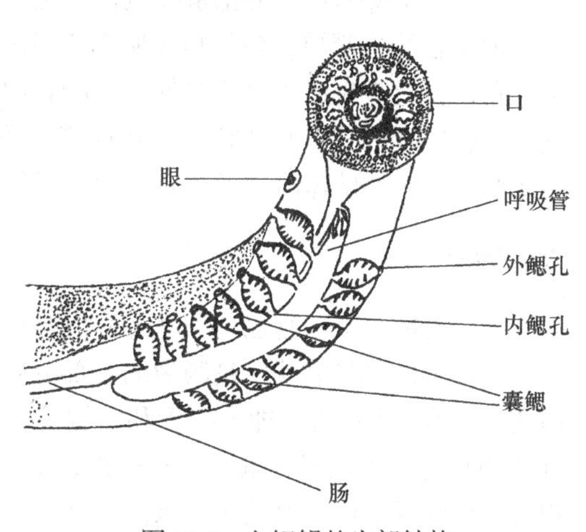

图14-4　七鳃鳗的头部结构

圆口类出现了比较明显的头部（图14-4），七鳃鳗的头部有1对眼睛；盲鳗的眼睛退化，无晶状体。圆口类的眼后有1对或多对外鳃孔，内与囊鳃相通，鼻孔都是单个存在，七鳃鳗的鼻孔位于头顶，不与口腔相通；盲鳗的鼻孔位于吻端，有长鼻管与咽部相通。圆口类没有上下颌，口不能咬合，七鳃鳗的口呈圆形，漏斗状，是一个不能启闭的口吸盘，口缘有穗状突起，内壁有角质齿，口中央有舌，舌肌发达，舌端有舐刮器；盲鳗的口鼻部有须，口呈裂隙状，舌上有强大的栉齿，能前后上下锉动。

躯干部位于身体中段，内有体腔，是内脏集中的地方，背面1个或2个背鳍，肛门位于躯干部后端，其后为尿殖乳突。圆口类有奇鳍无偶鳍。对鱼类来说，偶鳍就是胸鳍和腹鳍，都成对存在，相当于陆生脊椎动物的前肢和后肢，圆口类还没有进化出偶鳍，运动灵活性远不及鱼类。

圆口类的尾部侧扁，有尾鳍，尾型属于原始的原型尾（见第十五章相关内容），其内部的支持软骨和外部的上下叶都是完全对称的。

二、皮肤

同其他脊椎动物一样，圆口类的皮肤由表皮和真皮两部分组成，表皮内有很多单细胞的黏液腺，真皮主要是结缔组织，有韧性。

圆口类的皮肤柔软，体表裸露无鳞，黏液很多，十分黏滑，这有助于保护皮肤，尤其是盲鳗，体侧有一系列的黏液孔，受刺激后分泌黏液的能力大大增强，有很好的防御作用。

圆口类身体两侧和头部腹面有纵行的浅沟，内有感觉细胞群，这就是侧线。侧线是水生脊椎动物特有的感觉器官，能感觉水流和低频振动，指导机体寻找食物、发现敌害、绕开障碍物等。

三、骨骼

圆口类的体内没有硬骨，骨骼系统由软骨和结缔组织构成。

圆口类的脊索终生存在，没有真正的脊椎。之所以把它放到脊椎动物中，原因是圆口类体内有一系列软骨弧片，位于脊索背方，按体节成对排列，这是雏形的脊椎。

四、肌肉

圆口类的肌肉主要是体节肌，位于躯干部和尾部的身体两侧，是一系列按节排列的肌肉及附着在肌节前后的肌膈，各节均呈“M”形，肌节的角顶朝前，这种结构的肌肉非常有利于摆动身体游泳前进。

另外，圆口类还有内脏肌，主要是囊鳃部位的环肌和舌部复杂的肌肉，以支持鳃囊和舌的活动，完成呼吸和摄食。

五、消化

圆口类全部肉食，消化系统包括消化管和消化腺。

消化管结构简单，包括口（吸盘）、咽、食道、肠和肛门。圆口类口内没有真正的齿，也没有胃，食道直接通入直管式的肠，肠管内壁有黏膜褶及螺旋瓣来增加消化吸收面积（如七鳃鳗），肠管末端是肛门。圆口类的消化腺主要是肝脏和胰脏。肝脏分左右两叶，成体没有胆囊，也无胆管，但在幼体时二者均有；胰脏不发达，仅是一些胰细胞群。

六、呼吸

圆口类的呼吸器官也是咽鳃裂，但结构和工作原理与其他水生脊椎动物明显不同。

圆口类的鳃呈囊状，是鳃裂的一部分膨大形成的，内有软骨支持，囊内壁上长有鳃丝，鳃囊两端各有1个小管，即入鳃管和出鳃管，入鳃管通过内鳃孔与呼吸管或咽部相通，出鳃管通过外鳃孔与外界相通。鳃囊上有肌肉，能收缩、扩张，形成水流，水流冲刷鳃丝，完成呼吸。相对于原索动物纤毛摆动产生水流的呼吸方式，圆口类的这种新的呼吸方式，效率大大提升。

呼吸管是七鳃鳗口咽腔后部向腹面分出的1条盲管，其背面为食道，呼吸管的前端有5～7个触手，相当于头索动物的缘膜。

由于独具特殊的鳃囊，圆口类又称为囊鳃类，但不同类群的囊鳃及鳃管的类型并不相同。

辅助阅读

圆口类的鳃为特殊的囊鳃，呼吸系统的结构和呼吸方式都比较特别，大致有3种类型。

七鳃鳗目呼吸系统的特点是有呼吸管，囊鳃7对，但出鳃管很短。呼吸管左右两侧各有7个内鳃孔，每个内鳃孔各自连通1个囊鳃，囊鳃通过外鳃孔与外界相通。当七鳃鳗自由生活时，水从口咽腔进入呼吸管，经内鳃孔分别流入身体两侧的7对鳃囊中，进行气体交换后，通过各自的外鳃孔排出体外。当七鳃鳗吸附于寄主身上时，口部就无法进水，这时，它将水从外鳃孔吸入囊鳃，进行气体交换后，再由外鳃孔排出体外。

盲鳗目盲鳗亚科（Myxininae）呼吸系统的特点是没有呼吸管，内鳃孔直接开口于咽部，囊鳃多对，身体每侧各囊鳃的出鳃管合并成1条总鳃管，总鳃管在皮下延伸，最后开口于体外，这样，它们身体每侧就只有1个外鳃孔。呼吸时，水流从口进入，通过各自的内鳃孔进入鳃囊，经出鳃管汇入总鳃管，最后在远离头部的后方排出体外。

盲鳗目黏盲鳗亚科（Eptatretinae）呼吸系统的特点是没有总鳃管，也没有呼吸管，内鳃孔开口于咽部，鳃囊多对，每个鳃囊都有较长的出鳃管，各自对外开口，因而在体表有5～16对外鳃孔。黏盲鳗的呼吸机制与盲鳗类似。

七、循环

圆口类的循环系统基本上与文昌鱼的相似，但具有肌肉质的心脏。心脏位于鳃囊后面的围心囊内，有1心房、1心室、1静脉窦，无动脉圆锥。血液循环只有体循环，故为单循环。圆口类的代谢水平低，是变温动物。

八、排泄

圆口类具有肾脏1对，肾脏形成的尿液经输尿管进入膨大的尿殖窦，再通过尿殖孔排出体外。尿殖孔位于肛门后，雄性七鳃鳗的尿殖乳突较长，末端的开口就是尿殖孔。

九、神经和感觉

圆口类的背神经管已经分化为脑和脊髓。圆口类脑的体积很小，虽然已经分化为5部分（端脑、间脑、中脑、小脑和延脑），但各部分都排列在同一平面上，无任何脑曲，小脑还没有与延脑分离，仅为一狭窄的横带，是为原始的五部脑。保护脑的脑颅也不完整，主要由软骨纤维组织膜构成。

圆口类的感觉器官主要有眼睛、鼻孔、内耳和侧线等。眼睛为视觉器官，圆口类的眼睛已经具备脊椎动物晶状体眼睛的基本模式，但不太发达甚至退化。嗅觉器官表现为外鼻孔，虽是单个存在，但感觉却异常灵敏。听觉器官仅有内耳，内耳只有2个半规管。圆口类的侧线也比较发达。盲鳗的眼睛退化，但口端有触须，触觉灵敏。

十、生殖

圆口类的生殖腺单个存在（发育初期成对），而且没有生殖导管。繁殖季节，生殖腺表面破裂，精子或卵子落入腹腔，经生殖孔进入尿殖窦，再经尿殖孔排出体外，在水中完成受精。

盲鳗雌雄同体，直接发育；七鳃鳗雌雄异体，间接发育，幼体叫作沙隐虫（沙栖鳗），生活习性和身体结构同文昌鱼很相似，故可推断圆口类与头索类有比较密切的亲缘关系。

第二节 分 类

圆口纲有70多种，分2个目：七鳃鳗目和盲鳗目，二者的分化十分明显。

一、七鳃鳗目（Petromyzoniformes）

七鳃鳗目的动物通称七鳃鳗，其特点是：有眼，有1个或2个背鳍，有呼吸管，囊鳃和鳃孔均为7对，口漏斗状，有吸盘，无须，鼻孔不与口咽腔相通。

七鳃鳗完全水生，雌雄异体（早期同时存在精巢和卵巢），体外受精，受精卵小，间接发育。

七鳃鳗（Petromyzonidae）生活在江河或海洋中，每年秋季，海洋生活的七鳃鳗开始进入河口向江河支流洄游，淡水生活的七鳃鳗则由干流向支流洄游，也有第二年春季洄游的。春天，成熟的雄性七

鳃鳗在砂砾石的浅水处筑巢，不久就有一条甚至两条雌鳗参与进来，它们用口吸住砾石，向后拖，营造出一个浅窝状的巢，巢筑成后，雌鳗吸住巢前的石块，雄鳗吸住雌鳗的头顶，雌雄互相卷绕，身体急速抖动，产卵受精，以后重复多次，总产卵量可达数万枚。受精卵淡黄色至蓝黑色，有黏性，直径约0.7mm。幼体身体结构和生活习性颇似文昌鱼，曾被误认是一种原索动物，并命名为沙隐虫。

七鳃鳗分布于除非洲以外的寒温带淡水和沿海水域中，幼体为沙隐虫。沙隐虫的外形似成体，但眼睛隐于皮下，口部无吸盘，口前有马蹄形的上唇和横列的下唇，合围成口笠，呼吸管尚未形成，内鳃孔直接与咽部相通。沙隐虫淡水或海水生活，平时潜伏在沙中，滤食浮游生物，不同种类幼体期长短不同，3～7年后，变态发育成为七鳃鳗。七鳃鳗有两种生活方式：寄生和非寄生。非寄生种类终生生活在淡水中，成体期很短，不摄食，繁殖后死亡；寄生种类须再经过寄生营养期后才能达到性成熟。寄生型的七鳃鳗危害多种鱼类，甚至海龟，但一般都是半寄生：饱餐后就会离开寄主。河海洄游的七鳃鳗均属寄生型，它们在海洋中经历了寄生期后，进入淡水产卵，繁殖后死亡；寄生型七鳃鳗也有不入海的，这类七鳃鳗个体较小，繁殖后不一定会死亡。

七鳃鳗目有2科41种，其中淡水生活的32种，寄生型的18种。我国产3种：东北七鳃鳗（*Lampetra morii*）、雷氏七鳃鳗（*L. reissneri*）和日本七鳃鳗（*L. japonica*）。其中，日本七鳃鳗（图14-5）是唯一河海洄游种类，个体最大，可达60cm以上，体重超过250g，生活于太平洋北部。3种七鳃鳗均为国家二级重点保护野生动物。

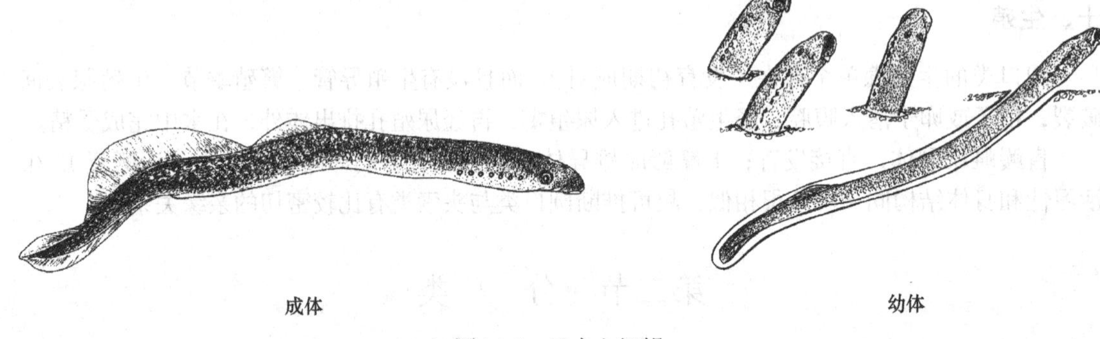

图14-5 日本七鳃鳗

二、盲鳗目（Myxiniformes）

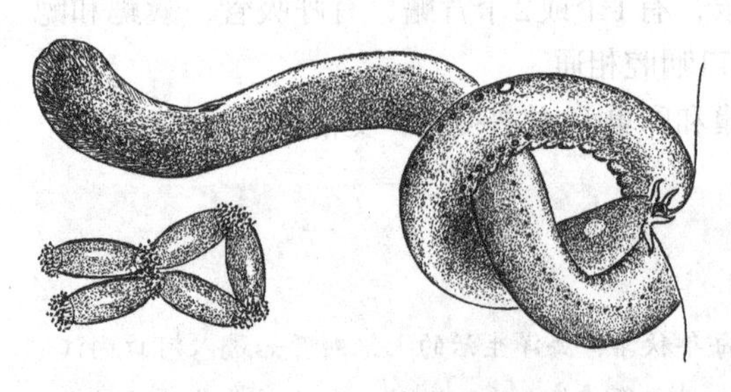

图14-6 黏盲鳗及其卵

盲鳗目的动物通称盲鳗，其特点是：眼睛退化埋于皮下，无背鳍，无呼吸管，外鳃孔1对（盲鳗）或5～16对（黏盲鳗），口呈破裂状，有口鼻须3～4对，外鼻孔与咽部相通（图14-6）。

盲鳗均在海底生活，体液与海水等渗，雌雄同体，体外受精，受精卵大，直接发育。

盲鳗分布于印度洋、太平洋及大西洋的温带及亚热带水域，全部营寄生生活（腐食），平常躲在海底洞穴中，仅露出头端，嗅觉和触觉非常灵敏。虽然为雌雄同体，但在生理上两性是分开的：初期的生殖腺前部为卵巢、后部为精巢，在以后的发育过程中，有的前部退化为雄性，有的后部退化为雌性，这种现象在脊椎动物中是独有的。盲鳗通常一次产卵10～30粒，卵椭球形，长约2.5cm，外包角质囊，囊的末端有钩状丝，彼此相连或挂在海底附着物上孵化。

辅助阅读

圆口动物大部分营寄生生活，因此，一般教科书上都说它们危害渔业。情况的确如此，七鳃鳗能寄生在多种鱼身上，而这些鱼大都是体形较大的经济鱼类，自然影响到鱼产量的提高。如海七鳃鳗（*Petromyzon marinus*）在韦兰运河修通后，顺利进入北美五大湖区，对当地渔业造成巨大冲击。盲鳗由于运动能力差，很难攻击健康鱼类，反而有独特的生态价值，对于维护海洋生态平衡、保持海水洁净有重大贡献。海洋中每年有大量的动物死亡，这些尸体多数会沉入海底，盲鳗就在海底栖息，干“收尸”的行当，效率极高，有人估测，一条盲鳗7小时就能吃下相当自身重量18倍的鱼肉。

盲鳗目仅1科，即盲鳗科（Myxinidae），分盲鳗和黏盲鳗2亚科，约33种，常见种类有分布在大西洋的盲鳗（*Myxine glutinosa*）、太平洋和印度洋的黏盲鳗（*Bdellostoma sloution*）。我国产5种：蒲氏黏盲鳗（*Eptatretus burgeri*）、深海黏盲鳗（*E. okinoseanus*）、陈氏拟盲鳗（*Paramyxine cheni*）、杨氏拟盲鳗（*P. yangi*）和台湾拟盲鳗（*P. taiwane*）。

小　　结

圆口纲是脊椎动物中最低等、最特殊的类群，它们没有上下颌，没有偶鳍，脊索终生存在，脊椎雏形，鳃囊状，鼻孔单个存在。

圆口纲水中生活，但相对于鱼类，生活范围狭小，种类很少，共70多种，分2个目：七鳃鳗目和盲鳗目，二者区别很大。七鳃鳗有眼、有背鳍、有呼吸管，外鳃孔7对；水生，半寄生；雌雄异体，体外受精，间接发育。盲鳗眼退化、无背鳍、无呼吸管，外鳃孔1～16对；海生，寄生；雌雄同体，体外受精，直接发育。

复习思考题

1. 解释名词：囊鳃、呼吸管、沙栖鳗。
2. 为什么说圆口类是最低等、最特殊的脊椎动物？
3. 圆口纲分几个目，各目的代表动物是什么？

第十五章 鱼类

（1）有上下颌，有偶鳍，鼻孔成对存在。
（2）身体分头、躯干和尾3部分，体表有鳞或退化。
（3）多有发达的脊柱，脊椎分化为躯椎和尾椎。
（4）鳃发达，鳃裂直接或间接开口体外。
（5）心脏1心房1心室，单循环，变温动物。
（6）体内或体外受精，卵生、卵胎生或假胎生，多直接发育。
（7）种类繁多，分布广泛，全部水生，高度适应水生生活。

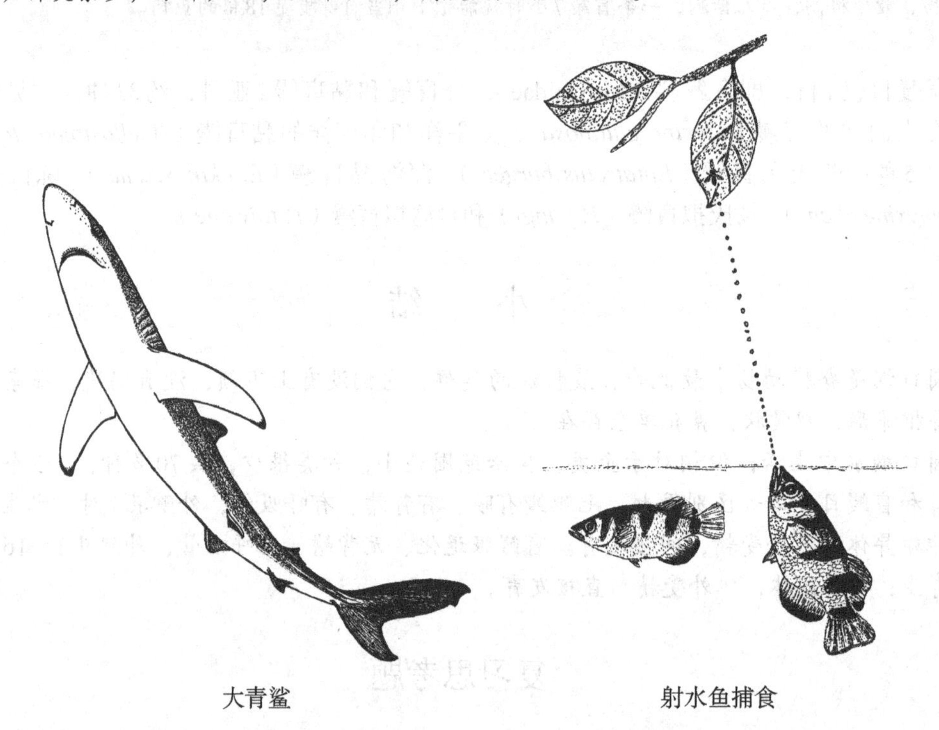

大青鲨　　射水鱼捕食

现存鱼类应该起源于盾皮鱼（盾皮鱼纲），目前发现最早的化石是距今4.23亿年的长吻麒麟鱼（*Qilinyu rostrate*）。盾皮鱼是真正意义上的鱼，其后裔分化为两支：软骨鱼类和硬骨鱼类。

第一节 基本特征

鱼类是脊椎动物中最繁茂的一个类群，终生生活在水中，高度水栖。相对于圆口类，鱼类出现了许多重大的进步特征，如具上下颌，有偶鳍，大多都有完整的脊柱等，另外，鱼类的鼻孔也成对存在。

一、外形

鱼类的体形多种多样。例如，带鱼（Trichiuridae）为带形，比目鱼（鲽形目）为不对称形，箱鲀（Ostraciontidae）为箱形，河鲀（*Fugu*）为炮弹形，枯叶鱼（*Monocirrhus*）为树叶形，裸臀鱼外形像羽毛，毒鲉（Synanceiidae）外形像块石头等；还有的鱼很难说清楚是什么体形，根本就没个“鱼样”，如翻车鲀（Molidae）、海马（*Hippocampus*）、海龙（*Syngnathus*）、海蛾鱼（*Pegasus*）、蝙蝠鱼（*Ogcocephalus*）、剃刀鱼（*Solenostomus*）、叶吻银鲛（*Callorhynchus*）等（图15-1）。但无论如何，各种体形都与其栖息环境和生活运动方式高度协调。

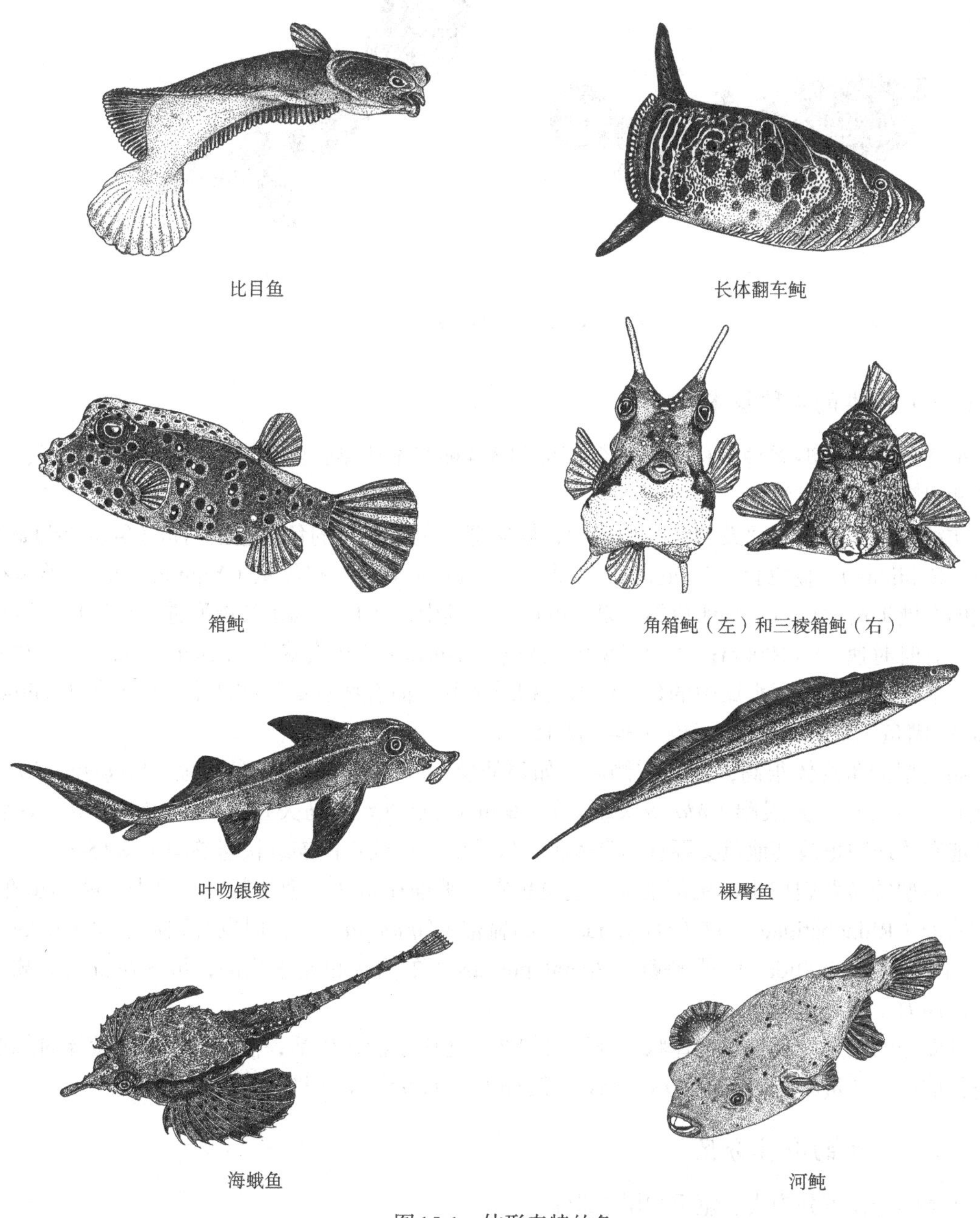

图15-1　体形奇特的鱼

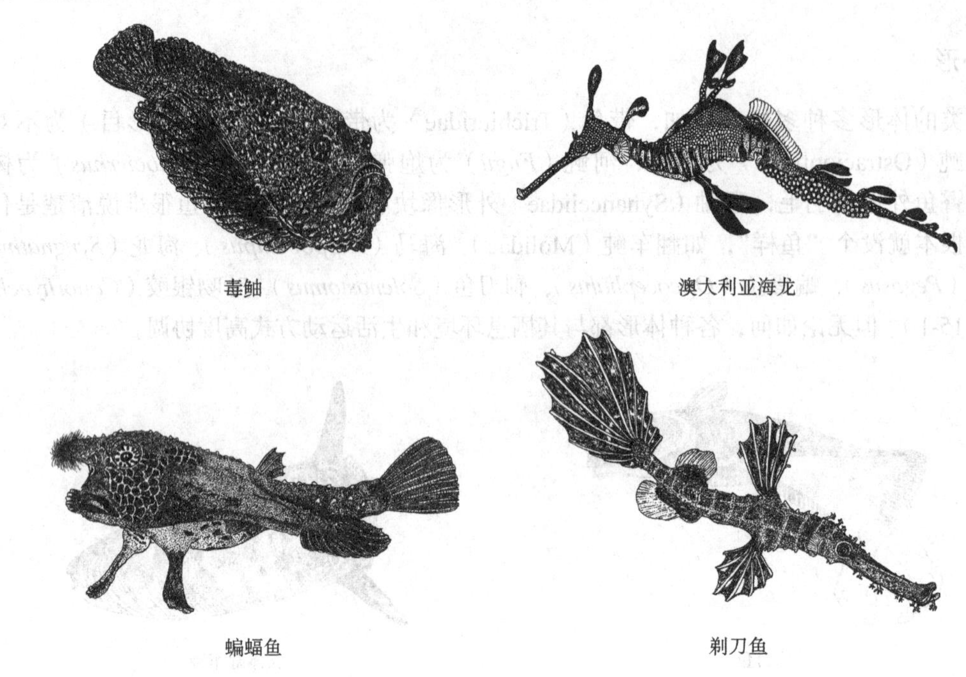

毒鲉　澳大利亚海龙

蝙蝠鱼　剃刀鱼

图15-1　体形奇特的鱼（续）

（一）鱼类的4种基本体型

虽说鱼类的体型多种多样，但多数都可归入4种基本体型：纺锤型（梭型）、侧扁型、平扁型和圆筒型（棍棒型）。

纺锤型是两头尖中间鼓的流线型体型，最典型的是鲭亚目的鱼，包括鲭鱼（Scombridae）、鲅鱼（Cybiidae）、金枪鱼（Thunnidae）、旗鱼（Istiophoridae）和剑鱼（Xiphiidae），这类鱼在广阔的海域生活，喜追食其他鱼类，以速度取胜。其中，旗鱼和剑鱼的体形进一步特化，游速极快，有时时速可达100km；比较典型的是鲭鲨（Isuridae）和真鲨（Carcharhinidae）。相对来讲，生活在不十分开阔水域中的鱼，体形就相对钝些，但有些也属于纺锤型，如鲑鱼（Salmonidae）、鳙鱼（*Aristichthys nobilis*）等（图15-2）。

侧扁型的鱼身体很高，但左右侧扁，如神仙鱼（*Pterophyllum*）、盘丽鱼（*Symphysodon*）、圆燕鱼（*Platax*）、大眼鲳（*Monodactylus*）、镰鱼（*Zanclus*）、马夫鱼（*Heniochus*）等，这种体型能有效地防止被其他鱼类吞食，身体也比较灵活，一般不能连续快速游动（图15-3）。

平扁型的鱼背腹扁平，尾部细长，这类鱼常常平铺在水底，埋伏起来，伏击过路的鱼虾，如犁头鳐（Rhinobatidae）、魟（Dasyatidae）和扁鲨（*Squatina*）等，但也有翱翔于海水中的种类，如蝠鲼（Mobullidae）。平鳍鳅（Homalopteridae）的身体也是平扁的，可伏在石头上减小水流的冲力（图15-4）。

圆筒型的鱼身体延长成棍棒状，外形很像蛇，适应于洞穴生活，但尾部侧扁，游泳时靠摆动身体前进，如黄鳝（*Monopterus albus*）、鳗鲡（*Anguilla*）等（图15-5）。

（二）鱼类的身体分区

鱼类的身体可分为头、躯干和尾3部分。

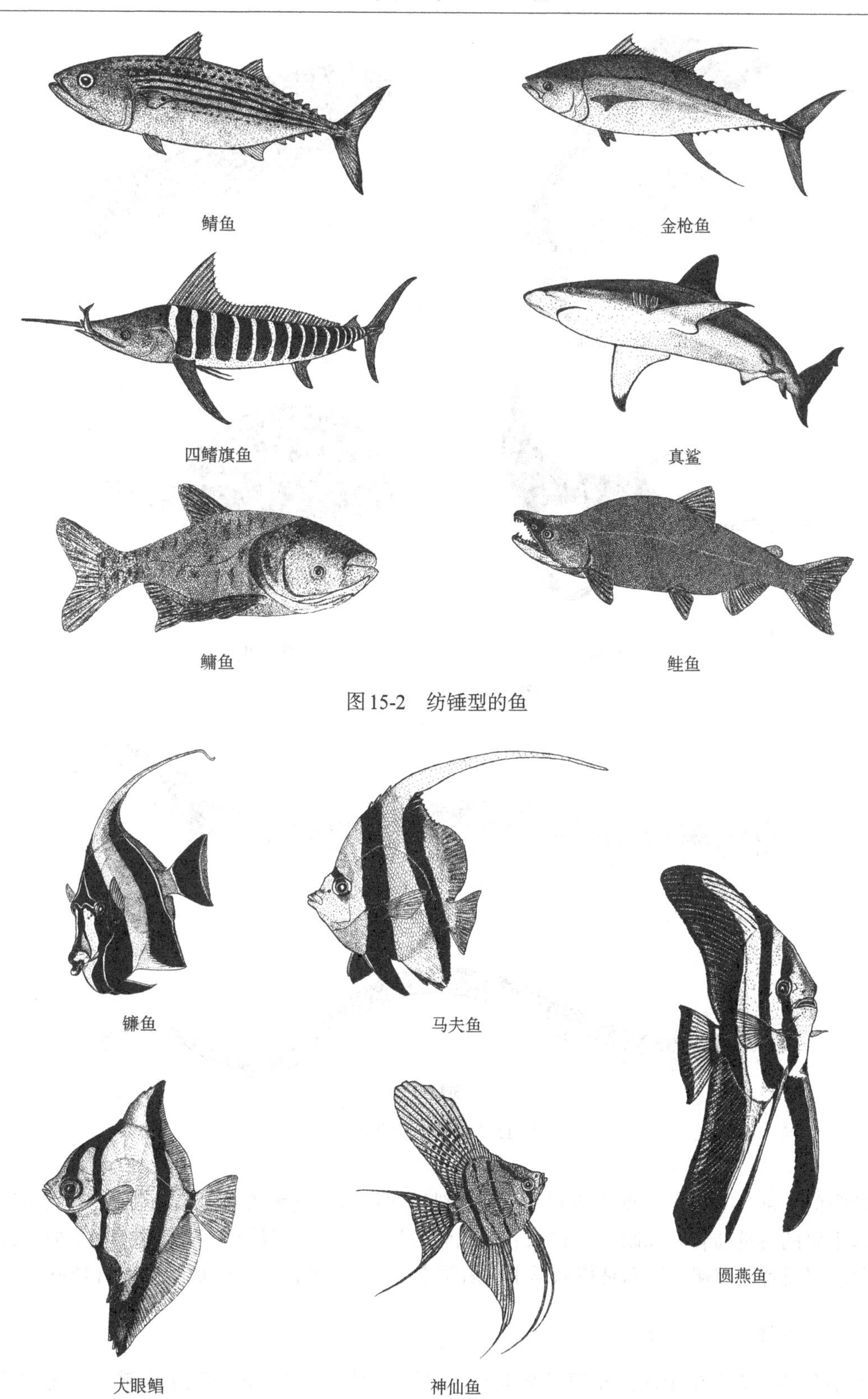

图15-2　纺锤型的鱼

图15-3　侧扁型的鱼

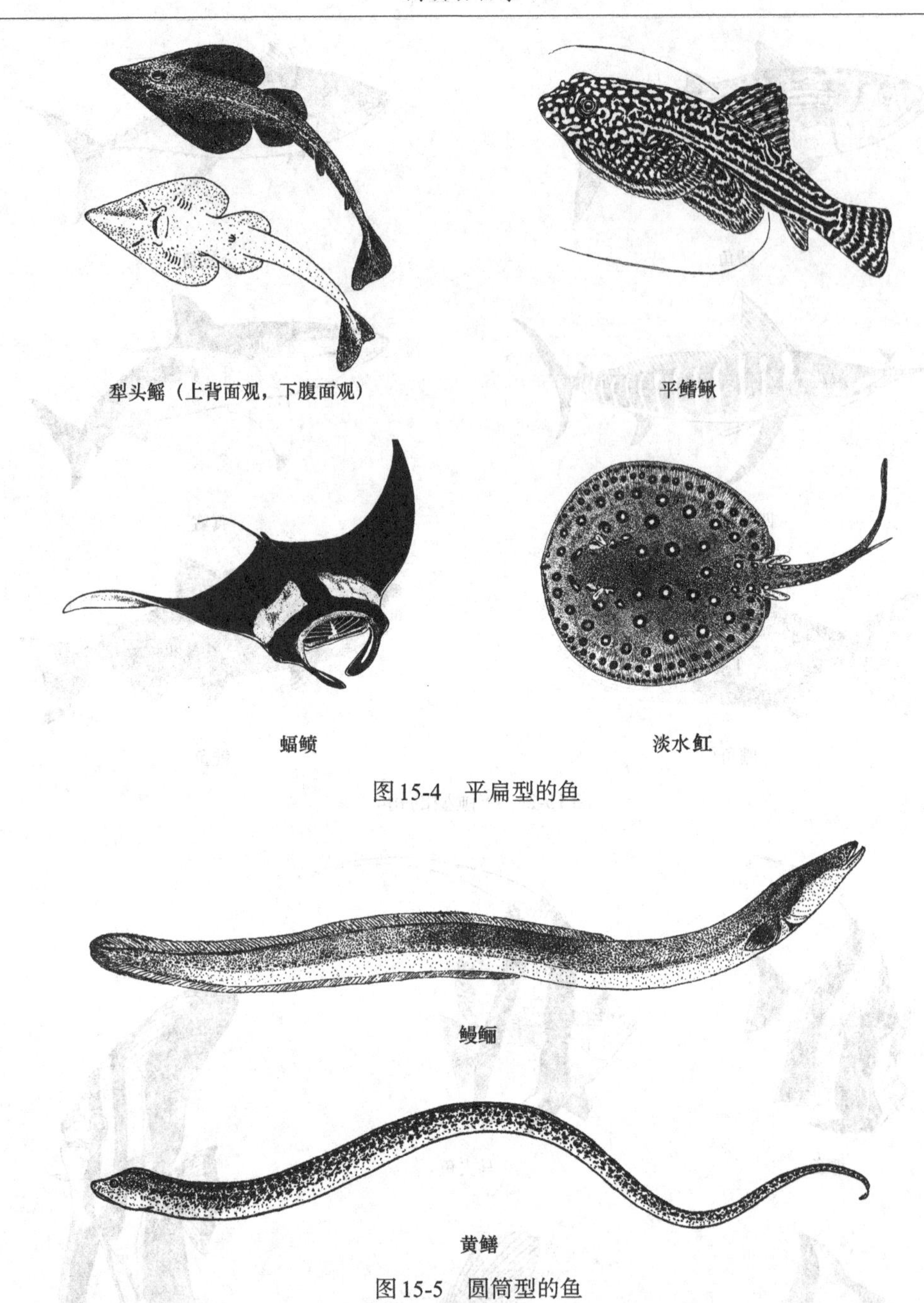

图 15-4　平扁型的鱼

图 15-5　圆筒型的鱼

鱼类的头部从身体的最前端至最后 1 对鳃裂（软骨鱼）或鳃盖后缘（硬骨鱼），头部有口和许多重要的感觉器官，如眼睛、触须、鼻孔和内耳，有些鱼眼后还有 1 对喷水孔；躯干部从头后到肛门或臀鳍前端；尾部是指从躯干部后至最后 1 枚脊椎骨，尾后是尾鳍（图 15-6）。

（三）鱼鳍

鳍是鱼类适应水生生活的重要外部器官，同圆口类不一样，鱼类除了奇鳍外，还有偶鳍（图 15-7）。

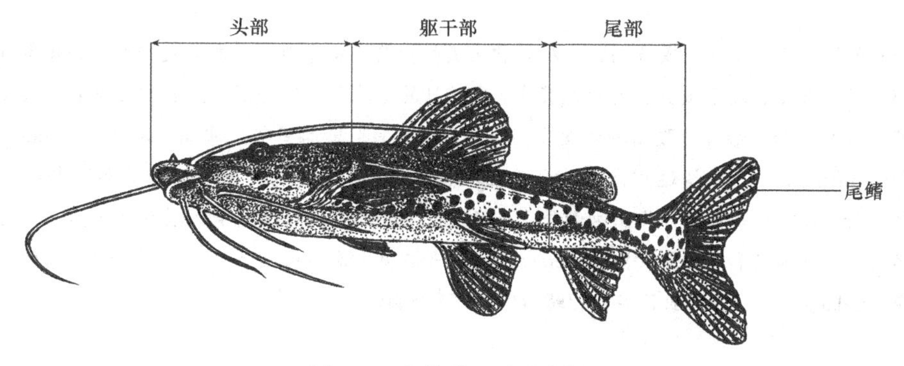

图15-6 鱼体分区（鸭嘴鲶）

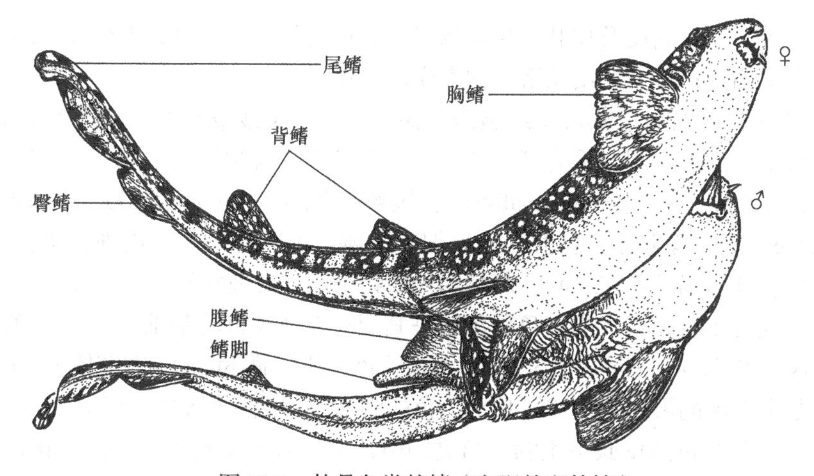

图15-7 软骨鱼类的鳍（交配的斑竹鲨）

奇鳍有背鳍、尾鳍、臀鳍3种。背鳍（D）位于背部，多数鱼类只有1个背鳍，也有的有2个背鳍，鳕鱼（*Gadus*）等有3个背鳍；臀鳍（A）位于肛门后方，多数鱼只有1个臀鳍，但鳕鱼有2个臀鳍，背鳍和臀鳍的主要作用是保持身体稳定，但鲀形目的鱼的背鳍和臀鳍却成了主要的游泳器官，裸臀鱼主要靠长长的背鳍游泳，裸背电鳗（*Gymnotus*）单靠臀鳍就可配合身体灵活地游动；尾鳍（C）位于尾后，是鱼类的运动推进器，并能像舵一样控制游泳方向，尾鳍形状多样，有新月形、叉形、平直形、扇形等。

偶鳍成对存在，有胸鳍和腹鳍2种，胸鳍（P）多位于头后下方，腹鳍（V）位于胸鳍的后方。胸鳍主要是控制方向，提高运动灵活性，腹鳍起辅助作用，不过，也有少数鱼类主要靠摆动胸鳍游泳前进如雀鲷（Pomacentridae）。

鱼种类繁多，生活环境和运动方式多种多样，因而各鳍也有很大变化。

辅助阅读

鱼鳍是鱼类运动和保持身体平衡的重要器官，但由于生活环境和运动方式不同，鱼鳍的具体形式也有很大变化，有的分化，有的退化，有的特化。

软骨鱼类的偶鳍常发生分化，除雄鱼的腹鳍分化出鳍脚外，鳐亚目的腹鳍外侧还分化有足趾状构造，鲼形目的胸鳍分化出吻鳍或头鳍；底栖软骨鱼类的奇鳍多发生退化，尤其是臀鳍，如锯鲨目和扁鲨目，鳐形总目的背鳍也趋于减少、变小，其中，魟亚目的奇鳍几乎完全消失。硬骨鱼类的偶鳍变化也很大，尤其是腹鳍，如鲀形目的腹鳍趋于变小、消失，海龙目、鳗鲡目等无腹鳍，海鳝（Muraenidae）和舌鳎（Cynoglossidae）的胸鳍退化，海蛾鱼（Pegasidae）和鲉亚目底栖鱼的偶鳍常游离出1～3个鳍条用于海底爬行，鮟鱇目的背鳍分化出吻触手，䲟鱼（Echeneididae）的第1背鳍特化为吸盘。有些硬骨鱼还有另类的鳍，如鲭鱼和竹刀鱼（Scomberesocidae）等在背鳍和臀鳍后方有一系列彼此分离的小鳍；鲑鱼、银鱼（Salangidae）、脂鲤亚目等的背鳍后方常有1个脂鳍。

二、皮肤

鱼类的皮肤由表皮、真皮及皮肤衍生物构成。表皮内具有黏液腺，有的种类还有毒腺；真皮层有丰富的色素细胞；鱼类的皮肤衍生物主要是鳞片。

鱼类的黏液腺和毒腺都是从表皮细胞演变而来的。鱼类皮肤的黏液腺丰富，其分泌物形成黏液层，有保护和润滑作用，没有鳞片的鱼黏液腺发达；与黏液腺不同，不是所有鱼都有毒腺，虎鲨（*Heterodontus*）、角鲨（Squalidae）、银鲛（Chimaeridae）、毒鲉（Synancejidae）和魟鱼（Dasyatidae）等才有毒腺。黏液腺是单细胞腺体，毒腺是许多表皮细胞集合在一起沉入真皮层中形成的，并与刺棘连在一起，刺棘刺入动物身体，毒液才能注入，发挥作用。

鱼类的体色极为丰富，真皮内的色素细胞是其拥有多样体色的基础。鱼类体色的绚丽程度根本无法用语言来描述，有些鱼一生还要多次变换体色，甚至随环境迅速改变体色。迷人的色彩，奇特的外形，加上有趣的习性，形成了形形色色的观赏鱼，鱼迷们对之趋之若鹜，如痴如醉。

鳞片是鱼类很有特色的皮肤衍生物，鱼类的鳞片主要有盾（楯）鳞、硬鳞和骨鳞3种类型（图15-8）。

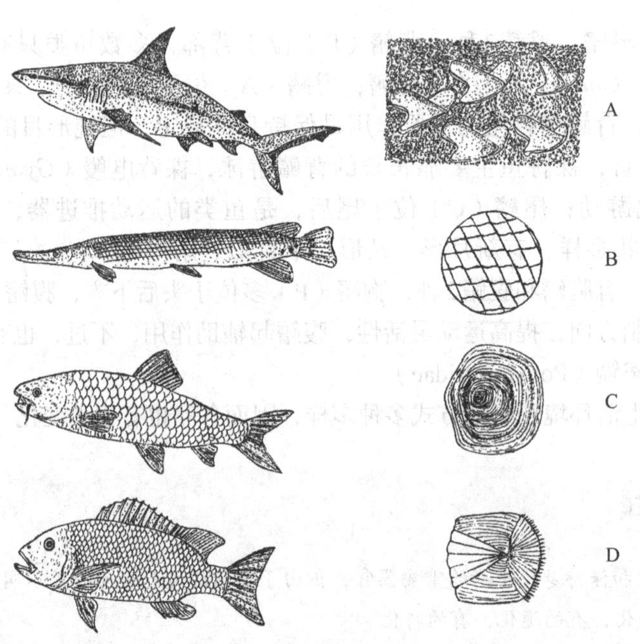

图15-8　鱼类的各种鳞片

A. 盾鳞；B. 硬鳞；C. 圆鳞；D. 栉鳞

盾（楯）鳞也称皮齿，是由真皮和表皮联合形成的，为软骨鱼类所特有，常为圆锥形，由棘突和基板两部分组成，基板的成分为硬骨，棘突主要是齿质。盾鳞遍布全身，斜向排列，向前延伸至上下颌，入口后演变成牙齿。硬鳞是由真皮形成的骨质板，多呈菱形，表面覆有硬鳞质，镶嵌排列在体表，坚如铠甲，这种鳞片对身体的保护力度很大，但同时也降低了运动的灵活性。硬鳞存在于低等硬骨鱼类身上，如雀鳝（Lepisosteidae）和多鳍鱼（Polypteridae），鲟鱼（Acipenseridae）的硬鳞趋向退化，所剩不多。骨鳞也是由真皮演化形成的，这种鳞片略呈圆形，薄片状，有韧性，覆瓦状排列，前端插入真皮内，后端游离于体表。绝大多数的硬骨鱼类体表都有骨鳞。骨鳞包括圆鳞和栉鳞两种，圆鳞后缘光滑，鲤形目的鱼多拥有圆鳞；栉鳞的后缘则为锯齿状的刺突，鲈形目的鱼多拥有栉鳞，如花鲈（*Lateolabrax japonicus*）。宽体舌鳎（*Cynoglossus robustus*）的情况比较特殊，有眼的一侧为栉鳞，无眼的一侧为圆鳞。盾鳞的棘突和栉鳞的刺突能破坏皮肤和水之间的真空界面，让水快速脱离皮肤，从而减小阻力，提高游泳速度，据此，科学家研制出了鲨鱼皮泳衣。

骨鳞对鱼体有很好的保护作用，可还是降低了运动的灵活性。有些鱼强调保护性，鳞片变成了坚硬的“骨片”，如海马、松球鱼（*Monocentrus*）、玻甲鱼（Centriscidae）、箱鲀，刺鲀（Diodontidae）的鳞片上还有长棘，受刺激时可竖立起来。这些鱼身体的灵活性自然就很差，游泳速度也很慢。相反，有些鱼强调灵活性，其鳞片往往变小，甚至退化消失，如海鳝、黄鳝和鲇鱼（Siluridae）等。另外，游泳极快的鱼类，鳞片也发生退化，如鲅鱼。

三、骨骼

脊椎动物的骨骼（内骨骼）分软骨和硬骨。软骨含有纤维蛋白，柔韧性好，硬骨由软骨或结缔组织骨化而来，含有大量的钙盐（磷酸钙），质地坚硬，支持力度远大于软骨。软骨鱼类的骨骼全部是软骨，硬骨鱼类的骨骼多为硬骨。

鱼类的内骨骼发达，已形成完整的骨骼系统，骨骼系统分中轴骨和附肢骨两大部分。下面主要以硬骨鱼为例，介绍鱼类骨骼系统的基本结构。

（一）中轴骨

中轴骨由头骨和脊柱两部分构成（图15-9）。

鱼类的头骨包括脑颅和咽颅。脑颅位于头部背面，主要是保护脑及头部的一些感觉器官；咽颅位于头部腹面，多呈弧状，成对存在，排列于消化道前端，包括颌弓、舌弓和鳃弓，主要作用是支持保护摄食和呼吸等器官。颌弓形成上下颌，有上下颌支持口缘的动物称为颌口动物，包括鱼类和后续的脊椎动物。颌的出现是脊椎动物的一大进步，它使口产生了咬合能力，极大地增强了动物的捕食和防御功能。

在脊椎动物中，自鱼类开始出现了真正的脊柱。脊柱由脊椎骨组成，自头后到尾基，一个连着一个，组成一根分节的柱体，用以支持身体，保护脊髓、内脏和主要血管。脊椎骨由椎体、髓弓、髓棘等构成，鱼类的脊椎分化程度低，只有躯椎和尾椎之分，躯椎椎体两侧的横突与肋骨相连，尾椎没有肋骨，横突在腹面左右相连，形成脉弓，脉弓向下延伸，形成脉棘。鱼类椎体的结构也比较原始：低等鱼类的脊索完整，还没有形成真正的椎体；全骨鱼类的锥体已经形成，且大多完成骨化（变为硬骨），为前突后凹型；真骨鱼类的锥体全部骨化，为双凹型，椎体前后面均凹入，相邻两椎体间的空隙和椎体中央小管内尚残留有脊索。

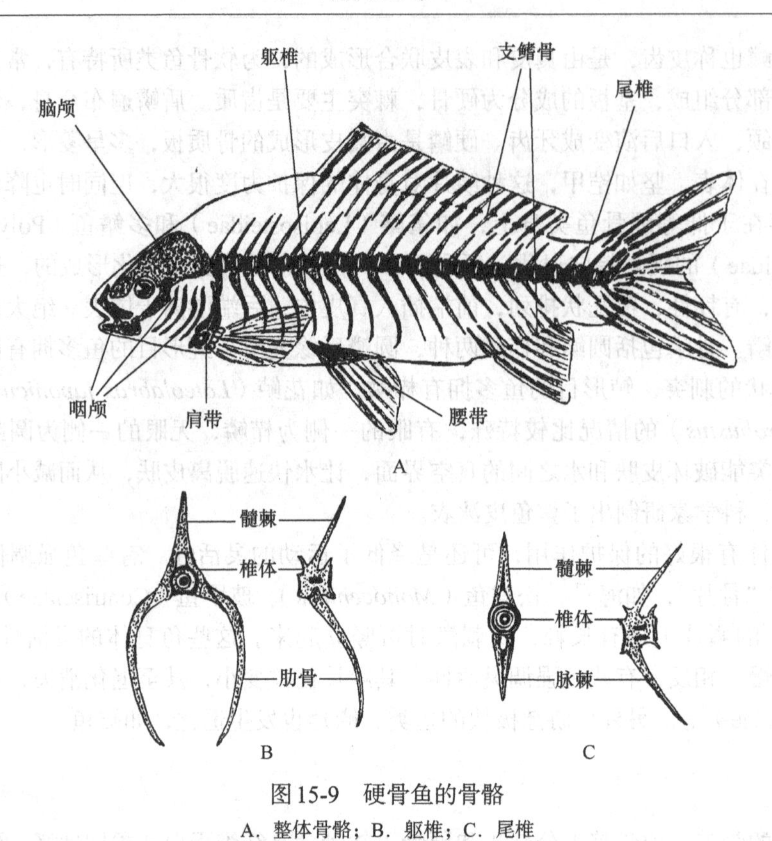

图 15-9　硬骨鱼的骨骼

A. 整体骨骼；B. 躯椎；C. 尾椎

（二）附肢骨

鱼类的附肢骨包括偶鳍骨和奇鳍骨两类。

偶鳍骨是偶鳍依附的骨骼基础，由带骨和支鳍骨（鳍担）构成，胸鳍所依附的带骨称为肩带或肩带骨，腹鳍所依附的带骨叫作腰带或腰带骨。软骨鱼类的肩带不与头骨或脊柱直接关联，硬骨鱼类的肩带通过上匙骨与头骨相愈合，增加了身体的稳定性。腰带结构简单，无论是软骨鱼类还是硬骨鱼类，都不与中轴骨直接相连。带骨深入到鱼体内部，其外是支鳍骨，支鳍骨内与带骨相接，外与鳍条相连，也有些硬骨鱼类的支鳍骨趋于退化，鳍条直接连在带骨上，这种现象叫作越级支持。鱼鳍由鳍条和连附鳍条的鳍膜组成，软骨鱼类的鳍条为细丝状的角质鳍条（即所谓的“鱼翅”），硬骨鱼类的为骨质鳍条或称为鳞质鳍条。鱼类的带骨对偶鳍的支持力度较大，结构复杂，偶鳍相当于陆生脊椎动物的前肢和后肢，有些鱼类，如躄鱼亚目（图15-10）和弹涂鱼（Periophthalmidae）等，主要依靠偶鳍爬行前进。

图15-10　澳大利亚躄鱼

奇鳍骨结构简单，仅由较长的支鳍骨构成。支鳍骨向内插入鱼体内，外与鳍条相连，背鳍和臀鳍都是这样。但尾鳍的支鳍骨要复杂一些，常常与尾椎的髓棘和脉棘发生愈合，目的是让尾鳍与脊柱紧密相接，以提供有力的支持，提升游水的推力，为此，鱼类的脊柱末端也发生了明显的变化。

根据脊柱末端尾椎的变化及其与支鳍骨相连的情况，可将鱼尾分为3种类型：原型尾、歪型尾和正型尾（图15-11）。最原始的是原型尾，其尾椎末端平直地伸入尾鳍中间，将尾鳍分成完全对称的上、下两叶，圆口类、原始的硬骨鱼类和刚孵化的仔鱼是原型尾；较高等的是歪型尾，尾椎末端明显翘向后上方，将尾鳍分成不对称的两部分，上叶显著长于下叶，支鳍骨仅见于上叶，下叶支鳍骨已与脉棘愈合，软骨鱼类和鲟形目鱼类拥有歪型尾；最高等的是正型尾，由歪型尾进化而来，这种尾虽然外观是对称的，但内部并不对称，尾椎末端形成微微上翘的尾杆骨，支鳍骨与尾椎骨的髓棘和脉棘都发生愈合，这种尾既有很好的灵活性，对身体的支持力度也非常大，真骨鱼类都属于正型尾。

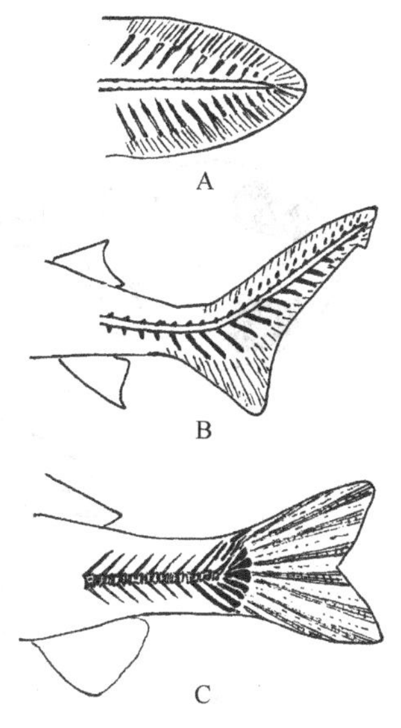

图15-11　鱼尾的类型

A. 原型尾；B. 歪型尾；C. 正型尾

四、肌肉

鱼类的肌肉主要是横纹肌，也叫作骨骼肌，骨骼肌收缩牵引骨骼产生运动。由于运动形式简单，鱼类的横纹肌分化程度不高，主要是位于躯干部和尾部的大侧肌（图15-12）。大侧肌是鱼类摆动身体游动的主要动力来源，其结构与圆口类的大致相同，但分节现象更明显，且被一水平的肌隔分为上下两部分：轴上肌和轴下肌，二者交界处的外侧还附有红肌，游泳速度快的大洋鱼类红肌发达，如金枪鱼。

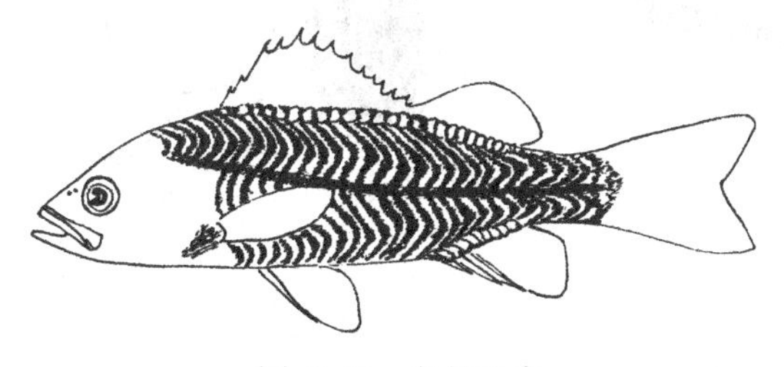
图15-12　鱼的肌肉

鱼类的肌肉中还含有脂肪，鱼的脂肪主要由不饱和脂肪酸构成，易败坏，但含脂量高的鱼肉味鲜美如大西洋鲑（*Salmo Salar*）（俗称三文鱼）肌肉富含脂肪，橘红色。

需要特别指出的是，有些鱼类的部分肌肉演变成了发电器官。目前已知这类“电鱼”有500多种（图15-13），有些能释放出很强的电压，主要用于捕食和防卫等，如南美洲的电鳗（*Electrophors electricus*）、非洲的电鲶（Malapteruridae）及海洋中的电鳐（电鳐目）等。其中，体长2m左右的电鳗能产生600～800V的电压。也有些鱼发出的电压较低，用于感觉定位、寻觅食物及彼此交流通信等，如长颌鱼（Mormyridae）、翎电鳗和裸臀鱼等。

五、消化

消化系统由消化管（道）和消化腺组成。鱼类没有唾液腺，消化腺主要有胃腺、肝脏和胰脏。消化管由口、咽、食道、胃、肠和肛门组成。

鱼类的口由上、下颌支持，有较强的咬合力。多数鱼类的口长在吻端，鲨鱼和鳐鱼的口长在头部腹面。不少鱼的口内有齿，凶猛鱼类的还很锐利（图15-14），其主要作用是防止食物逃脱，少数有切割和撕咬的作用，如鳞鲀（*Balistidae*）。鲀亚目的上下颌齿愈合成牙板，能咬碎贝壳。舌结构简单，一般不能活动。鱼的咽部有鳃，鳃由鳃弓支持，鳃弓内侧长有鳃耙，外侧

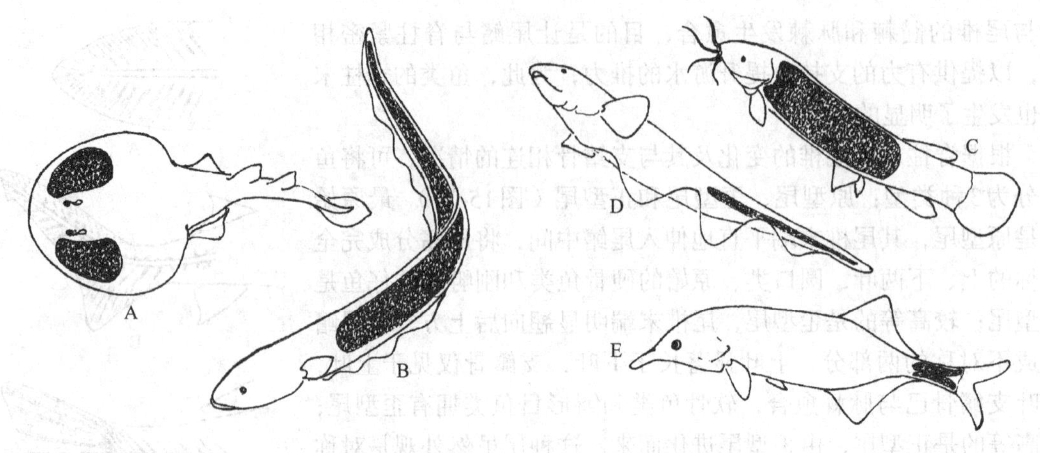

图15-13　会发电的鱼（黑色示发电器官位置）

A. 电鳐；B. 电鳗；C. 电鲶；D. 翎电鳗；E. 长颌鱼

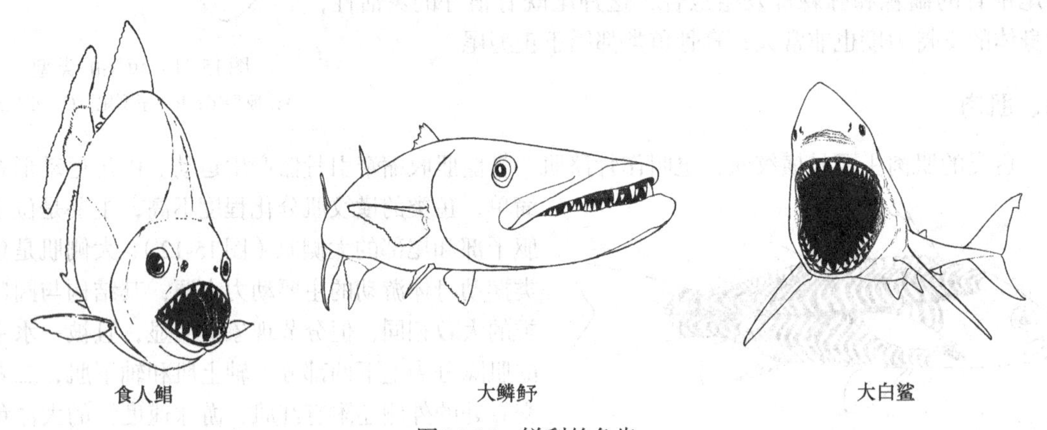

图15-14　锐利的鱼齿

长有鳃丝（图15-15）。鳃耙是摄食器官，其作用是将随水入口的食物过滤下来，送入食道，所以，鳃耙的疏密与食物大小密切相关。食道为短而宽的管道，壁较厚，有弹性，吞入大块食物时可扩大容积。食道下是胃，胃是消化管最膨大的部分，有些鱼没有胃，食道直接通肠。肠是消化吸收的重要场所，硬骨鱼类的肠基本上就是一根长长的管子，没有大肠小肠之分；软骨鱼类的分化为小肠和大肠，小肠内有螺旋瓣，大肠末端为肛门，肛门开口于泄殖腔。泄殖腔是个短的空腔，内有消化管、输尿管和生殖管的开口，通过泄殖孔将粪、尿和精子、卵子排出体外。硬骨鱼的辐鳍亚纲和软骨鱼的全头亚纲没有泄殖腔，肛门直接开口于体外。

鱼类的食谱极广，可以说，水中存在的任何生物和有机物都能被鱼类所利用，少数鱼类还能捕获水世界以外的食物，如射水鱼（Toxotidae）能喷水射取植物上的虫子。鱼类的摄食方式主要有两种：滤食和吞食。滤食性鱼的口都很大，鳃耙密而长，进食就像过筛子一样，大口大口地吞水，依靠鳃耙滤取水中的小生物，鲸鲨（*Rhincodon typus*）、姥鲨（*Cetorhinus maximus*）、蝠鲼（*Mobula*）、匙吻鲟（*Polyodon spathala*）、鳙鱼（*Aristichthys nobilis*）等都是典型的滤食性鱼类；不过，大多数鱼还是吞食性的。因为无法撕开食物，牙齿也没有咀嚼功能，一般说来，吞食性鱼口裂的大小与其食物大小紧密相关。食脊椎动物的，口大性猛，称为凶猛鱼类，如大白鲨（*Carcharodon carcharias*）、鳜鱼（*Siniperca*）；啄食小型无脊椎动物的，

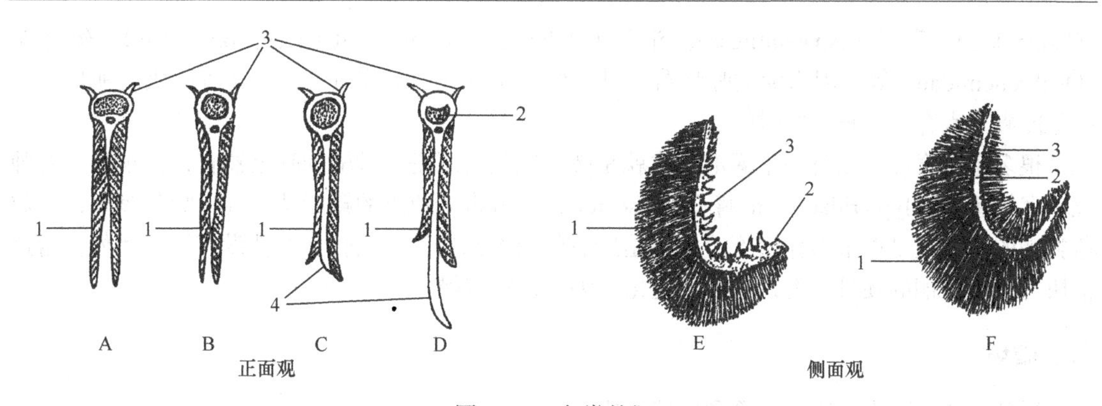

图15-15　鱼类的鳃

1. 鳃丝；2. 鳃弓；3. 鳃耙；4. 鳃间隔

A. 真骨鱼类；B. 硬鳞鱼类；C. 全头鱼类；D. 板鳃鱼类；E. 吞食性鱼；F. 滤食性鱼

口很小，性情温和，如海龙（Platycephalidae）、蝴蝶鱼（Chaetodontidae）等。

六、呼吸

作为水生脊椎动物，鱼类的呼吸器官是咽鳃裂，内有鳃。鱼类的鳃均由鳃弓支持，鳃弓外侧是鳃丝（图15-15），鳃丝有丰富的毛细血管，为气体交换的场所。板鳃鱼类的鳃裂直接对外开口，鳃裂之间以鳃间隔隔开，鳃间隔很长，延伸至体表与皮肤相连，前、后面都附有鳃丝，鳃丝短于鳃间隔，末端游离；其他鱼类的鳃间隔有不同程度的退化，短于鳃丝，鳃裂不直接对外，其中，硬骨鱼鳃外有骨质鳃盖，对鳃有很好的保护作用。

对鱼类来说，必须有新鲜的水流冲刷鳃丝才能完成呼吸。大多数鱼类靠口咽腔的不断扩张和收缩来引动水流，使水从口中进入，从鳃孔流出，所以，这些鱼类老是不断地张口闭口；而游泳能力很强的鱼和在山涧溪流中生活的鱼，只需将口张开，水流就可直接冲刷鳃丝；当然，也有的鱼有以上两种呼吸方式。

大多数鱼类只能利用水中溶解的氧，而水中的溶氧量一向很低。空气中的氧气稳定在210mg/L，而水中溶氧的饱和值在20℃时只有9.17mg/L，实际情况往往是远远低于饱和值。在溶氧不足的时候，鱼就会加大口的开闭幅度和频率，如果这样还不能满足对氧的需求，鱼就会到水面上来，大口大口地吞进靠近空气的表层水，这就是“浮头”（图15-16）。如果溶氧状况再进一步降低，浮头也不足以维持，鱼就窒息死亡。在密度大、水质差的养殖水体中，鱼常会缺氧死亡。

图15-16　鳙鱼浮头

在自然界，长期生活在缺氧环境中的鱼衍生出了能呼吸空气的器官，这就是辅助呼吸器官。有些鱼的辅助呼吸器官是兼用，是其他器官做了一些变通而已，如鳗鲡的皮肤、合鳃鱼（Synbranchidae）的口咽腔、泥鳅（*Misgurnus*）的肠管等；有些鱼则衍生出专门的辅助呼吸器官，位于鳃上部，特称鳃上器官，如胡子鲶（Clariidae）、鳢鱼

（Channidae）、攀鲈（Anabantidae）、斗鱼（Belontiidae）、沼口鱼（Helostomatidae）、丝足鲈（Osphronemidae）等。因为辅助呼吸器官可较好地从空气中吸收氧气即进行气呼吸，所以，这些鱼能离开水存活很长一段时间。

很多鱼的脊柱腹面有一个囊泡，这就是鳔，鳔最初就是一种辅助呼吸器官，但现在只有肺鱼、多鳍鱼（Polypteridae）、雀鳝（Lepisosteidae）等古老鱼类的鳔能从空气中吸收氧气，多数鱼类鳔的作用只是调节鱼体密度。并不是所有的鱼类都有鳔，软骨鱼类就没有鳔，另外，游速很快的鱼和底栖的硬骨鱼类，鳔发生退化，多半也没有鳔。

七、循环

循环系统主要由心脏、血管和血液组成。

鱼类的心脏较小，重量为体重的1%左右，位于鳃后下方的围心腔内，由1个心室、1个心房和1个静脉窦构成（图15-17）。静脉窦壁薄，负责接受流回心脏的静脉血；静脉窦的前方是心房，壁稍厚；心房的前方是心室，负责将血液压入动脉。软骨鱼类和低等硬骨鱼类的心室前还有动脉圆锥，能搏动，为心脏的一部分；多数硬骨鱼类的心室直接接腹大动脉，且腹大动脉基部膨大，形成动脉球，动脉球不能搏动，不属于心脏的组成部分。

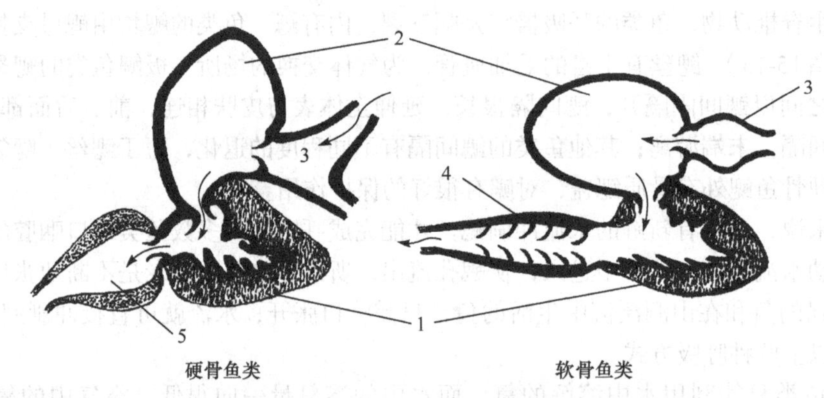

图15-17　鱼类的心脏剖面图（箭头示血流方向）

1. 心室；2. 心房；3. 静脉窦；4. 动脉圆锥；5. 动脉球

鱼类的血液循环属于单循环。心脏内的血是缺氧血，只有经腹大动脉将血液送达鳃部，由出鳃动脉流出来时，才变为富氧血。另外，鱼的血液量很少，循环速度较慢，代谢速度也慢，其体温仅略高于水温，并随环境改变而改变，因此，鱼类属于变温动物（少数游速快的鱼体温明显高于环境温度）。

八、排泄

鱼类的排泄器官主要是肾脏，另外，鳃也能通过渗透作用排出部分代谢物。

鱼类有肾脏1对，位于腹腔的背部，紧贴脊柱，长条状，紫红色。肾脏形成的尿液进入输尿管，两条输尿管在后端汇合后，通入泄殖腔或肛门后方的泌尿孔（尿殖孔）。软骨鱼类没有膀胱；硬骨鱼类的膀胱有两种类型：输尿管膀胱（导管膀胱）和泄殖腔膀胱，前者系输尿管后端扩大而成，见于多数鱼类，后者见于肉鳍亚纲，由泄殖腔壁突出而成。

鱼类的肾脏功能强大，除泌尿外，还有调节渗透压的功能。

由于鳃和皮肤的通透性很强，鱼的体液能很好地和环境中的水发生交流。淡水鱼体液的盐分浓度高于环境水，外界水就不断地渗入体内，为保持体内水分平衡，淡水鱼大量排尿，如鲤鱼（*Cyprinus carpio*）每小时每千克体重生成5ml尿，因此，淡水鱼肾脏发达，而且肾小管上有吸盐细胞。海产硬骨鱼类体液的盐分浓度小于海水，体内的水分会不断地渗透出去，为补偿体内水分的丧失，这类鱼必须大量吞饮海水，海水中多余的盐分则靠鳃上特殊的泌盐细胞排出体外，所以，海水硬骨鱼类总是不断喝水却很少排尿，如杜父鱼（*Cottus*）每小时每千克体重只生成约0.5ml尿液。海产软骨鱼类的血液中尿素的含量较高，这在很大程度上可使体液与海水保持渗透压平衡。

因为海水鱼和淡水鱼调节渗透压的方式不一样，所以，海水鱼一般不能进入淡水，反之亦然。海水与淡水之间的洄游鱼类则经过长期进化，形成特别的调节机制。

九、神经和感觉

（一）中枢神经

脊椎动物的中枢神经系统由脑和脊髓组成，分别藏在脑颅和脊柱的椎管内。鱼类的脑分端脑、间脑、中脑、小脑、延脑5部分，重量虽只有鱼体重的千分之一左右，但结构还是较圆口类复杂一些。

鱼类有一定的记忆能力，可形成简单的条件反射。美国科学家通过研究银大麻哈鱼（*Oncorhynchus kisutch*），知道银大麻哈鱼能记住出生地水流的独特气味，在海水中生活数年后，依然能凭记忆找到家乡河，甚至回到自己出生的那条溪流中繁殖产卵。

（二）感觉

鱼类的运动能力很强，有的还有洄游现象。运动能力强，感觉就比较发达，感觉主要有嗅觉、听觉、视觉（图15-18）。另外，鱼类还有侧线和电感受器等感觉器官。

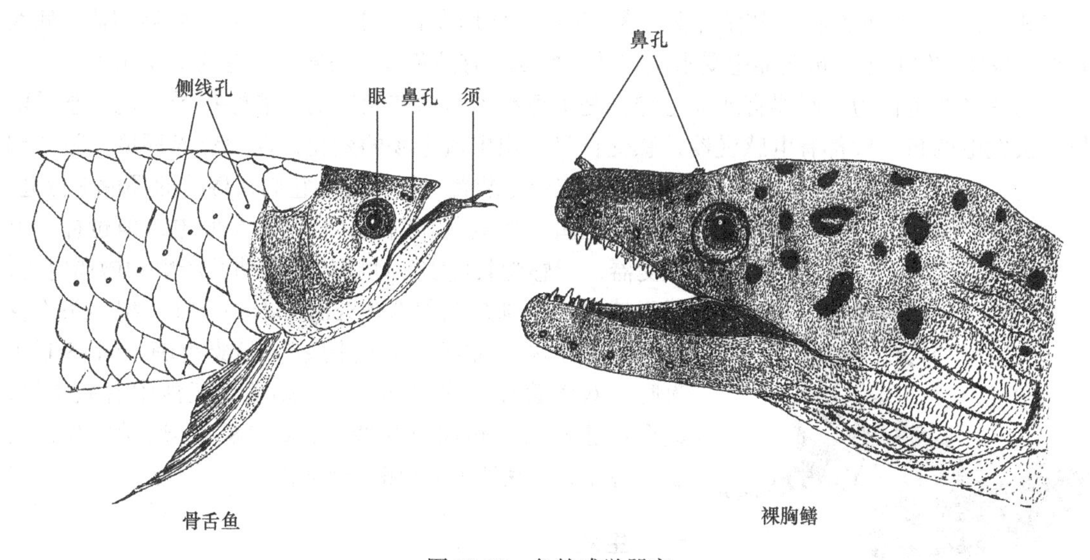

图15-18　鱼的感觉器官

辅助阅读

鱼类的运动能力很强，不少种类能做长距离移动，如大白鲨（*Carcharodon carcharias*），常在各大洋之间巡游。有些鱼将这种长距离的游动固定下来，成为物种或种群的特性，年复一年，周期性地结群进行，这就是洄游。通过洄游，鱼类可以更换水域，以满足不同阶段对生活条件的需要，更好地生活。

根据洄游目的，可将鱼类的洄游分为生殖洄游、索饵洄游和越冬洄游，其中最有名的要数河海之间的生殖洄游了。在淡水中生长的鱼，生殖时需游向海洋产卵的，叫作降海性洄游；在海水中生长的鱼，生殖时游向淡水产卵的，叫作溯河性洄游，前者如鳗鲡，后者如大麻哈鱼（*Oncorhynchus*）。

鳗鲡在温暖的深海中繁殖，繁殖后的亲鱼全部死去，孵出的仔鱼变态发育，在海洋中漂流生活一段时间，到达河口，变成线鳗，线鳗进入淡水中定居，洞穴生活，昼伏夜出，积累营养，长达数年至十余年，之后，入海繁殖。欧洲鳗鲡（*Anguilla anguilla*）在大西洋的马尾藻海产卵，洄游距离有3000～4000km，幼体用3年时间向欧洲大陆迁移。澳洲鳗鲡（*A.australis*）繁殖时要洄游到澳大利亚东北部的3000多千米外的新喀里多尼亚岛附近的海域产卵。美洲鳗鲡（*A. rostrata*）的洄游距离也超过2000km。

鱼类的鼻孔成对存在，位于眼睛前方（硬骨鱼类）或口前方（软骨鱼类），是嗅觉器官。有些鱼的嗅觉非常发达，如鲨鱼，能闻出十几千米外海水中血液的味道，海鳝等穴居鱼类的嗅觉也十分灵敏。鱼类无外耳和中耳，只有内耳，内耳有3个半规管，因为水传导声波的能力远强于空气，所以鱼类的听力还是很好的。鱼眼的结构不太复杂，无泪腺、无眼睑，调节能力较差，多数种类看不到15m以外的东西，尤其是夜间或水底活动的鱼，视力很差，眼睛也小，为弥补视力不足，这些鱼的口部有须，触觉发达。不过，在大洋上生活的鲭鱼视力很好，而生活在地下河中的鱼，眼睛往往退化，成为盲鱼（图15-30），盲鱼多有触须，而且侧线发达，对振动非常敏感。

侧线器官位于鱼的头部及体侧，头部侧线有分支，体侧的向后延伸直到尾部。侧线器官陷在皮肤内，呈管状或沟状，内有黏液，感受细胞就浸埋在黏液中，有侧线孔与外界相通，侧线孔位于皮肤或鳞片上。侧线能感受水流和低频振动。有的鱼有多条侧线，有的鱼无侧线。

电感受器也称为壶腹器官或罗伦瓮，是由侧线器官演变而来的，能够接受电流、感受电场。会发电的鱼一般都有电感受器，感受自身发出电流电场的变化，探知外界环境，就像蝙蝠的超声波定位装置一样，指导它们在昏暗的环境中行进。还有一些鱼，如鲨鱼和鳐鱼，自己不会发电，但也拥有电感受器，能感受其他水生动物代谢活动所产生的微弱电流，用于捕食。特别是双髻鲨（Sphyrnidae），“T”型的头不仅使它拥有开阔的视野，还有利于扩大搜索范围（图15-19）。夜晚，双髻鲨在海底搜寻，一旦感觉到泥沙中有微电流，就会停止前进，转向目标搜寻，做“8”形巡游定位，之后，将埋藏在底沙中的鱼揪出来吃掉。

图15-19　双髻鲨

十、生殖

鱼类不仅种类繁多，而且数量庞大，有人测算，在加拿大的圣劳伦斯湾中，一群大西洋鲱（*Clupea harengus*）的数量可能超过40亿尾。鱼类之所以数量巨大，一个重要原因就是它们有强大的繁殖力。其实，在鱼类中，只有大部分的硬骨鱼类才有超强的生殖力，软骨鱼类和部分硬骨鱼类就产很少的卵，或者是通过卵胎生的方式繁殖后代。总之，鱼类的繁殖习性五花八门，不同类群的繁殖策略有很大差异。

（一）软骨鱼类的繁殖

雄性软骨鱼有精巢1对，精巢之后是输精管，输精管的后端扩大为贮精囊，接入泄殖腔，精液最终经鳍脚排出。鳍脚是软骨鱼特有的交配器官，由腹鳍内侧分化而来，能将精液输送到雌鱼体内。雌性软骨鱼的卵巢多成对存在，两条输卵管开口在体腔前部，前段较细，之后是卵壳腺，输卵管的后段膨大，最后，分别开口于泄殖腔中，少数鱼类的两条输卵管在合并后以一总孔开口于泄殖腔。卵子成熟后，从卵巢落入体腔，通过喇叭口进入输卵管，在此遇到精子完成受精。受精卵经过卵壳腺时被包上蛋白质和几层膜，形成卵囊，卵囊产出体外或受精卵留在输卵管中，待孵出仔鱼后再产出体外。

从生殖器官的结构可以看出，软骨鱼类是雌雄异体，体内受精。软骨鱼类的生殖方式有3种类型：卵生、卵胎生和假胎生。

卵生种类的软骨鱼产卵量很小，但卵大，有较厚的壳，往往被隐藏在海藻丛中或者岩礁缝隙里，孵化率很高，如绒毛鲨（*Cephaloscyllium*）。卵胎生和假胎生都是直接生出仔鱼，但卵胎生胚胎发育所需营养完全靠卵黄囊供给，母体仅仅是提供了一个孵化场所，如角鲨、燕魟（Gymnuridae）。假胎生的情况是：胚胎发育前期所需营养来自卵黄囊，后期胚胎嵌入母体的输卵管壁，形成卵黄囊胎盘，借此从母体直接获得部分营养，如星鲨（*Mustelus*）、蝠鲼。

（二）硬骨鱼类的繁殖

雄性硬骨鱼有精巢1对，多呈乳白色，狭长形，后通输精管，输精管直接开口体外或与输尿管合并成一短的尿殖窦后，以尿殖孔的形式开口体外。雌性硬骨鱼类的卵巢也成对存在，并且直接与输卵管连通，输卵管单独开口体外。

从生殖器官的结构可看出，硬骨鱼类是雌雄异体，体外受精，不过，也有少数鱼是雌雄同体，甚至有性转换现象。硬骨鱼的生殖方式有两种类型：卵生和卵胎生。

绝大多数硬骨鱼属卵生类型，雌鱼把卵直接产在水中，遇到雄鱼排出的精液，进行体外受精，受精卵或沉入水底或上浮水面或粘在水草岩石上，也有随水漂流的，由于没有亲鱼的保护，很容易被敌害吞食，因而这些鱼产的卵小而多，尤其是产浮性卵的海洋硬骨鱼，产卵量一般都在百万以上；当然，也有的硬骨鱼会筑巢产卵或是把卵产在特别的位置，并加以保护，如海龙（Syngnathidae）的雄鱼都有开放或封闭的育儿囊，专门用于接纳雌鱼产卵，并予以照料，由于有了保护，受精卵和仔鱼的成活率高很多，这类鱼的产卵量就小多了。卵胎生的硬骨鱼雄性也有交配器，一般是由臀鳍形成的，如花鳉（Poeciliidae）、四眼鱼（*Anableps*）等。

第二节 分 类

鱼类是脊椎动物中种类最多的一个类群，已知种类超过22 000种，遍及全球各个水域。世界上最大的鱼是海洋中的鲸鲨，可以长到20m，重达10t以上，最小的鱼是产于澳大利亚的胖婴鱼（*Schindleria brevipinguis*），这种鱼雄性体长仅7mm，雌性体长大约为8.4mm，也是最小的脊椎动物。

通常将现存鱼类分为两大类群，即软骨鱼纲和硬骨鱼纲；也有很多教科书分为软骨鱼系和硬骨鱼系，二者合并为鱼纲。软骨鱼和硬骨鱼的区别较大，进化途径也不一样。

距今4亿年前的泥盆纪是鱼类的繁盛时期，但这段时间，地球环境发生了巨大的变化，淡水水域急剧减少。经过自然选择，鱼类采取了两种适应方式，一是迁移到深水中生活，二是长出能呼吸空气的“肺”，必要时替代鳃进行呼吸。软骨鱼类采取了第一种适应方式，迁移到海水中生活，而硬骨鱼类采取了第二种适应方式，并分化出3大类群：古鳕类、肺鱼类和总鳍鱼类。古鳕类移居到淡水的深水区域或海洋中生活，其呼吸空气用的“肺”演变成了鳔，这便是现今辐鳍亚纲；肺鱼类则一直定居淡水，演化成现在的肺鱼；而总鳍鱼凭借强壮的鳍，爬越陆地，呼吸空气，且越来越适应陆地生活，逐步发展进化成两栖动物；但也有一些总鳍鱼类没有适应陆地生活，再次返回水中，由于身体结构已不太适应水中生活，竞争力较差，所剩无几，只有个别种类在海洋中寻找到了一个安静的角落而存活下来，这便是现存的矛尾鱼（*Latimeria*）。

一、软骨鱼纲（Chondrichthyes）

软骨鱼类绝大多数都生活于海洋中，只有少数种类能进入淡水。软骨鱼类的内骨骼完全由软骨构成，但含有钙质沉淀；体被盾鳞或无鳞；口位于头部腹面，横裂（故也称横口类），1对鼻孔位于口前两侧；鳍由角质鳍条构成，偶鳍水平位，歪型尾；鳃间隔很长（图15-15）；无鳔；胃分化明显，肠内有螺旋瓣，有独立的胰脏和发达的肝脏；脑部的发育好于硬骨鱼类；雄鱼有交配器，称为鳍脚。软骨鱼类体内受精，卵生、卵胎生或假胎生，直接发育。

软骨鱼纲分两个亚纲：板鳃亚纲和全头亚纲。板鳃亚纲鳃隔十分发达，鳃孔5～7对，分别开口体外；全头亚纲的上颌与脑颅愈合，鳃裂4对（第5对已封闭），外被膜质鳃盖覆盖。

软骨鱼类共有838种，我国有203种。

（一）板鳃亚纲（Elasmobranchii）

板鳃亚纲体被盾鳞；眼后常有喷水孔（由退化的鳃裂演变而来）；有泄殖腔；椎体分化，脊索分节缢缩；腰带左半部与右半部愈合；鳃间隔特别发达，呈板状，故名板鳃亚纲。

板鳃亚纲分两个总目：鲨形总目和鳐形总目。二者最大的区别是鳃孔的位置不同，鲨形总目的鳃孔位于体侧，鳐形总目的鳃孔位于身体腹面；另外，鲨形总目的胸鳍独立，不与头侧愈合，而鳐形总目的胸鳍宽大，与头侧连成“体盘”。

1. 鲨形总目（Selachomorpha）　鲨形总目又称侧孔总目（Pleurotremata），通称鲨鱼，体形大多是长纺锤型，只有少数种类是平扁型，多数都有5对鳃裂，只是六鳃鲨（*Hexanchus*）有6对鳃裂，七鳃鲨（*Heptranchias*）和哈那鲨（*Notorhynchus*）有7对鳃裂。

鲨形总目约有369种，有些种类游泳能力强，喜欢捕食其他动物，如大白鲨喜袭击海狮（Otariidae）；部分底栖生活，如扁鲨就喜欢埋伏在海底，袭击过路的鱼；鲸鲨和姥鲨为滤食性鱼类，常在海面上游动。另外，比较常见的鲨鱼还有：斑竹鲨（*Chiloscyllium*）、长尾鲨（*Alopias*）、须鲨（*Orectolobus*）、双髻鲨（*Sphyrna*）、鼬鲨（*Galeocerdo cuvier*）、豹纹鲨（*Stegostoma fasciatum*）、角鲨（*Squalus*）、锯鲨（*Pristiophorus*）等（图15-20）。

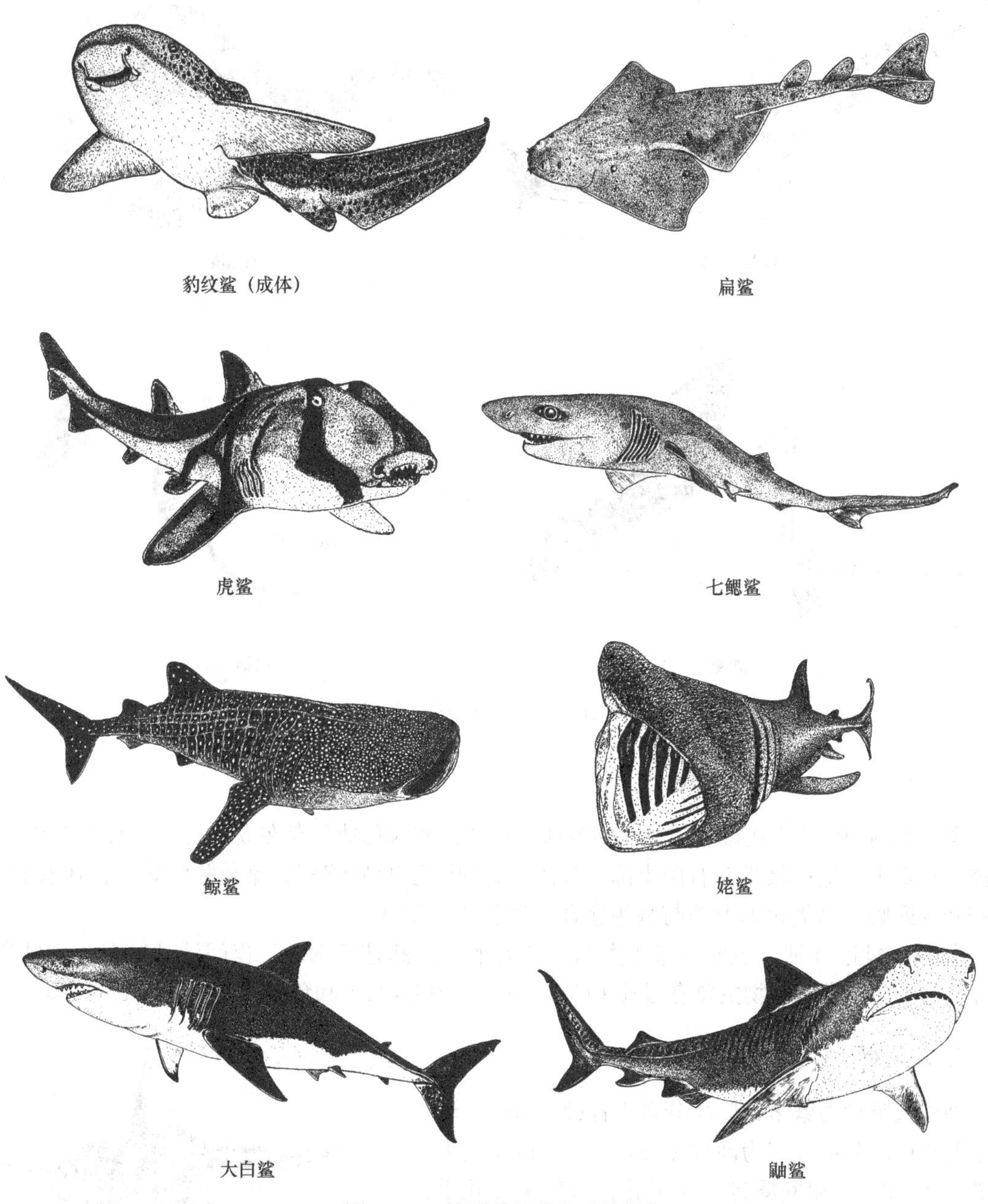

图15-20　鲨形总目的鱼（鲨鱼）

2. 鳐形总目（Batomorpha）　鳐形总目又称下孔总目（Hypotremata），这类鱼身体扁平，没有臀鳍，眼睛位于身体背部，喷水孔发达，可进水呼吸，鳃裂一般是5对，只有六鳃魟（*Hexatrygon*）有6对鳃裂。

鳐形总目约有438种，主营底栖生活，如犁头鳐（*Rhinobatos*）、团扇鳐（*Platyrhina*）、锯鳐（*Pristis*）、电鳐（*Torpedo*）、沙粒魟（*Urogymnus*）等；也有部分开始放弃底栖，用扩大的体盘扇动水流，在水中自由翱翔，如鲼（Myliobatidae）、鹞鲼（Aetobatidae）、牛鼻鲼（Rhinopteridae），最典型的是蝠鲼（Mobulidae），几乎从不在海底栖息（图15-21）。

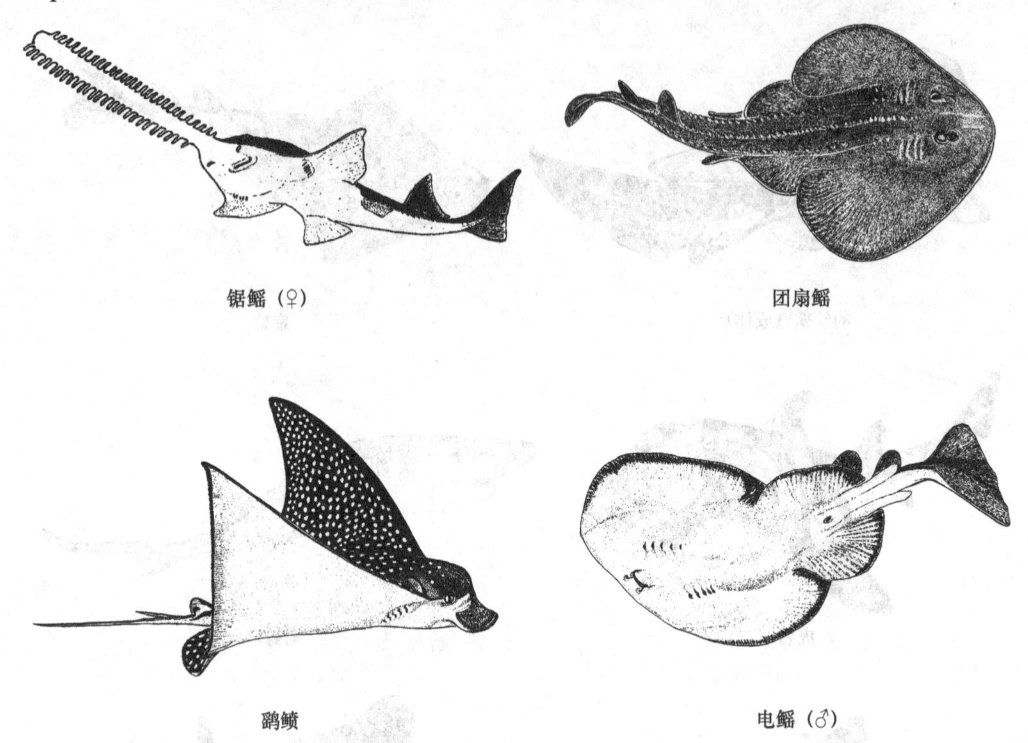

图15-21　鳐形总目的鱼（鳐鱼）

（二）全头亚纲（Holocephali）

全头亚纲的鱼头大尾细，体表无鳞或偶有盾鳞；喷水孔幼鱼存在成鱼消失；无泄殖腔；无椎体，脊索不缢缩；腰带左右两半部分分离；鳃间隔已明显缩短；雄鱼除鳍脚外，还有腹前鳍脚和额鳍脚。这类鱼的上颌与脑颅愈合，故名全头亚纲。

全头亚纲有31种，主要分布于大西洋和太平洋，栖息于深海，夜间活动较多，食贝类、甲壳类和小鱼。常见动物主要有银鲛（*Chimaera*）（图15-22）和兔银鲛（*Hydrolagus*）等。

二、硬骨鱼纲（Osteichthyes）

硬骨鱼类种类繁多，广泛分布于各种水域中。硬骨鱼类成体的骨骼大多为硬骨（硬骨对压力的承受力比软骨大7倍）；鳃间隔进一步退化，多数种类几乎消失，鳃裂5对（第5鳃弓上不长鳃），不直接开口体外，外有骨质鳃盖保护，喷水孔大多退化；体被硬鳞、骨鳞或无鳞；3种尾型都有，但绝大多数是正型尾；鳍由鳞质鳍条构成，分节；一般都有鳔；硬骨鱼

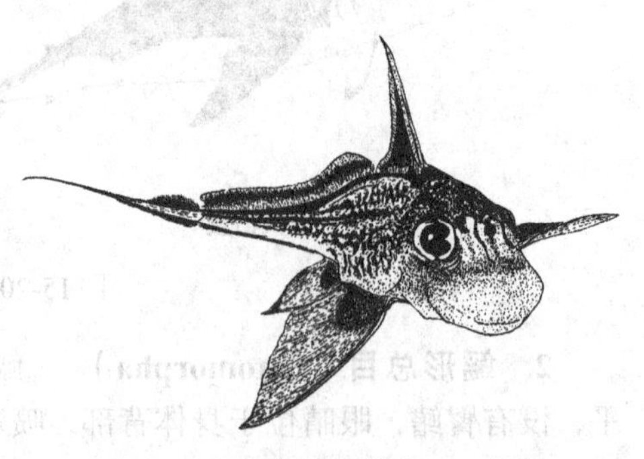

图15-22　全头亚纲的鱼——银鲛

类多体外受精，多卵生，产卵小而多，少数种类变态发育。

硬骨鱼类共有21 000多种，分两个亚纲：肉鳍亚纲和辐鳍亚纲。

（一）肉鳍亚纲（Sarcopterrygii）

肉鳍亚纲又名内鼻孔亚纲，特点是：有原鳍型的偶鳍，即偶鳍有发达的肉质基部，内有分节的中轴骨支持，外有鳞片覆盖；骨骼少量硬化；有脊索，无椎体；心脏有动脉圆锥，肠内有螺旋瓣；口腔内具内鼻孔；有泄殖腔；鳔发达；原型尾。肉鳍亚纲现存只有两个总目，共8种。

1. 总鳍总目（Crossopterygiomorpha）　总鳍鱼是一类古老的鱼类，在泥盆纪曾广泛分布于各种淡水水域，它们能用鳔呼吸空气，可凭借发达的偶鳍在潮湿的陆地上缓缓爬行。过去，科学界一直认为总鳍鱼在7500万年前就已灭绝，谁知个别种类竟移居到海水中。1938年第一尾被发现，轰动一时，命名为矛尾鱼（*Latimeria chalumnae*）。矛尾鱼（图15-23）已适应深海生活，两个鳔都呈囊状，充有结缔组织和脂肪，呼吸作用丧失，内鼻孔次生性外移而在口腔中消失，泄殖腔也发生退化。

图15-23　总鳍总目的鱼——矛尾鱼

辅助阅读

矛尾鱼又名拉蒂迈鱼，隶属腔棘鱼目矛尾鱼科矛尾鱼属，捕食乌贼和鱼类，卵胎生。

根据化石测定，腔棘鱼4亿年前生活在淡水里，大约于白垩纪晚期灭绝。但在1938年12月22日，在非洲东南沿海，渔船“涅尼雷”号捕到1条。渔船抵达南非东伦敦港后，博物馆研究人员拉蒂迈（Latimer）女士发现了它，并将这条1.5m长、57kg的怪鱼运回博物馆。因尾鳍中间的叶状突起呈矛状，故称矛尾鱼。

矛尾鱼是世界著名的活化石，学术价值极大，是鱼类学家苦苦寻求的研究对象，但直至1952年，第二条才被科学家见到。目前，矛尾鱼的主要产地是非洲东侧印度洋上的科摩罗群岛海域。1997年，在印度尼西亚的苏拉威西岛海域也有发现，但与科摩罗群岛海域的不一样，是一个新物种：印尼矛尾鱼（*L. menadoensis*）。

2. 肺鱼总目（Dipneustomorpha）　肺鱼也是古老的鱼类，但它们一直生活在淡水中，并保留有内鼻孔，鳔的构造很像陆生脊椎动物的肺，可以呼吸空气，且有鳔管与食道相通，空气可通过口或内鼻孔直接进入鳔内，故有人称之为“原始肺”，肺鱼的名字也是由此而来的。现存种类有澳洲肺鱼（*Neoceratodus forsteri*）、美洲肺鱼（*Lepidosiren paradoxa*）和非洲肺鱼（*Protopterus*）（图15-24）。

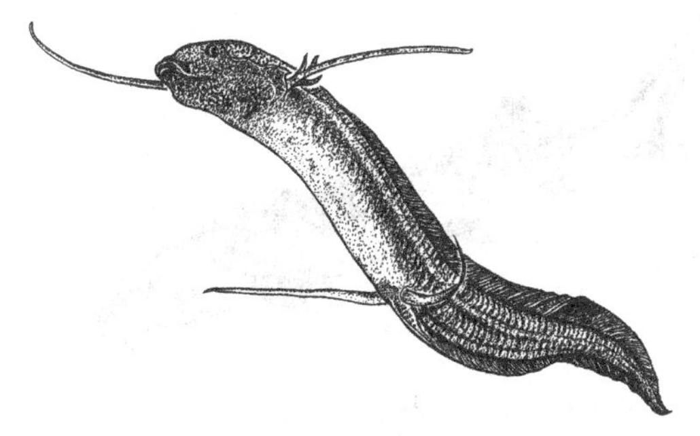

图15-24　肺鱼总目的鱼——非洲肺鱼

澳洲肺鱼产于澳大利亚昆士兰，对水依赖性较大，鳞大，单鳔。美洲肺鱼体鳗形，鳞细小，双鳔，在水底挖穴筑巢，产卵其中，幼鱼有外鳃，枯水季节，成鱼钻入淤泥中，进入休眠状态，靠鳔呼吸。非洲肺鱼有4种，它们的身体结构和生活习性类似于美洲肺鱼，但耐旱性更强。

（二）辐鳍亚纲（Actinopterygii）

辐鳍亚纲的特点是：高度水生，各鳍均由辐射状的鳍条支持；无内鼻孔，没有泄殖腔。辐鳍亚纲种类多，数量大，分布广。辐鳍亚纲现已知有21 000多种，分3个总目：软骨硬鳞总目、全骨总目及真骨总目，其中，软骨硬鳞总目和全骨总目比较低等，体被硬鳞或退化，有时也合称硬鳞总目。

辅助阅读

环境对动物的影响非常深刻，生活在水中的鱼类尤其如此。

扁吻鱼（*Aspiorhynchus laticeps*）又名新疆大头鱼，仅分布于塔里木河水系，在20世纪60年代，最高年产量曾达240t，目前已成为濒危物种，被列为国家一级重点保护野生动物，已开展人工繁殖放流。大头鲤（*Cyprinus pellegrini*）仅分布于云南的星云湖和杞麓湖，20世纪60年代的产量为两湖总鱼产量的70%左右，目前仅占0.5%左右，为国家二级重点保护野生动物。大理裂腹鱼（*Schizothorax taliensis*）为洱海特产经济鱼类，历史上占洱海鱼产量的30%左右，目前已是濒危物种，被列为国家二级重点保护野生动物。黄唇鱼（*Bahaba taipingensis*）是中国南方近海鱼类，20世纪60年代，曾有一网捕获1500kg的纪录，目前已十分稀少，被列为国家一级重点保护野生动物，近年人工繁殖取得成功。松江鲈鱼（*Trachidermus fasciatus*）在20世纪50年代的秋季汛期时，捕获量近万千克，目前数量稀少，被列为国家二级重点保护野生动物。鲥鱼（*Tenualosa reevesii*）主要产于长江和富春江，20世纪70年代，长江鲥鱼年产量曾达1000多吨，目前已很难见到，2021年被列为国家一级重点保护野生动物。

1. 软骨硬鳞总目（Chondrostei）　软骨硬鳞总目是辐鳍亚纲最原始的类群，保留有许多原始的特征：骨骼尚未骨化为硬骨，脊索终生存在，有喷水孔，肠内有螺旋瓣，心脏有动脉圆锥，由于这类鱼背鳍和臀鳍的鳍条数多于各自的支鳍骨数，特称古鳍鱼类。

软骨硬鳞总目现存多鳍鱼目（Polypteriformes）和鲟形目（Acipenseriformes），二者的身体结构和生活习性相差较大（图15-25）。多鳍鱼低等，体表有发达的硬鳞，鳃裂4对，鳔能呼吸空气，原型尾，胸鳍基部有肉质的基叶，上被覆细小鳞片。鲟鱼具有许多与软骨鱼相似的特征：口横裂，位于吻的腹面，歪型尾。

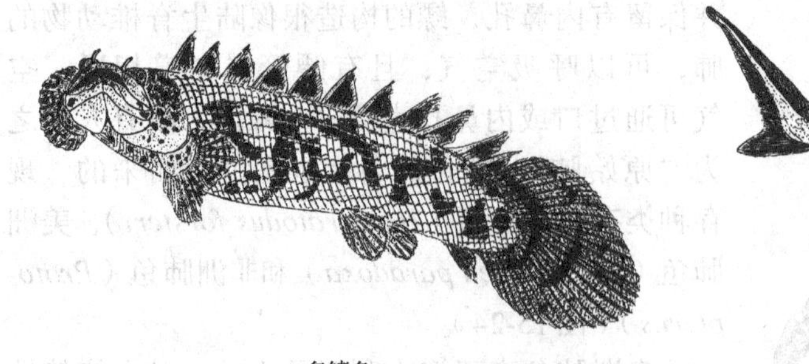
多鳍鱼

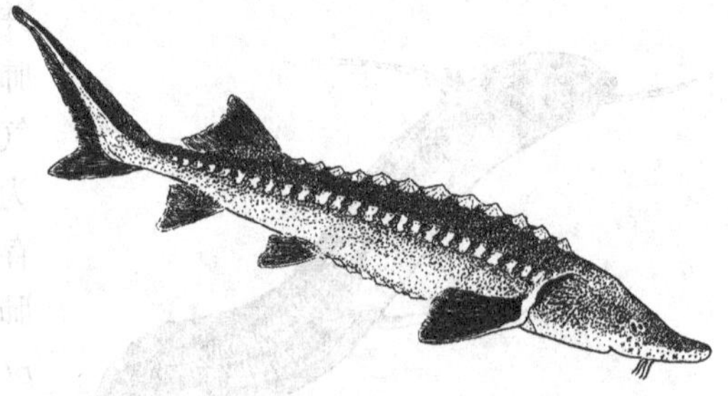
鲟鱼

图15-25　软骨硬鳞总目的鱼

现存多鳍鱼有11种，栖息于非洲淡水水域，目前已作为观赏鱼引到世界各地；鲟鱼现存25种，产于北半球的淡水水域或在河海之间洄游，鲟鱼多为大型经济鱼类，不少种类目前已开展人工养殖。中国境内出产8种鲟鱼，中华鲟（*Acipenser sinensis*）、长江鲟（*A. dabryanus*）、鳇（*Huso dauricus*）和白鲟（*Psephurus gladius*）为国家一级重点保护野生动物，其余为国家二级重点保护野生动物。

2. 全骨总目（Holostei） 全骨总目也称硬骨硬鳞总目，它们具有微歪型尾，喷水孔不发达，硬骨较发达，螺旋瓣和动脉圆锥退化，鳔能呼吸空气，由于体内有不少软骨已经骨化（转化为硬骨），特称全骨鱼类。全骨鱼类和以后的真骨鱼类合称新鳍鱼类，新鳍鱼类的特点是：背鳍和臀鳍的鳍条数目与其支鳍骨的数目完全一致。

全骨鱼类在中生代时期极为繁盛，从白垩纪开始衰退，到现在只残留少数种类，均产于美洲淡水（图15-26）。雀鳝目（Lepisosteiformes）现存有7种，雀鳝长相怪异，曾作为观赏鱼引入我国，但这类鱼性情凶猛，个体较大，有的体长可达3m；弓鳍鱼目（Amiiformes）只有1种，即弓鳍鱼（*Amia calva*）。

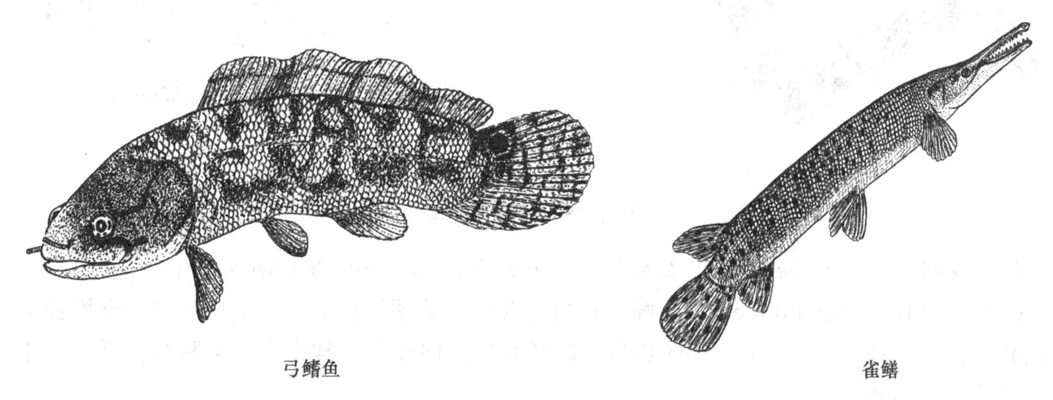

图15-26 全骨总目的鱼

3. 真骨总目（Teleostei） 真骨总目的鱼体被骨鳞或退化，具动脉球而无动脉圆锥，肠内无螺旋瓣，正型尾，喷水孔完全退化；由于这类鱼都有完整的脊椎，且椎体发达，特称真骨鱼类。真骨鱼类最早可能出现在侏罗纪，以后大量发展，逐渐取代了全骨鱼类，成为新生代的优势类群。

真骨鱼种类繁多，约占现存鱼类总种数的96%，共有30多个目，常见的有以下14目。

（1）骨舌鱼目（Osteoglossiformes） 骨舌鱼是古老而独特的一类淡水鱼，其胸鳍低位，背鳍后位，鳔呈蜂窝状，常能呼吸空气。约有20种，其中，骨舌鱼（Osteoglossidae）产于南美洲、非洲、澳洲和亚洲；裸臀鱼、长颌鱼、齿蝶鱼（*Pantodon buchholzi*）产于非洲；弓背鱼（Notopteridae）产于东南亚和非洲。作为观赏鱼，我国引进了不少骨舌鱼，如金龙鱼（*Scleropages formosus*）、银龙鱼（*Osteoglossum bicirrhosum*）和七星刀鱼（*Notopterus chitala*）等（图15-27）。

（2）鳗鲡目（Anguilliformes） 鳗鲡目的特点是：体形细长如蛇，脊椎骨数多，鳞细小，没有腹鳍，背鳍及臀鳍的基底长，且与尾鳍相连，鳃孔小。鳗鲡目的鱼在深海产卵，卵小，个体发育中有明显变态现象（图15-28），早期幼体透明，柳叶状，在海洋中漂流生活。

鳗鲡目约800种，这类鱼适应洞穴生活，多生活于热带和亚热带海域中，只有鳗鲡科（Anguillidae）洄游进入淡水生长。比较常见的除了人工养殖的日本鳗鲡（*Anguilla japonica*）

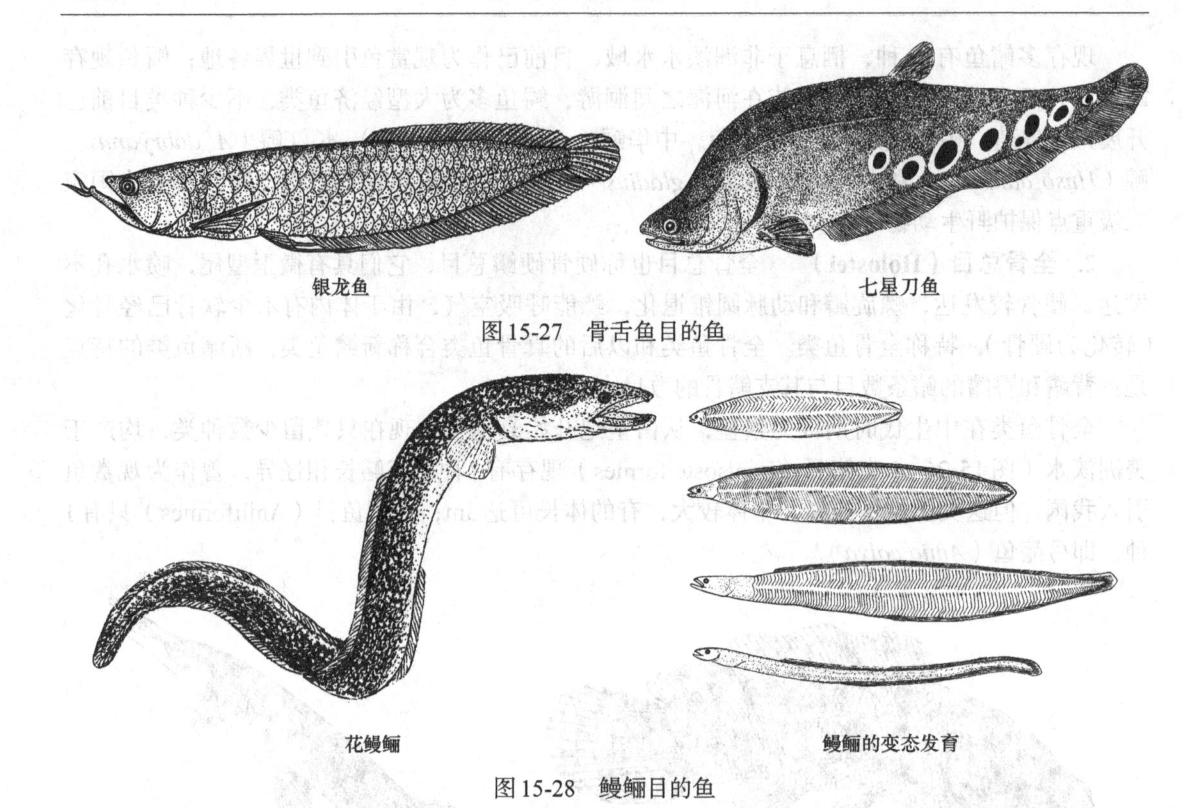

图 15-27　骨舌鱼目的鱼

图 15-28　鳗鲡目的鱼

外，还有花鳗鲡（*A. marmorata*）、裸胸鳝（*Gymnothorax*）、花蛇鳗（*Myrichthys*）等。

（3）鲱形目（Clupeiformes）　鲱形目也是较低等的硬骨鱼类，它们体侧扁，脊椎骨结构大致相似；鳍无棘，背鳍1个，胸鳍位低，腹鳍腹位，偶鳍基部常常有长形腋鳞；无侧线或很短，体被较大的圆鳞。

鲱形目有300多种，多海水生活，如鲱鱼（*Clupea*）、凤鲚（*Coiliamystax*）、沙丁鱼（*Sardina pilchardus*）、黄鲫（*Setipinna tenuifilis*）和花鰶（*Clupanodon thrissa*）（图15-29）等。

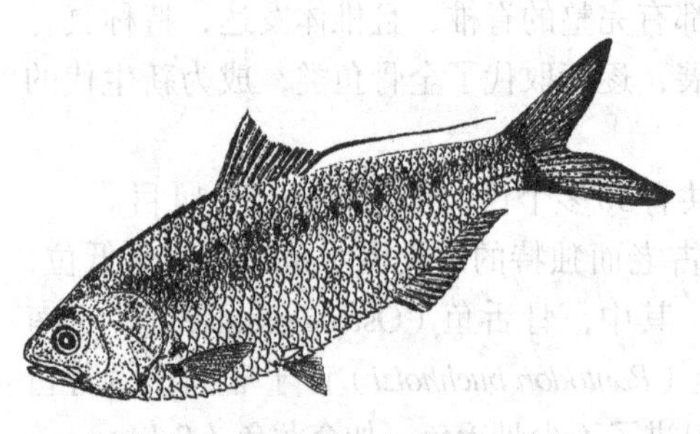
图 15-29　鲱形目的鱼——花鰶

（4）鲤形目（Cypriniformes）　鲤形目是现生淡水鱼最大的一目，有3000多种。这类鱼身体前端的第4～5椎骨已特化为韦伯氏器，将鳔与内耳相关联；体表有圆鳞或退化；腹鳍腹位，背鳍1个；有些类群有脂鳍（脂鲤亚目），有些种类会发电（电鳗亚目）。鲤形目的鱼卵生，但产卵习性各不相同。

鲤形目种类繁多，我国产的多数淡水鱼都属于该目（彩图23），其中有许多重要的经济鱼类，如四大家鱼（青鱼、草鱼、鲢鱼、鳙鱼）、鲤鱼、鲫鱼（*Carassius*）、鳡鱼（*Elopichthys bambusa*）、胭脂鱼（*Myxocyprinus asiaticus*）和泥鳅（*Misgurnus anguiuicaudatus*）等；脂鲤类和电鳗类多产于非洲和南美洲，有不少观赏鱼类（图15-30）。

（5）鲶（鲇）形目（Siluriformes）　鲶形目也有韦伯氏器，故和鲤形目一起组成骨鳔类。鲶形目的鱼类体表大多裸露无鳞，有的被以骨板；眼小，有须有齿；胸鳍及背鳍前常有用于自

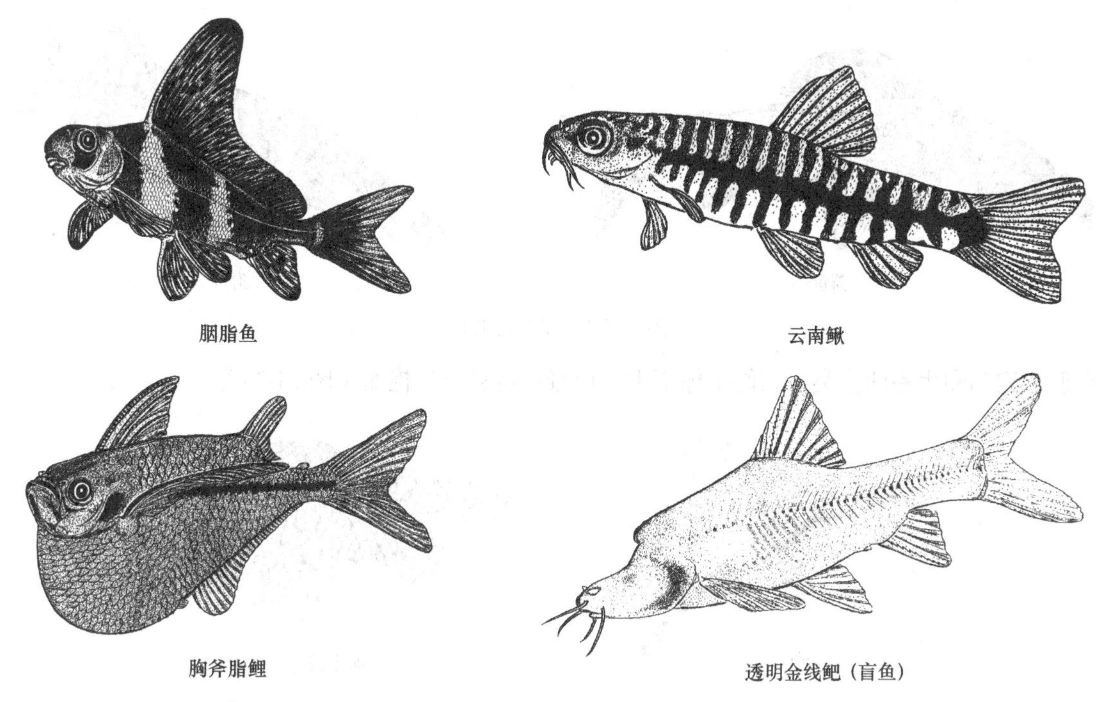

图15-30　鲤形目的鱼

卫的硬刺，脂鳍经常存在。底栖，多肉食，也有不少种类刮食附生藻类，大多淡水生活，仅海鲇（Ariidae）和鳗鲇（Plotosidae）分布于海水。

鲶形目有2200种，常见的有鲶鱼（*Silurus*）、胡子鲶（*Clarias*）、叉尾鮰（*Ictalurus*）和黄颡鱼（*Pelteobagrus*），也有不少种类很有观赏价值，如鲟身鲶（*Sruriosoma*）（图15-31）。

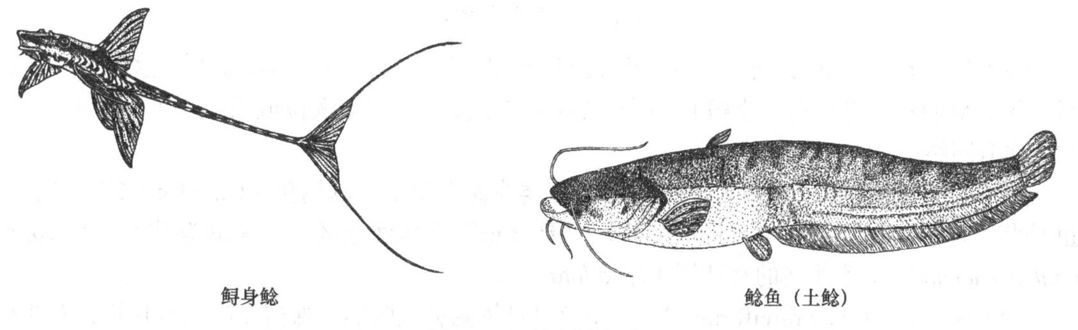

图15-31　鲶形目的鱼

（6）鲑形目（Salmoniformes）　鲑形目的鱼体表有圆鳞，部分种类的偶鳍基部有腋鳞；有脂鳍；无输卵管或仅有输卵沟；多为冷水性鱼类或在深海生活，有些种类在河海之间洄游。

鲑形目有300多种，常见的有大麻哈鱼、细鳞鱼（*Hucho*）、银鱼、虹鳟（*Oncorhynchus mykiss*）、哲罗鲑（*Hucho taimen*）、茴鱼（*Thymallus*）和狗鱼（*Esox*）等（图15-32）。

（7）鳉形目（Cyprinodontiformes）　鳉形目的鱼个体一般不大，体被圆鳞，鳍无棘，背鳍1个，位很靠后，腹鳍腹位。海水或淡水生活，多活动于水上层。

鳉形目约有850种，常见的海洋鱼类有颌针鱼（Belonidae）、飞鱼（Exocoetidae）、秋刀鱼（*Cololabis saira*）；海水、淡水都有分布的鱵鱼（Hemiramphidae）；淡水生活的有四眼鱼和多种

图 15-32 鲑形目的鱼

卵胎生鳉和卵生鳉两大类，它们个体不大，但雄性色彩极为艳丽（图 15-33）。

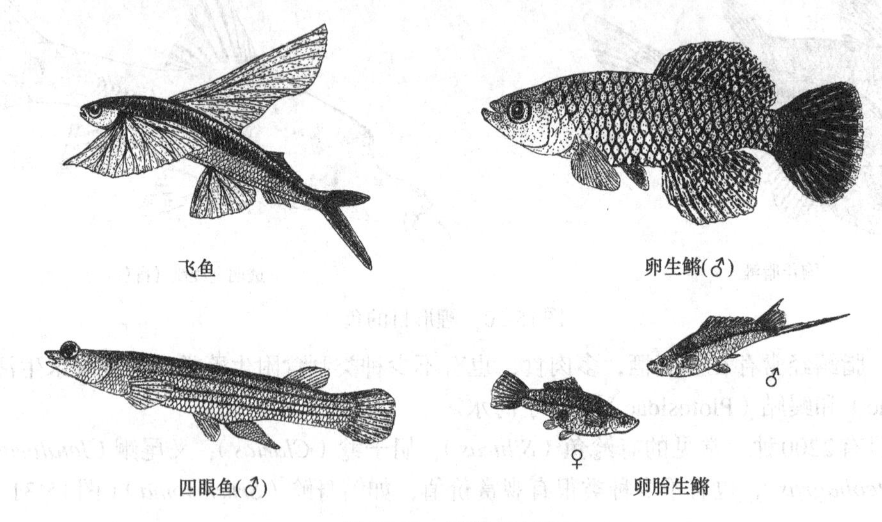

图 15-33 鳉形目的鱼

（8）鳕形目（Gadiformes） 鳕形目因其典型属种的肉洁白如雪而得名，这类鱼身体长形，体后部的脊椎骨退化；背鳍 1～3 个，臀鳍 1 个或 2 个，腹鳍喉位或颏位；下颏中央常有 1 须，多有圆鳞。

鳕形目有 500 多种，大多为冷水性海洋鱼类或深海生活，以鳕鱼（Gadidae）较常见。鳕鱼是北半球重要的经济鱼类（图 15-34），主要分布于高纬度地区，常见的有狭鳕（*Theragra chalcogramma*），淡水生活的有江鳕（*Lota lota*）。

（9）刺鱼目（Gasterosteiformes） 刺鱼目身体侧扁或圆形，裸露无鳞或具栉鳞，有些种类体被骨板或甲片；吻通常呈管状，前位；背鳍 1 个或 2 个。不少种类的雄鱼对后代予以照料。

刺鱼目大约有 250 种，多在海洋生活，如烟管鱼（*Fistularia*）、管口鱼（*Aulostomus*）、剃刀鱼（*Solenostomus*）、海马（*Hippocampus*）、虾鱼（*Aeoliscus*）等（图 15-35）。

（10）鲈形目（Perciformes） 鲈形目的鱼因鳍具有明显的鳍棘，又称棘鳍类。这类鱼体被栉鳞，背鳍一般为 2 个，互相连接或分离，第 1 背鳍为鳍棘（有时埋于皮下或退化），第 2 背鳍为鳍条。

鲈形目是种类最多的一目，约有 9300 种，绝大多数分布于温热带海区，仅少数种类生活在淡水水域，很多是重要经济鱼类，有不少是著名的观赏鱼类。常见的有蝴蝶鱼、刺盖鱼

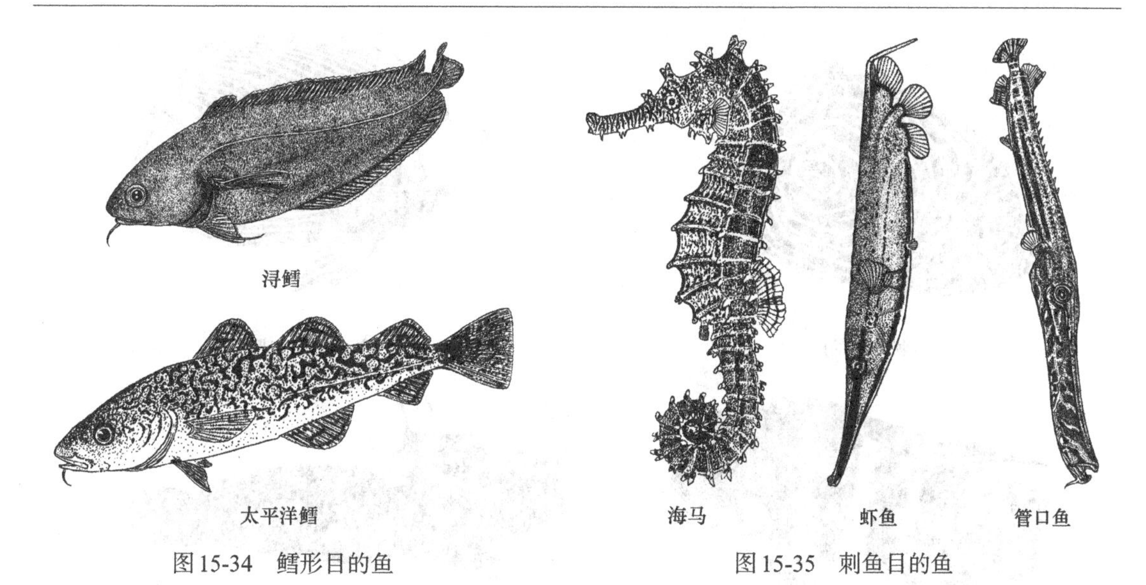

图15-34　鳕形目的鱼　　图15-35　刺鱼目的鱼

（Pomacanthidae）、刺尾鱼（Acanthuridae）、镰鱼（*Zanclus canescens*）、金枪鱼、带鱼、攀鲈（Anabantidae）和斗鱼（Belontiidae）等（图15-36）。

（11）鲉形目（Scorpaeniformes）　鲉形目的鱼体形粗钝，身体特化部位较多，如头部具棘突、皮瓣和毒腺；体表有栉鳞或细刺、骨板等。这类鱼体形不大，多海底生活，大多不善游泳，活动于沿岸底层岩礁石砾或沙泥环境中，伺机捕食其他小动物。

鲉形目约有1200种，常见的有蓑鲉（*Pterois*）（图15-37）、毒鲉、鲂鮄（Triglidae）、六线鱼（Antennariidae）、鲬鱼（Platycephalidae）和杜父鱼（Cottidae）等。

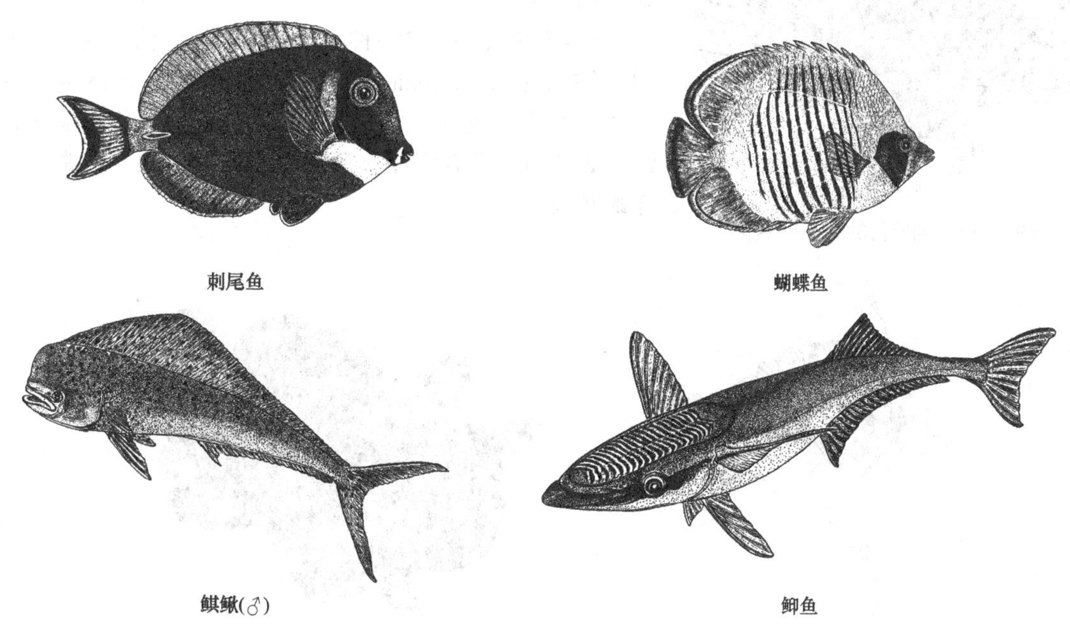

图15-36　鲈形目的鱼

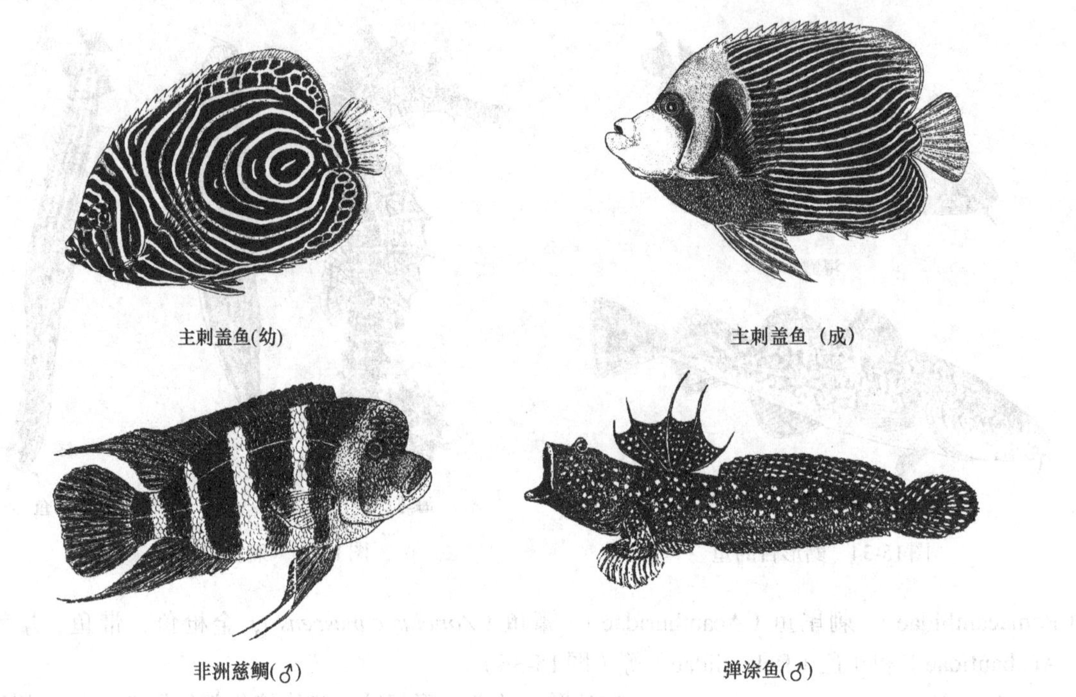

图15-36　鲈形目的鱼（续）

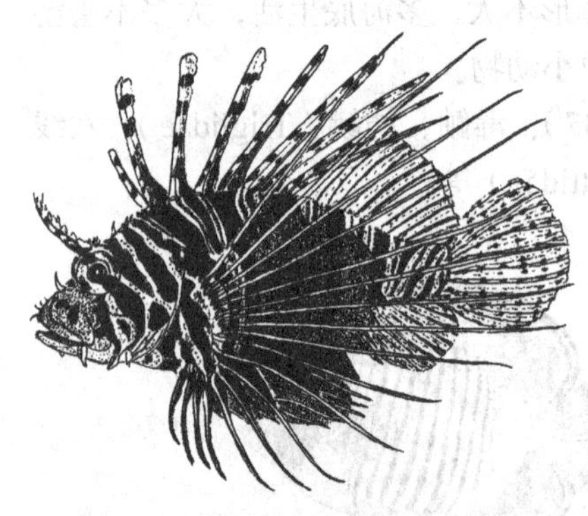

图15-37　鲉形目的鱼——蓑鲉

（12）鮟鱇目（Lophiiformes）　鮟鱇目的鱼长相怪异，行为古怪，其身体粗短，头大口大，体表无鳞；背鳍有棘，第1背鳍棘游离可动，末端形成吻触手，似鱼饵，用以引诱小鱼。

鮟鱇目大约有300种，全部海洋生活，分3个亚目，鮟鱇亚目（Lophioidei）和躄鱼亚目（图15-38）的鱼不善游泳，喜欢埋伏在海底捕食鱼虾；角鮟鱇亚目（Ceratioidei）没有腹鳍，深海生活，雄鱼很小，常寄生于雌鱼身上。

图15-38　鮟鱇目的鱼

（13）鲀形目（Tetraodontiformes） 鲀形目的鱼无肋骨；体被骨化鳞片、骨板、小刺或裸露；第1背鳍和腹鳍常变成坚硬的棘刺，或退化消失，第2背鳍和臀鳍上下相对，大小、形状近似，成为游泳的主要动力源；鳃孔小，侧位；口小，有齿，齿常有愈合现象。

鲀形目有300余种，为海洋鱼类，只有少数种类生活在淡水中，或在一定季节进入江河。常见的有河鲀、翻车鲀（Molidae）、鳞鲀（Balistidae）、拟三刺鲀（Triacanthodidae）、箱鲀（Ostraciidae）、三齿鲀（Triodontidae）和刺鲀（Diodontidae）等（图15-39）。

图15-39 鲀形目的鱼

（14）鲽形目（Pleuronectiformes） 鲽形目特点非常突出：身体为不对称形，两眼靠近，位于身体一侧（故名比目鱼），无眼侧色浅，紧贴海底；背鳍和臀鳍基底长，腹鳍胸位或喉位；这类鱼变态发育，仔鱼阶段身体两侧对称。

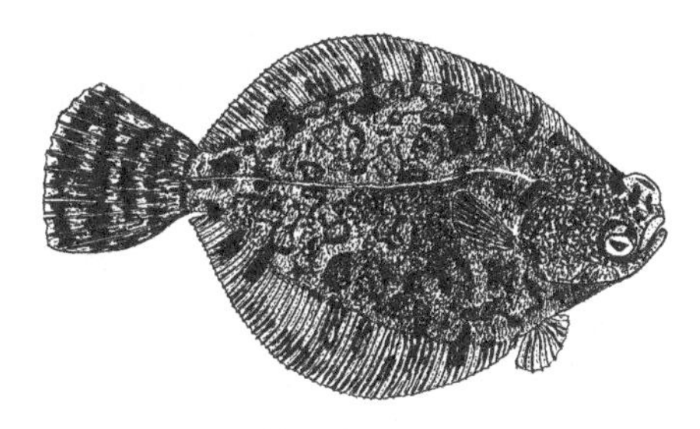

图15-40 鲽形目的鱼——木叶鲽

鲽形目有540种（图15-40），均为底层海鱼类，仅少数种类可进入江河淡水区生活。常见的有大菱鲆（*Psetta maxima*）、舌鳎（*Cynoglossus*）等。

除了以上14目外，比较常见的真骨鱼类还有：海鲢目（Elopiforme）、鼠鱚目（Gonorhynchiformes）、灯笼鱼目（Myctophiformes）、银汉鱼目（Atheriniformes）、鲑鲈目（Percopsiformes）、金眼鲷目（Beryciformes）、海鲂目（Zeiformes）、月鱼目（Lampriformes）、鲻形目（Mugiliformes）、合鳃鱼目（Synbranchiformes）等。

小 结

鱼类是高度适应水生生活的脊椎动物，与圆口类不同，鱼类具上下颌，有偶鳍，鼻孔成对存在种类多，分布广。鱼类的体形多样；体表有鳞或退化；有鳍，协助游泳和保持身体平衡；有鳃，有些淡水种类还有辅助呼吸器官，能呼吸空气；多数种类脊柱完整，并分化为躯椎和尾椎；心脏1心房和1心室，单循环；运动能力强，感觉发达。

鱼类分为软骨鱼纲和硬骨鱼纲。软骨鱼纲的鱼种类较少，大多生活在海洋中；骨骼均为软骨，鳍由角质鳍条构成，歪型尾；口位于头部腹面，鳃裂5～7对，鳃间隔长，无鳔；雄鱼有鳍脚，体内受精，卵生、卵胎生或假胎生，直接发育。硬骨鱼纲的鱼海洋和淡水中都有，特别是辐鳍亚纲，种类繁多，数量庞大。硬骨鱼纲的内骨骼多为硬骨，鳍由鳞质鳍条构成，体被硬鳞、骨鳞或无鳞；鳃4对，鳃隔退化，外有骨质鳃盖保护，有鳔或退化；多体外受精，多卵生，卵较小，有的种类进行变态发育。

复习思考题

1. 解释名词：辅助呼吸器官、浮头、真骨鱼类、全骨鱼类、古鳍鱼类、新鳍鱼类。
2. 鱼类有哪几种基本体型？鱼类的鳞片有哪3种类型？
3. 鱼类的尾有哪3种类型？鱼类的脊椎骨有哪两种类型？
4. 鱼类高度适应水生生活的特征主要表现在哪儿？
5. 鱼类的分类情况怎样？

第十六章

两 栖 纲

（1）体型有3种：鲵螈型、蚓螈型和蛙蟾型。

（2）身体分头、躯干、四肢和尾4部分，皮肤通透性强，富含腺体。

（3）脊椎分颈椎、躯椎、荐椎和尾椎，颈椎、荐椎各1枚，五指（趾）型四肢。

（4）呼吸多样化：皮肤呼吸、口咽腔呼吸和肺呼吸，甚至鳃呼吸。

（5）心脏2心房1心室，不完全双循环，变温动物，对环境变化敏感。

（6）大多体外受精、卵生或卵胎生、多间接发育，繁殖方式多样。

（7）主要分布在温暖潮湿地区，幼体水生，繁殖离不开水。

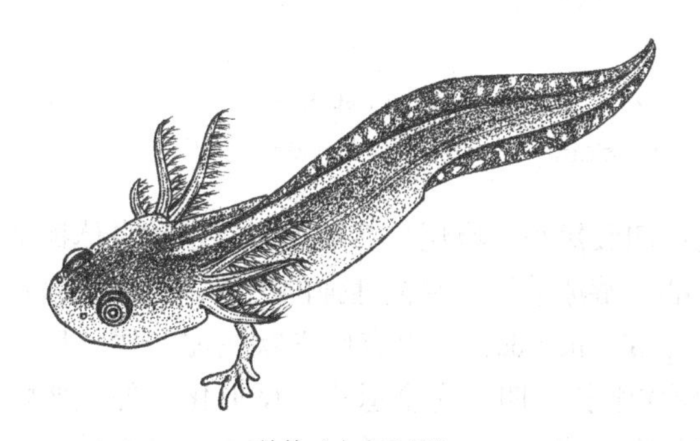

幼体（水中生活）

成体（陆上生活）

虎纹钝口螈

大约在3.7亿年前，古总鳍鱼尝试登陆，逐步演变成两栖动物。两栖动物并非真正的陆生动物，却是脊椎动物进化上非常关键的环节，是脊椎动物从水生过渡到陆生的中间类群。

两栖动物间接发育，其幼体水生，有鱼类的一些特点，经变态发育后，才能登陆生活，成体有陆生脊椎动物的特征，但陆地适应能力较差。可以说，两栖动物的一生再现了脊椎动物由水生转向陆生的过渡情形。当然，也有些两栖动物终生水生，这是一种次生性现象。

第一节 基 本 特 征

两栖纲最根本的特征是水陆过渡性，这除了表现在幼体完全水生外，更重要的是表现在成体的不完全陆生性。所谓不完全陆生，是指陆生性不强，还带有水生动物的特点。

一、外形

两栖动物的身体分为头、躯干、尾和四肢4部分（图16-1），相对于鱼类，两栖动物有了适应陆地运动的四肢。

两栖动物有3种体型：鲵螈型（蝾螈型）、蚓螈型和蛙蟾型。3种体型也恰好代表了两栖动物的3大类群：有尾目、无足目和无尾目（图16-2），分别适用于水生、穴居和陆栖生活环境。

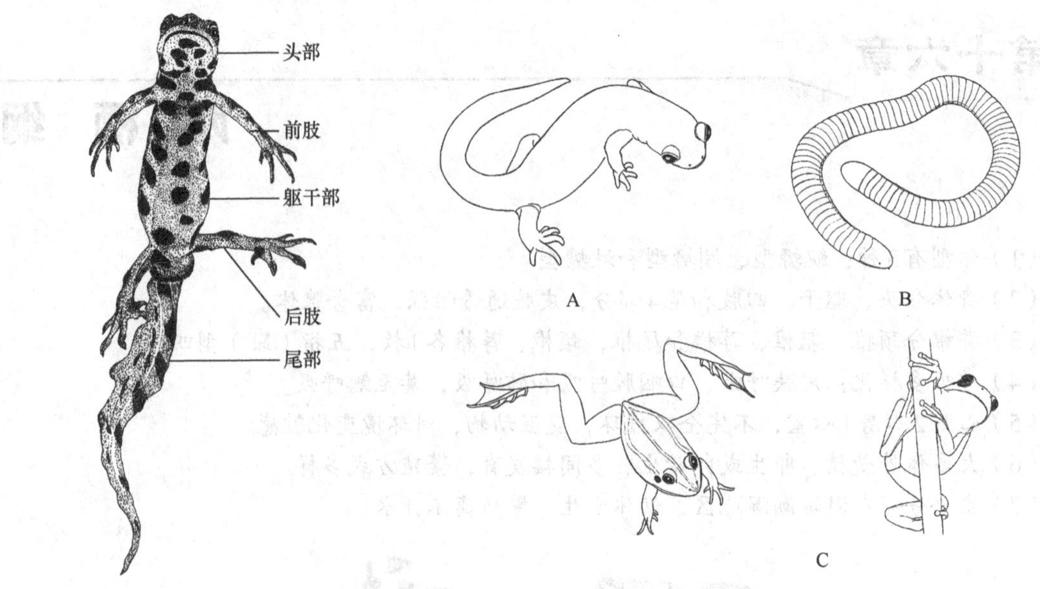

图16-1　两栖动物的身体结构

图16-2　两栖动物的3种体型

A. 鲵螈型；B. 蚓螈型；C. 蛙蟾型

鲵螈型是两栖动物最基本的体型，其特点是：四肢短小，有尾。在陆上，靠扭动身体挪动四肢，匍匐爬行，速度很慢；在水中，靠摆动尾部，游泳前行。水栖性强的类群，尾部侧扁宽大，多有鳃，如洞螈（Proteidae）和隐鳃鲵（Cryptobranchidae），也有些喜欢底泥穴居，后肢退化，如鳗螈（Sirenidae）。蚓螈型的两栖动物身体细长，四肢完全退化，尾退化，外观像蚯蚓，适合钻洞生活。蛙蟾型的两栖动物身体结构紧凑，尾退化，四肢发达，偏水生类群的后足还有蹼，在水中靠蹬腿游泳前进，在陆地上则跳跃前行，运动速度大大提高，适应能力最强，不过也有些种类基本放弃了跳跃运动，改为用四肢爬行前进，如蟾蜍（*Bufo*）等。但无论如何，蛙蟾型是陆生性最强的两栖动物，有些种类已能在较干燥的地方生活，还有不少种类上树生活，如雨蛙和树蛙等。

辅助阅读

在两栖动物中，无尾目的陆生性最强，有些已发展为树栖，喜欢在树上或植物叶子上栖息，最典型的是雨蛙（Hylidae）和树蛙（Rhacophoridae），另外还有苇蛙（Hyperoliidae）和小附蛙（*Centrolenella*）。这些树栖蛙类彼此间的亲缘关系并不是很近，但由于生活环境和生活方式相近，便演化出了一些相同的结构，最典型的是指（趾）端都膨大扁圆，形成吸盘。

雨蛙的身体细瘦，个体不大，有600多种，主要分布于中南美洲和大洋洲，其中，中南美洲雨蛙的形态、生态和产卵习性变异较大，呈现多样化的态势。树蛙身体稍大一些，大约有180种，分布于非洲和亚洲南部，多活动于潮湿的阔叶林区及其边缘地带，多有筑泡沫巢的习性，蝌蚪生活于静水中。苇蛙分布于非洲大陆和马达加斯加岛，有200多种，多树栖，不少种类生活于沼泽地区，喜欢攀附在芦苇等植物上。小附蛙生活在南美洲，有70多种，体长一般不超过3cm，多是些树栖蛙类，在树叶上产卵，腹部皮肤为半透明，能够隐约看到内脏，有人称之为“玻璃蛙”。

二、皮肤

脊椎动物的皮肤由表皮和真皮构成，两栖动物皮肤的特点是角质化程度很低，几乎没有衍生物，皮肤裸露，色素细胞丰富。其中，无尾目的皮肤并非全面固着在肌肉上，而是呈网点状同肌肉结合，在结合点之间的空隙内充有淋巴液。

两栖动物的皮肤裸露，表皮中有很多黏液腺，因而，皮肤湿润细腻，有利于进行皮肤呼吸。但也正是因为皮肤裸露，通透性强，透水透气，致使两栖动物一般不能生活于荒漠和海洋中。实际情况是：只有少数蛙蟾类的皮肤角质层稍厚，能在干旱地带生存，但它们多是昼伏夜出，或只能是在雨天活动，旱季须躲入深深的地下洞穴中蛰伏。海陆蛙（*Fejervarya cancrivora*）是唯一能在海水中生活的两栖动物，活动于东南亚的红树林泥滩上。

图16-3 箭毒蛙

不少两栖动物的黏液腺演变成毒腺，起防御作用。例如箭毒蛙（Dendrobatidae）、曼蛙（Mantellidae）、粗皮渍螈（*Taricha granulosa*）等，有些毒性极强（图16-3）。

辅助阅读

箭毒蛙也叫作丛蛙，是指无尾目箭毒蛙科的动物，约有200种，体长2～5cm，只产于南美洲和中美洲南部赤道附近的热带雨林中。箭毒蛙的体表黏液有毒，以毒性剧烈和体色鲜艳而闻名全球，生活在哥伦比亚的印第安人将其毒液涂在吹管箭上，用于捕猎，故得名箭毒蛙。其实，箭毒蛙科的成员并非全部有毒，有毒的种类毒性也有差异。比较有名的箭毒蛙是天蓝丛蛙（*Dendrobates azureus*）、火红箭毒蛙（*D. pumilio*）和金色箭毒蛙（*Phyllobates terribilis*）。

箭毒蛙的生活环境并不一致，但繁殖方式却有很多相似之处。它们白天活动，雄蛙通过声音求偶，为争夺地盘经常大打出手，一般是后肢站立，用前肢搏斗，拥有地盘的胜利者往往能得到雌蛙的青睐。由于雄蛙较大，抱对时，常常是雄蛙抱住雌蛙的头部。雌蛙在潮湿的陆地上产少量的卵，之后多半是雄蛙护卵。有的种类是双亲都不在场，只是定期来照看一下，给卵撒点水。蝌蚪孵出后，自己会扭动，爬到父亲（有时是母亲）背上，被带到水中，完成早期发育。

因为表皮和真皮中含有大量的色素细胞，所以两栖动物的体色非常丰富。有的体色能与环境保持一致，很难被敌害发现，属保护色；有的体色与环境格格不入，非常醒目，属警戒色。

三、骨骼

同鱼类一样，两栖动物的骨骼系统也分中轴骨和四肢骨，中轴骨包括头骨和脊柱两部分。不过，与鱼类相比，两栖动物的骨骼数目减少很多，脊椎已分化为颈椎、躯椎、荐椎和尾椎4种类型（图16-4）。除少数原始类群像鱼类一样为双凹型锥体外，其他都属前凹型或后凹型，椎体彼此相接形成活动的关节，这就大大增加了身体的柔韧性。肋骨多发生退化，身体表现出更大的坚韧性和灵活性。另外，与其他四足类一样，两栖动物的肩带（肩胛骨、乌喙骨、前乌

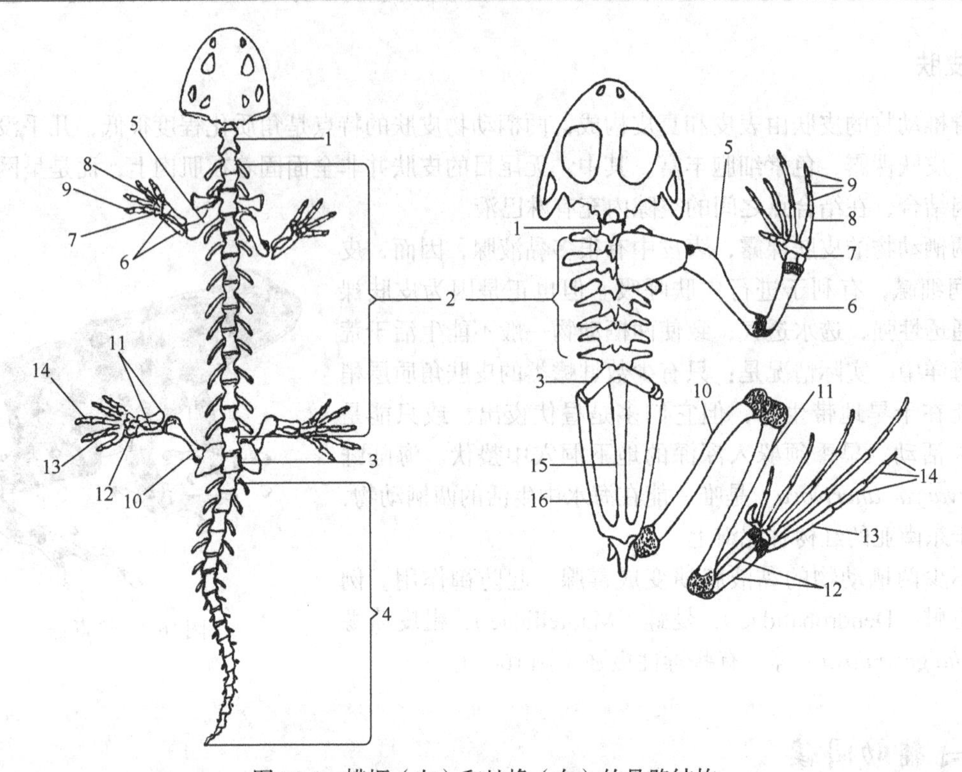

图16-4　蝾螈（左）和蛙蟾（右）的骨骼结构

1. 颈椎；2. 躯椎；3. 荐椎；4. 尾椎；5. 肱骨；6. 桡骨和尺骨（桡尺骨）；7. 腕骨；8. 掌骨；9. 指骨；10. 股骨；11. 胫骨和腓骨（胫腓骨）；12. 跗骨；13. 跖骨；14. 趾骨；15. 尾杆骨；16. 髂骨

喙骨）不直接连于脊柱，也不连于头骨，腰带（髂骨、坐骨、耻骨）则以髂骨连在荐椎的横突上，这种结构既保证了前肢的灵活性，有利于控制运动方向，又使后肢为身体提供了强有力的支撑，提供前进的推力。

两栖动物的脊椎分化出了颈椎和荐椎。颈椎形成颈部，有了颈部，动物可在不挪动躯体的情况下，通过转动头部扩大视野。如果是水中生活，身体是悬浮的，动物可随意转动身体来寻找目标，颈部的作用就不大，况且，有颈部反而会增加游水阻力，降低身体的牢固程度，所以，拥有颈部是陆生脊椎动物的特征。两栖动物的陆生性不强，颈椎只有1枚，即寰椎，因而还没有形成真正的颈部。两栖动物成体在陆地生活，为了把身体撑起来，除了需要四肢外，还必须使某些脊椎骨特化，以加强与后肢的关连，这些特化了的脊椎就是荐椎。蚓螈类的四肢和荐椎都已退化，其他两栖动物的荐椎也只有1枚，支持机能与真正的陆生脊椎动物相比，无疑还处于初级状态。但蛙蟾类的许多枚尾椎愈合成1枚尾杆骨，固定在左右两枚髂骨之间，大大强化了对身体的支持，有利于跳跃运动。

在脊椎动物中，两栖动物第一次出现了由骨骼支持的四肢，前肢的骨骼由肱骨、桡骨和尺骨、腕骨、掌骨和指骨组成，后肢的骨骼由股骨、胫骨和腓骨、跗骨、跖骨和趾骨组成。陆生脊椎动物的掌骨和跖骨均是5枚，指和趾都是五分开叉的，这就是五指（趾）型四肢。五指（趾）型四肢有利于将身体撑起，适于地面运动，但两栖动物前肢只发育出四指，有些鲵螈的后肢也只有四趾。蛙蟾类的四肢发达，桡骨和尺骨愈合成桡尺骨，胫骨和腓骨愈合成胫腓骨，前肢能撑起身体前部，便于举首远眺，后肢粗长强健，趾间大都有蹼，适于跳跃和游泳，有些蛙类指（趾）端有吸盘，适于树上栖息，如树蛙和雨蛙。

两栖动物出现了五指（趾）型四肢，脊柱分化出了颈椎和荐椎，这都是陆生脊椎动物的重要特征。但由于各只有1枚，故陆生性不强。

四、肌肉

蚓螈类和鲵螈类的肌肉仍保留原始的分节现象，蛙蟾类的肌肉分节不明显，咬肌、四肢肌肉发达，适于复杂的陆地运动。

五、消化

两栖动物全部为肉食动物，喜欢捕食各种小虫，消化道较短，不过，其幼体的消化道较长，多是杂食。

同鱼类相比，两栖动物的消化道结构复杂，分化更细，从前到后依次为：口、口咽腔、食管、胃、肠和泄殖腔。两栖动物的口很大，口内有唾液腺，能起到润滑食物的作用。蛙蟾类一般无齿，鲵螈类和蚓螈类有颌齿，主要是防止入口的食物逃脱。多数蛙蟾类的舌很发达，肌肉质，能外翻，非常灵活，有利于捕食。

口咽腔为食物和空气的共同通道。两栖动物有内鼻孔，空气由内鼻孔经口咽腔入肺，食物则由口经口咽腔进入食管。

六、呼吸

两栖动物的幼体水中生活，用鳃和皮肤呼吸。成体多在湿润的环境中活动，但有的偏水，有的偏陆，这使得呼吸方式多元化，除肺呼吸外，还有皮肤呼吸和口咽腔呼吸，少数成体也有鳃，能进行鳃呼吸，如洞螈就有外鳃。总之，两栖动物拥有脊椎动物最多样化的呼吸。

两栖动物成体有1对肺，这是陆生脊椎动物的特征，不过，两栖动物的肺囊状，结构简单，肺呼吸所获得的氧气不能完全满足新陈代谢的需要，还需要其他呼吸方式辅助才行，这就是皮肤呼吸和口咽腔呼吸。所有的两栖动物都能用皮肤和口咽腔呼吸，甚至不少种类的肺退化，完全靠皮肤和口咽腔呼吸，如无肺螈（Plethodontidae）和急流螈（Rhyacotritonidae）。不过，在陆地上，多数两栖动物主要还是依靠肺呼吸，而且，肺呼吸和口咽腔呼吸常常交替进行。

现代两栖动物的肋骨不发达，没有形成胸廓，自然不能通过扩张胸廓的办法让空气进入肺中。事实上，两栖动物是靠口咽腔底部的升降来完成进排空气的。先是外鼻孔瓣膜开放，口底下降，空气经内鼻孔吸入口咽腔，之后，外鼻孔关闭，喉门开启，口底上抬，迫使空气流入肺内，再关闭喉门，在鼓胀的肺内进行气体交换，这便是肺呼吸。肺呼吸期间还会进行口咽腔呼吸：外鼻孔瓣膜保持开放，口底不断上、下运动，空气进进出出口咽腔，在口咽腔黏膜上完成气体交换。最

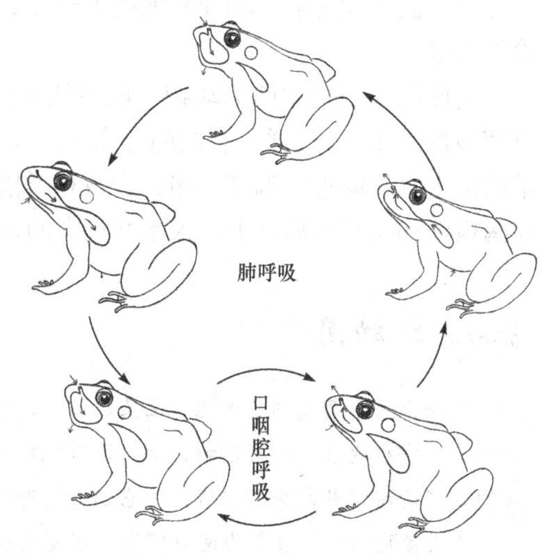

图16-5 蛙蟾类呼吸示意图

后，肺内气体充分交换后，喉门开放，由于肺本身的弹性回缩和腹肌的收缩，肺内气体被退回口咽腔，经外鼻孔排出体外（图16-5）。从上述叙述不难看出，两栖动物只能是将空气“吞入”肺内，这就是吞咽式呼吸，简称咽式呼吸。

皮肤呼吸有一个好处：在水中吸收水中的氧气，在空气中利用空气中的氧气，这对水陆生活的两栖动物来说非常合适。为此，它们的皮肤通透性强，湿润，皮下还有丰富的毛细血管。事实上，对两栖动物来说，皮肤呼吸非常重要，特别是水下蛰伏阶段。温带地区的两栖动物，在夏天正常生活，可进行多种呼吸；到了冬天，因为新陈代谢降到了很低的水平，单是皮肤呼吸提供的氧气也就够用了，所以，两栖动物能在水下越冬。水下越冬大大拓展了两栖动物的分布范围，某些蛙类和小鲵（Hynobiidae）甚至能进入寒带生活。

 辅助阅读

两栖纲无尾目也称为蛙类或蛙蟾类，包含30多个科，其成员都冠以蛙或蟾（蟾蜍）的称呼。严格意义上讲，蛙的胸骨左右两侧的前乌喙骨在腹中线处愈合，形成“固胸型肩带”；蟾的两块前乌喙骨彼此重叠，可以左右活动，为“弧胸型肩带”，这让其前肢活动更灵活（但在现实生活中，通常把皮肤光滑、身体纤细、善于跳跃的称为蛙，把皮肤多粗糙、身体臃肿、喜欢爬动的叫蟾）。如果还需要进一步缩小范围的话，蛙是指蛙科（Ranidae）动物，蟾蜍是指蟾蜍科（Bufonidae）动物。

蛙科有50余属670余种，是分布最广的两栖动物，几乎遍及各大洲，最北可达北极圈附近，在非洲最为繁盛，在亚洲东部和南部也比较丰富。其中，非洲巨蛙（*Conraua goliath*）是最大的无尾目动物，体重可达3kg。蟾蜍科有20余属350多种，分布也很广，遍布大洋洲和非洲马达加斯加岛以外的世界各地，其中，蔗蟾蜍（*Rhinella marina*）最大体重可达2.5kg。

七、循环

两栖动物的心脏幼体是1心房1心室，为单循环；成体是2心房1心室，有肺循环和体循环，称为双循环，但由于动脉血和静脉血在心室里完全混合，因此血液循环为不完全双循环。不完全双循环输送氧气和养料的能力较差，所以两栖动物是变温动物，一般不能生活在十分寒冷的地带。

前面已经说过“两栖动物一般不能生活于荒漠和海洋中”，这里又说“一般不能生活在十分寒冷的地带”。这样，它们的分布范围就很窄了。事实上，两栖动物主要分布于热带和亚热带的淡水水域附近，温带不多，少数种类能在寒带生活，沙漠和高寒地区的两栖动物极少，而在南极洲和海洋性岛屿上，根本就没有两栖动物分布。

理论上讲，两栖动物既能水生又能陆生，分布应比较广才对，事实上，在水中，它远不如鱼类；在陆地上，它也无法和爬行动物抗衡，这种尴尬的局面使两栖动物的分布范围很窄，种类也较少。先天不足限制了两栖动物的分布疆域，但它们并没有停止努力，在适宜生存的环境中，努力发展壮大自己的种群，在其他地方，也在努力适应环境，拓展地盘，特别是蛙蟾类，成就很大。

温暖潮湿的热带雨林是蛙蟾类最理想的家园，这里的蛙蟾类异常丰富。例如，在厄瓜多尔亚马孙河流域的一个小山村中，研究蛙蟾类的科学家一晚上就收集到了56个物种，这在非雨林地区无论如何是办不到的。还有些蛙蟾类已适应寒冷的环境，甚至冬季被冻在冰雪中，第二年春天也能活过来，如北美林蛙（*Rana sylvatica*）。海陆蛙是唯一能在海水中生活的两栖动物，海陆蛙之所以能在海水中栖息，是因为其体液中尿素的浓度比较高，以此抵御海水的渗透压，避免脱水。生活在美国西部荒漠中的北美锄足蟾（Scaphiopodidae），一旦雨季到来，就迅速结束蛰伏，从深深的泥洞里钻出来，趁着夜晚在临时性的水塘内抱对产卵。

另外，在生殖发育方面，蛙蟾类也有特别的适应性，如生活在南美洲的奇异多指节蟾（*Pseudis paradoxa*），成蛙体长7cm，但其蝌蚪却能长到25cm，故常被称为“不合理蛙”。

需要指出的是：现存两栖动物的淋巴系特别发达。淋巴系由淋巴组织淋巴管和淋巴液组成，组织液进入淋巴管，即成为淋巴液。淋巴系是血液循环的辅助，圆口类没有淋巴系，软骨鱼类的也不明显，硬骨鱼类有比较明显的淋巴系。

八、排泄

两栖动物的排泄系统主要由肾脏、输尿管和泄殖腔组成，其功能是排除代谢产物，并调节体内水分平衡。另外，皮肤和肺也能排出部分代谢物。两栖动物的代谢产物主要是尿素。

鲵螈类的肾脏呈长扁形，肾脏形成的尿液通过输尿管进入泄殖腔，经泄殖孔排出体外。蛙蟾类的肾脏为长椭圆形，泄殖腔的腹壁突出形成膀胱（泄殖腔膀胱），尿液经输尿管流入泄殖腔后，不直接排出体外，而是回流到膀胱里，储存一段时间后，膀胱受压收缩，尿液再次进入泄殖腔，经泄殖孔排出体外。

蛙蟾类在陆地上活动，通透性强的皮肤很容易丢失水分，为保持体内水分平衡，演生出了泄殖腔膀胱，这种膀胱的一个重要功能就是从尿液中回收水分。当然，这并不能完全解决机体失水的问题，为此，除生活在空气极端潮湿的热带雨林中的种类和皮肤角质化深的种类外，多数蛙类得经常下水获取水分，不可能长时间远离淡水水源。

九、神经和感觉

（一）神经

两栖动物脑的结构与鱼类相似，仍为五部脑，都分布于同一平面上，但已有四个脑室的分化。与鱼类的古脑皮不同，两栖动物的大脑分为左右两个半球，顶部和侧部出现了零散的神经细胞，被称为原脑皮，其机能与嗅觉有关。

（二）感觉

两栖动物的感觉主要有视觉、听觉、嗅觉等（图16-6）。另外，两栖动物的幼体都有侧线，水栖性强的种类，如大鲵（*Andrias*）、肥螈（*Pachytriton brevipes*）、东方蝾螈（*Cynops orientalis*）、负子蟾（*Pipa*）等，成体还保留有侧线。

在嗅觉上，两栖类出现了内鼻孔和犁鼻器。犁鼻器是针对空气的一种味觉感受器，由鼻腔内的嗅黏膜演变而来，蛙蟾类的犁鼻器与鼻腔发生分离。在视觉上，水生两栖类的眼睛和鱼类

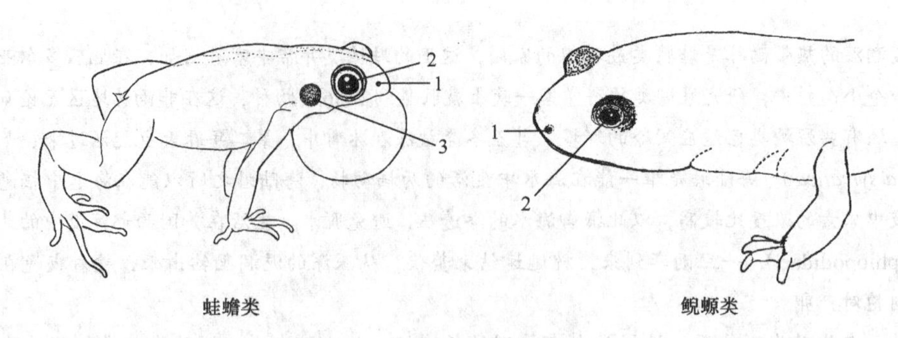

图16-6　两栖动物的感觉器官

1. 外鼻孔；2. 眼睛；3. 鼓膜

的近似，晶状体为圆球形，陆栖两栖类有泪腺、瞬膜以及可动的下眼睑，晶状体扁球形，能在肌肉的牵引下前拉进行聚焦。在听觉上，两栖类出现中耳，但仅部分蛙蟾类有完整的中耳，即有中耳腔（鼓室）、耳柱骨和鼓膜。鼓膜为中耳腔的外膜，声波对鼓膜的振动可经耳柱骨传入内耳，增强听力。

蚓螈类的眼睛小，无鼓膜，视觉和听觉都很弱，但触觉较好，对振动敏感。

鲵螈类的感觉相对发达，无鼓膜，视觉较好，但两栖鲵和鳗螈（Sirenidae）的眼很小，眼睑不能活动，洞螈（*Proteus anguinus*）的眼已退化，主要靠嗅觉甚至是侧线来完成捕食和求偶。

蛙蟾类的运动能力最强，感觉也最发达。它们主要依靠视觉捕食，其眼睛大而突出，感觉敏锐。两只眼睛的后方各有1个圆形的鼓膜，故听觉灵敏，多数种类依靠听觉求偶，为此，雄性特别擅长鸣叫，并长有鸣囊。不过，少数蛙蟾类没有鼓膜，如铃蟾（*Bombina*）等。

十、生殖

两栖动物繁殖的基本情况是：雌雄异体，多体外受精，多间接发育。因幼体必须在水中完成发育，这就迫使成体去水中产卵。这对于陆生的成体来说，无疑增加了负担，所以，不少种类在繁殖上已表现出脱离水的种种“尝试”，如体内受精和直接发育等。但这仅是一些离水的倾向而已，在离水繁殖上，没有哪一种两栖动物是完全成功的。

两栖动物多数都进行体外受精，为了提高受精率，雌雄个体需要紧紧地靠在一起，尤其是蛙蟾类，还要进行抱对（图16-7）。抱对是绝大多数蛙蟾类不可或缺的繁殖行为，有利于刺激排卵和提高受精率。进行体内受精的主要是蚓螈和部分鲵螈类，它们都没有真正的交配器。蚓螈类雄性的泄殖腔能突出体外，将精液输送到雌体的泄殖腔内；鲵螈类的情况多是雄性产下精包，雌体再将精包纳入泄殖腔内。

图16-7　蛙蟾类的抱对（腋下式）

两栖动物的受精卵往往被包裹在胶质膜中而表现出不同形状，如大鲵的念珠状、小鲵的（Hynobiidae）圆筒状、蟾蜍（*Bufo*）的长条状、侧褶蛙（*Pelophylax*）的团块状、锄足蟾（Pipidae）的片状等，但无论如何，都必须在极度潮湿的空气中或水中孵化。

两栖动物多变态发育，幼体没有眼睑，有鳃有侧线，其中，蛙蟾类的幼体最明显，特称蝌蚪。蝌蚪摆尾游动，在水中摄食生长，完成变态。变态期间，蝌蚪体内、外各种器官都发生重大改造，以适应由水栖向陆地生活的转变。最显著的外部变化是长出四肢和尾部萎缩消失（图16-8）；内部变化则是出现肺，鳃消失，心脏由1心房1心室发展成2心房1心室，血液循环方式也随之由单循环发展成不完全的双循环。完成变态后的幼蛙离水登陆，改吃动物性食物，消化道变粗变短，有了小肠和直肠的分化。

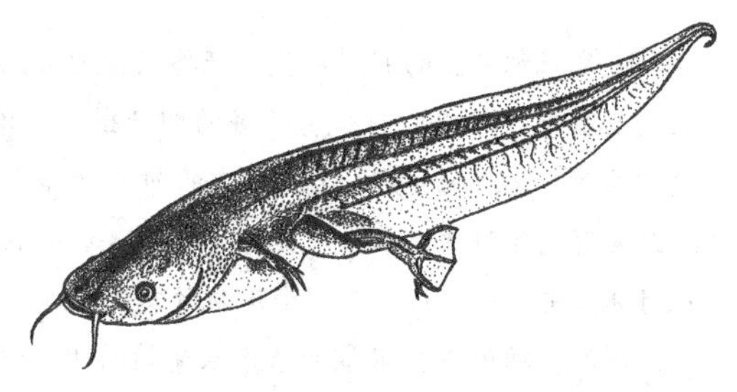

图16-8 爪蟾蝌蚪

两栖动物进行变态发育，幼体持续时间很不一样。一般来说，水栖性强的种类，幼体持续期长；在缺水环境中生活的类群，幼体期短。例如，有的北美锄足蟾，蝌蚪期不足10天，而髭蟾（*Vibrissaphora*）、湍蛙（*Amolops*）和尾蟾（*Ascaphus*）的蝌蚪期长达2～4年。鲵螈类中，有不少水栖性强的种类在性成熟时，仍然保留着幼体期的某些形态特征，如具外鳃等，这种现象被称为“幼体成熟”或“幼态持续”，如洞螈（Proteidae）、两栖鲵（Amphiumidae）、鳗螈（Sirenidae）等，最常见的是墨西哥钝口螈（美西螈，*Ambystoma mexicanum*），俗称“六角恐龙”。

间接发育反映了两栖动物由水生到陆生的转变过程。两栖动物的幼体与鱼很接近，需在水中完成生长发育。这样一来，那些在陆地生活的两栖动物，产卵就必须回到水中去才行，但这只是大多数两栖动物所遵循的套路。有些种类是直接发育的，直接发育的两栖动物是强化了陆生状态，取消了幼体阶段，其雌性产的卵大而少，受精卵直接孵化为幼螈或幼蛙。此外，还有些两栖动物是强化了水生状态，弱化了成体阶段，有的种类甚至终生保持幼体形态，有幼体性成熟现象。

总之，水陆过渡性使两栖动物的繁殖策略表现出了多元化的态势，尤其是生活在热带雨林中的蛙类，种类繁多，繁殖方式五花八门，不一而足。但无论如何，两栖动物的繁殖是离不开水的，即便是在陆地上产卵，也必须是选择在非常潮湿的环境中，而且幼体的摄食和生长必须在水中完成，所以从根本上讲，两栖动物还是属于水生动物。

辅助阅读

在两栖动物中，蛙蟾类的繁殖最复杂，其繁殖过程通常包括以下环节：求偶、抱对、产卵、护幼。

蛙蟾类的求偶方式多种多样，通常是雄性在夜晚鸣叫发布信息来吸引雌性，一旦发现雌性来到身边，叫声戛然而止，迅速跳过去，蹲伏在雌性背上，用前肢紧紧抱住，这就是抱对。由于皮肤湿滑很难抱合，大多数雄性前肢第一第二指都发育出了婚垫；还有的种类在繁殖季节，雄性的前肢会变得特别粗壮，如峨眉髭蟾（*Vibrassaphora boringii*）和棘腹蛙（*Rana boulengeri*）等。

大多数的蛙蟾类都是卵生，间接发育。非洲的泳蟾（*Nectophrynoides*）能够体内受精，受精卵在母体的输卵管内发育，最后产出幼蛙，为卵胎生。少数蛙蟾类（约占20%）的受精卵会直接孵出幼蛙，为直接发育，如短头蟾（Brachycephalidae）和扁手蛙（*Platymantis*）。

蛙蟾类的护幼多半是为受精卵或蝌蚪寻找一个安全舒适的场所。峨眉树蛙（*Polypedates omeimontis*）在树上产卵，产卵的同时排出胶状物，并用后腿搅拌，制出泡沫巢，受精卵包埋在其中，小蝌蚪孵出后，跌落到树下的水坑内发育。玻璃蛙把卵产在临水的叶片上，并伏在旁边予以保护。也有些蛙蟾类的护幼是真正意义上的照料后代。产婆蟾（*Alytes obstetrican*）产卵时，雄性会帮助接生，把卵带缠绕在自己的后腿上，予以照料；负子蟾的卵产出后，雄蟾把受精卵压入雌蟾背部的小窝中，让雌蟾随身携带；达尔文蛙（*Rhinoderma darwinii*）的雄蛙开始会看护受精卵，但不久，就把受精卵吞到自己的鸣囊中，直到发育成幼蛙才放出；胃育溪蟾（*Rheobatrchus silus*）的雌蛙把受精卵全部吞到胃里孵化，6周后，幼蛙从母体口中跳出。产于中国台湾省的艾氏树蛙（*Chirixalus eiffingeri*）更胜一筹，雄蛙照顾受精卵直到孵化成蝌蚪，雌蛙则会定期回来产未受精的卵，供蝌蚪食用，直至发育成幼蛙。能以这种方式为后代提供食物的还有产于南美洲的一些箭毒蛙和雨蛙。

第二节 分 类

两栖纲动物对环境的依赖性强，分布面窄，种类不多，现存种类约4800种，分3个目，无足目、有尾目和无尾目，即前面所说的蚓螈类、鲵螈类和蛙蟾类。我国产两栖动物326种。

一、无足目（Apoda）或蚓螈目（Gymnophiona）

无足目两栖动物身体细长，形似蚯蚓，无尾或尾极短，椎体双凹型，无四肢无带骨，有肋骨无胸骨，眼小，隐于皮下，无鼓膜，鼻眼间有一能伸缩的触突，很短；皮肤褶皱形成覆瓦状环褶，环褶内有骨质圆鳞（水生种类无鳞）。除在南美洲生活的盲游蚓螈（Typhlonectidae）为水栖或半水栖外，其余都是穴居生活，栖息在淡水水域附近潮湿的土壤中（夜间会到地面上来），捕食各种小虫，尤其是蚯蚓。

蚓螈类体内受精，卵生或卵胎生，间接发育。受精卵多产在地洞中，幼体长有3对细长羽状外鳃，在水中完成发育，最后，鳃裂封闭，尾鳍消失，变为成体。卵胎生的蚓螈在母体输卵管中发育，并能从母体中获得部分营养。

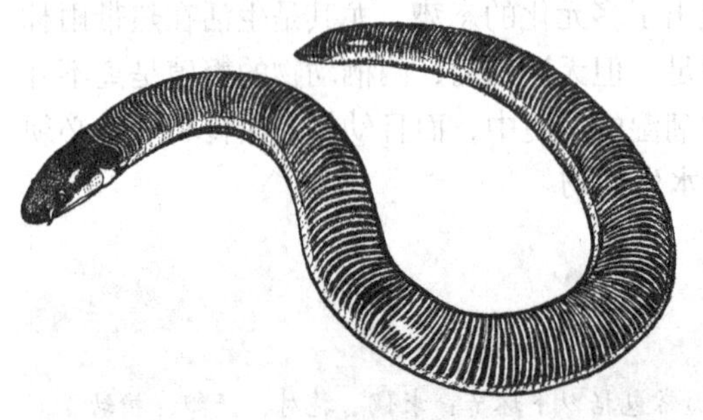

图16-9 无足目的两栖动物——版纳鱼螈

无足目已知有6科34属160多种，分布于非洲、美洲和亚洲的热带地区，尤以中、南美洲种类最多，大洋洲及欧洲没有蚓螈类。我国有两种：双带鱼螈（*Ichthyophis glutinosus*）和版纳鱼螈（*I. bannanica*）（图16-9），后者为国家二级重点保护野生动物。

二、有尾目（Caudata或Urodela）或蝾螈目（Salamandriformes）

有尾目的两栖动物身体均为鲵螈型，头宽扁，眼小，无鼓膜，四肢短小，有的种类身体细长，四肢极细弱而短小，如两栖鲵，少数种类仅有前肢，如鳗螈。有尾目的两栖动物软骨较多，有发达的尾，再生能力很强。

有尾目大多在水边或水中求偶，体外或体内受精，多卵生，间接发育，幼体水生，有3对羽状外鳃，变态不明显，通常以外鳃消失、鳃裂封闭和颈褶形成作为变态结束的标志。之后登陆觅食，当然，也有些种类不登陆，而是终生生活在淡水中，甚至有幼态成熟现象。也有少数种类终生生活在潮湿的陆地上，体内受精，卵生，直接发育，如无肺螈。有尾目中也有少数种类是卵胎生的，如黑螈（*Salamandra atra*）和火螈（*S. salamandra*）。

有尾目的两栖动物主要分布于北半球的温带和亚热带地区。非洲大陆、南美洲南部和大洋洲没有出产。全世界约有400种（图16-10），我国有81种，7种被列为国家一级重点保护野生动物，57种被列为国家二级重点保护野生动物。比较常见的有尾目动物：中国大鲵（*Andrias davidianus*）、新疆北鲵（*Ranodon sibiricus*）、东北小鲵（*Hynobius leechii*）、商城肥鲵（*Pachyhynobius shangchengensis*）、东方蝾螈和红瘰疣螈（*Tylototriton verrucosus*）等。

图16-10　有尾目两栖动物

三、无尾目（Anura）或蛙形目（Raniformes）

无尾目两栖动物体型为蛙蟾型，体形短宽，四肢强健，尤其是后肢特别长大，运动能力强。在陆地上一般做跳跃式运动，在水中也是靠蹬腿游水，即“蛙泳”，这和有尾类的摆尾游泳运动方式完全不同。为支持运动，无尾目的骨骼多发生愈合：荐椎后的尾椎愈合成1枚尾杆骨，桡骨和尺骨愈合成1块桡尺骨，胫骨和腓骨愈合成1块胫腓骨。由于运动能力强，无尾目两栖动物的感觉发达：眼睛大，视力好，有能活动的眼睑，多数种类具鼓膜。无尾目两栖动物一般都有肺，喜欢在潮湿的环境中生活，有些种类对干旱已经有了较强的适应能力；有些种类还生活在树上，其中，黑掌树蛙（*Rhacophorus nigropalmatus*）和黑蹼树蛙（*R. reiwardti*）等可利用宽大的脚蹼在树间滑翔。

无尾目两栖动物一般都是体外受精，但产卵前往往有明显的抱对现象，多卵生，繁殖习性复杂，幼体为蝌蚪，水中生活，间接发育，变态明显；少数种类直接发育。

无尾目是两栖纲中最高等的类群，身体和生活习性均发生特化，正是这种特化，发展壮大了两栖动物。在两栖纲中，无尾目种类最多、分布最广，有4200多种（图16-11），其生活环境多样化，但绝大多数还是生活在热带雨林中。我国有300多种，其中28种被列为国家二级重点保护野生动物。比较常见的无尾目动物有：东方铃蟾（*Bombina orientalis*）、中华蟾蜍（*Bufo gargarizans*）、中国林蛙（*Rana chensinensis*）和黑斑侧褶蛙（*Pelophylax nigromaculata*）等，髭蟾（*Vibrassaphora*）为中国特产，生活于南方高海拔林木繁茂的山区。

图16-11 无尾目两栖动物

小 结

两栖纲最根本的特征是水陆过渡性，它们大多生活在温暖潮湿的地方或淡水水域附近。成体有3种体型：鲵螈型、蚓螈型和蛙蟾型，有五指（趾）型四肢或退化。两栖动物的皮肤裸露；脊柱已分化为颈椎、躯椎、荐椎和尾椎4种类型；心脏为2心房1心室，不完全双循环；呼吸方式多样化，成体主要是肺呼吸、皮肤呼吸和口咽腔呼吸；繁殖习性多样，体外受精或体内受精，多卵生，多间接发育，幼体水生，无四肢，鳃呼吸。

两栖纲的种类不多，分3个目：无足目（蚓螈目）、有尾目（鲵螈目）和无尾目（蛙形目）。无足目体细长，无四肢，有肋骨，眼退化，体表有覆瓦状环褶，穴居生活；体内受精，卵生或卵胎生，间接发育。有尾目头宽扁，肋骨不发达，眼小，四肢短小，有发达的尾；体外受精或体内受精，多卵生，变态发育。无尾目体短宽，眼大，肋骨退化，四肢强健；多体外受精，多卵生，幼体为蝌蚪，多间接发育，变态明显。

复习思考题

1. 解释名词：五指（趾）型四肢、吞咽式呼吸、幼态成熟。
2. 两栖动物有哪几种体型？各代表什么样的生活方式？
3. 两栖动物的脊椎骨由哪4部分构成？
4. 两栖动物的水陆过渡性特征主要表现在哪些方面？
5. 两栖纲的分目情况怎样？各目有哪些常见动物？

第十七章 爬行纲

（1）体型有3种：蜥蜴型、蛇型和龟鳖型。
（2）身体分头、颈、躯干、四肢和尾5部分，皮肤干燥，衍生物多。
（3）脊椎分颈椎、躯椎、荐椎和尾椎，颈椎多枚、荐椎2枚。
（4）一般只有肺呼吸，呼吸方式有吞咽式和胸腹式。
（5）心脏2心房1心室，不完全双循环，变温动物。
（6）体内受精，雄性具交配器，卵生或卵胎生，直接发育，产羊膜卵。
（7）真正的陆生脊椎动物，可生活繁殖于荒漠中。

阔趾虎

在距今大约3.2亿年前的石炭纪晚期，陆栖性较强的古两栖动物演变成为爬行动物，目前发现最原始的爬行动物（化石）是距今3.1亿年前的林蜥（*Hylonomus*）。爬行动物能产羊膜卵，非常适应陆地生活，在鼎盛时期种类繁多、身体高大、分布广泛。水里游的有鱼龙（鱼龙目）、蛇颈龙（蛇颈龙目）和沧龙（Mosasauridae），天上飞的有翼龙（翼龙目），陆地上跑的有恐龙（鸟臀目和蜥臀目）。中生代末期，发生了白垩纪灭绝事件，爬行动物的黄金时代结束，今鸟（今鸟亚纲）和哺乳类得以快速发展，地球进入新生代。

第一节 基本特征

爬行动物是真正的陆生脊椎动物，其身体结构及在保水节水和繁殖方面都高度适应陆地生活。事实上，在脊椎动物中，爬行动物对水环境的要求最低。当然，爬行动物中也有不少种类是水生的，但这属于次生性现象。

一、外形

爬行动物的身体分头、颈、躯干、尾和四肢5部分（图17-1）。相对于两栖动物，爬行动物有了明显的颈部，这使头部的灵活性大大增加，但爬行动物的四肢还是相对较短，且从体侧横出，故不能奔跑，只能腹部贴地爬行，只有少数例外。

爬行动物有3种体型：蜥蜴型、蛇型和龟鳖型（图17-2）。

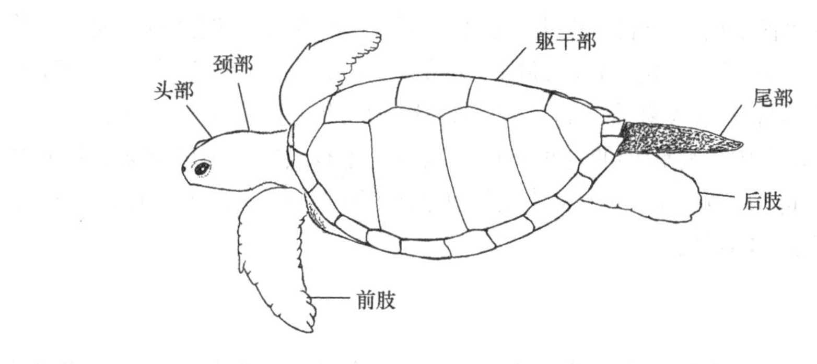

图17-1　爬行动物的身体结构

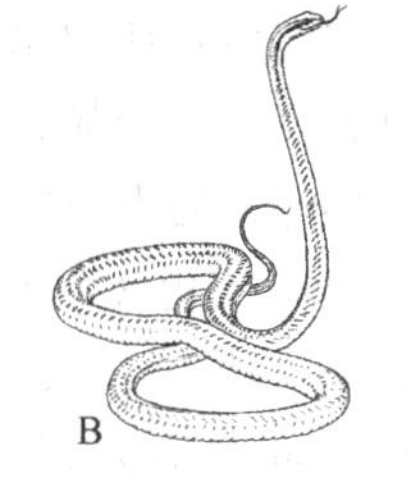

图17-2　爬行动物的3种体型

A．蜥蜴型；B．蛇型；C．龟鳖型

蜥蜴型是爬行动物的基本体型，鳄类和大多数蜥蜴属于这种体型，这种体型在陆地上靠挪动四肢爬行，在水中靠摆尾游泳，这看上去似乎和两栖纲的蜿螈型是一样的，事实上，二者差别极大。蜥蜴型的四肢灵活，趾（指）端有爪，抓地力强，移动十分迅速。有的蜥蜴还能站立起来，仅靠两条后腿奔跑，如双冠蜥（*Basiliscus*）能在水面上奔跑一段距离；很多蜥蜴能够上树生活，而飞蜥（*Draco*）可在树间滑翔，这些都是蝾螈无法做到的，所以说，两栖动物蝾螈型的陆地运动能力无法和爬行动物蜥蜴型的相提并论。鳄类在陆地上的运动速度也不慢，特别是小型鳄，如澳洲淡水鳄（*Crocodylus johnsoni*）能够跳跃式奔跑，时速高达20km。

蛇型是由蜥蜴型演化而来的，这中间还有一些过渡类型，如双足蜥（Dibamidae）、双足蚓蜥（Bipedidae）等，它们只有前肢或后肢。蛇型特点是：身体细长，四肢消失，适合穴居，最典型的是新蛇亚目，不但四肢完全消失，就连带骨也已经退化。蛇（蛇目）不再单纯地依赖洞穴生活，它将无腿运动发挥到极致，能上树会游泳。金花蛇（*Chrysopelea ornata*）能在树木间滑翔，海蛇（*Hydrophiidae*）更是常年在海中捕鱼。在地面上，蛇主要有4种运动方式：身体细长的蛇采取蜿蜒运动，爬行轨迹为“S”形，有些爬行之快，令人咋舌，如非洲的黑曼巴蛇（*Dendroaspis polylepis*），每秒钟能爬行5m多；身体粗壮的蛇常常采用直线运动，通过收放腹部肌肉，让宽大的腹鳞扒住地面，做齿轮式活动，依次向前推进，如加蓬噝蝰（*Bitis gabonica*）和蟒蛇（*Boidae*）；很多生活在沙漠中的蛇则采用侧进运动的方式，这种方式适应沙表面疏松的质地，并能让身体前后部分轮流离开地面，避免腹部被灼热的沙子烫伤，如响尾蛇（*Crotalus*）和角蝰（*Cerastes*）；另外，许多蛇都会曲伸运动：身体弯曲成“S”形，之后伸直，再弯曲，如此反复。

龟鳖型是一种防御体型，其特点是：体变短变宽，背部的皮肤硬化并和骨骼连在一起，形成背甲，腹部的皮肤也同样硬化，形成腹甲，坚硬的背甲和腹甲扣合在一起，就像肥皂盒一样，只是在身体前后各留出一个洞，供头、前肢和后肢、尾伸出，遇到危险时，则收回体内予以保护。由于有自备的洞穴，龟（Emydidae）的胆子变大了，运动总是慢条斯理的，性格也很温顺，不慌不忙的样子惹人喜爱。鳖（Trionychidae）的皮肤较软，防御能力稍差，但鳖爬行较快，且常栖息于水中。龟鳖类的这种防御机制还是很有效的，但任何防御措施都不是万能的，欧洲的金雕（*Aquila chrysaetos*）常常把陆龟抓到空中，然后抛下，让龟尽可能地落在岩石上，以达到击碎龟壳的目的。

二、皮肤

爬行动物的皮肤由表皮和真皮组成。表皮有多层，角质化程度很高，并形成多种皮肤衍生物，很少有腺体，非常干燥；真皮比较薄，富含色素细胞。

干燥而高度角质化的皮肤可以有效地防止体内水分散失，为陆地生活提供了保障，但缺点也很明显：需要蜕皮（两栖动物也蜕皮，但不明显，蜕掉的只是一层薄膜）才能生长。蜕皮现象最明显的是蛇和蜥蜴。蛇，尤其是小蛇，能形成完整的蛇蜕，蜥蜴则是成片地脱落旧皮。鳄类及水栖性极强的鳖（Trionychidae）和棱皮龟（*Dermochelys coriacea*），蜕皮现象不明显。

爬行动物的皮肤衍生物主要是鳞片和盾片，蛇、蜥蜴和鳄鱼为鳞片，龟类为盾片。这些皮肤衍生物不仅能防止体内水分蒸发，而且有很好的防御作用。有些行动缓慢的小型蜥蜴主要靠鳞片和鳞片衍生的棘刺来保护自己，如栖居于澳大利亚的棘蜥（*Moloch horridus*）和松果蜥（*Trachydosaurus rugosus*），产在南非的犰狳蜥（*Cordylus cataphractus*）等。

爬行动物的皮肤高度角质化，并伴有皮肤衍生物，因而通透性很差，特别是蜥蜴和蛇类，可生活在荒漠和海洋中。爬行动物皮肤的另一个特点是色素细胞特别丰富，能形成鲜艳的斑纹图案，用作警戒色和保护色。有的还能快速改变体色，如避役（Chamaeleonidae）。

辅助阅读

避役是指蜥蜴目避役科的爬行动物，体长多在30cm以内，大者可达60cm，小的仅有3cm。全世界有90多种，其中59种仅产在非洲的马达加斯加岛，其他大部分在撒哈拉沙漠以南。避役喜食小虫，多树栖，身肥胖，四肢细，指和趾采用二加三的模式分为两组，握紧树枝，一走一晃地前行。避役行动迟缓，只是少数地栖种类爬行速度较快。

避役是很特别的蜥蜴，特别之处主要有3点：快速的变色能力、奇特的眼睛和超长的舌头。避役的变色能力令人吃惊，不仅能变换出多样体色，而且变色很快，故得名“变色龙”。避役变色的目的不仅仅是伪装，还能够传递信息，表达情绪。避役的眼帘很厚，两只眼球突出于体表，能上下左右转动，且两眼各自为政，并不协调一致，这样，搜索范围就大多了，一旦发现昆虫，双眼聚焦，准确定位，锁定食物，之后，快速弹出舌头，几乎百发百中，最后，将黏有昆虫的舌头缓缓收入口内。避役的舌头长度可达体长的2倍。避役的这种捕猎方式在动物界非常独特，能够与之相媲美的还有乌贼（Sepiidae）等，但乌贼快速伸出的是两个触腕。

三、骨骼

同两栖动物相比，爬行动物的骨骼有较大进化：骨骼坚硬，骨化程度高；头骨高而隆起，首次出现颞孔和次生腭；躯干部有发达的肋骨和胸骨，首次出现胸廓，在加强对内脏保护力度的同时，还能协助呼吸；四肢骨对身体的支持力度明显增大，有利于快速移动。

爬行动物的头骨全部骨化，出现了颞孔和次生腭。颞孔也称颞窝，是头部两侧眼眶后方的孔洞，能提高咬合力。在爬行动物中，龟鳖类没有颞孔，其他类群有1个或2个颞孔。初生腭是指由颅底部直接成为口腔顶壁的腭，如两栖纲。次生腭则由前颌骨、上颌骨的腭突、腭骨的突起拼合而成，形成水平隔，把口腔的前半部分分为上下两层，上层是鼻腔，为呼吸的气道，下层是固定口腔，为进食的通道（图17-3）。次生腭的出现使内鼻孔后移，成为后鼻孔，这样，动物在咬捉食物时不会妨碍呼吸。鳄鱼的次生腭发达，有翼骨参与进来，鼻腔、口腔完全分隔开，适于水中捕食；蜥蜴和蛇类则没有次生腭。

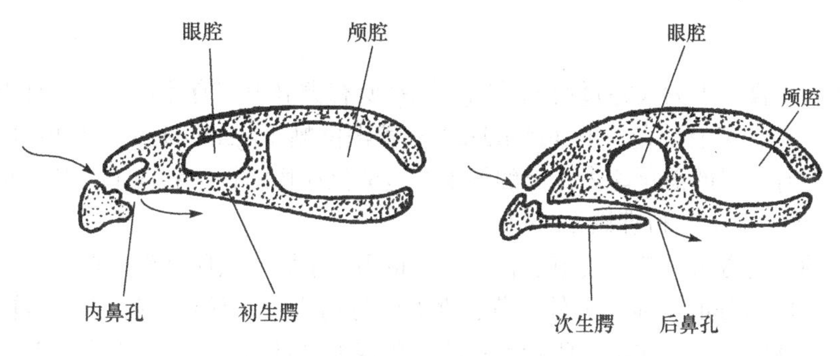

图17-3 次生腭的发生（箭头示空气流入方向）

同两栖动物一样，爬行动物的脊椎也分化为颈椎、躯椎（胸腰椎）、荐椎和尾椎4种类型（图17-4），低等种类为双凹型，高等种类为前凹或后凹型。但爬行动物的躯椎上都有发达的肋骨，身体腹面还有胸骨，躯椎、肋骨与胸骨共同组成一个坚固的框架，这就是胸廓。事实上，原始的四足动物从颈椎到荐椎都生有肋骨，只是在进化过程中，肋骨发育逐步向胸部集中，躯椎也就分化为有肋骨的胸椎和无肋骨的腰椎，但这些只有在哺乳动物才得到完善（哺乳动物的胸廓由胸椎、肋骨和胸骨构成），所以，爬行动物的胸廓还是很原始的，但在脊椎动物中却是首次出现。胸廓的出现是爬行动物的一个重大进步，对保护内脏和提高肺呼吸效率非常有利。蛇类没有胸骨，肋骨多，活动性强，配合腹鳞完成特殊方式的运动。

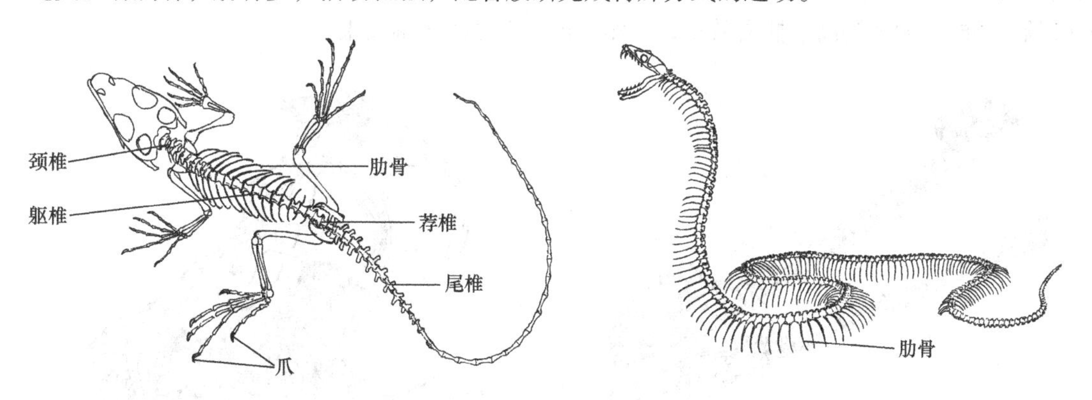

图17-4 蜥蜴（左）和蛇（右）的骨骼结构

与两栖动物相比，爬行动物的骨骼结构表现出更强的陆栖性和灵活性，如有多枚颈椎（第一、二枚颈椎特化为寰椎与枢椎），形成明显的颈部，头部能灵活转动，加强了感觉、捕食、攻击和防卫等功能；爬行动物荐椎有2枚，使后肢对身体的支持力度明显增加；四肢为典型的五指（趾）型，前后肢均发育成五趾（个别四趾），趾端具爪，大大提高了运动速度。

四、肌肉

爬行动物的躯干肌和四肢肌均较两栖动物复杂，出现了陆栖脊椎动物所特有的肋间肌和皮肤肌。肋间肌是胸腹式呼吸所必需的，蛇类有发达的皮肤肌，收缩时可牵引腹鳞辅助爬行。颞孔的出现为咬肌的发展提供了空间，提高了摄食和防御能力。例如，鳄类的咬肌就十分发达，咬合力是人的20倍以上，这对于捕食大动物很有帮助。

五、消化

爬行动物的摄食能力大大超过两栖动物，几乎所有类群中都有体形很大的种类。爬行动物大多是肉食性动物，只有陆龟（Testudinidae）和美洲鬣蜥（Iguanidae）等是植食性的。另外，很多爬行动物拥有超强的消化能力，有的能很好地消化动物的骨头和皮毛，甚至是哺乳动物的犄角，如鳄（*Crocodylus*）和蟒蛇（Boidae）。

爬行动物的消化道由口腔、食道、胃、十二指肠、小肠、大肠和泄殖腔组成。其中，大肠和泄殖腔有重吸收水分的功能，另外，草食性的爬行动物在小肠和大肠交界处首次出现盲肠，有助于消化植物纤维素，如陆龟。爬行动物的消化腺主要有口腔腺、肝脏和胰脏，爬行动物的口腔腺发达，包括腭腺、唇腺、舌腺和舌下腺，其分泌物有助于湿润食物，帮助吞咽。

爬行动物的口内有舌和齿。有肌肉质的舌是陆生脊椎动物的特征，这在两栖动物中已有所表现，但爬行动物表现得更加突出，避役的舌异常发达，为捕食利器；蛇类和巨蜥（Varanidae）的舌细长而分叉，俗称“芯子”。龟鳖类没有齿，上、下颌上有角质鞘，能切割咬断食物；其他爬行动物都有齿，这些齿往往只有大小区别，没有形状和功能的不同，被称为同型齿（图17-5）。同型齿能起到防止食物逃脱的作用，没有咀嚼功能，脱落后还可再生。同型齿在鱼类、两栖类口内也有，但爬行类的同型齿只长在上、下颌骨上，且数目趋于减少。毒蛇口中有几枚特化的大牙，称为毒牙，毒牙与毒腺相通，毒腺由某些口腔腺演变而来。当毒蛇攻击猎物时，口内最前端的两枚毒牙立起（图17-6），插入猎物体内，快速注入毒液（工作原理同注射器一样），大大提高了捕食效率，当然，也有很好的防御效果。

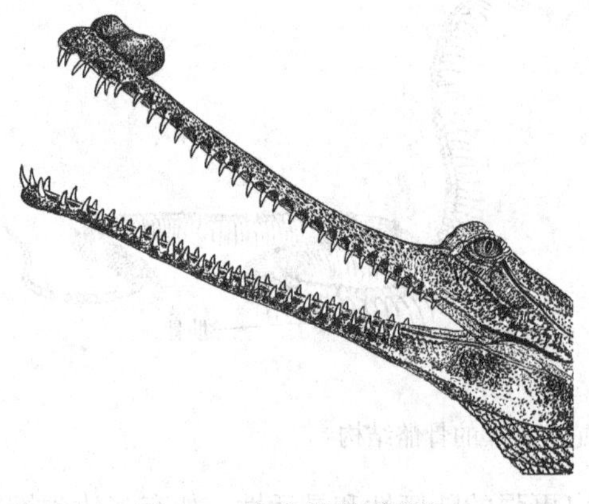
图17-5　食鱼鳄的同型齿

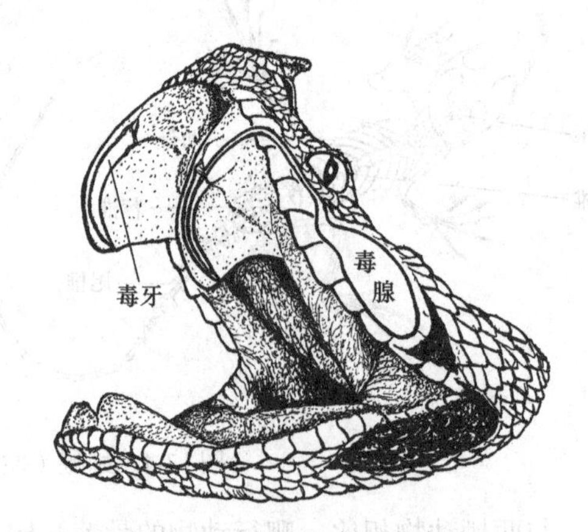

图17-6　蝰蛇的毒牙及毒腺

辅助阅读

毒蛇是蛇类中一个非常独特的类群，它们拥有毒牙和毒腺，成为高效的捕食者。全世界大约有650种，其中，澳大利亚的毒蛇以种类多和毒性强而闻名，我国约有65种毒蛇。判断毒蛇最关键的是看其有无毒腺和毒牙，毒牙有的呈管状（管牙），有的呈沟状（前沟牙、后沟牙）。有些毒蛇的毒牙较长，如加蓬蝰蛇的毒牙可达5cm，有些蛇毒的毒性十分强烈，如澳洲的凶猛太攀蛇（*Oxyuranus microlepidotus*）和非洲的黑曼巴蛇等，一次排毒量可以杀死25万只老鼠。眼镜蛇（*Naja*）遇到强敌时，会将身体前段竖起，颈部向两侧扩扁，有的种类甚至会向对方的眼睛中喷射毒液，用于防御。

在脊椎动物中，有不少种类是有毒的，全世界有毒鱼1000多种，如河鲀和毒鲉（Synancejidae）等；两栖动物也有很多是有毒的，如箭毒蛙（Dendrobatidae）和某些鲵螈，它们的毒性都很强烈；鸟类和兽类中极少有有毒的，即便有毒，毒性往往也不是很强。但无论如何，这些都属于防御毒，唯独爬行动物的是攻击毒，主要用于捕猎。毒蛇每次捕食，都要给猎物注入毒液，毒液对猎物有强烈的毒杀作用，但对毒蛇本身不仅无害，而且还有很好的助消化作用。

蛇毒的成分为多种复杂的蛋白质，大致可分为神经毒和溶血毒两类。神经毒主要作用于神经系统，中毒者常因肌肉瘫痪和呼吸麻痹而死亡，但伤口并不十分疼痛和红肿，如金环蛇（*Bungarus fasciatus*）、银环蛇（*B. multicinctus*）和海蛇（Hydrophiidae）等；溶血毒主要损害血液循环系统，最后引起心脏衰竭而死亡，如蝮蛇（*Agkistrodon*）、竹叶青蛇（*Trimeresurus*）和尖吻蝮（*Deinagkistrodon acutus*）等。也有些毒蛇的毒液兼有神经和溶血两种毒性，称混合毒，如眼镜王蛇（*Ophiophagus hannah*）、白头蝰（*Azemiops feae*）等。目前，人类已经研制出多种抗蛇毒血清，临床治疗效果非常显著。

六、呼吸

爬行动物的皮肤高度角质化，丧失了呼吸功能，通常，爬行动物基本上只有肺呼吸。

爬行动物的呼吸系统由鼻孔、气管、支气管和肺组成。爬行动物的头部有外鼻孔，口腔内有内鼻孔（后鼻孔），气管由软骨支持，气管之后是左右分支的支气管，支气管连接左右肺。爬行动物的肺和两栖动物的肺都是囊状的，但爬行动物的肺有复杂的间隔，形成无数蜂窝状小室，这大大扩大了气体交换面积，提高了呼吸效率。有些爬行动物肺的前半部分为呼吸部，后半部形成贮气部，甚至出现气囊，如避役。不过，蛇类由于受体形制约，左肺退化。

爬行动物除了保留有两栖动物的吞咽式呼吸外，还发展出了胸腹式呼吸：肺呼吸的进气和排气是靠胸廓的扩张和收缩来实现的。当肋间外肌收缩时，牵引肋骨上提，使胸廓扩张，空气被吸入肺内；之后，肋间内肌收缩，使肋骨下降、胸廓回缩，空气被压出体外。龟鳖类的胸廓固定，不能活动，无法实施胸腹式呼吸，所以，它们只能是借口底的运动将空气压入肺中，即吞咽式呼吸。

水栖龟鳖类除了用肺呼吸以外，还有其他辅助呼吸器官，如咽壁上的鳃状组织和突出在泄殖腔两侧的副膀胱（肛囊），这些结构能够从水中吸收氧气，适于潜水生活，也使它们能够在水下越冬。

七、循环

爬行动物的心脏为2心房1心室，血液仍为不完全双循环，不完全双循环供应氧气和养料都不够充分，致使新陈代谢的水平仍然较低，所以，爬行动物是变温动物。

变温动物主要依赖外界热源来维持体温，体温往往随环境温度变化而变化。高纬度地区冬季气温非常低，这使得陆生变温动物很难存活，适应力强的也只能到水下或洞穴中躲避严寒，因而出现明显的冬眠现象。爬行动物虽然突破了水的限制，可以生活在极度干旱的地方，但仍受温度的制约，不能在很寒冷的地方生活。不过，长期的进化适应也造就了一些耐寒力很强的种类，少数蛇和龟类即使冬季被冻在冰雪中，春天融化后还能苏醒过来，但无论如何，爬行动物不能在寒冷的冬季正常摄食生长。

同两栖动物相比，爬行动物的心室出现不完全分隔，所以，循环系统虽然属于不完全双循环，但已近似完全双循环，特别是鳄类，心室已基本形成2室，富氧血和缺氧血的混合程度大大降低，这在一定程度上提高了爬行动物的体温调节能力。有资料显示，棱皮龟能在7℃的水中维持25℃的体温，鳄类的体温也高于环境温度。

除血液循环外，爬行动物还有比较复杂的淋巴系。

八、排泄

爬行动物的排泄系统包括肾脏、输尿管和泄殖腔等。蜥蜴和龟鳖类还具有尿囊膀胱，由胚胎期尿囊基部膨大而成,在干旱地区生活的种类，尿囊膀胱具有吸收水分的功能。蛇类无膀胱。

爬行动物以尿酸和尿酸盐的形式排出体内代谢产物，尿酸和尿酸盐比尿素难溶于水，这可进一步减少因排泄而造成的水分丢失。

海龟（Cheloniidae）、海蛇（Hydrophiidae）、海鬣蜥（*Amblyrhynchus cristatus*）和某些鳄还有专门的排盐器官——盐腺，能排出浓度很高的盐溶液，对维持体内盐、水和酸碱平衡有重要意义。

九、神经和感觉

（一）神经

不同于两栖动物扁平的颅骨，爬行动物的脑颅骨隆起，脑容积明显增大，出现了新脑皮（由侧脑室外壁的神经物质生长而成，并包围原脑皮），神经活动已有向大脑集中的趋势，但这种趋势只有在哺乳动物才达到顶峰。爬行动物的后天学习本领依然很差，所以，主要还是靠本能生存。例如，猪鼻蛇（*Heterodon*）受惊时颈部变扁，发出很响的嘶嘶声，有点儿像有毒的眼镜蛇，目的是吓走入侵者，但若恫吓失败，则翻转身体，腹部朝上，张口吐舌，装死不动。实际上，猪鼻蛇的这套本领是天生的，刚从卵里孵化的小蛇就已掌握。

（二）感觉

爬行动物的感觉主要有嗅觉、视觉、听觉，有些蛇类还有红外线感受器（图17-7）。

爬行动物的嗅觉比较发达。蛇类和巨蜥经常不断地伸出分叉的舌头，目的是品尝空气，感知环境，因为它们的口腔顶部有十分发达的犁鼻器，伸出舌头，收集空气中的气味分子，并送入犁鼻器，产生嗅觉。鳄类和龟鳖类的犁鼻器退化。

不同类别的爬行动物，视觉差别很大，多数爬行动物都有能活动的眼睑及瞬膜和泪腺，视觉较好；壁虎（Gekkonidae）的眼睛无眼睑，却有很好的夜视能力。洞穴生活的爬行动物眼睛退化，如盲蛇、蚓蜥、双足蜥（Dibamidae）。蛇的眼外均罩一层由上、下眼睑愈合形成的透明

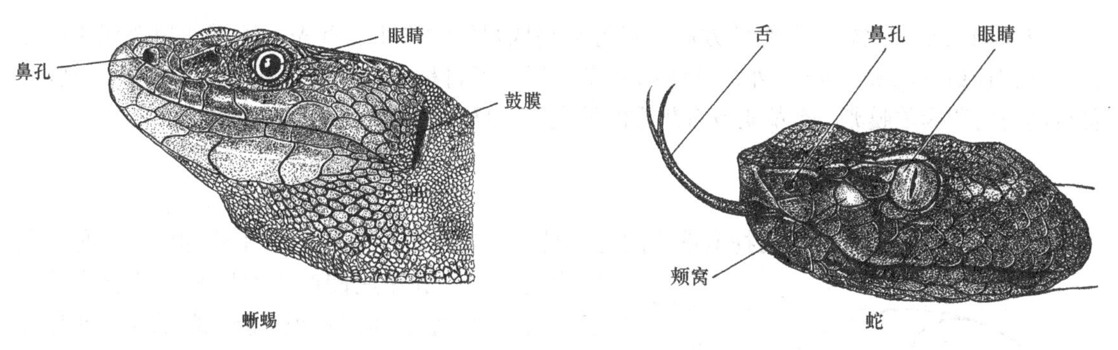

图17-7 爬行动物的感觉器官

薄膜，视觉不是很好，只有少数运动快的蛇类视觉灵敏。

同两栖纲的蛙蟾类一样，爬行纲的蜥蜴和多数龟类眼后有鼓膜，其中，蜥蜴的鼓膜下陷，形成外耳的雏形，所以，这类动物的听力一般都比较好。蛇的中耳不发达，更没有鼓膜,对声音反应迟钝，但地面振动能很容易地传导到耳柱骨，所以，蛇对振动敏感。

某些蛇类有红外线感受器，包括颊窝和唇窝两种类型。颊窝是位于眼鼻之间的小窝，窝内有一薄膜，能感觉数尺外0.001℃的温度变化，拥有颊窝的是蝮亚科（Crotalinae），如响尾蛇、竹叶青、原矛头蝮（*Protobothrops*）、尖吻蝮等。唇窝位于头部前端，其感温能力略逊于颊窝，能感知0.026℃的变化，如蟒亚科（Pythoninae）。颊窝和唇窝能弥补蛇视力的不足，也可以说相当于蛇的“夜视眼”，使之在晚间能较好地发现恒温动物，有利于捕食。

十、生殖

（一）基本情况

爬行动物繁殖的基本情况是：雌雄异体，体内受精，卵生或卵胎生，陆地产卵（仔），直接发育。

爬行动物雌雄异体，但雌雄外形差别不是很大，有的雌性大于雄性，如蛇类，有的雄性大于雌性，如鳄类。爬行动物也有求偶现象，雄性会做出一些怪异的动作来吸引雌性。求偶现象最明显的是蜥蜴，不少种类的雄性都会着力炫耀其喉部靓丽的皮肤皱褶（喉扇），如英雄蜥（*Sitana*）；侧斑蜥（*Uta stansburiana*）的雄性还分化出了不同的求偶类型。爬行类一般不照料后代，只有少数种类会看护自己的受精卵，子代孵出或产出后即自谋生路，只有鳄类例外，母鳄会对幼鳄稍加照看。

辅助阅读

侧斑蜥是北美西南部常见的小型鬣蜥，其雄性有3种类型：橙喉、蓝喉和黄喉，外观标志是喉部皮肤分别为橙色、蓝色和黄色。蓝喉体形中等，占领小区域，行为谨慎，遵循一夫一妻制，与邻近的蓝喉家庭也能和平共处；橙喉身材高大健壮，推行一夫多妻制，它们喜欢抢夺蓝喉的地盘，霸占其配偶，但由于橙喉的领域广阔、配偶众多，往往照看不周，致使黄喉有机可乘。黄喉体形最小，也没有领地，但它们外观似雌性，常常假装雌性混入橙喉的领地，与其配偶交配；但黄喉却很难混入蓝喉的领地，因为蓝喉家园小，管理到位，偷情现象很容易被发现，稍有尝试，就会被蓝喉暴揍驱逐。

与两栖动物相比较，在繁殖方面，爬行动物取得重大进步。首先，爬行动物全部体内受精，除楔齿蜥（*Sphenodon*）外，雄性都有交配器，可将精子直接送入雌性生殖道内；其次，爬行动物的卵为羊膜卵，有革质或石灰质的外壳，而且卵都比较大，直接发育。

（二）羊膜卵

在繁殖方面，陆生脊椎动物最重要的特征是能产羊膜卵（图17-8）。羊膜卵的特点是：在发育过程中，胚胎周围产生两层膜，外层为绒毛膜，内层为羊膜，羊膜和绒毛膜之间的空腔叫作胚外体腔，在胚外体腔中有尿囊，尿囊外壁紧贴绒毛膜，可通过壳膜和卵壳同外界进行气体交换。而羊膜将胚胎封闭起来，羊膜和胚胎之间的空腔叫作羊膜腔，羊膜腔内充满羊水，胚胎就泡在羊水中发育。羊膜卵用自备的羊水满足了胚胎发育对水的需要，从而摆脱了对环境水的依赖，使卵在陆地上发育孵化成为现实，自此，脊椎动物完成了由水生到陆生进化历程中最关键的一步。

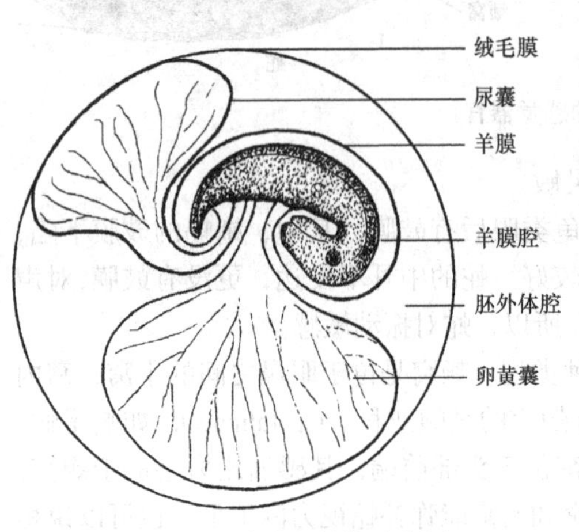

图17-8　羊膜卵结构示意图

羊膜卵是陆生脊椎动物的重要标志，产羊膜卵的动物叫作羊膜动物，爬行动物、鸟类和哺乳动物都是羊膜动物。对于卵生的羊膜动物来说，产卵孵化就必须在陆地上完成，即便是常年在水中生活的海龟、棱皮龟、海蛇和两爪鳖（*Carettochelys insculpta*）也是如此，到了繁殖季节，雌性必须登陆产卵。当然，也有很多种类的海蛇是卵胎生的，它们直接在海水中产出小蛇。

爬行动物虽然有了羊膜卵，进步意义重大，但双亲很少有护卵孵卵的，更不育幼（喂食），往往是将卵产在隐蔽的地方或埋入土中了事，甚至后代的性别也是由孵化环境温度决定的。研究得知：全部的鳄类和楔齿蜥、大多数龟鳖类和部分蜥蜴的性别取决于胚胎发育期的环境温度。

在爬行动物中，楔齿蜥和鳄类无性染色体，其后代的性别完全取决于胚胎发育过程中的环境温度；一些蜥蜴和龟鳖类虽有性染色体，但只是雏形；只有蛇类的性染色体分化最明显，其后代的性别取决于遗传物质，类似鸟类和哺乳类。

第二节　分　　类

爬行动物广泛分布于热带和温带地区，尤以南半球的种类为多。世界上现存爬行动物有7300多种，分5个目：喙头目、龟鳖目、蜥蜴目、蛇目和鳄目。也有的教科书将蜥蜴目和蛇目合在一起，称为有鳞目（Squamata），将爬行纲分4个目；还有的从蜥蜴目中独立出1个新目即蚓蜥目（Amphisbaeniformes），将爬行纲分6个目。

蚓蜥均无后肢，多数也没有前肢，身体细长呈蛇型，体表有浅沟，眼已退化，头顶有大型坚硬鳞片，用以钻洞，既可生活于湿润的土壤中，也可生活在干燥的沙土中。蚓蜥有440多种，主要分布于南美洲和非洲热带地区，少数分布于北美洲、中东和欧洲（图17-9）。

图17-9 蚓蜥

一、喙头目（Rhynchocephalia）

喙头目是现存最古老的爬行动物，有“活化石”之称，身体蜥蜴型，脊椎骨的椎体为双凹型，体表有原始的颗粒状鳞片，没有鼓膜，雄性没有交配器，最著名的特征是颅顶上有第3只眼，即顶眼，幼年的时候能感光，成年后基本失去作用。

喙头目现存只有两种：楔齿蜥（*Sphenodon punctatus*）和棕楔齿蜥（*S. guntheri*），目前仅残存于新西兰沿海的小岛上。其新陈代谢水平很低，动作迟缓，主要捕食昆虫、蠕虫和软体动物，12～15年达性成熟，通常每4年产卵1次，卵长球形，产于自掘的洞穴中，每窝8～13枚，约13个月孵出。楔齿蜥寿命可达300年（图17-10）。

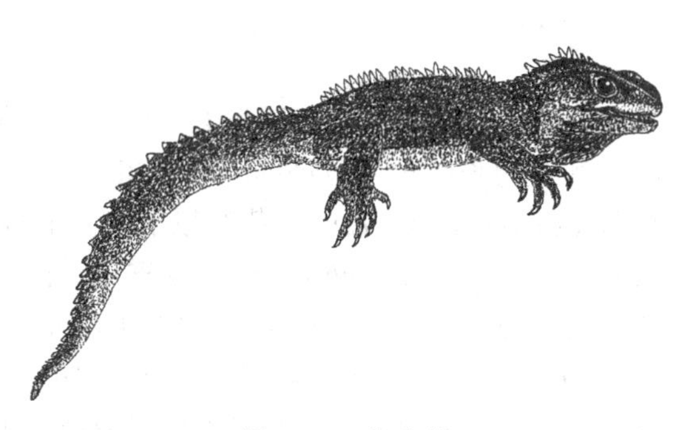

图17-10 楔齿蜥

二、龟鳖目（Testudinata）

龟鳖目是爬行动物中古老而特化的类群，这类动物躯干部扁圆，由背甲和腹甲扣合而成，甲的内层为骨质板，来源于真皮，外层或为角质盾片或厚的软皮，均来源于表皮。因为脊椎骨和肋骨大多与背甲的骨质板愈合，所以胸廓不能活动。这类动物的四肢和尾较短，颈部较长，口内无齿，代以角质的颌鞘，眼较大，眼后多有鼓膜。龟鳖类全部卵生，卵有石灰质或革质的卵壳，产卵前，雌性挖洞，将卵埋于地下。

现存龟鳖目动物有330多种，分两个亚目：侧颈龟亚目（Pleurodira）和曲颈龟亚目（Cryptodira）。侧颈龟约有70种，分布于南半球的非洲、南美洲和大洋洲，栖息于淡水中，其颈部不能缩入甲内，仅在水平面上弯向一侧，将头颈藏在背、腹甲之间。曲颈龟的颈部多可以弯成“S”形缩回体内，曲颈龟种类较多，生活环境多样，有海生的，有陆生的，也有淡水生活的，鳖类则完全淡水生活。

龟的生活环境多样，根据其生态习性，大致可划分为3类：海龟、陆龟和淡水龟。海龟是指在海洋中生活的龟类，包括海龟和棱皮龟2科，共7种，它们背腹扁平，四肢如船桨，前肢长于后肢，游泳能力很强，陆地爬行能力差。海龟常年在海洋中漂泊，有长距离迁徙的习性，仅雌龟在繁殖季节回到出生

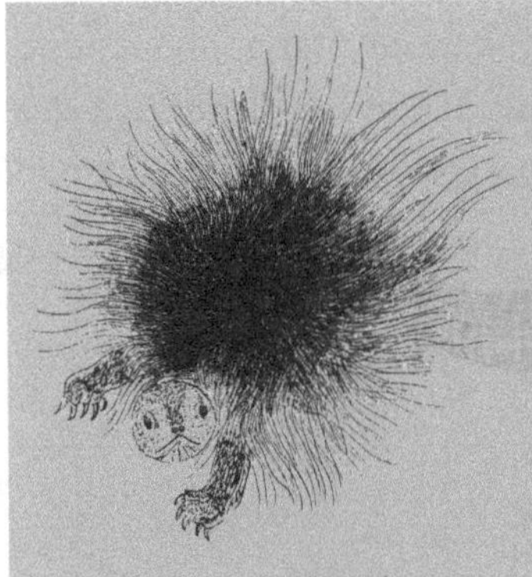
图17-11　绿毛龟

地上岸产卵。与海龟相反，陆龟的背甲高高隆起，看上去像半个皮球，四肢粗大，圆柱状，形如象腿，前肢上有发达的鳞片。陆龟仅生活于干燥的陆地上，不会游泳，多吃植物。淡水龟的体形介于海龟和陆龟之间，它们的体形比海龟高，比陆龟扁，四肢扁圆，生性活泼，水陆两栖，既能在水中很好地游泳，又能在陆地上快速地爬行。

淡水龟种类较多，生活习性也很不一样，有些陆栖性强，有些水栖性强。那些常年泡在水中的龟，身体上有可能滋生出长长的基枝藻（*Basicladia*），这就是绿毛龟。绿毛龟在野外极为罕见，旧时的人们便将它看作神物，认为是多年深山修炼的结果。现在，人们已经了解其机制，就可以人工培育绿毛龟了。培育绿毛龟要选用水栖性强的淡水龟，如黄喉拟水龟（*Mauremys mutica*）、平胸龟（*Platysternon megacephalum*）和中华花龟（*Ocadia sinensis*）等。将龟单养，水中放些基枝藻，养龟容器放在适宜环境中，时间一长，自然就形成绿毛龟（图17-11）。

侧颈龟中最大的是产于南美洲的巨侧颈龟（*Podocnemis expansa*），体重可达90kg，产于澳大利亚的长颈龟（*Chelodina*）有超长的脖子，看上去很可笑。曲颈龟中比较常见的龟有乌龟（*Chinemys reevesii*）、黄喉拟水龟、平胸龟、黄缘盒龟（*Cuora flavomarginata*）；海龟有玳瑁（*Eretmochelys imbricata*）、棱皮龟；陆龟有苏卡达象龟（*Geochelone sulcata*）、印度星龟（*Geochelone elegans*），鳖类中有中华鳖、角鳖（*Apalone spinifera*）等，最稀有的是斑鳖（*Rafetus swinhoei*）（图17-12）。需要指出的是红耳龟（*Trachemys scripta elegans*），俗称巴西龟，原产北美密西西比河及格兰德河流域，现已引到世界各地，被世界自然保护联盟列为最具威胁的入侵物种之一。

图17-12　龟鳖目爬行动物

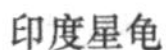

长颈龟

图17-12 龟鳖目爬行动物（续）

三、蜥蜴目（Lecertifromes）

蜥蜴目的多数种类的体型为蜥蜴型，少数为蛇型，个别种类介于二者之间，四肢发育弱，甚至只残存短小的后肢或前肢。蜥蜴型的四肢发达，一般都是典型的五指（趾）型四肢，末端有爪；蛇型的无四肢，外形似蛇，但身体的灵活性远不及蛇类，且体内有肩带和胸骨，没有大的腹鳞，如蛇蜥亚科。蜥蜴目全身布满鳞片，肋骨与胸骨相连接，大多数种类都有发达的眼睛，眼睑可动；鼓膜下陷，形成了雏形的外耳。

辅助阅读

蛇是1.3亿年前由蜥蜴进化而来的，但现代蛇与蜥蜴明显不同。一般人将蜥蜴称为“四脚蛇”，认为蛇和蜥蜴的区别是看四肢的有无，这是不准确的，因为有些蜥蜴也是身体细长，没有四肢，如蛇蜥亚科。

那么，蛇蜥和蛇如何区别呢?

蛇是高度特化的类群。第一，蛇不仅没有四肢，就连四肢的附着基础都退化了，蛇绝无肩带，而蛇蜥仅仅是退化了外部的四肢，四肢的附着基础肩带和腰带还存在于体内；第二，同蜥蜴一样，蛇蜥具有活动的眼睑，眼睛可以自由启闭，眼后有下陷的鼓膜，而蛇的眼睑不能活动，看上去眼永远是睁开的，蛇也没有鼓膜；第三，蛇蜥的尾巴很长，占体长的一半以上，还容易断掉，断掉后可再生，而蛇的尾巴较短，小于体长的一半，不会自动断掉；第四，蛇蜥的鳞片同蜥蜴一样，腹部鳞片小而多列，蛇有特别的腹鳞，腹鳞大而单列存在（盲蛇除外）；第五，蛇蜥的下颌骨靠骨缝牢固相连，口不可能张得很大，而蛇的左右下颌骨以韧带松弛连接，可使口张得很大，以利于吞食大的猎物。

蜥蜴目约有3800种，多陆地生活，少数树栖，多以小虫为食，也有素食种类，卵生或卵胎生。小型蜥蜴或年幼的蜥蜴常成为猎食者的捕食对象，当它们遇到敌害攻击时，常常以快速逃跑的方式躲避，趁机钻入洞中或爬上树木。角蜥（*Phrynosoma*）的眼睛可喷血，射程1～2m，以恐吓敌人，另外，世界上还有两种毒蜥（*Heloderma*），均产于中美洲。

世界上现存最大的蜥蜴是产于印度尼西亚的科莫多巨蜥（*Varanus komodoensis*），体长可达3m，重130kg以上。加拉帕戈斯群岛上的海鬣蜥是唯一一种半海栖蜥蜴，经常下海去啃食海藻。我国常见的蜥蜴主要有山地麻蜥（*Eremias brenchleyi*）（彩图24）、蜡皮蜥（*Leiolepis reevesi*）、多疣壁虎（*Gekko japonicus*）、大壁虎（*G. gecko*）、脆蛇蜥（*Ophisaurus*）和鳄蜥（*Shinisaurus crocodilurus*）（图17-13）。

图17-13　蜥蜴目爬行动物

四、蛇目（Serpentiformes）

蛇由蜥蜴进化而来，身体已高度特化：体形细长，没有四肢，没有鼓膜，眼外罩有透明薄膜；脊椎数目很多，没有胸骨，没有肩带。蛇全部肉食，多猎取脊椎动物。蛇栖息环境多样，除了穴居外，还有陆栖、树栖，不少种类水栖，甚至海栖。蛇体形差别很大，最大的南美水蚺（*Eunectes murinus*）体长可达10m，重达103kg；最小的小盲蛇（*Typhlops reuter*）全长仅95mm。

蛇目约有3200种（图17-14），分3个亚目：盲蛇亚目（Scolecophidia）、原蛇亚目（Henophidia）和新蛇亚目（Caenophidia）。

盲蛇类最原始，具有腰带，全身均匀覆盖覆瓦状圆鳞，无腹鳞分化，眼隐于眼鳞之下；盲蛇体形较小，分布于世界温暖地区，营穴居生活，食蚯蚓、白蚁等各种地下小动物，如钩盲蛇（*Ramphotyphlops braminus*）。原蛇为大中型蛇，多有腰带残余，如蟒蚺（Boidae）、针尾蛇（Uropeltidae）、闪鳞蛇（Xenopeltidae）等。新蛇的腰带已完全消失，腹鳞发达，包括现存的全部毒蛇和绝大多数的无毒蛇，分布非常广泛，如眼镜王蛇、虎斑颈槽蛇（*Rhobdophis tiyrina*）（彩图25）、金环蛇、长吻海蛇（*Pelamis platurus*）、尖吻蝮、眼镜蛇（*Naja atra*）、赤链蛇（*Dinodom rufozonatum*）、王锦蛇（*Elaphe carinata*）和滑鼠蛇（*Ptyas mucosus*）等。

五、鳄目（Crocodiliformes）

鳄多在水中活动，俗称鳄鱼，是最高等的爬行动物，其心室已经分为左右2室，仅留下1

绿瘦蛇

图17-14 蛇目爬行动物

个潘氏孔相通，几乎接近完全双循环。鳄均为肉食动物，个体较大，以前曾发现9m长的尼罗鳄（*Crocodylus niloticus*）和湾鳄（*C. porosus*）。鳄主要生活于热带和亚热带，非洲、大洋洲、亚洲及美洲都有。繁殖季节，鳄爬到岸边，筑巢产卵，孵化期间，母鳄在巢周围活动，幼鳄孵出后，母鳄用嘴衔住，将幼鳄移入水中，并看护一段时间，之后，幼鳄独立生活。

图17-15 鳄目爬行动物——短吻鳄

鳄目现存23种（图17-15），我国仅1种，即扬子鳄，与之亲缘关系最近的是产于美国东南部的短吻鳄（*Alligator mississippiensis*）。

小 结

爬行纲是真正的陆生脊椎动物，出现了一系列陆生性特征，身体分头、颈、躯干、尾和四肢5部分；皮肤干燥，角质化程度高，有多种衍生物，可有效地防止体内水分的散失；脊柱由颈椎、躯椎（胸腰椎）、荐椎和尾椎组成，其中，躯椎和胸骨、肋骨组成胸廓，依靠胸廓进行胸腹式呼吸，肺发达；虽然心脏为2心房1心室，但同两栖动物相比，爬行动物的心室出现不完全分隔，富氧血和缺氧血的混合程度大大降低，可视为从不完全双循环至完全双循环的过渡类型。爬行动物雌雄异体，体内受精，多卵生，直接发育，爬行动物产羊膜卵，解决了陆地繁殖的问题。

现生爬行动物分5个目，即喙头目、龟鳖目、蜥蜴目、蛇目和鳄目。喙头目是现存最古老的爬行动物，有许多原始的特征。龟鳖目的躯干部扁圆，由背甲和腹甲扣合而成，多有鼓膜，全部卵生，雌性挖洞，埋卵于地下。蜥蜴目的体型为蜥蜴型或蛇型，多有发达的眼睛，鼓膜下陷，卵生或卵胎生。蛇目的身体高度特化：没有四肢，没有鼓膜，没有胸骨，没有肩带；栖息环境多样，卵生或卵胎生。鳄目是最高等的爬行动物，喜水栖，雌性筑巢产卵，对后代有一定的照料。

复习思考题

1. 解释名词：次生腭、胸腹式呼吸、羊膜卵、羊膜动物。
2. 爬行动物有哪几种体型？蛇有哪些运动方式？
3. 爬行动物的皮肤有什么特点？
4. 爬行动物的陆生性特征主要表现在哪些方面？
5. 爬行纲的分类情况怎样？各目主要有哪些动物？

第十八章

鸟　纲

（1）只有1种体型——纺锤型；前肢分化为翼，后肢粗壮有力。
（2）身体分头、颈、躯干、四肢和尾5部分，体表有羽。
（3）脊椎分颈椎、胸椎、腰椎、荐椎和尾椎，有愈合荐椎。
（4）只有肺呼吸，呼吸方式为胸式呼吸和飞行呼吸。
（5）心脏2心房2心室，完全双循环，恒温动物。
（6）体内受精、卵生、直接发育，有明显的抚幼现象。
（7）大多会飞行，感觉很发达，栖息于多种生态环境。

白腹海雕捕食

鸟类起源于小型的兽脚类恐龙（蜥臀目兽脚亚目），时间大约在距今1.3亿年前的白垩纪早期，比较早的现代鸟类化石是甘肃鸟（*Gansus yumensis*）、燕鸟（*Yanornis*）、辽宁鸟（*Liaoningornis*）和义县鸟（*Yixianornis*），其结构已经很接近现存鸟类。

第一节　基本特征

鸟类是由爬行动物进化而来的，但已完全颠覆了爬行动物的生活方式。鸟类有很强的适应能力，除了深海和地下探穴外，能栖息于地球上各种生态环境，特别是具备了一系列飞翔的特征。在会飞行的动物中，鸟类的飞行能力无疑是最强的。

辅助阅读

飞行是速度最快的一种运动方式。在动物界除了鸟类，会飞行的动物还有昆虫和蝙蝠，远古时期的翼龙（翼龙目）也会飞行，但这些动物的飞行能力都是无法和鸟类相媲美的。鸟类飞行的特点是：飞得高、飞得远、飞得快、飞得久。

蓑羽鹤（*Anthropoides virgo*）、斑头雁（*Anser indicus*）能飞越过珠穆朗玛峰；安第斯神鹫（*Vultur gryphus*）可在万米高空翱翔（图18-1）。斑尾塍鹬（*Limosa lapponica*）可以不间断地飞行9天，飞越11 570km，从美国的阿拉斯加直飞到新西兰去越冬。针尾雨燕（*Hirundapus*）的水平飞行时速可超过170km；游隼（*Falco peregrinus*）俯冲飞行的时速可达360km。

图18-1　安第斯神鹫

鸟类是会飞行的恒温动物，为了支持飞行，鸟的身体做了极大的调整，除了前肢变为翅膀（翼）、后肢变得粗壮有力外，还表现在减小阻力、减轻体重和加强能量供应3个方面。

一、外形

飞行是鸟类非常重要的特征，为了减小飞行阻力，鸟的外形高度特化，体型只有1种，即流线型或纺锤型（图18-2）。

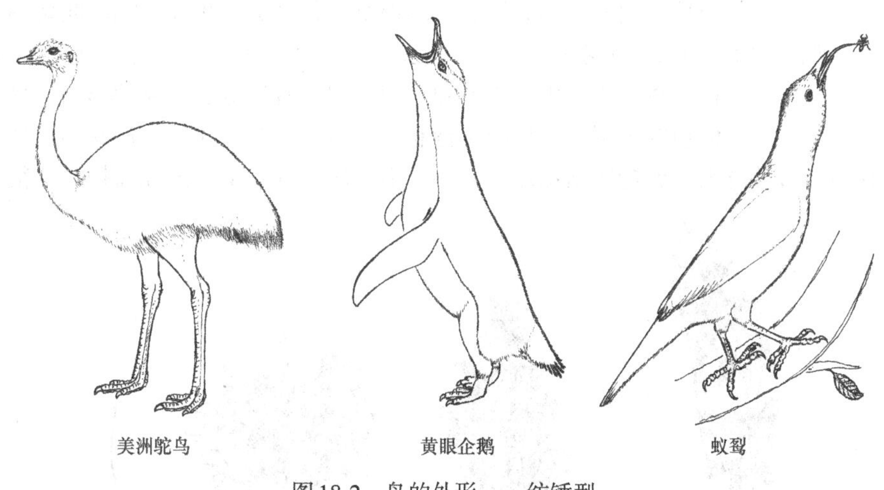

图18-2　鸟的外形——纺锤型

鸟类的身体分头、颈、躯干、尾和四肢5部分（图18-3）。鸟的头部小而圆，前端有喙，头部有眼、耳和鼻等感觉器官；颈部长而灵活；躯干部坚实而紧凑，有利于保持飞行的稳定性；为了减轻重量，鸟的尾椎发生退化愈合，尾部很短；鸟类最显著的变化在四肢上，前肢特化为翼，专门用于飞行，后肢粗壮有力，在不飞翔时全力支撑体重。

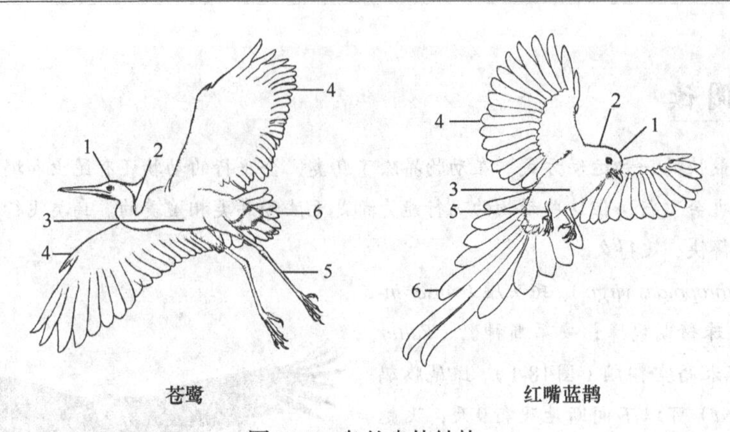

图18-3　鸟的身体结构

1. 头部；2. 颈部；3. 躯干部；4. 前肢；5. 后肢；6. 尾羽

二、皮肤

鸟类皮肤由表皮和真皮构成，特点是：薄而干燥，缺少腺体，皮肤衍生物发达。

鸟类的皮肤薄而松弛，这有利于减轻体重，而且不会限制其飞行时的剧烈运动。同爬行类一样，鸟类的皮肤通透性不强，所以海鸟可以到淡水中觅食，淡水中栖息的鸟儿也能到海滨越冬。鸟的皮肤干燥、缺少腺体，往往只有尾脂腺（羽脂腺），尾脂腺能分泌油性物质，涂抹在身上，可使羽毛保持润滑舒展，水禽的尾脂腺特别发达，分泌物让羽毛具备很强的防水性能。

鸟类皮肤的衍生物有很多，主要有：羽、喙鞘、爪、鳞片、距等。

羽俗称羽毛，是非常轻软的皮肤衍生物，拥有羽是鸟类非常显著的特征，现存动物中，只有鸟类有羽。根据结构功能，通常将鸟羽分为正羽、绒羽和纤羽3种类型（图18-4）。正羽是覆在体表的大型羽，其中长在翅膀上的为飞羽，能提供飞行动力；生在尾端的叫尾羽，用于保持身体平衡，调控飞行方向。绒羽覆盖全身，位于正羽下面，构成隔热层，有极好的保温效果。纤羽似毛发，多生在口鼻部或散生于正羽和绒羽之间，有感觉、护体的作用。最初，羽的出现并不是为了飞行，但羽的出现却对鸟的飞行起到了至关重要的作用。没有羽，鸟类便无法飞行；没有羽，鸟类也无法保持体温恒定。另外，不少鸟还依靠羽衣形成保护色，很多鸟则利

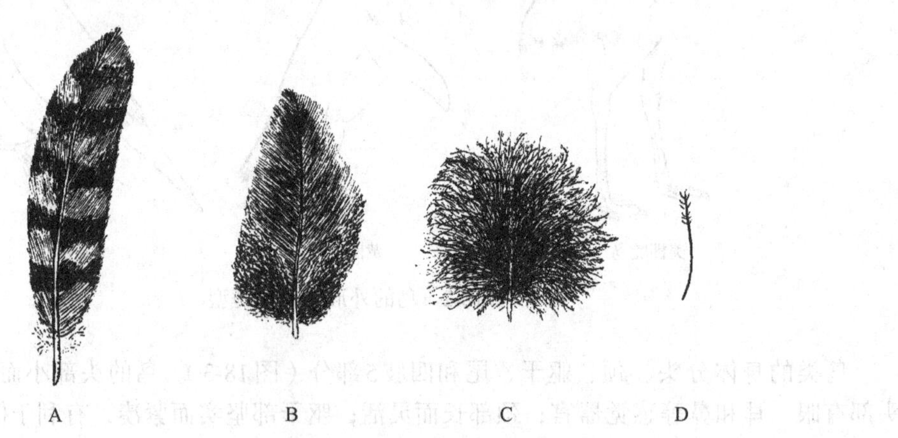

图18-4　鸟的羽毛

A、B. 正羽；C. 绒羽；D. 纤羽

用艳丽的羽衣进行求偶炫耀。

羽对鸟类的生活非常重要，为了适应季节的变化和保持强有力的飞行功能，羽会定期更新，即换羽。鸟类一般一年两次换羽，繁殖期结束后更换的新羽称冬羽（非繁殖羽）；早春更换后的新羽称夏羽，有些鸟的夏羽与冬羽差别极大，在繁殖季节有求偶作用，特称繁殖羽（图18-5）。

图18-5 普通潜鸟的非繁殖羽（左）与繁殖羽（右）

鸟的上下颌骨突出前伸形成喙，是捕食的利器，为防止磨损，外面套有角质的喙鞘。另外，鸟的趾端有锐利耐磨的爪，裸露无羽的腿上镶嵌有鳞片，有的还有突出的距，这些皮肤衍生物对身体都有很好的保护作用。

三、骨骼

鸟类骨骼的特点是：轻而坚，最大限度地支持飞行。具体表现在：骨壁很薄，内有充满气体的腔隙，形成气质骨；中轴骨有明显的愈合和退化现象；带骨和肢骨变形很大（图18-6）。

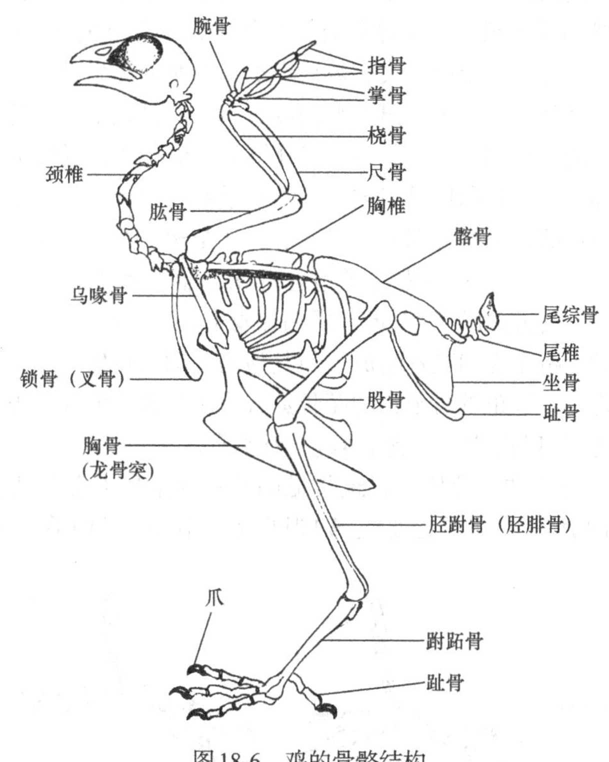

图18-6 鸡的骨骼结构

鸟类头骨的各骨块已经愈合成一个整体，骨内有蜂窝状的充气小腔，轻便而坚实。上下颌骨极度前伸，形成鸟喙的骨骼基础。

鸟类的脊椎已明显地分化出5种类型：颈椎、胸椎、腰椎、荐椎和尾椎，但为了支持飞行和利于捕食，各类脊椎都发生了很大变异。颈椎数较多，有8～25枚，彼此之间的关节面呈马鞍形，被称为异凹形椎骨，众多的颈椎和特殊的关节形式使鸟的头部非常灵活，很容易旋转到180°，鸮（猫头鹰）的头甚至能转动270°。鸟类的胸椎有5～10枚，前部胸椎发生愈合，并借肋骨与胸骨连接，构成稳固的胸廓；中部胸椎不愈合，活动度较大；最后面的胸椎与全部的腰椎、荐椎及部分尾椎发生愈合，形成愈合荐椎（综荐骨）。鸟类的尾椎除了前面部分加入到愈合荐椎外，中间还有5～8枚能活动，尾椎的最后部分发生退化，形成短短的尾综骨，尾综骨上着生尾羽，用尾羽替代长长的尾巴可减轻很多体重。

鸟类脊椎骨的愈合和尾椎的退化，不仅使躯体重心向身体中部集中，有利于保持平衡，而且还使骨架连接紧凑、牢固，能承受飞行时剧烈运动和强大气流对身体产生的巨大冲力。愈合荐椎和尾综骨是鸟类特有的骨骼结构，它们的出现也与飞行密切相关。鸟类的前肢演变成翼（翅膀），因此，鸟在地面或树上活动时，体重完全落在后肢上，为了加强后肢对身体的支持力度，鸟类演化出了愈合荐椎，并且，愈合荐椎还与腰带中的髂骨发生愈合，进一步强化支持力度。

如果说愈合荐椎与飞行有间接关系，龙骨突的出现就与飞行有直接关系了。鸟类的胸骨发达呈板状，中间高耸突起，形成龙骨突，龙骨突的出现增大了飞翔肌肉（胸肌）的附着面，有助于牵引翅膀扇动气流。虽然不是所有的鸟都有龙骨突，但会飞行的鸟都有龙骨突，就连蝙蝠这类会飞行的兽类也有龙骨突，可见龙骨突与飞行的关系有多密切了。

为了支持飞行，鸟类的带骨和肢骨也发生了愈合和变形现象。带骨包括肩带和腰带，鸟类肩带由肩胛骨、乌喙骨和锁骨组成，与肱骨有关节相连，特点是灵活性强；鸟类腰带由髂骨、坐骨和耻骨构成，特点是宽大而变形。大多数鸟类的左右耻骨与坐骨不在腹中线愈合，而是向体后伸展，形成开放式骨盆，以便于产出大型的硬壳蛋。肢骨包括前肢骨和后肢骨，鸟类的前肢特化为翼，是最关键的飞行器官。鸟翼由3部分组成：离身体最近的是上臂部，由粗大的肱骨支持；中间是前臂部，由尺骨和桡骨组成；远端是手部，包括腕骨、掌骨和指骨。手部着生的飞羽为初级飞羽，前臂部着生的飞羽是次级飞羽。从结构上看，鸟翼骨和爬行动物的前肢骨基本一样，但为了支持飞行，鸟翼骨发生了愈合退化，能很好地展开和收拢。飞翔时，翼展开，面积很大；静止时，翼折叠成“Z”形，紧贴在身上，很节省空间（图18-2）。鸟的后肢骨强大，由股骨、胫跗骨、跗跖骨和趾骨组成，与其他四足动物相比，其腓骨变短变细，胫骨与近端跗骨愈合成胫跗骨，远端跗骨与延长的跖骨愈合成跗跖骨，形成鸟类特有的跗间关节，有利于降落缓冲。鸟脚的第5趾退化，只剩下4趾，趾端有爪。

鸟足趾的结构是鸟分类的重要依据，最常见的是不等趾足（常态足），另外还有对趾足、异趾足和前趾足等（图18-7）。不等趾足是第1趾向后，其他3趾向前；对趾足是第1、4趾向

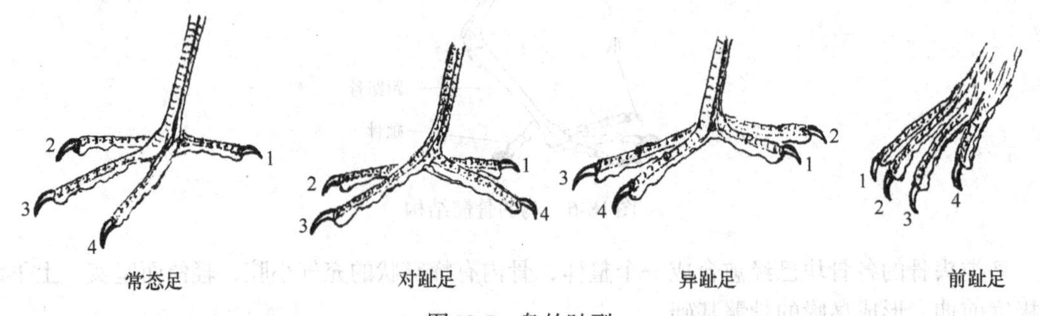

图18-7　鸟的趾型

后，第2、3趾向前；异趾足是第1、2趾向后，第3、4趾向前；前趾足是4趾均向前。

四、肌肉

为了支持飞行，鸟类普遍推行了“减重”策略。除了游泳型的水鸟外，其他的鸟一般都很“干瘦”，身上没有多余的脂肪，就是肌肉，能退化的也都退化掉了，但有的肌肉却很发达，且多集中于躯干的中心部分（身体远端的活动通过肌腱来控制）。所有这些，对减轻体重、维持飞行平衡都有重要意义。

一般来说，鸟类的颈部肌肉细小复杂，后肢肌、胸大肌（收缩时使翼下扇）和胸小肌（收缩时使翼上扬）发达，这有利于捕食、奔跑和飞翔。

胸肌（胸大肌和胸小肌）是鸟身上最大的肌肉，就大多数鸟而言，胸肌占体重的15%～20%，而全部骨骼重量仅占体重的5%～6%。

五、消化

鸟类的消化道包括喙、口咽腔、食道、胃、小肠、盲肠、直肠和泄殖腔，消化腺主要有肝脏和胰脏。

鸟类的消化道始于喙，喙是上下颌骨前伸，外包角质喙鞘形成的，没有齿而有喙是现存鸟类的重要特征。喙是鸟类极有特色的器官，用于啄食。喙的大小和形状与其食性紧密相关，同类鸟中，食性不同，喙则不同（图18-8）。不同种类的鸟，喙的差别更大（图18-9），有些鸟喙看上去很大，但实际质量却很轻。发达的喙加上灵活的颈部大大提高了鸟的取食效率。鸟的口咽腔中有舌和唾液腺，有些鸟的舌对取食也有很大帮助，如啄木鸟（Picidae）。鸟类的食道长而富有延展性，某些鸟的食道下部膨大形成嗉囊，有临时储存和软化食物的作用，而雌鸽（*Columba*）在育雏期间，嗉囊还能分泌“鸽乳”喂养幼鸽。嗉囊之后是胃，鸟胃可分为腺胃和肌胃（砂囊）两部分，肌胃中有砂粒，且肌肉发达，能够研磨食物。小肠是吸收营养的主要场所，盲肠能消化粗糙的植物纤维，因而植食性的鸟类盲肠发达。鸟的直肠短，末端开口于泄殖腔。由于直肠短，基本不储存粪便，鸟粪随时由泄殖孔排出体外，这样可减轻体重，支持飞行。

斑头海番鸭(♂)

中华秋沙鸭(♂)

王绒鸭(♂)

图18-8　海鸭族三种鸭的喙及其食物

鸟类消化系统的特点是：消化能力强，消化过程迅速。这都是为了加强能量供应，因为飞行是耗能最多的运动方式，加上鸟类是恒温动物，体温高达37.0～44.6℃，对能量的需求极为迫切。可以说，在脊椎动物中，鸟类的相对食量是最大的，耐饥能力是最差的，因而食物对鸟类行为的影响十分深刻。换言之，在影响鸟类行为的诸多因素中，食物无疑是最重要的。有的

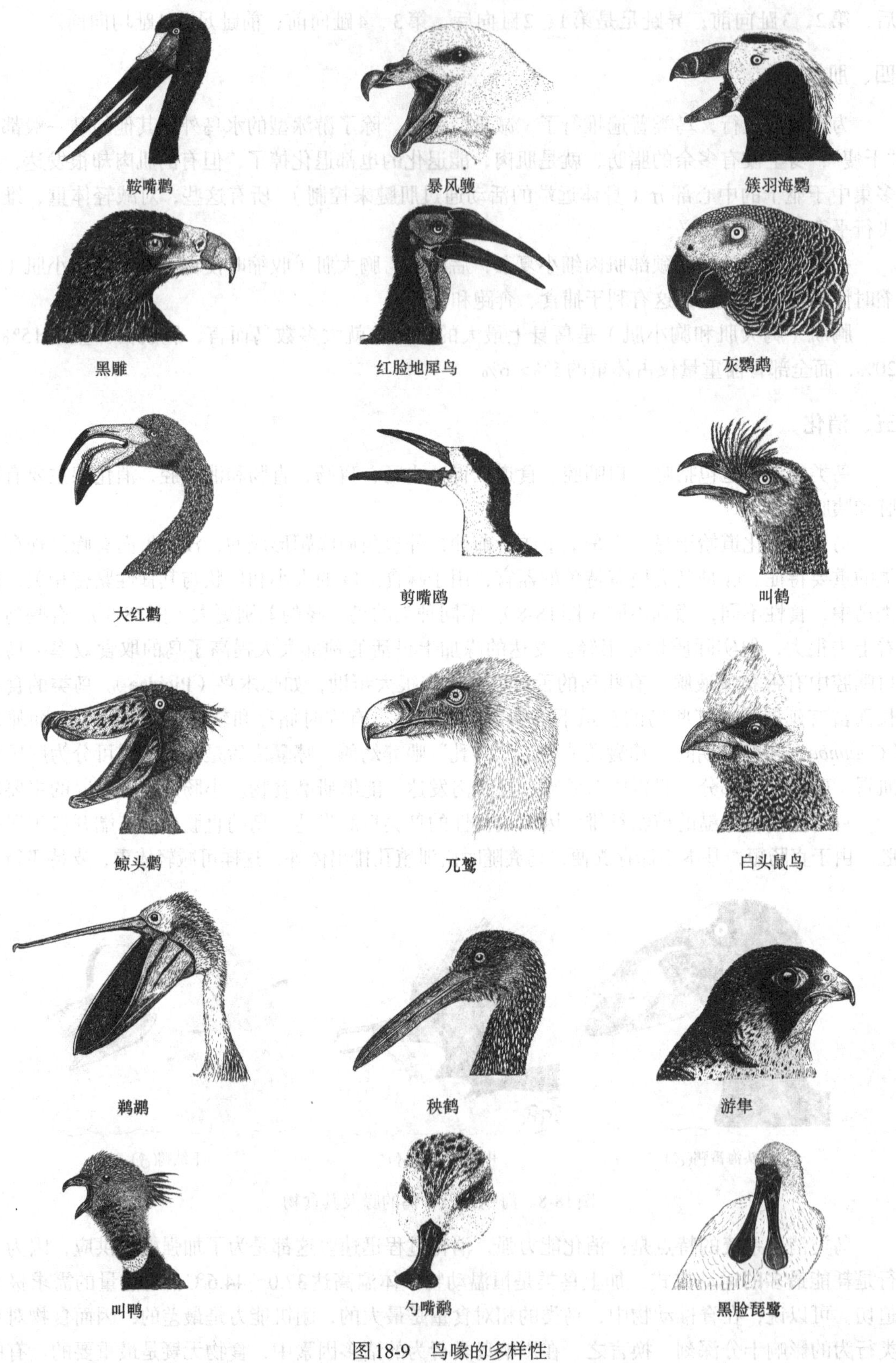
鞍嘴鹳
暴风鹱
簇羽海鹦
黑雕
红脸地犀鸟
灰鹦鹉
大红鹳
剪嘴鸥
叫鹤
鲸头鹳
兀鹫
白头鼠鸟
鹈鹕
秧鹤
游隼
叫鸭
勺嘴鹬
黑脸琵鹭

图18-9　鸟喙的多样性

鸟儿为了寻找食物，能飞数百千米的路程，而漂泊信天翁（*Diomedea exulans*）为了给雏鸟寻找食物，两周的时间就能飞越8000km的距离。

为了获得足够的能量，鸟类多半都会摄取高能食物。事实上，在鸟类中，肉食性的最多，包括吃脊椎动物和吃虫子的，并且还有专门的食腐类群，其次是吃植物种子和果子的，吃植物叶子的鸟很少，如果是吃叶子，则食量极大。

辅助阅读

在肉食性鸟类中，有些特别喜欢吃哺乳动物尸体，被誉为大自然的“清道夫”，这就是鹫。鹫属于大型鸟类，现存有22种，其中，美洲鹫（Cathartidae）有7种，生活在美洲，秃鹫（秃鹫亚科）有15种，生活在亚洲、欧洲和非洲，虽然它们的亲缘关系较远，但外形和习性却很相似。

鹫喜欢在高空翱翔，借助上升的热气流盘旋，大范围搜索。例如，胡兀鹫（*Gypaetus barbatus*）一天能搜索600km^{2}的土地。鹫目光敏锐，有些种类嗅觉发达，往往能在第一时间发现动物尸体。鹫的喙粗壮，进食速度很快，食量也很大，另外，鹫的耐饥能力也很强，这使它们能够很好地适应饥一顿饱一顿的“收尸”生活。

经过长期的进化，鹫的身体结构和生活习性已经很适合“收尸”了，但在找不到尸体的情况下，有些也会捕食活物；棕榈鹫（*Gypohierax angolensis*）则改弦更张，改吃素食了，主要以棕榈树的油棕果为食。

六、呼吸

鸟类对能量的需求十分迫切，而能量来源于食物和氧气，所以，鸟类的呼吸系统十分发达也就在情理之中了。其实，鸟类只有1种呼吸方式，即肺呼吸，但鸟类将肺呼吸做到了极致。

鸟的呼吸系统始于外鼻孔，之后是内鼻孔、气管和支气管，最后是微气管形成的肺。鸟肺的结构极其复杂，并有气囊，气囊是伸出肺外的气管末端膨大而成，分布于各个器官间，大型气囊有9个，气囊的存在使鸟类产生了独特的双重呼吸。复杂结构的肺和双重的呼吸方式从空间和时间两个方面提高呼吸效率。

鸟类的肺是由一系列气管组成的，就像错综复杂的通气管道，越分越细，最细的是微气管，直径仅有3～10μm，这使得鸟肺的面积巨大，按单位体重算，比人的约大10倍，这从空间上大大提高了换气量。当鸟吸气时，新鲜空气一部分进入后气囊，暂时储存，一部分进入肺，在微气管内进行气体交换，而肺内原有的气体进入前气囊；呼气时，肺和前气囊内的气体经气管外排，后气囊中储存的气体入肺，进行气体交换。这样，不论是吸气还是呼气，肺内总有新鲜的气体通过，这就是双重呼吸，是鸟类独有的呼吸方式。爬行动物和哺乳动物仅在吸气时有新鲜气体入肺，而鸟类无论是吸气还是呼气，气体在肺内均为单向流动，总有新鲜的气体通过肺，这从时间上将呼吸效率提高了1倍（图18-10）。

鸟的胸廓非常发达，通常情况下，鸟靠胸廓的扩张和收缩使空气进入肺和气囊，完成气体交换，即胸式呼吸。但在飞行时，则主要靠气囊的扩张和收缩协助肺完成呼吸：扬翅使气囊扩张，压翅使气囊收缩，前后气囊随着翅膀的扇动有节律地张缩，犹如抽气机，不断地把空气送入肺内再排出，飞行越快，气体交换速度也就越快，从而确保了飞行时对氧的高需求。这里需要说明的是：鸟的扇翅频率不一定等于呼吸频率，它们会自我调整，保证氧气协调供应；鸟在呼吸过程中，肺的容积不变，改变的是气囊容积。

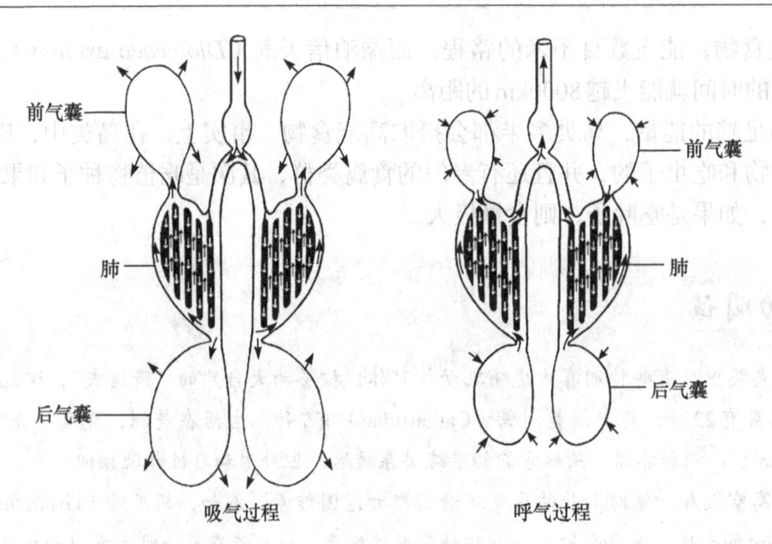

图 18-10　鸟类双重呼吸示意图（黑色箭头示气流方向；白色箭头示血流方向）

在脊椎动物中，鸟类的呼吸效率最高。另外，在气管和支气管交界处，很多鸟类有气管特化的鸣管，并有特殊的鸣管肌，借以调节鸣管及鸣膜。鸟在吸气和呼气时均能发音，有些鸟还能发出婉转多变的声音，特别是鸣禽（雀形目），如百灵（Alaudidae）和画眉（Timaliidae），而生活在澳大利亚的琴鸟（*Menura*）能模仿多种声音，包括照相机的快门声和伐木的电锯声。

七、循环

鸟类的心脏有2心房2心室，这使得动脉血和静脉血完全分开，形成完全双循环，这种循环方式输送氧气和养料的效率极高。

循环系统的发育程度能反映动物的代谢水平。在动物界，只有哺乳类和鸟类是恒温动物，心脏是完全的4室结构。但相对来讲，在恒温和代谢方面，鸟类更是技高一筹，鸟类的体温比哺乳类平均要高出5℃以上。

鸟类是代谢水平最高的脊椎动物，自然，鸟的循环系统也就非常发达。在脊椎动物中，鸟类的心脏是相对最大的，是同等体重哺乳动物的1.4～2.0倍，某些蜂鸟的心脏重量是体重的2.7%；鸟类的心跳也很快，一般是300～500次/min。

除了血液循环外，鸟类还有淋巴循环。

八、排泄

鸟类的排泄系统由肾脏、输尿管和泄殖腔组成。由于新陈代谢水平极高，鸟类的排泄系统功能十分强大，能及时地排出代谢废物。鸟类肾脏的体积相对较大，占体重的2%以上，形成的尿液通过输尿管到泄殖腔，最后由泄殖孔排出体外。

事实上，鸟类是不会集中排尿的，原因主要有以下几点：一是鸟类和爬行动物一样，排泄物大多为尿酸，尿酸溶水性差，常是半凝固的白色结晶状态，因此，排泄系统不需要太多的水分就可以将这类代谢物带出，这样一来，鸟类的尿液就要相对少一些；二是鸟类没有膀胱（平胸总目除外），尿液形成后并不储存，而是直接流入泄殖腔，泄殖腔有回收水分的功能，会将尿液进一步浓缩，这样，鸟的尿液就更少了；三是鸟类排粪频繁，往往是泄殖腔中浓稠的尿液还没累积起来，就被混在粪便中统一排出体外了，自然就见不到鸟集中排尿了。不过，由于混有尿液，鸟类的粪便一般都比较稀软发白。

鸟类没有膀胱，是为了减轻体重支持飞行，可为什么它的泄殖腔还有回收水分的功能呢？按理说，鸟的皮肤同爬行动物近似，几乎没有什么通透性，又不排汗，可以有效地保存体内的水分，鸟类不该有这么强的节水本领。事实上，鸟类的呼吸量太大，通过呼吸丢失的水分很多，所以，鸟类不仅要不断地喝水，还需要从尿液中回收水分才行。生活在沙漠中的鸟为了寻找一口水，往往能飞出去几百千米远，而大洋鸟能够直接饮用海水，多余的盐分通过位于眼眶上部的盐腺排出体外。

九、神经和感觉

（一）神经

鸟类脑的基本结构与爬行动物相似，但要发达很多，尤其是大脑、中脑和小脑。鸟类脑的质量占体重的2%～9%，其中，大脑是复杂的本能活动及学习和认知中枢。

鸟类的大脑发达，智力已经发展到一个比较高的水平。鸟类有较好的记忆力，甚至对某些事物有超强的观察记忆能力，也能灵活处理遇到的新问题。例如，很多鸟类只要跟随父母飞一次，就能记住长达数千千米的迁徙路线；在日本，小嘴乌鸦（*Corvus corone*）会把坚果扔在马路上，利用汽车轮将其轧开，方便自己食用。不少种类的鸟还会使用工具，䴕形树雀（*Camarhynchus pallidus*）能用仙人掌的刺挑出树洞里的虫子；白兀鹫（*Neophron percnopterus*）喜欢吃鸵鸟蛋，但靠喙和爪子无法打开蛋壳，就用石头砸破。实验发现，新喀鸦（*Corvus moneduloides*）会优先使用大石子沉入水中，使玻璃瓶中的水面上升，让自己吃到漂在水面上的虫子；而非洲灰鹦鹉（*Psittacus erithacus*）经训练后，能识别数字、字母、颜色等，并用英语说出来。

鸟类的智力水平明显高过爬行动物，但实际上，鸟主要还是靠本能生存。例如，大麻鳽（*Botaurus stellaris*）等，当受到惊吓时，它会立起身子，头颈朝上，嘴尖指向天空，身体还会随风摆动，这能和四周芦苇等融为一体，隐身自己。但当四周没有芦苇时，遇到危险的大麻鳽也会做出这些动作，自己孤零零地立在河滩上摇晃，就显得呆板可笑了（图18-28）。

（二）感觉

鸟类的感觉主要有视觉、听觉和嗅觉，个别鸟类有回声定位系统，如油鸱（*Steatornis caripensis*）和金丝燕（*Aerodramus*）。鸟类的感觉极其敏锐，尤其是视觉和听觉（图18-11）。

由于飞行速度很快，鸟体和可视物之间的距离会迅速缩短，但可视物形成的图像必须始终准确而清晰地落在视网膜上，不能模糊，这就要求鸟的眼睛有极好的变焦能力，为此，鸟类的眼睛能够进行双重调节。通常，鱼类、两栖类的对焦方式是前后移动晶状体，羊膜动物是改变晶状体的形状而屈光对焦。鸟类除了迅速改变晶状体形状外，还独有改变角膜形状的能力。由于鸟类能同时改变晶状体和角膜的形状来屈光快速对焦，鸟类的视觉调节就被称为双重调节。鸟类瞬膜发达，飞行能力差的地栖鸟还有睫毛，以阻止沙尘进入眼睛，如鸵鸟（*Struthio camelus*）、地犀鸟（Bucorvidae）等。另外，鸟类视网膜上的感光细胞也是最多的，所以，鸟类拥有脊椎动物最发达的视觉。

图18-11　鸟的感觉器官（耳隐在羽中）

白天活动的鸟视觉极其敏锐。例如，鹰（Accipitridae）的视力是人眼的8倍以上，胡兀鹫在7000m的高空能看到地面上羚羊的尸骨。夜间活动的鸮（鸮形目）为了收集更多光线，看清猎物，眼变得很大，夜鹰（夜鹰目）的眼睛也很大，加上口鼻部纤羽的帮助，夜间能在飞行中捕捉飞虫。

相对于爬行动物，鸟类有了外耳（耳孔），听觉更加敏锐，特别是鸮类，常常有特别的耳孔和收集音波的耳羽。事实上，多数鸮类是靠听觉和视觉共同起作用才找到猎物的，而生活在北极附近的乌林鸮（*Strix nebulosa*）单靠听觉就能找到在雪下活动的鼠。企鹅的听力也是超一流的，生活在南极的帝企鹅（*Aptenodytes forsteri*），仅凭叫声就能准确无误地从企鹅群中找到自己的配偶和雏鸟。

鸟类的嗅觉通常是比较差的，但也有少数种类强化了嗅觉。例如，食腐的红头美洲鹫（*Cathartes aura*）就有极其敏锐的嗅觉。

十、生殖

鸟类的雄性生殖系统由睾丸、输精管和泄殖腔组成，雌性生殖系统由卵巢、输卵管和泄殖腔组成，但多数雌鸟右侧的卵巢和输卵管退化。鸟类生殖系统具有明显的季节性变化，非繁殖季节严重萎缩，繁殖期恢复正常，这也是对飞翔生活的一种适应。

鸟类繁殖的基本情况是：雌雄异体，体内受精，全部卵生，产羊膜卵，直接发育。

第二节　繁殖与迁徙

鸟类繁殖的基本情况和爬行动物大同小异，但细节却大不相同。繁殖习性五花八门，多种多样，目的是最大限度地保证后代的成活。另外，由于运动能力极强，鸟类的迁徙蔚为壮观，这在动物界是最有代表性的。

一、繁殖

（一）繁殖时间

不同种类的鸟，性成熟的年龄有很大不同，短的也就3个月，长的可超过10年。达到性成熟的鸟，具体在什么时间繁殖，则主要看食物的供应情况。热带地区季节变化不明显，食物常年均衡供应，这里的鸟没有固定的繁殖时间；温带地区的鸟多在春夏季节繁殖，最根本的原因并非这个季节温暖舒适，而是这个季节昆虫等食物资源最丰富，雏鸟的生长发育最有保障。

交嘴雀（*Loxia*）的喙上下交叉，这样的喙能很方便地翘起松果，吃到松子，因此，交嘴雀总是在松子成熟的季节繁殖：落叶松森林中的在夏末，云杉林中的在冬季。生活在直布罗陀海峡附近的游隼在秋季繁殖，这一反常态的原因是，秋季有大批的鸟从欧洲经直布罗陀海峡到非洲越冬，为育雏提供了丰富的食物来源。同理，南极帝企鹅冬季繁殖的原因也是食物供应。

（二）繁殖习性

鸟类的繁殖习性和爬行动物有很大不同，主要表现在过程全面，细节到位，这大大提高了后代的成活率。鸟类完整的繁殖过程包括占区、筑巢、求偶、交配、产卵、孵化、育雏等环节（图18-12）。

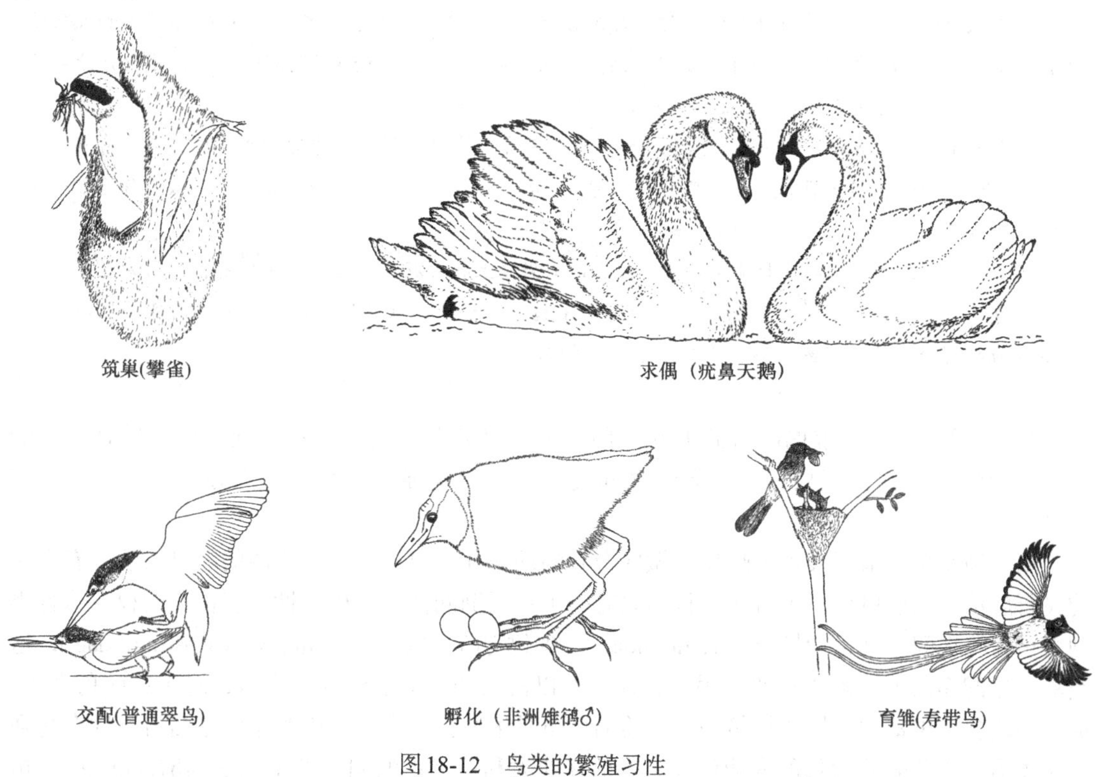

图18-12　鸟类的繁殖习性

1. 占区与筑巢　在繁殖前夕，一对鸟儿可能会划出一片领地据为己有，禁止同种的其他鸟儿进入，这就是占区。占区的目的只有一个：为自己的后代建立起一个稳定的食物供应基地。占区在食物供应紧张的鸟类中普遍存在，相反，如果食物供应不是问题，鸟类一般就不占区，反而会聚集在一起筑巢产卵，这样做可在很大程度上减轻天敌对自己后代的伤害，如火烈鸟（*Phoenicopterus*）、企鹅（Spheniscidae）等。非洲的厦鸟（*Philetairus socius*）喜欢共同筑巢，一个群体巢有时有300多个巢室，每室居住一对厦鸟。占区鸟所占域面积很不相同，猛禽常有几百万平方米，食虫鸟通常只有几百平方米。

占区之后，便是筑巢了。筑巢的地点和鸟巢的结构，不同种类之间差别极大，有地面巢，有水面浮巢，有洞穴巢，有编织巢等。地面巢和水面浮巢结构简陋，几乎没有什么防御功能，好在位置隐蔽，不易被发现；洞穴巢和编织巢不仅有利于受精卵的孵化，还能有效地防御天敌侵害，为雏鸟提供了一个温暖舒适的成长环境，尤其是编织巢，是雏鸟最温馨的摇篮。对有些鸟来说，筑巢是一项浩大而艰巨的“工程”，要付出艰辛的劳动，虽然如此，一旦繁殖结束，鸟往往都会弃之不用，所以，鸟巢只为后代建造。

筑巢不仅需要技巧，巢材也十分重要。聚集在一起筑巢的鸟，在巢材短缺的情况下，会发生偷窃现象。鸟类的筑巢材料五花八门，最特殊的恐怕是金丝燕（*Aerodramus*）的巢材，主要是自身分泌的黏性唾液，其唾液中含有一定量的蛋白质，这种鸟巢可供人食用，加工后即是“燕窝”，在亚洲一些国家备受推崇。

辅助阅读

金丝燕为雨燕科金丝燕属鸟类的通称，大约有15种，其中，爪哇金丝燕（*A. fuciphagus*）和戈氏金丝燕（*A. fuciphaga*）等用黏稠的唾液筑巢，鸟巢经人类加工后就是著名的“燕窝”。燕窝主要产地在泰国、菲律宾和印度尼西亚，我国产燕窝的地方是海南省的大洲岛。

燕窝呈半月形，直径6～7cm，重10～15g，外围整齐，内部粗糙，如老熟的丝瓜瓤，质地有点儿像“皮冻”或“塑料”。燕窝原本是托住鸟蛋和雏鸟的鸟巢，但在我国及东南亚一带，一直被看作名贵的滋补品，市价极高。

按出产情况，燕窝有洞燕和屋燕之分，粘在山洞岩壁上的为洞燕，粘在人工建筑物上的为屋燕。洞燕出产于高高的山洞中，采集非常困难，质量也不稳定，现在，在燕窝产地，人们专门建造燕屋，供金丝燕筑巢育雏，待幼燕离巢后，再集中采集，加工上市。

2. 求偶　鸟类求偶的方式五花八门，大致可分两种类型，一是同性之间较劲，目的是吸引异性，获得交配权；二是异性之间交流，目的是强化关系，为更好地养育后代奠定基础。

第一种类型的求偶表现为炫耀：做些奇异的动作并伴以声响，有华丽的歌舞表演，有夸张的飞行展示，当然更少不了打斗。目的只有一个：压倒同性，吸引异性，获得交配权。这种类型大多为雄鸟间较劲，如松鸡（Tetraonidae），少数为雌鸟间争夺，如彩鹬（Rostratulidae），这类鸟一雄配多雌或一雌配多雄。另外，还有的以占区和筑巢的形式来求偶，对于这些鸟来说，拥有一块食物丰富的区域或构筑一个完美的鸟巢是很值得炫耀的，因为这些东西对异性有超强的诱惑力，它代表着后代的高成活率。生活在澳大利亚等地的园丁鸟（Ptilonorhynchidae），虽然也筑巢，但雄鸟筑的巢压根儿就没有什么实用价值，仅仅是炫耀的资本而已，为了增加吸引力，雄鸟还会用色彩鲜艳的小物品将巢穴装饰一番。

第二种类型的求偶一开始也有炫耀的成分，但吸引到异性后，雌雄双方往往还有很强的互动环节，如双人舞和对唱，有的还会赠送食物等，如鸊鷉（Podicedidae）、燕鸥（Ternidae）和蜂虎（Meropidae）。这类鸟雌雄外形相近，常表现为一夫一妻的婚配形式，它们都有较重的育雏护幼任务。

3. 交配与产卵　交配和产卵是鸟类繁殖的核心内容。

鸟类是体内受精的，但多数雄鸟并没有交配器，只有平胸总目和雁形目不少种类的泄殖腔内壁可隆起形成交配器。鸟类交配往往表现为雄鸟站在雌鸟背上，在维持平衡的过程中，泄殖孔两两相对而已，因此，鸟类的交配时间极短，但同样能达到受精的目的。

鸟产的卵都比较大，且有较硬的石灰质外壳，为减轻体重，鸟蛋都是一个个间隔开陆续产出的。而且，同一种鸟，每窝的卵数是相对固定的，也就是说，窝卵数有种（物种）的特性。但窝卵数的计量方法不同，有的以产出数目为准，有的以留下的数目为准，前者如遇到鸟蛋遗失不会补产，如喜鹊（*Pica pica*）和家燕（*Hirundo rustica*），后者则会积极补产，直到够数，如常见家禽。

在现存鸟类中，非洲鸵鸟（*Struthio camelus*）的蛋最大，重1.3～1.9kg；大斑几维鸟（*Apteryx haastii*）的卵重400～450g，相当于雌鸟自身体重的1/4～1/3。

4. 孵化与育雏 孵化和育雏是鸟类繁殖中最有特色的环节，它不仅加快了繁殖的进程，而且大大提高了后代的成活率。

鸟类靠自身的体温孵化受精卵。孵化工作通常由雌鸟担任，或雌雄轮流，少数种类是只由雄鸟孵卵的，如鸸鹋（*Dromaius novaehollandiae*）和雉鸻（Jacanidae）。因为有温暖的巢穴，加上体温很高，所以，鸟类的孵化不会受天气的影响，孵化期短而稳定。孵化期结束，雏鸟破壳而出，此时，根据发育情况，可将雏鸟分为早成雏和晚成雏（图18-13）。早成雏也叫作早成性雏鸟，出壳时体被绒羽，很快即能随亲鸟活动觅食；晚成雏即晚成性雏鸟，出壳时身体裸露或仅具稀疏绒羽，眼未开启，不能行走，须留在巢中由亲鸟喂养。

图18-13 早成雏（左）与晚成雏（右）

在孵化方面，比较特殊的是冢雉（Megapodiidae），冢雉自己不孵卵，它们中的多数种类依靠植物发酵产生的热量来孵卵，也有的是利用阳光的热量或火山活动产生的地热来孵卵，自然，冢雉也没有育雏行为。

育雏在鸟类中是比较普遍的，大约90%的鸟是由双亲共同育雏的。鸟类育雏的内涵并不完全一样，有的种类仅仅是看护雏鸟而已，很少喂食，这种情况只发生在某些早成雏身上；对于晚成雏，育雏的主要内容就是喂食，这个工作非常辛劳，因为每只雏鸟都有一张填不饱的嘴，非常贪吃，甚至有的雏鸟离巢前的体重已然超过成鸟。有时候，双亲实在无法养活多张贪吃的嘴，只好眼睁睁地将弱小的雏鸟饿死，而雏鸟之间也会为了吃食大打出手，强者往往把弱小的弟、妹赶出鸟巢，双亲对这种行为听之任之，不管不问。

鸟类的育雏工作十分辛苦，为了提高成功率，有些鸟儿演化出一些特别的育雏习性，如请外援成立互助组，甚至是巢寄生。

辅助阅读

爬行动物没有给后代喂食的行为，鸟类的育雏却非常普遍。但育雏太不容易了，因为雏鸟都有一张贪吃的嘴，为了保证育雏成功，不少种类的鸟都进行合作繁殖，有的是成立互助组，如犀鹃（*Crotophaga*）和冠羽画眉（*Yuhina brunneiceps*）等，有的是请外援帮助育雏，如白翅澳鸦（*Corcorax melanorhamphos*）、红脸地犀鸟（*Bucorvus leadbeateri*）和橡树啄木鸟（*Melanerpes formicivorus*）等。互助组的做法是合作方共同筑巢，雌鸟把卵产在一起，亲鸟协作孵卵育雏；请外援的情况往往是父母让年长的幼鸟帮助饲喂其年幼的弟妹们。合作繁殖的目的是更好地养育后代，但也有甚者，即亲鸟只管交配产蛋，孵化育雏的事则采用欺骗手段让其他亲鸟代劳，这便是巢寄生。

目前已发现有80多种鸟有巢寄生行为，南美洲的黑头鸭（*Heteronetta atricapilla*）就是一个例子，雌鸭把卵偷偷产在多种鸟的巢穴中，让义亲代孵，雏鸭孵出后悄悄地溜出鸟巢，走上独自谋生的道路。典型的巢寄生不仅仅是代为孵卵，更重要的是让养父母代为育雏，如维达雀科（Viduidae）和响蜜䴕科（Indicatoridae）的全部种类、杜鹃科（Cuculidae）和拟鹂科（Icteridae）的多数种类。大杜鹃（*Cuculus canorus*）是巢寄生方面的顶尖高手，雌杜鹃事先找好寄主的巢，如大苇莺（*Acrocephalus orientalis*）的等，趁主人外出时飞过去，吞下1枚寄主的蛋，再补产1枚自己的。大杜鹃的产蛋速度极快，卵的颜色、形状和大小与寄主的几乎一模一样，而且孵化期更短。大杜鹃的雏鸟孵出后会把窝里的鸟蛋或雏鸟一一推到窝外，最终只剩它这个养子，独享美食。在养父养母的辛勤哺育下，雏鸟长得很快，不久就比养父养母的个头大出不少（图18-36）。令人奇怪的是，大苇莺对外来的鸟蛋很警觉，一旦发现异常，就会弃巢不用，但对差别巨大的养子，却熟视无睹。

二、迁徙

为了寻找更好的生活环境，运动能力强的动物都会进行长距离迁移。迁徙（在水生动物中叫作洄游）是动物长距离迁移的一种，但迁徙不是普通的迁移，它不仅是大规模的，而且也有规律性，对一个种群来说，迁徙无论是在时间上还是在路线上，都是相对固定的。迁徙（洄游）的动物很多，如大麻哈鱼（*Oncorhynchus*）、鳗鲡（*Anguilla*）、驯鹿（*Rangifer tarandus*）等，但在动物界，鸟类的迁徙无疑是最普遍的，也是最典型的。

（一）鸟类的迁徙

鸟类的迁徙是在繁殖地和越冬地之间定期的有规律的长距离的集群飞行，是动物界最有规律、季节性最强、距离最长的迁徙。首先，鸟类迁徙的规律性很强：一年为一周期，每年开始迁徙的时间前后一般不会相差10天；有固定的路线，代代相传，不会轻易改变。其次，鸟类的迁徙距离都很长，一般都不会低于1000km，距离最长的应是北极燕鸥（*Sterna paradisaea*），每年要完成40 000km的迁徙路程。

不同种类的鸟，具体迁徙情况不一样，雁（雁族，Anserini）、天鹅（*Cygnus*）等大型游禽在迁飞的时候，常常集结成群，排成“一”字或“人”字形的队伍；鹤类（Gruidae）也是结群迁飞，但没有固定的阵型；体形较小的鸟儿，则组成稀疏的鸟群迁飞；猛禽一般是单独迁飞，极少结群。

关于迁徙的原因，有不同观点，但有一点是最重要的：迁徙的目的是更好地生存，其中，寻求食物无疑是最关键的。事实上，迁徙的鸟多半是在高纬度地区生活的食虫鸟和水鸟。秋末，由于天气寒冷，虫子锐减、水面冰封，食物的短缺迫使它们迁移到低纬度地区生活，久而久之，这种行为最终被自然选择的力量固定下来，成为一种本能反应，形成迁徙。相反，如果食物丰足，迁徙鸟也可能会放弃迁徙。例如，生活在黑龙江扎龙的丹顶鹤（*Grus japonensis*），过去都要迁徙到南方越冬，现在建立了自然保护区，冬季有人投喂食物，部分丹顶鹤已经不再迁徙，这种例子在日本也有，其他鸟身上也有。

（二）留鸟与候鸟

根据迁徙与否，可将鸟划分为留鸟和候鸟。另外，还有一类鸟过着游荡生活，居无定所，往往随食物的供应情况而随机变动，这类鸟称漫游鸟，漫游鸟多是一些猛禽和海洋鸟类。

常年在繁殖地附近活动没有迁徙行为的鸟叫作留鸟，留鸟的活动范围较小，如喜鹊、麻雀（*Passer*）等。一年中随着季节的变化，定期地在繁殖地和越冬地之间迁徙的鸟叫作候鸟或迁徙鸟。其中，夏季来繁殖，秋季离开的，称为夏候鸟，如华北地区的家燕和黄鹂（*Oriolus*）等；冬季来越冬，翌年春天就飞走的叫作冬候鸟，如江苏盐城地区的丹顶鹤；而既不来繁殖，又不来越冬，仅仅是迁徙时路过的叫作旅鸟，如华北地区的鸿雁（*Anser cygnoides*）等。判断候鸟是夏候鸟、冬候鸟，还是旅鸟，一定要看地区，如丹顶鹤在黑龙江是夏候鸟，在江苏是冬候鸟，在山东是旅鸟。

第三节　分　　类

在脊椎动物的进化历程中，鸟类是出现最晚的一纲，分古鸟亚纲（Archaeornithes）和今鸟亚纲（Ornithurae），古鸟亚纲已经全部灭绝，今鸟亚纲现存有9400多种，分3个总目：平胸总目、企鹅总目和突胸总目。

今鸟亚纲的鸟生活在地球上的各种环境中，有水栖的、有陆栖的，更多的是树栖的，生态类型各不相同，根据外形和生活习性可分7个生态类型。有些种类对环境的适应性非常好，数量巨大。例如，一群掠过天空的红嘴奎利亚雀（*Quelea quelea*）能达到3亿只以上，估计整个非洲约有100亿只红嘴奎利亚雀。

辅助阅读

鸟类的生活环境多样，不同类别的鸟可能生活在相同的环境中，且采取了相近的生活方式，久而久之，外形也趋于相同。通常，按照外形和摄食活动习性将鸟类分为7个生态类型。

鸟类的7个生态类型分别为：①游禽。善游泳或潜水，腿短，趾间有蹼或瓣蹼，形成蹼足（图18-14），主要捕食鱼类和其他水生动物，少数吃水草，包括企鹅总目、潜鸟目、䴙䴘目、鹱形目、鹈形目、雁形目和鸥亚目（图18-15）。②涉禽。多在浅水觅食，嘴长、腿长、脖子长，蹼不发达或无蹼，大多不会游泳，主要捕食小型水生动物，包括鹳形目、红鹳目、鹤形目和鸻亚目（图18-16）。③走禽。地面活动，足趾大而少，善奔跑，翼退化，通常不会飞，多指平胸总目的鸟类（图18-17）。④陆禽（鹑鸡和鸠鸽）。生活于山地平原，喙短，喜欢啄食小虫和种子，腿脚短而健壮，常态足，适于陆地步行，包括鸡形目和鸽形目（图18-18）。⑤攀禽。生活于树林中，腿脚短而健壮，有对趾足和异趾足，非常适于树木攀援，包括鹟䴕目、鹦形目、鹃形目、夜鹰目、雨燕目、蜂鸟目、鼠鸟目、咬鹃目、佛法僧目和䴕形目（图18-19）。⑥猛禽。栖息环境多样，喙钩曲状，爪强壮有力，善飞行，性凶猛，肉食性，包括隼形目和鸮形目（图18-20）。⑦鸣禽。身体较小，体态轻盈，活动敏捷，羽色艳丽，善于鸣叫，巧于筑巢，主要是指雀形目的鸟类（图18-21）。

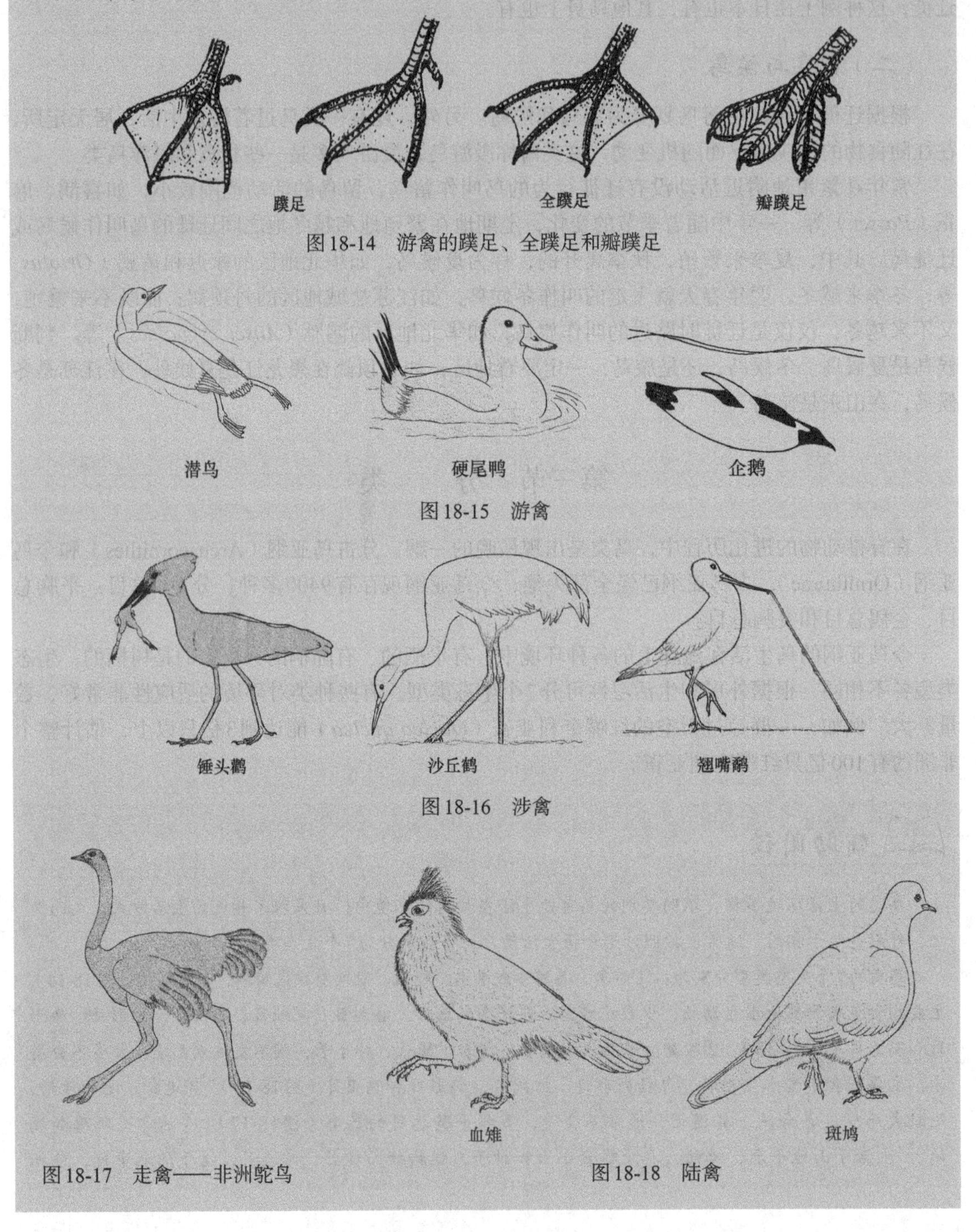

图18-14　游禽的蹼足、全蹼足和瓣蹼足

图18-15　游禽

图18-16　涉禽

图18-17　走禽——非洲鸵鸟

图18-18　陆禽

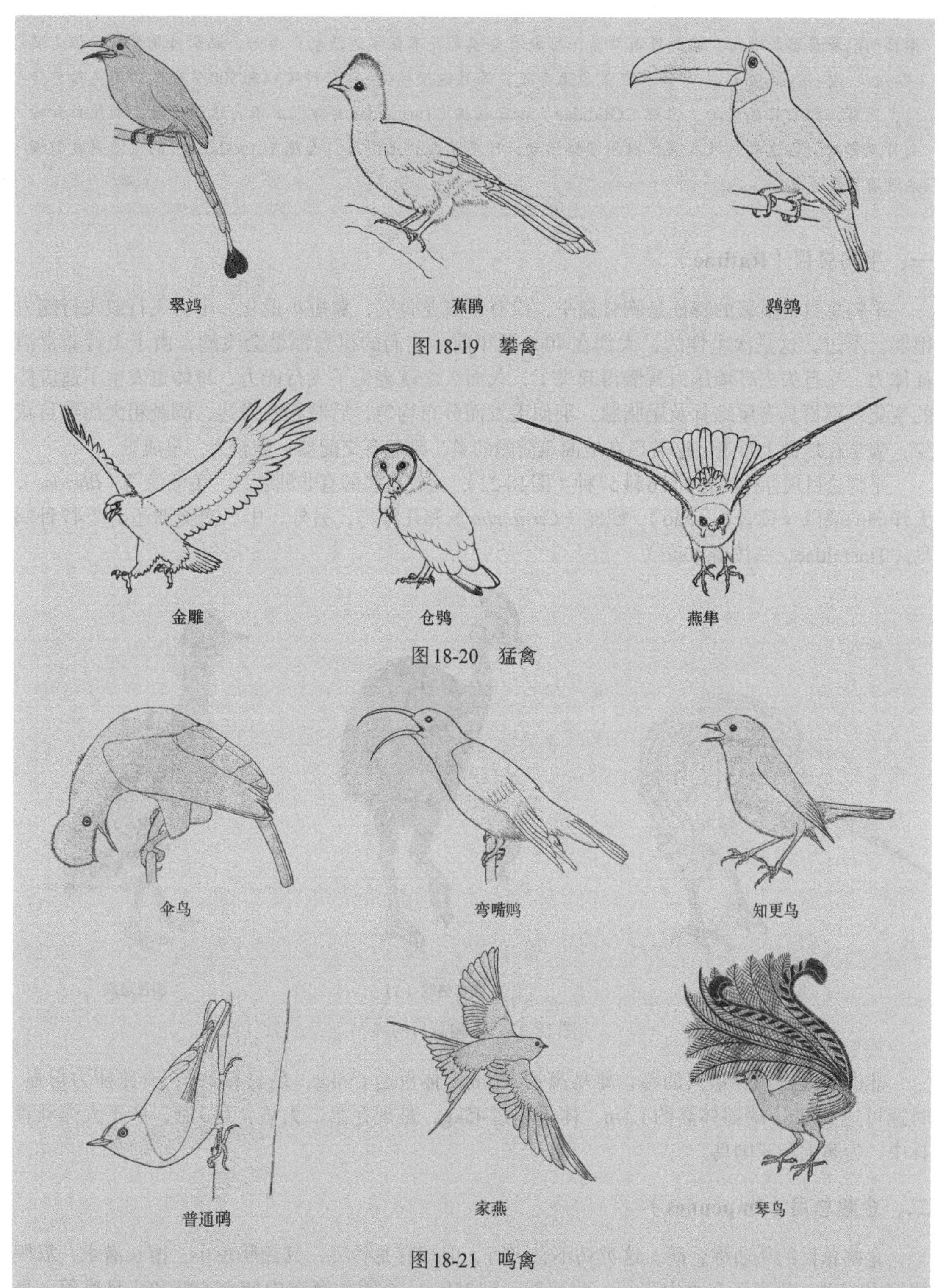

图18-19 攀禽

图18-20 猛禽

图18-21 鸣禽

以上是鸟的生态分类，也有的教科书上将走禽合并到陆禽中，将鸟类分为6个生态类型。生态分类的类别和生物学分类的各个目并不是完全对等的，有些鸟虽属同一个目，但分化很大，习性迥异，如形目的鸥亚目类属游禽，鸻亚目属涉禽，可也有些鸻鸟并不在水边活动；再如，鹃形目属攀禽，但走鹃（*Geococcyx californianus*）却擅长在荒原上奔走，而且速度很快，1分钟可以跑500多米，归为走禽更合适；还有，鹤形目属涉禽，但鸨（Otididae）和三趾鹑（Turnicidae）却根本不在水边活动。雨燕目和蜂鸟目属攀禽，但这些鸟根本不在树间攀援活动，顶多是在树上停落，雨燕（Apodidae）的生活更是与树木没有什么关系。

一、平胸总目（Ratitae）

平胸总目最显著的特征是胸骨扁平，没有形成龙骨突，翼短小退化，不会飞行或飞行能力很弱。不过，这是次生性的，大约在4000万年前，它们的祖先都是会飞的，由于飞行非常消耗体力，一旦失去环境压力就懒得起飞了，久而久之就丧失了飞行能力，身体也发生了适应性的变化：不再具有尾综骨及尾脂腺，羽似毛发而分布均匀，后肢粗壮发达，脚趾粗大而数目减少，善于在地面上奔走。这类鸟在地面筑简陋的巢，雄鸟有交配器，卵较大，早成雏。

平胸总目现存种类有5目6科57种（图18-22），比较有名的有非洲鸵鸟，美洲鸵鸟（*Rheidae*），大洋洲的鸸鹋（读音ér miáo）、鹤鸵（*Casuarius*）和几维鸟，另外，中、南美洲还出产47种䳍鸟（Tinamidae，䳍读音gōng）。

图18-22 平胸总目的鸟

非洲鸵鸟是现存最大的鸟，雄鸟高约2.75m，体重达155kg，足只有2趾，奔跑能力很强，时速可达70km。鸸鹋体高约1.5m，体重超过45kg，是现存第二大鸟，足3趾，产于大洋洲森林中，为澳大利亚国鸟。

二、企鹅总目（Impennes）

企鹅总目的鸟通称企鹅，这类鸟不会飞行，但却有龙骨突，其翅膀短小，擅长潜水，靠摆翅划水前进，相当于在水中飞行，时速能达到35km。企鹅在海洋中捕食磷虾和头足类等，身体结构非常适合潜水，前肢桨状，后肢短小而有蹼，位于躯体后方，羽毛均匀覆盖全身，皮下脂肪很厚。企鹅在陆地上行动笨拙，多靠挪动后肢前进，一步一摇。企鹅只能在没有猛兽出没的南极洲和南半球的一些岛屿上栖息、繁殖。繁殖时，企鹅在地面上构筑简陋的巢，少数种类不筑巢，而是将受精卵放在脚面上孵化，亲鸟有明显的育雏习性。

企鹅总目仅有1目1科，共6属17种（图18-23）。身体最大的是帝企鹅（*Aptenodytes forsteri*），体重达30～40kg，体高超1m，冬季繁殖，其次是王企鹅（*A. patagonicus*），体重15～16kg，

图18-23　企鹅总目的鸟

夏季繁殖。另外还有阿德利企鹅（*Pygoscelis adeliae*）、巴布亚企鹅（*P. papua*）、南极企鹅（*P. antarctica*）、黄眼企鹅（*Megadyptes antipodes*）、小蓝企鹅（*Eudyptula minor*）以及冠企鹅［黄眉企鹅（*Eudyptes*）］、环企鹅（*Spheniscus*）等。

三、突胸总目（Carinatae）

突胸总目最显著的特征是：有龙骨突，骨为气质骨，翼发达，羽在体表分布不均匀，有羽区及裸区之分。突胸总目的鸟大多善于飞翔，有不少种类飞行能力极强。不过，飞行鸟的体形都不会很大，最小的是吸蜜蜂鸟（*Mellisuga helenae*），体重只有2g左右，也是世界上最小的鸟类；最大的是大鸨（*Otis tarda*），体重可达18kg。

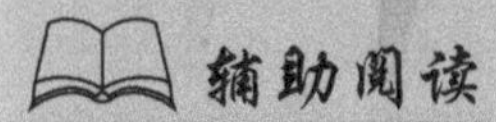

鸟是因为飞行而诞生的一类脊椎动物，虽说有些鸟飞行能力不强，甚至完全放弃了飞行，但也有些鸟将飞行做到了极致，如雨燕（Apodidae）、燕鸥（Ternidae）和蜂鸟（Trochilidae）等（图18-24）。

图18-24　飞行能力极强的鸟

雨燕和燕鸥能快速地连续飞行，如北京雨燕（*Apus apus*）除了在繁殖季节落地养育雏鸟外，其他时间完全是在飞行中度过的，9个月的时间能连续飞行20万km，而雏鸟一旦飞上天空，在性成熟前的2年中几乎完全是在空中度过；乌燕鸥（*Sterna fuscata*）在性成熟前的5年是在海上度过的，因为没有防水的羽毛，乌燕鸥极少在水面上停留，所以专家认为，乌燕鸥早期漂泊的5年几乎都是在天空飞行的。蜂鸟飞行技巧高超，它能快速持久地拍打翅膀，不仅飞行速度快，还能在空中悬停，甚至向后飞行。相应地，蜂鸟的后肢变得很弱，不能行走，所有的移动都是通过飞行来实现的。

在突胸总目中，也有部分鸟类放弃飞行，但突胸总目的特征依然保有，龙骨突还在，翅膀也比较发达，如栖息于加拉帕戈斯群岛的加岛鸬鹚（*Phalacrocorax harrisi*）和生活在新西兰的鸮鹦鹉（*Stringops habroptilus*）等。

突胸总目种类最多，全世界有9300多种，通常分24个目，种类较多的有以下20个目。

1. 䴙䴘目（Podicipediformes）　䴙䴘（读音pì tī）多在淡水生活，喙直且细，翅短小，尾羽几乎完全消失，4个脚趾上都是瓣状蹼，非常适合游水，潜水能力也非常强，主要捕食小鱼和虾等。雌雄外形基本一样，生殖季节，雌雄鸟用水草搭建一个圆形窝巢，巢在水面上飘荡，早成雏，但仍需亲鸟照料，遇到危险时，大鸟常常是背着小鸟潜水而逃。

全世界共有1科22种，通称䴙䴘（图18-25），我国有5种，如小䴙䴘（*Tachybaptus ruficollis*）、凤头䴙䴘（彩图26）、角䴙䴘（*Podiceps auritus*）等。

2. 鹱形目（Procellariiformes） 鹱（读音hù）形目也叫作信天翁目，大型或中型海鸟，翼尖长，飞翔能力很强，常在海面上盘旋。外形似海鸥，但个体较大，喙前端钩曲，鼻孔呈管状，有发达的盐腺（鼻腺），分泌物随时由管状鼻孔喷出，故又称为管鼻类。前3趾间有蹼，后1趾退化或消失。这类鸟海栖性很强，常年在大洋上飘荡，以鱼和其他海生动物为食，仅在生殖期才到陆地上来，在荒岛的地面或土穴内产卵，雌雄鸟均参与孵化。雏鸟破壳后被绒羽，但尚需亲鸟喂食抚育。

图18-25 鸊鷉目的鸟——小鸊鷉

鹱形目有110种（图18-26），分4科：信天翁科（Diomedeidae）、鹱科（*Procellariidae*）、海燕科（Hydrobatidae）和鹈燕科（Pelecanoididae）。

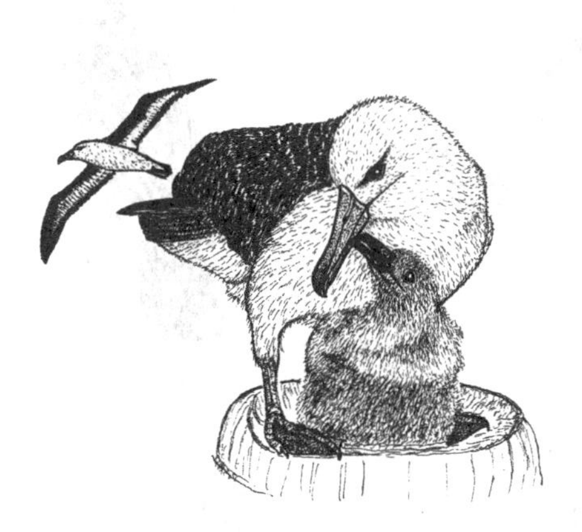

黑眉信天翁

白臀洋海燕

图18-26 鹱形目的鸟

3. 鹈形目（Pelecaniformes） 鹈形目是典型的游禽，4趾全向前，趾间皆具蹼，为全蹼足。这类鸟体形较大，生活范围很广，海洋、淡水都有，喜欢吃鱼，但捕鱼的方式很不相同。鹈鹕（Phaethontidae）用有囊的大嘴兜鱼，鸬鹚（Phalacrocracidae）和蛇鹈（Anhingidae）喜欢潜水追鱼，鲣鸟（Sulidae）从空中俯冲到海中捕鱼，军舰鸟（Fregatidae）身手敏捷，除了追逐飞鱼外，还常常打劫其他水鸟而获得鱼。

鹈形目有6科68种鸟（图18-27），多在树上或岩石上筑巢，晚成雏。鹲（Phaethontidae，鹲读音méng）又称热带鸟，是鹈形目最优雅的鸟。

4. 鹳形目（Ciconiiformes） 鹳形目的鸟喜欢生活在淡水水边，为中型涉禽，为了适应在浅水捕捉鱼虾，其喙、颈、腿均变得很长。另外，它们脚的4趾细长，而且都在一个平面上，这种结构也很适合抓握树枝，所以，它们把巢建在高大的树上，也有的建在高高的山崖上，幼鸟为晚成雏。

鹳形目有115种（图18-28），分5科：锤头鹳（Scopidae）、鲸头鹳（Balaenicipitidae）仅分布于非洲，各只有1个物种；鹭（Ardeidae）、鹳（Ciconiidae）、鹮（Threskiorothidae）种类多分布广，如大蓝鹭（*Ardea herodias*）、大白鹭（*Ardea alba*）（彩图27）、池鹭（*Ardeola bacchus*）、大麻鳽（*Botaurus stellaris*）、船嘴鹭（*Cochlearius cochlearius*）、黑鹳（*Ciconia nigra*）、朱鹮

图 18-27　鹈形目的鸟

图 18-28　鹳形目的鸟

（*Nipponia nippon*）、琵鹭（*Platalea*）等。

5. 雁形目（Anseriformes） 雁形目有2科159种（图18-29），鸭科（Anatidae）种类多分布广，包括鸭亚科（Dendrocygninae）、雁亚科（Anserinae）和鹊雁亚科（Anseranatinae），体形似船，脚前三趾间有蹼，后趾小而不着地（彩图28）；羽毛致密，皮下脂肪层较厚，尾脂腺发达，不少种类潜水能力也很强，如秋沙鸭族（Mergini）和潜鸭族（Aythyini）。喙扁平，吃植物或鱼虾等，在地面或树洞中筑巢，早成雏。叫鸭科（Anhimidae）有3种，产于南美洲沼泽地，气质骨明显，皮下也有众多小气囊，飞行能力很强，喜欢鸣叫；趾间有微蹼，喙尖小具钩，吃植物和小虫等，在近岸处筑巢，幼鸟善于游泳。

图18-29 雁形目鸭科的鸟

6. 隼形目（Falconiformes） 隼形目是典型的猛禽，上喙尖锐钩曲，下喙短，爪发达，适于抓捕猎物，捕食鼠、兔、鸟、蛇、鱼及各种昆虫等，有些种类嗜食兽类尸体。这类鸟白天活动，飞行疾快，视力敏锐，伺机捕捉猎物；在大树或悬崖上筑巢，晚成雏。

隼形目有321种（图18-30），包括隼（Falconidae）、鹗（Pandionidae）、美洲鹫（Cathartidae）、蛇鹫（Sagittariidae）和鹰（Accipitridae）5科。鹰科有250种，常见的有：鹰、鹫、雕、海雕、蛇雕、鸢（彩图29）、鹞和秃鹫等。

7. 鸡形目（Galliformes） 鸡形目的鸟属于陆禽，其腿脚强健，擅长在地面活动，喜欢掘土觅食，喙短而弯曲，利于啄食种子和小虫，嗉囊发达，两翅短圆，不善远飞；雄鸟有肉冠和美丽的羽毛，色彩艳丽，繁殖期间有复杂的求偶习性，早成雏。

鸡形目有285种（图18-31），包括冢雉（Megapodiidae）、凤冠雉（Cracidae）、火鸡（Meleagrididae）、松鸡（Tetraonidae）、齿鹑（Odontophoridae）、雉（Phasianidae）和珠鸡（Numi-

图18-30　隼形目的鸟

diidae)7科。在中国，雉科最常见，如环颈雉（*Phasianus colchicus*）（彩图30）、石鸡（*Alectoris*）、锦鸡（*Chrysolophus*）和马鸡（*Crossoptilon*）。

图18-31　鸡形目的鸟

8. 鹤形目（Gruiformes）　鹤形目的鸟多为涉禽，少数游禽，还有在草丛里生活的类群等，脚趾细长，后趾高于前3趾或退化，趾间无蹼，游禽具瓣蹼。地栖，生活在湿地或草原上，一般不能上树，地面筑巢或在水面上筑浮巢，早成雏。

鹤形目有203种（图18-32），分11科，种类较多的有秧鸡（Rallidae）（彩图31）、鸨（Otididae）、鹤（Gruidae）和三趾鹑。

9. 鸻形目（Charadriiformes）　鸻形目有350种（图18-33），地面筑巢，早成雏。包括鸻（读音héng）亚目和鸥亚目。

鸻亚目为中、小型涉禽，喙的形状多样，前3趾间有蹼或无蹼，中趾最长，后趾小或退化；多栖息于水边或沼泽地带，也有些种类生活在草地上，喜捕食无脊椎动物，有雉鸻［水雉

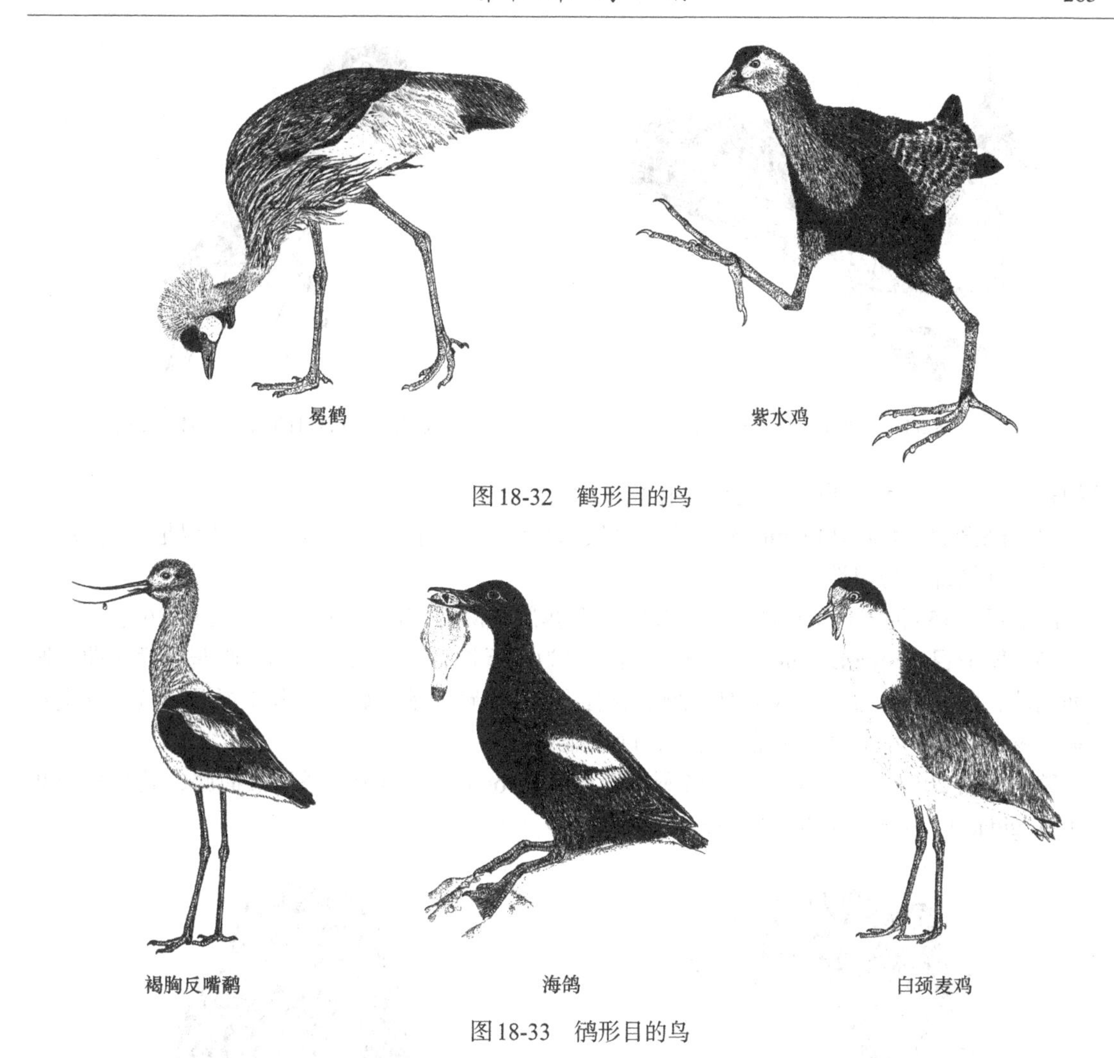

图18-32　鹤形目的鸟

图18-33　鸻形目的鸟

（Jacanidae）]、蛎鹬（Haematopodidae）、反嘴鹬（Recurvirostridae）、燕鸻（Glareolidae）和彩鹬等12科（彩图32）。鸥亚目为中型游禽，多在海岸带生活，也见于海洋和湖泊，其腿短，前3趾间有蹼，中趾最长，后趾小而位高，喙直，多捕食鱼类，包括海鸥（Laridae）、燕鸥、剪嘴鸥（Rynchopidae）、贼鸥（Stercorariidea）、鞘嘴鸥（Chionididae）和海雀（Alcidae）6科。

10. 鸽形目（Columbiformes）　鸽形目的鸟为陆禽，体型中等，脚短而强，栖于多岩石的山区或多树木的地方，食物多是植物种子，在岩缝、峭壁或树木枝条上筑巢，早成雏或晚成雏。

鸽形目有325种（图18-34），分3科：鸠鸽（Columbidae）305种（彩图33）；沙鸡（Pteroclidae）20种；孤鸽（Raphidae）原有3种，分布于非洲东南部的几个海岛上，不会飞行，已于18世纪全部灭绝。

11. 鹦形目（Psittaciformes）　鹦形目的鸟俗称鹦鹉，为典型的攀禽，主要分布于热带森林中，树栖生活。其羽色艳丽，喙坚硬，上嘴钩曲强壮，脚的第4趾能前后反转，趾端具利爪，利于抓握树枝，主要以浆果为食。大多营巢于树洞中，晚成雏。

鹦形目有353种（图18-35），分鹦鹉（Psittacidae）和凤头鹦鹉（Cacatuidae）2科。比较特

图 18-34　鸽形目的鸟——冠鸠

图 18-35　鹦形目的鸟——牡丹鹦鹉

殊的是鸮鹦鹉，生活于新西兰，喜夜间活动，不会飞行。

12. 鹃形目（Cuculiformes）　鹃形目也是攀禽，喙稍向下弯曲，对趾型足，晚成雏，部分种类有巢寄生的习性。

鹃形目有159种，包括杜鹃（Cuculidae）和蕉鹃（Musophagidae）2科（图 18-36）。

13. 鸮形目（Strigiformes）　鸮形目大多为夜行性猛禽。头大面阔，喙坚强而钩曲，眼大而向前，眼周围的羽毛形成面盘。脚强健有力，第4趾能前后转动，利于抓握树枝。这类鸟多捕食鼠和蛇类，小型种类则捕食昆虫，晚成雏。

鸮形目有205种（图 18-37），分2科：草鸮（Tytonidae）10种，俗称猴面鹰，其余均属鸱鸮（Strigidae），俗称猫头鹰（彩图 34）。

图 18-36　鹃形目的鸟——由大苇莺哺育的大杜鹃雏鸟

图 18-37　鸮形目的鸟——穴小鸮

14. 夜鹰目（Caprimulgiformes）　夜鹰目为夜行性鸟类，眼大，羽柔软，飞翔无声。具4趾，并趾型（前趾基部愈合），喙短而软，基部广阔，口须发达，翼尖长。白天伏在树桩或地表休息，夜晚在飞行中捕捉飞虫（油鸱例外，其以棕榈果为食），晚成雏。

夜鹰目有117种（图 18-38），包括夜鹰（Caprimulgidae）、蟆口鸱（Podargidae，鸱读音 chī）、林鸱（Myctibiidae）、裸鼻鸱（Aegothelidae）和油鸱（Steatornithidae）5科。

15. 雨燕目（Apodiformes）　雨燕目的鸟外形似家燕，个体不大，翼尖长，尾叉状，善疾飞。喙短，基部宽，在飞行中张口捕取飞虫。后肢短，前趾型足，不能在地面上行走。平时集结成群，边飞边鸣，晚成雏。

雨燕目有96种（图18-39），包括雨燕和凤头雨燕（Hemipoocnidae）。凤头雨燕的额前部有直立的羽状冠，喜栖息于树林中，捕食也不像雨燕那样在空中不停地飞翔觅食，而是停息在树冠的顶枝上，当有昆虫等在附近出现时，迅速起飞捕捉；巢杯状或袋状，牢牢地固定在树枝上。

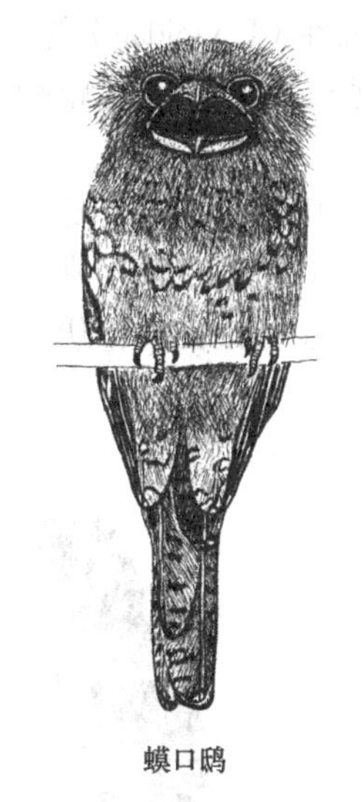

蟆口鸱

林鸱及其雏鸟

图18-38　夜鹰目的鸟

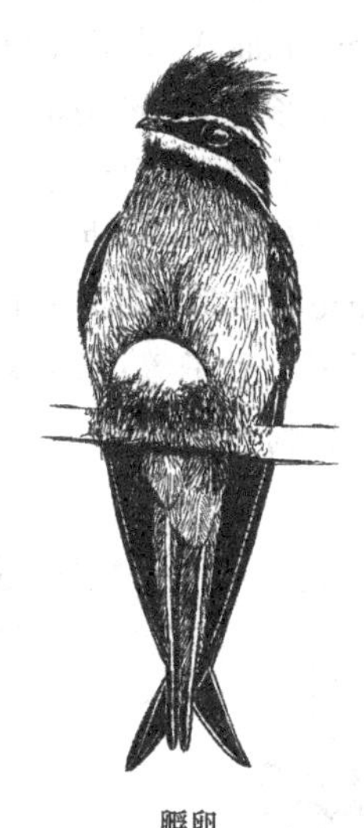

孵卵

图18-39　雨燕目的鸟——凤头雨燕

16. 蜂鸟目（Trochiliformes）　蜂鸟目的鸟通称蜂鸟，有1科355种（图18-40），仅分布于美洲，羽色鲜艳，特别是雄鸟，体表有金属光泽，甚至不同角度，反光的颜色不一样。体形很小，最大的巨蜂鸟（*Patagona gigas*）体重也不超过21g。蜂鸟的喙细长，肌肉强健，飞行灵活，喜活动于花朵间，吸食花蜜，也捕食昆虫等，晚成雏。

蜂鸟目与雨燕目有较近的亲缘关系，有的教科书中将蜂鸟放在雨燕目中。

17. 咬鹃目（Trogoniformes）　咬鹃目的鸟通称咬鹃（图18-41），为小型攀禽，这类鸟

图18-40　蜂鸟目的鸟——盘尾蜂鸟

红头咬鹃

美洲咬鹃

图18-41　咬鹃目的鸟

羽色艳丽，拥有比较少见的异趾型足，晚成雏。

咬鹃目有1科39种，我国有3种，如橙胸咬鹃（*Harpactes oreskios*）、红头咬鹃（*H. erythrocephalus*）。

18. 佛法僧目（Coraciiformes）　佛法僧目的翅短圆，腿短，有并趾型的常态足，即足的前3趾基部有不同程度的愈合。这类鸟喜欢捕食虫和鱼，也有的吃蜥蜴，多营巢于空洞中，晚成雏。

佛法僧目有9科218种（图18-42），如翠鸟（Alcedinidae）（彩图35）、蜂虎（Meropidae）、佛法僧（Coraciidae）、翠鴗（Momotidae，鴗读音lì）、犀鸟（Bucerotidae）和戴胜（Upupidae）等。

19. 䴕形目（Piciformes）　䴕形目为典型的攀禽，喙强直，脚短而强，对趾型足，趾端具锐爪，善于攀登树干，在树洞中筑巢，晚成雏。

䴕形目有6科408种（图18-43），食性多样化，鹟䴕（Galbulidae）在空中捕食飞虫；啄木鸟（Picidae）多凿树捕虫；响蜜䴕（Indicatoridae）喜食蜂蜜和蜂蜡；须䴕（Capitonidae）常吃昆虫及果子、种子等；鵎鵼（Ramphastidae）则主要以果子为食；喷䴕（Bucconidae）喜伏击昆虫甚至蜥蜴等。

图18-42　佛法僧目的鸟

图18-43　䴕形目的鸟

20. 雀形目（Passeriformes）　雀形目的鸟体形“小而巧”，动作灵活，腿细短，典型的常态足，善于鸣叫，大多巧于营巢，晚成雏。

雀形目有101科约5400种（图18-44），接近鸟类总种数的60%，大多在内陆林木或草间活动，食性多样化，生活习性各异，多数种类适于树栖，有的似攀禽，如䴕雀（Dendrocolaptidae）、䴓（Remizidae，䴓读音shī）和旋木雀（Certhiidae）；有的似猛禽，如伯劳（Laniidae）；也有地栖的，如琴鸟（Menuridae）；还有水栖的，如河乌（Cinclidae）。常见的麻雀、喜鹊、灰喜鹊（*Cyanopica cyana*）、家燕、山雀（*Parus*）、画眉（*Garrulax canorus*）、绣眼鸟（*Zosterops*）、黄鹂等都是雀形目的鸟类（彩图36）。

21. 其他小目　在突胸总目中，除以上种类较多的20目外，还有潜鸟目（Gaviiformes）游禽1属5种、红鹳目（Phoenicopteriformes）涉禽1属5种（火烈鸟）、鼠鸟目（Coliiformes）攀禽1科6种以及麝雉目攀禽1种（图18-45）。麝雉（*Opisthocomus hoazin*）栖息于南美洲亚马孙河流域森林中，以树叶为食，幼鸟翅膀上有2个翼爪，擅长树间攀爬。

图18-44 雀形目的鸟

图18-45 麝雉（左）和红鹳（火烈鸟）（右）

小 结

鸟类是飞行能力最强的脊椎动物，为了支持飞行，身体做了很大调整：体流线型，体表有羽，前肢分化为翼，后肢粗壮有力；有龙骨突，骨坚而轻，多发生愈合和退化，很多肌肉也退化，粪便随时排出体外，无膀胱。当然，也有些鸟类放弃了飞行，在陆地上行走或水中游泳，但无论如何，鸟的运动能力都很强，因而感觉器官非常发达。

鸟类是典型的恒温动物，代谢水平极高，对食物和氧气的需求量很大，因此，消化系统、呼吸系统和循环系统高度发达。鸟类的繁殖习性复杂，除了交配、产卵外，还有占区、筑巢、求偶、孵化、育雏繁殖环节，有的会构筑复杂精致的鸟巢，亲鸟借助体温坐窝孵化，大多有明显的育雏习性。

现生鸟类均属今鸟亚纲，分3个总目：平胸总目、企鹅总目和突胸总目。突胸总目的种类最多，有龙骨突，绝大多数都会飞行，适应多种生活环境；平胸总目的鸟放弃飞行，龙骨突退化，后肢特别粗壮，适合陆地奔跑；企鹅总目的鸟前肢桨状，有龙骨突，适合在海洋中潜水游泳。

复习思考题

1. 解释名词：愈合荐椎、龙骨突、胸式呼吸、双重调节、迁徙、候鸟与留鸟、早成雏与晚成雏。
2. 鸟类主要有哪几种生态类型？各类型相关的动物有哪些？
3. 鸟类有哪些适应飞行生活的特征？
4. 鸟类的繁殖有什么特点？
5. 鸟纲的分类情况怎样？各总目主要有哪些动物？

第十九章

哺 乳 纲

（1）体型多样，有奔跑型、飞翔型、攀援型、游泳型、挖掘型。

（2）身体分头、颈、躯干、四肢和尾5部分，体表有毛或退化。

（3）脊椎灵活，分颈椎、胸椎、腰椎、荐椎和尾椎。

（4）只有肺呼吸，呼吸方式为胸式呼吸加腹式呼吸。

（5）心脏2心房2心室，完全双循环，恒温动物。

（6）多胎生，均哺乳，有明显的抚幼现象。

（7）神经系统和感觉器官发达，适应多种环境。

平原斑马

哺乳纲又称兽类，最早出现于2.25亿年前的中生代三叠纪中晚期，随后一直生活在爬行动物的阴影之下，直到6500万年前的新生代早期，在恐龙等大型爬行动物灭绝后，哺乳动物才兴旺起来，体形迅速增大，占据了地球上所有的生态环境，其中，树栖的猿猴类（灵长目）大脑特别发达，有的古猿尝试在地面上直立行走，前肢逐步解放出来，最终演化成灵巧的手，这使大脑得以进一步发育，产生了语言，学会了制造使用工具，于是，智人（*Homo sapiens*）诞生了。

第一节 基本特征

哺乳动物和鸟类是恒温动物，就代谢水平而言，哺乳动物要略低一些，但在繁殖方式和神经系统发育等方面，哺乳动物明显要高级很多，因而，哺乳动物成为动物界最高等的类群。哺乳动物向多元化发展，分布极广，地上跑的、天上飞的、树上攀的、水里游的、土里掘的都有。

鸟类和哺乳动物都起源于爬行动物，但哺乳动物出现得更早，是由具两栖动物特征的低等爬行动物进化而来。所以，在哺乳动物身上，既有一些两栖动物的特征，也有一些爬行动物的特征，更有哺乳动物自身的一些高级特征。

一、外形

哺乳动物的身体分头、颈、躯干、尾和四肢5部分（图19-1）。由于栖息环境和生活方式多样化，哺乳动物的体形也发生了很大变异，除了奔跑型外，还有飞翔型、攀援型、游泳型、挖掘型等（图19-2）。飞翔型生有翼膜，如蝙蝠（翼手目）；攀援型的四肢细长，手足灵巧，适宜抓握树枝，如蜘蛛猴（Atelidae）和长臂猿（Hylobatidae）等；游泳型的身体向流线型发展，

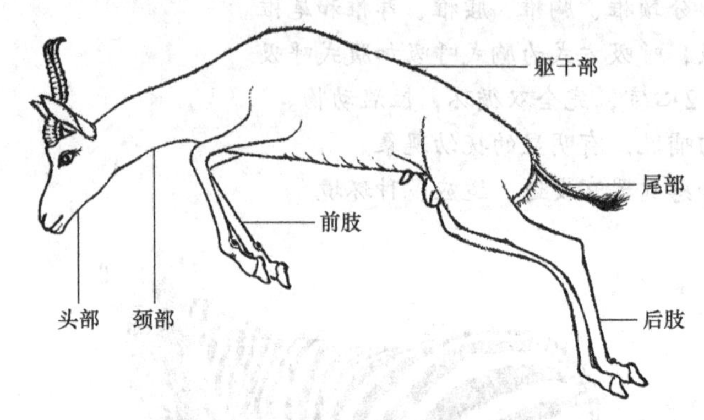

图19-1　哺乳动物的身体结构

图19-2　哺乳动物的体形

如海豹（Phocidae）和水獭（Lutrinae），最典型的是鲸目，体毛消失，后肢退化，尾扁可划水；挖掘型的四肢短小，耳壳（耳廓）退化，视力差，擅长掘土，如鼹鼠（Talpidae）、金毛鼹（Chrysochloridae）、鼹形鼠（Spalacidae）、滨鼠（Bathyergidae）等。

最初，哺乳动物也是在地面活动的，现如今，已进化出特别适合奔跑的类型。相对于蜥蜴型的爬行动物，奔跑型哺乳动物身体结构的特点是：头较大、体粗壮、尾细长，颈灵活，四肢明显加长，更适应快速运动；运动形式也不再是爬行，而是奔跑和跳跃，速度很快，特别是有蹄类，能连续不断地快速奔跑。

辅助阅读

脊椎动物在陆地上主要有3种运动形式：爬行、奔跑和跳跃。爬行速度较慢，适合腿短的动物，如两栖纲和爬行纲的多数种类。奔跑和跳跃都属快速运动，奔跑的步幅较大，需要有健长的腿才行，跳跃则需要有更加强壮的后腿。两栖纲的蛙类采取了跳跃的运动形式；爬行纲的少数蜥蜴也有长腿，会奔跑；鸟类中也有走禽，适宜奔跑。但要说到奔跑和跳跃的佼佼者，无疑都在哺乳动物中（图19-3），因为哺乳动物的腿和足发育最完善；另外，哺乳动物循环系统、呼吸系统也很发达，能持续不断地为奔跑和跳跃提供足量的能量支持。

图19-3 哺乳动物的奔跑和跳跃

由于栖息环境和生活方式不同，哺乳动物的奔跑和跳跃能力也有很大差别。就奔跑能力而言，有蹄类（偶蹄目和奇蹄目）最强，因为有蹄类的肌肉发达，四肢细长，趾端有耐磨的角质蹄，非常适合奔跑，特别是马（*Equus caballus*），可连续长时间快速奔跑，时速超过60km，叉角羚（*Antilocapra americana*）奔跑的最高时速能达80km。跳跃前进的哺乳动物也很多，典型的有袋鼠（Macropodidae）、更格卢鼠（Heteromyidae）和跳鼠（Dipodidae）等。红大袋鼠（*Macropus rufus*）能连续不断地跳跃，一下就能跳7～8m远、1.5～1.8m高，时速可达50km。在陆生脊椎动物中，猎豹（*Acinonyx jubatus*）的速度最快，时速达120km，其运动是依靠富有弹性的脊柱不断收放，配以细长的四肢，进行跳跃式奔跑，虽然很快，但持续时间却很短。

二、皮肤

哺乳动物的皮肤由表皮、真皮及皮肤衍生物构成。特点是：保温效果好，并有较好的感觉、排泄和分泌等功能。主要表现在：皮肤加厚致密、腺体发达、衍生物多，有些种类头上长角。

1. 皮肤加厚致密 哺乳动物皮肤的表皮分角质层和生发层，生发层细胞不断分裂增生，老化后形成角质层，最终以“皮屑”的形式脱落；真皮主要由结缔组织构成，内含丰富的血管、神经末梢和皮肤腺。表皮和真皮均加厚致密，如犀牛（Rhinocerotidae）的皮肤厚达5cm。另外，哺乳动物的皮下还有发达的蜂窝组织，可以储存脂肪。

有些哺乳动物皮肤的角质层特别发达，形成坚厚的硬皮，有较好的防御作用，如河马（Hippopotamidae）、猪（Suidae）和犀牛等。海兽主要靠皮下脂肪来保温和储存能量，所以，海兽的身体总是很丰满，耐饥能力也特别强。例如，灰鲸（*Eschrichtius robustus*）的皮下脂肪厚达30cm。相对来讲，飞翔型的蝙蝠皮肤松弛，皮下脂肪极少。

辅助阅读

海兽是指在海洋中栖息的哺乳动物，也有少数种类能移至淡水中生活。

海兽主要有4类：鲸目、海牛目、鳍脚目和食肉目的海獭（*Enhydra lutris*）。4类海兽中，鲸的水栖性最强，其次是海牛，这两类海兽不能登陆活动，完全水栖，所有的生命活动均在水中完成；鳍脚类在水中捕食，但在交配、产崽、休息和换毛时则在陆地或浮冰上完成；海獭虽说主要在海里活动，却是海兽中海栖性最差的，但它的陆地运动能力是最强的。

鲸的身体呈流线型，似鱼，故经常被称为"鲸鱼"，体形娇小的常称为"海豚"，非常适合游水。海牛的外形为纺锤型，体表毛发稀疏，同鲸一样，前肢特化成桨状的鳍肢，后肢退化，尾扁平，上下摆尾是游水的主要推动力，但海牛的游泳能力无法和鲸类相比。鳍脚类的四肢似鳍似足，均5趾，趾间有肥厚的蹼膜连成鳍状，适于游泳，体表有短毛，游泳能力远不如鲸类，但身体的灵活性较好。海獭的前肢短，后肢长而扁平，趾间有蹼，呈鳍状。海獭的皮下脂肪较薄，主要靠皮毛保温，所以其皮毛极为致密，毛发是哺乳动物中最密的，达12.5万根/cm^2。

2. 皮肤腺体发达 哺乳动物的皮肤腺较多，主要有皮脂腺、汗腺、味腺（臭腺）和乳腺。

皮脂腺能分泌油脂，用以柔润皮肤及其衍生物。汗腺有散热和排泄功能，汗腺不发达的哺乳动物主要靠口腔、舌和鼻表面的水分蒸发来散热。味腺由汗腺或皮脂腺特化而来，能产生特殊的气味，对吸引异性、识别同种和自卫等有帮助，有的种类味腺十分发达，如灵猫（*Viverra*）和小灵猫（*Viverricula*）的香腺、臭鼬（*Mephitis*）的臭腺等。

乳腺被认为是特化的汗腺，是雌性哺乳动物才有的腺体，能为幼崽提供富含营养的乳汁。乳腺集中分布形成乳房，以乳头开口于体表。最低等的哺乳动物，如鸭嘴兽（*Ornithorhynchus anatinus*），不具乳头，乳汁渗出体表，供幼崽舐吮。

3. 皮肤衍生物多 哺乳动物皮肤的衍生物较多，主要有毛发、爪、蹄和指甲等。

毛发自皮肤内生长出来，由毛干及毛根构成，可分为针毛（刺毛）、绒毛和触毛3种类型。针毛长而坚韧，具有毛向，主要起保护作用，豪猪（Hystricidae、Erethzontidae）、刺猬［猬亚科（Erinaceinae）］等的针毛变成硬刺，有很好的防御作用；绒毛位于针毛之下，无毛向，保温性强；触毛为特化的针毛，长在吻端，起触觉作用。全身被毛是哺乳动物的重要特征，但也有些哺乳动物的毛发退化，毛短而稀，如大象（Elephantidae）和裸鼢鼠（*Heterocephalus glaber*），鲸的毛发几乎完全退化，皮脂腺消失；相反，有些哺乳动物的毛发特别发达，保温效果极佳，如海獭和北极狐（*Alopex lagopus*）等。为更好地适应环境，毛发发达的哺乳动物在春季和秋季都有季节性换毛现象。

哺乳动物的爪与爬行动物的爪同源，皆为表皮角质化产物，有利于运动、捕食和御敌等。

哺乳动物的蹄和指甲均为爪的变形物，以适应陆地奔跑和树木攀援。

4. 有些哺乳动物头上长角　有些有蹄类哺乳动物的头上长角（图19-4），用于防御和种内序位的争斗。

图19-4　哺乳动物的角

有蹄类中最常见的是洞角和实角。洞角为外突的颅骨套以角质鞘构成，中空，不分叉，终生生长，为牛羊（牛科，Bovidae）所拥有，一般雄性的比雌性的粗壮，也有些类群仅雄性有角，如高角羚（*Aepyceros*）和原羚（*Procapra*）等。洞角均为两只，左右对称排列，但四角羚（*Tetracerus quadricornis*）的雄性却有四只角。实角是分叉的骨质角，由真皮骨化后穿出体表形成，为多数鹿（Cervidae）的雄性所拥有，有的很发达，如马鹿（*Cervus elaphus*），不过，毛冠鹿（*Elaphodus cephalophus*）的短小不分叉，驯鹿（*Rangifer tarandus*）雌雄皆有角。实角每年脱换一次，生长初期外面包有富含血管的皮肤，称为鹿茸。叉角羚的雄性有角，雌性大多有角，但相对较小且不分叉，这种角介于洞角和实角之间：结构似洞角，但不具空腔，只是外面的角质鞘会每年更换。

除了洞角和实角外，有些有蹄类还长有其他类型的角。长颈鹿（*Giraffa*）的角称作瘤角，为永久性的骨质突起，短小直立且不分叉，外包有皮毛；犀牛的角没有骨质成分参与，仅由角蛋白构成，质地坚硬，终年生长，1个或2个，如果是2个，则1前1后，前大后小。

三、骨骼

哺乳动物的骨骼系统十分发达，支持运动和保护身体的功能进一步加强。其特点主要有两个：一是头骨和带骨出现了明显的愈合和简化，既坚固又轻便；二是脊柱坚韧而富有弹性，既有很强的支持力度，又有很好的灵活性（图19-5）。

1. 头骨　哺乳动物头骨上的一些骨块出现退化、变形和愈合现象，脑颅腔和鼻腔显著扩大，腭发达。

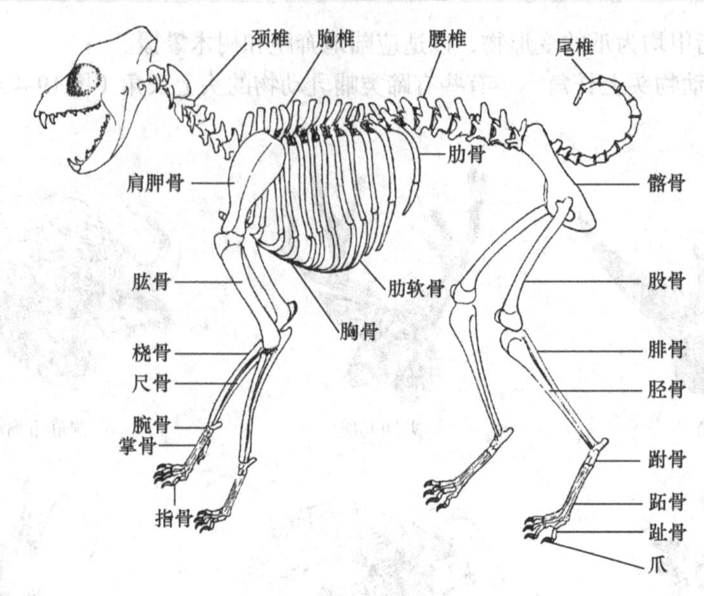

图 19-5　藏獒的骨骼

哺乳动物的脑颅顶部有明显的“脑杓”，使颅腔扩大，以容纳发育很好的脑髓；鼻腔扩大，内有复杂的结构，这是哺乳动物嗅觉灵敏的重要基础；攀援型的哺乳动物两只眼睛集中到一个平面上，这些特征致使哺乳动物的头部增大，并出现了明显的“脸部”。

同爬行动物一样，哺乳动物有次生腭，次生腭由前颌骨、上颌骨、腭骨的突起拼合而成，其上有黏膜。哺乳动物除了次生腭外，还有软腭。次生腭也叫作硬腭，软腭是硬腭向后延伸形成的肌肉质组织，因此，哺乳动物口腔顶壁的腭由硬腭和软腭两部分组成。软腭的出现让后鼻孔进一步后移，这不仅延长了鼻腔，还使其与口腔几乎完全隔开，这样，当哺乳动物咀嚼食物时，呼吸仍能正常进行。

2. 脊柱、肋骨及胸骨　哺乳动物的脊柱明显地分化为颈椎、胸椎、腰椎、荐椎和尾椎5部分，脊椎有双平型的椎体，相邻椎体之间拥有宽大的接触面，中间还有由软骨构成的椎间盘，这大大增强了脊椎的灵活性和脊柱的负重能力。

哺乳动物的颈椎一般都是7枚；胸椎12～15枚，两侧与肋骨相关节，前面的肋骨还与胸骨共同构成发达的胸廓，可高效地支持肺呼吸；腰椎上没有肋骨，这使脊椎的灵活性大大增加，并能腾出空间，让后肢做大跨步运动；荐椎大多3～5枚，并有愈合现象，构成对腰带的稳固支持，海兽的荐椎不发达，特别是鲸，无明显的荐椎；哺乳动物的尾椎数目不定，有的种类退化，如长臂猿（Hylobatidae）和猩猩（Pongidae）。

图 19-6　哺乳动物（左）与爬行动物（右）的四肢比较

3. 四肢骨及足　四肢骨包括带骨和肢骨，带骨包括肩带和腰带，肩带由肩胛骨、乌喙骨及锁骨构成，腰带由髂骨、坐骨和耻骨构成。陆生哺乳动物四肢骨的基本结构与爬行动物的相同，但明显加长，并且发生扭转，由两侧下移至身体腹面，末端出现了发达的足。四肢将身体抬离地面，适合在陆地做快速运动（图19-6）。鲸的前肢演变成浆状的鳍肢，后肢退化。

陆栖哺乳动物的足可分为3种类型：跖行式、趾行式和蹄行式（图19-7）。跖行式是最常见的足型，这种足以整个足掌面（跖骨和趾骨）着地，着地面最大，因而比较灵巧，能站立，能抓握，适合地面行走和攀援，如熊（Ursidae）和灵长类等；蹄行式的趾端有厚厚的角质蹄，以蹄着地，与地接触面最小，这就是有蹄类，包括奇蹄目和偶蹄目，有蹄类还有健长的腿，适于快速奔跑；趾行式以趾着地，灵活性好于有蹄类，运动速度快于跖行式，如犬科（Canidae）和猫科（Felidae）动物。

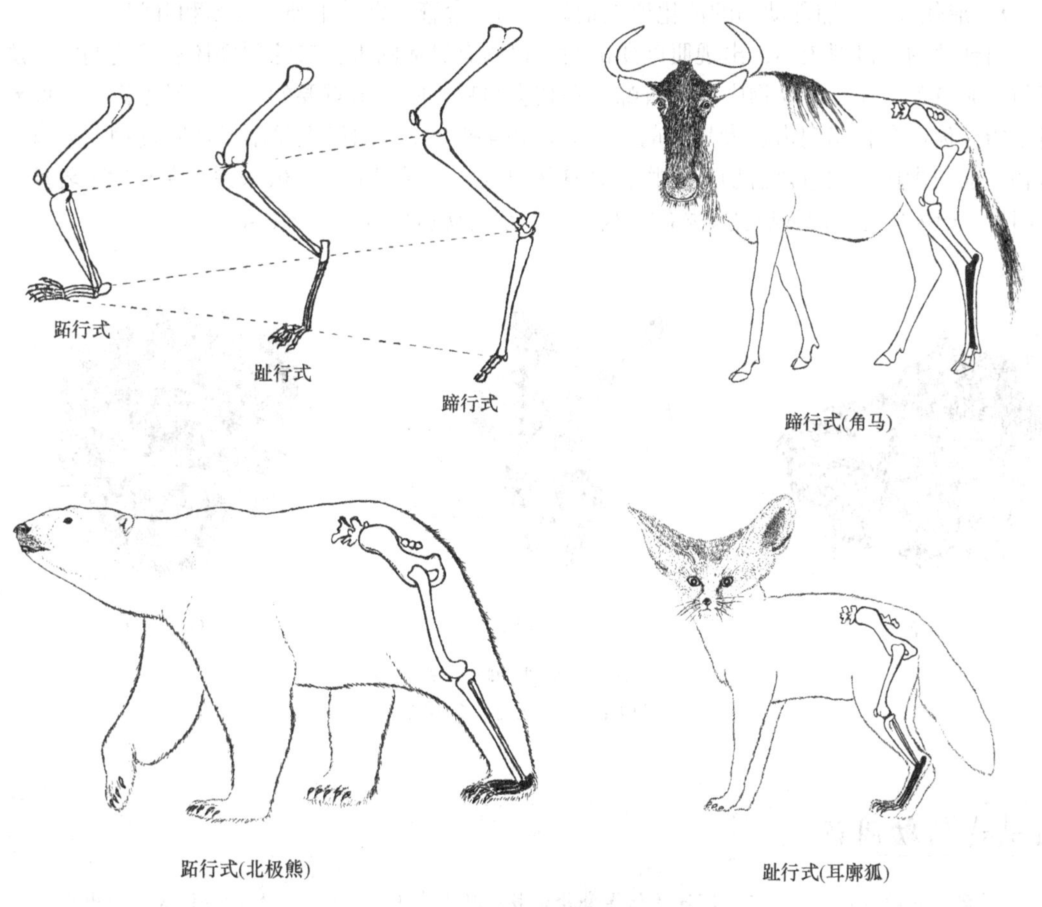

图19-7 哺乳动物的足型

四、肌肉

相对于爬行动物，哺乳动物的肌肉结构复杂，功能上进一步强化，主要有以下特点：一是四肢肌特别发达，二是皮肤肌发达，三是出现了咀嚼肌和膈肌。

陆生哺乳动物的四肢肌非常发达，适应于快速奔跑，特别是有蹄类。不少哺乳动物的皮肤肌发达。例如，马（*Equus*）、牛（*Bos*）能抖动皮肤来驱赶体表的小虫，猿猴类出现了复杂的面部表情来表达情绪。咀嚼肌的出现使哺乳动物能借助牙齿撕咬和咀嚼食物，提高了捕食和消化能力。膈肌（横膈膜）将体腔分隔为胸腔和腹腔，这在脊椎动物中是唯一的，有利于提高呼吸效率。

五、消化

相对于爬行动物，哺乳动物行动敏捷，感官发达，这使其更容易找到食物，而且嘴唇的出现又对其精准摄食（包括哺乳）和协助咀嚼起到了极大的帮助。

哺乳动物食性多样，根据其食谱，大致可分为肉食、草食和杂食3种类型，其中食草是哺乳动物的一大特色，如袋鼠目、兔形目、海牛目、长鼻目、有蹄类等。哺乳动物消化道的分化程度很高，消化腺也很发达，出现了咀嚼和口腔消化，进一步提高了消化吸收率。

1. 消化道　哺乳动物的消化道包括口、咽、食管、胃、小肠、大肠和肛门。

哺乳动物的口裂较小，出现肌肉质的唇，口内有灵活的舌，口腔顶部还有发达的腭，这些都与咀嚼有关。在脊椎动物中，只有哺乳动物会咀嚼，咀嚼最重要的基础是异型齿。所谓异型齿是指牙齿已分化出门齿、犬齿、前臼齿和臼齿4种类型。门齿主要用于切割食物，犬齿撕裂食物，前臼齿协助臼齿研磨切压食物，将食物研细，形成咀嚼。一般来说，草食性哺乳动物的前臼齿、臼齿发达，肉食哺乳动物的犬齿强大，杂食动物则居中（图19-8）。

家马(草食)

美洲狮(肉食)

猕猴(杂食)

图19-8　哺乳动物的异型齿

1. 门齿；2. 犬齿；3. 前臼齿和臼齿

辅助阅读

哺乳动物的牙齿很有特点，不同于低等脊椎动物。从发育上看，低等脊椎动物的齿是多出齿，易脱落，随掉随生；哺乳动物的为再出齿，最初长出的是乳齿，乳齿脱落后代以恒齿，恒齿终生不再更换。从功能上看，低等脊椎动物的齿是同型齿，作用主要是防止入口的猎物逃脱；哺乳动物的是异型齿，有切割、撕裂、研磨食物的作用。另外，哺乳动物齿的数目明显减少，且同一种哺乳动物的齿型和齿数是固定的，形成特定的齿式；不同食性的哺乳动物，牙齿的形状和数目则有很大变异。

杂食哺乳动物的牙齿有明显的门齿、犬齿、前臼齿和臼齿之分。食虫哺乳动物的门齿大而尖锐，犬齿不明显，臼齿的齿冠上有突起。食肉哺乳动物的门齿比较小，犬齿却十分强大，而猛兽上颌的最后1枚前臼齿和下颌第1枚臼齿的齿突相交如剪刀，形成裂齿（食肉齿），用于快速撕裂猎物。草食性哺乳动物的犬齿常常退化。海豚（Delphinidae）等的牙齿分化不明显，应属同型齿（图19-9）。有些哺乳动物的牙齿发生退化，如食蚁兽（Myrmecophagidae）、穿山甲（Manidae）和须鲸。另外，需要特别指出

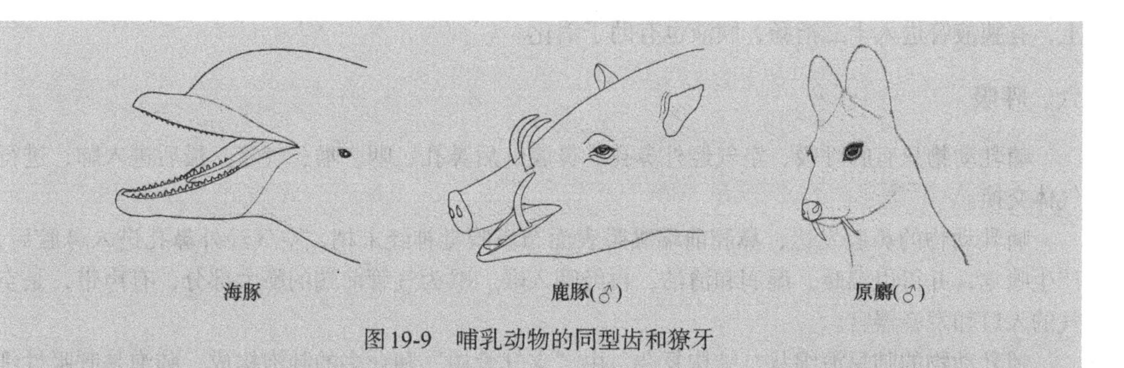

图19-9　哺乳动物的同型齿和獠牙

的是啮齿类，上下颌各有1对门牙，终生生长。

有些哺乳动物的少数牙齿变得异常发达，露出口外，形成獠牙，如雄麝的上犬齿。雄性鹿豚（*Babyrousa babyrussa*）有4颗獠牙，其中，上獠牙穿出上脸部向后生长。非洲象（*Loxodonta africana*）的上门齿形成“象牙”，雄性的更大，可达3m；海象（*Odobenus rosmarus*）的上犬齿也变成“象牙”。獠牙通常成对存在，但雄性一角鲸（*Monodon monoceros*）只有左侧的1颗门齿突出于上唇，呈螺旋形向前生长，长达2.5m，形成所谓的“角”（图19-25）。

口腔后方是咽，咽向后有两个通路：一是背面的食管，二是腹面的气管。吞咽时，食物经过咽进入食管，即从腹前方通向背后方，所以呼吸通路和消化通路在咽部形成咽交叉。食管后是胃，胃横卧于腹腔内，反刍动物的胃是多室的，胃与食道连接处称贲门，与十二指肠连接处为幽门。接下来是小肠和大肠，小肠分化为十二指肠、空肠和回肠；大肠分为盲肠、结肠和直肠。直肠短粗，末端一般不形成泄殖腔，直接以肛门开口于体外。

辅助阅读

在哺乳动物中，有不少类群是草食性的，这类动物主要吃树叶、陆草和水草等，其中，偶蹄目中有些是反刍动物。反刍动物的胃多室，鼷鹿（Tragulidae）和骆驼（Camelidae）的胃只有3室，长颈鹿、麝（*Moschus*）、鹿、牛、羊为典型的反刍动物，有4个胃室：瘤胃、网胃、重瓣胃和皱胃，皱胃有胃腺，消化原理和非反刍动物的单胃相同。

反刍动物与非反刍动物不仅胃的结构不同，食物在体内的消化历程也不同，反刍动物会出现多次回流咀嚼。首先是混有唾液的草料经过简单的咀嚼，送入瘤胃和网胃中，在细菌、纤毛虫和真菌的共同作用下得以发酵分解，一段时间后，粗糙的食物渣逆行返回口中，经再次咀嚼后送回，这个过程就是反刍，反刍反复进行，直至食物充分分解。反刍能够反复研磨食物，并利用微生物强大的分解力，极大地提高了动物对纤维素的消化利用率，因此，反刍动物能很好地摄取高纤维的草料，这对于它们越冬及扩大生存范围很有帮助。

2. 消化腺　哺乳动物的消化腺也很发达，有唾液腺、肝脏、胰脏等。

哺乳动物的口腔内有3对唾液腺，唾液腺分泌黏液和唾液淀粉酶，润滑食物，并进行口腔消化。肝脏位于腹腔前部，其深处有胆囊，胆囊通出的胆囊管与肝通出的肝总管汇合成胆总管，开口于十二指肠，其分泌物有很好的助消化作用。胰腺存在于十二指肠弯曲部的肠系膜上，有胰液管进入十二指肠，胰液也有助于消化。

六、呼吸

哺乳动物只有肺呼吸，空气经外鼻孔、鼻腔、后鼻孔、咽、喉、气管，最后进入肺，进行气体交换。

哺乳动物的鼻腔发达，鼻腔前端黏膜表面布满嗅觉神经末梢，空气经外鼻孔进入鼻腔后，产生嗅觉，并得以温暖、湿润和清洁，再经咽入喉。喉为气管前端的膨大部分，有声带，是空气的入口和发音器官。

哺乳动物的肺呈海绵状，结构复杂，由“支气管树”和众多的肺泡构成。肺泡是呼吸性细支气管末端的盲囊，由单层扁平上皮细胞组成，密布微血管，是气体交换的场所。肺泡数量众多，面积很大。例如，人的肺泡约有7亿个，总面积有60～120m^2。

肺位于胸腔中，胸腔为哺乳动物所特有，借膈肌与腹腔分隔。在肋间肌的作用下，肋骨能够升降，引动胸廓扩张收缩，从而扩大或缩小胸腔的容积，迫使空气进出肺脏，这就是胸式呼吸。哺乳动物的胸廓非常发达，因而胸式呼吸的效率很高，不仅如此，膈肌还能够配合肋间肌的运动，进行升降，进一步加大胸腔容积的改变量，这就是腹式呼吸。腹式呼吸的加盟，对于强化胸式呼吸及获得更多的氧气十分有利。

哺乳动物的这种胸式呼吸加腹式呼吸不同于爬行动物的胸腹式呼吸，爬行动物的胸廓是很低等的，甚至可以说就是胸腹廓，这种胸廓引起的换气量不大，呼吸效率较低，须靠咽式呼吸来补充。

七、循环

哺乳动物的消化系统和呼吸系统都很发达，获得的营养和氧气很多，这些氧气和营养都得靠循环系统送到各个器官组织，所以，哺乳动物的循环系统也就十分发达。

哺乳类和鸟类一样，肌肉质的心脏明显地分4个腔：2心房2心室，形成了完全双循环路线，这使其成为恒温动物。事实上，哺乳类和鸟类有着不同的进化路径，在循环系统方面的相同只能说是异曲同工。

除了血液循环外，哺乳动物的淋巴系统也很发达，是血液循环的重要补充。

八、排泄

哺乳动物的排泄系统由肾脏、输尿管、膀胱和尿道组成。哺乳动物的膀胱有两种类型，原兽亚纲的是泄殖腔膀胱，其他则是尿囊膀胱。另外，多数哺乳动物有汗腺，所以，其皮肤也参与排泄。

哺乳动物的肾脏不断地产生尿液，尿液中含有大量的代谢终产物，如尿素等。由于产尿量很大，为防止水分过多地通过尿液流失，哺乳动物的肾脏还有高度浓缩尿液的能力。这样，肾脏除了排泄作用外，也参与体内渗透压的调节，以维持机体内环境稳定。

九、神经和感觉

（一）神经系统

哺乳动物的中枢神经系统包括脑和脊髓，脑在脑颅内，与脊髓的中央管相通连，脊髓位于脊柱的椎管内。需要特别指出的是，哺乳动物拥有动物界最高级的神经系统，特别是真兽亚纲的大脑，十分发达。

哺乳动物的脑也分化为端脑、间脑、中脑、小脑和延脑5部分，但脑的发达程度远远超过其他类群，尤其是灵长类，大脑（主要指端脑）的发育程度相当高，不仅表现在体积和质量显著增大，而且还表现在大脑皮层明显加厚，表面出现了大量的皱褶（沟、回）。例如，人（*Homo sapiens*）的大脑约有140亿个细胞，重约1400g，大脑皮层总面积约为2200cm^2。大脑的高度发育导致不少种类有很高的智商。例如，亚洲象（*Elephas maximus*）就有极好的记忆力，黑猩猩（*Pan troglodytes*）等灵长类能够制造和使用简单的工具，特别是人，人的智力发育水平远远地高于其他哺乳动物，有极强的学习本领和创造能力。

辅助阅读

如果把人工繁殖的无脊椎动物、鱼类、两栖动物或爬行动物放到适宜的环境中，它们都能很好地生存下去，但这对不少哺乳动物是行不通的。例如，把在动物园出生长大的华南虎（*Panthera tigris amoyensis*）放到野外，由于没学习过捕猎本领，它不可能逮到猎物，会因饥饿而死。究其原因，低等动物主要靠本能生活，哺乳动物在很大程度上要靠后天学习的本领生活，而学习需要有较高的智能。

哺乳动物的智力超群，很多哺乳动物依靠“智能”生活，许多生存本领是靠后天学习获得的。野生华南虎的捕猎本领是小时候跟妈妈学来的。虎鲸（*Orcinus orca*）喜欢群居生活，有些虎鲸家族有自己特殊的捕猎技巧，代代相传。例如，生活在阿根廷瓦尔德斯半岛海域的虎鲸就是这样，它们有捕捉海狮和海豹的独门秘籍，秘不外传。瓶鼻海豚（*Tursiops truncatus*）的智商更高，它们经常被人驯养表演各种复杂的节目；在野外，瓶鼻海豚能依据具体的环境特点“研制”出最适宜的生活方式。例如，把鱼赶到渔民设置的网里捕捉或把鱼撩泼到岸上捕捉；在繁殖季节，为了抢夺雌海豚，在自身力量不足的情况下，雄海豚会拉拢其他个体组成联盟，抢夺成功后，联盟方并不参与分红，它们之间仅仅是多了一份“人情债”而已。

在哺乳动物中，群体生活的灵长类智商最高，它们都有比较丰富的情感，而人类则将其发展到顶峰。人类与其他动物最根本的区别就在于智力高度发达，智商极高，在此基础上，又产生了高度发达的情商。智商的发达使人类在衣、食、住、行、医等各个方面明显有别于其他各类动物，而情商的发达使人类的感情生活非常丰富，并且还产生了极其复杂的政治斗争。

大脑发达的动物对睡眠的要求较高。低等动物睡眠现象不明显，而高等哺乳动物则需要高质量的睡眠。抹香鲸（*Physeter catodon*）经常用头上尾下的姿势在海面上进行深度睡眠，有时会被过往的船只撞上；海豚（Delphinidae）则是大脑左右半球交替睡眠；猩猩（*Pongo*）等类人猿每天晚上都会在树上搭建睡窝，以求有个安稳的睡眠环境；人对睡眠的要求就更高了，睡眠质量直接影响工作效率。

（二）感觉

哺乳动物的感觉主要有视觉、听觉和嗅觉，有些种类有回声定位系统，有蹄类等的雄性保留有发达的犁鼻器，另外，哺乳动物吻部的触毛还有灵敏的触觉（图19-10）。哺乳动物的感

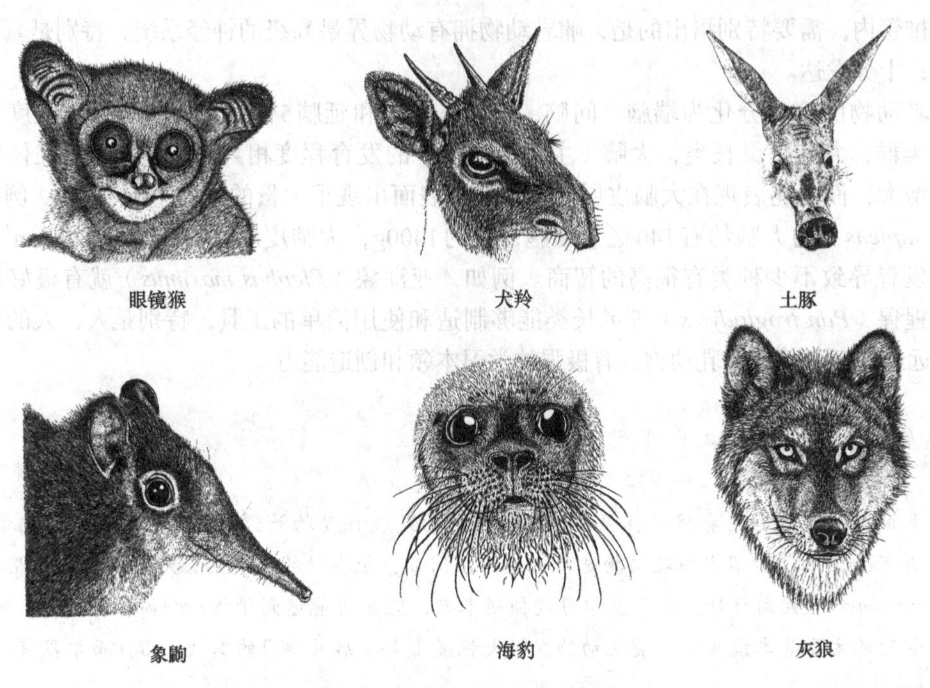

图19-10 哺乳动物的感觉器官

觉很发达，能够灵敏地感知环境，这对于捕食、防御、求偶及彼此间传达讯息等都有积极的意义。

哺乳动物的眼与其他脊椎动物的眼睛并没有质的区别，光线通过角膜、瞳孔、晶状体、玻璃体到达视网膜，视网膜把光线转变为神经冲动传到脑部，产生视觉。哺乳动物的眼睛结构相对复杂，有睫毛或退化，视觉发达，但对颜色的感受力不如鸟类。哺乳动物大多是色盲，这与其诞生之初是夜行动物有关。不过，高级灵长类却有很好的色觉和立体视觉。夜行兽类的眼睛也很大。

在脊椎动物中，哺乳类的视觉仅次于鸟类，但嗅觉比鸟类要好很多。陆栖哺乳动物的鼻腔较大，鼻腔上部有嗅黏膜，嗅黏膜内有大量的嗅细胞（狗有2亿多个嗅细胞），因此嗅觉极为灵敏。北极熊（*Ursus maritimus*）能嗅出30km外环斑海豹（*Phoca hispida*）的气味。多数雄性哺乳动物能通过嗅觉来判定雌性是否处于发情期，有蹄类的母兽往往靠嗅觉辨认自己的子女，老虎（*Panthera tigris*）和狮子（*P. leo*）等常通过尿液来标志自己的领地，而灵猫（*Viverridae*）、河狸（*Castor*）和麝等则演化出专门的香腺，用来联络、防卫和标志领地。

哺乳动物的听觉灵敏，耳的结构复杂，不仅有外耳，还有耳壳（耳廓，也叫耳郭），能够有效地收集声波，不少种类还能听到超声波和次声波。因为水传导声波的能力强于空气，所以，海兽的听力也十分好，能弥补视觉和嗅觉的不足。

齿鲸亚目都能回声定位，其超声波经额隆放大发射出去，再通过接收回声来寻找食物、躲避障碍物。回声定位应用最好的是小蝙蝠亚目，它们的口腔或鼻区能发射超声波，通过接受超声波的回声来导航及捕食等，因此，小蝙蝠都有一个结构复杂的大耳朵，大多数种类耳基前还有耳屏，有一些种类，如假吸血蝠（Megadermatidae）的面部还进化出特殊的接收结构，如鼻叶、褶皱等（图19-11）。

十、生殖

图19-11 印度假吸血蝠

哺乳动物生殖的基本情况是：雌雄异体，体内受精，多胎生，均哺乳。

（一）哺乳动物的生殖类型

哺乳动物有3种生殖类型：卵生、准胎生和胎生。准胎生类似软骨鱼类的假胎生。胎生则是动物界最高级的生殖类型，为哺乳动物所独有。

鸭嘴兽是卵生哺乳动物的代表，其卵的形成过程和鸟很相近，富有卵黄的卵在输卵管内受精后被包上卵壳，之后，卵产在巢内，由雌兽负责孵化，约14天后，崽兽出壳，靠舔食母兽乳腺区分泌的乳汁长大。

袋鼠（Macropididae）是准胎生哺乳动物的代表，这类动物胚胎的卵黄囊较大，为胚胎发育的主要营养来源，而胚胎在母体内获得的营养极其有限，故妊娠期很短，刚出生的崽兽发育很不完全，但先天不足后天弥补，崽兽会自己蠕动到母亲的育儿袋内。育儿袋内有乳头，崽兽靠吮吸乳汁继续发育，一段时间后离开育儿袋，逐步独立生活。

绝大多数哺乳动物都属胎生类型，它们有真正的胎盘，这种胎盘非常高效，能让胚胎从母体获取大量的营养，使胎儿得以充分发育。例如，蓝鲸（*Balaenoptera musculus*）在妊娠期的最后两个月中，胎儿的体重平均每天能增加100kg，最终出生的崽兽有8m长。不过，在不同种类，出生胎儿的发育程度并不一致，黑熊（*Ursus thibetanus*）出生幼崽的体重往往只有母亲的1/600，而人类婴儿的体重超过母亲1/20，但无论如何，这都属于胎生类型。胎生类型相对于准胎生类型而言，是妊娠期长而哺乳期短［冠海豹（*Cystophora cristata*）的哺乳期只有4天］。胎生繁殖为高等哺乳动物所特有，是动物界最高级的繁殖方式，为真兽亚纲哺乳动物的发展提供了一个强有力的支撑。

（二）胎生哺乳动物生殖器官的结构和生殖过程

胎生哺乳动物有复杂的生殖器官、生殖过程和生殖行为，下面主要介绍生殖器官的结构和生殖过程，至于生殖行为，将在第二节中专门讲述。

雄性生殖器官包括：睾丸（精巢）、附睾、输精管和阴茎等，另有附属腺体，如前列腺、精囊腺等。睾丸是生成精子的地方，并能分泌雄性激素促进生殖器官发育和第二性征的形成及维持。精子在附睾内发育成熟，经输精管到达尿道，最终通过阴茎送到雌体的阴道内。

雌性生殖器官包括：卵巢、输卵管、子宫和阴道等。卵巢是生成卵子的地方，卵巢还能分泌雌性激素。卵子成熟后，自卵巢排出，进入腹腔中，再经输卵管前端的开口（输卵管伞）进入输卵管，在输卵管上段遇到精子，完成受精；受精卵沿输卵管下行，到达子宫，种植于子宫壁上，此时，雌兽进入妊娠期。在妊娠期间，胚胎依靠胎盘接受母体营养而发育；妊娠期结束后，崽兽经母体阴道产出体外，这个过程叫作分娩（图19-12）。

胎生最关键的结构是子宫和胎盘。子宫是输卵管中段特化形成的，是胚胎的高级住所，在这里，胚胎尿囊的血管进入绒毛膜的绒毛中，并嵌入母体的子宫内壁，母子紧密结合共同形成胎盘，即绒毛膜尿囊胎盘，这是真正的胎盘，它能将母体营养通过脐带源源不断地输送给胚

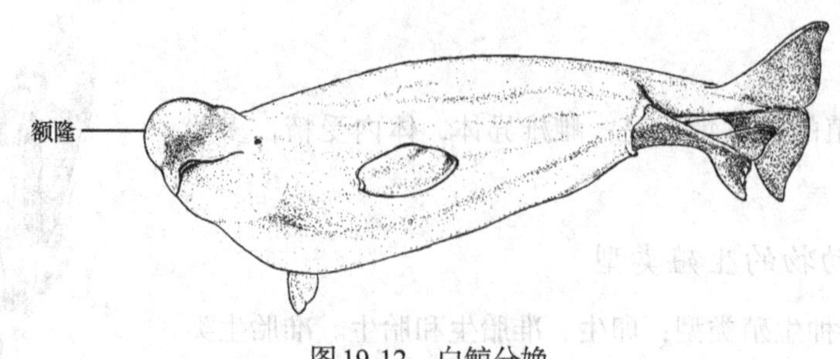

图 19-12　白鲸分娩

胎，供其生长发育，并回收胚胎发育过程中产生的代谢产物，同时还能阻止病菌等入侵胚胎。

胎生哺乳动物的子宫有多种类型（图 19-13），有双子宫，如啮齿目等；有双角子宫和分隔子宫，如有蹄类和食肉目等；有单子宫，如蝙蝠和灵长目等，单子宫的母兽产崽数少。

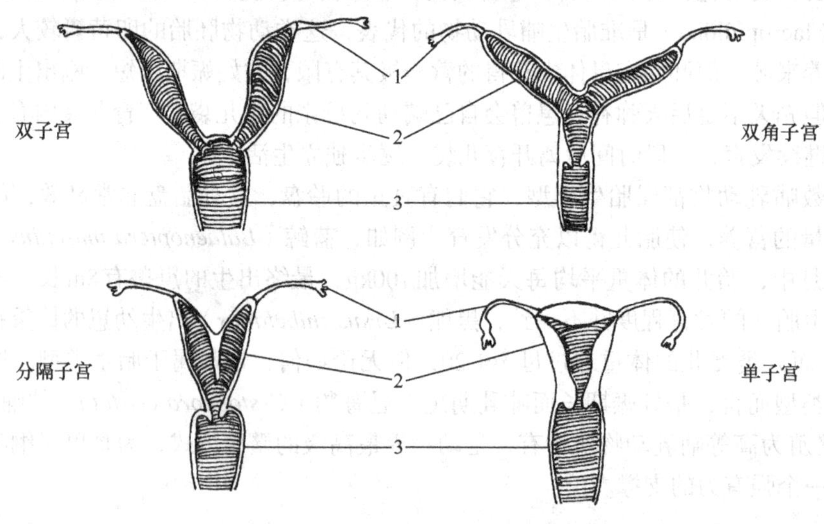

图 19-13　哺乳动物的子宫类型

1. 输卵管；2. 子宫；3. 阴道

胎盘可分为无蜕膜胎盘和蜕膜胎盘。无蜕膜胎盘包括散布状胎盘和叶状胎盘，其胚胎的尿囊和绒毛膜与母体子宫壁内膜结合不紧密，胎儿出生时易于脱离，不会导致子宫壁大出血。蜕膜胎盘包括环状胎盘和盘状胎盘，其尿囊和绒毛膜与母体子宫壁内膜结合成一体，胎儿产出时，需将子宫壁内膜一起撕下，常常造成大量流血。人类的胎盘为盘状胎盘。

第二节　迁徙、蛰眠和繁殖行为

运动能力强的动物都有可能发生迁徙，鸟的运动速度最快，所以鸟的迁徙最典型。哺乳类运动速度不及鸟类，面对食物短缺等不良环境，除了积极迁徙外，有些哺乳动物还进行蛰眠。

哺乳动物的生殖方式在动物界是最高级的，因此，伴随着生殖过程，哺乳动物尤其是胎生哺乳动物也有复杂的繁殖行为，目的是保证繁殖的顺利进行和提高后代的成活率。

一、迁徙

迁徙是定期的、定向的，而且多是群体进行的长距离运动。在哺乳动物中，迁徙最典型的要数须鲸，有蹄类的迁徙也非常出名，有些食虫蝙蝠也会迁徙。

地球两极的夏天日照时间长，水温适宜，海洋中的磷虾及端足目等甲壳动物会在短暂的夏季里数量剧增，这对体形巨大的须鲸来说，无疑有极强的吸引力，因此，总会有多种鲸类，特别是露脊鲸（Balaenidae）和鳁鲸（Balaenopteridae）等须鲸来此觅食；但到了冬天，海面冰封，呼吸和摄食都成了问题，这些鲸必须离开觅食地，回到温暖的海域。久而久之，形成规律：夏季在高纬度地区觅食，冬季在低纬度的海水里交配产崽，一年两次（一个来回）大迁徙。就目前所知，灰鲸和座头鲸的迁移距离最长，灰鲸每年总迁徙距离长达16 000km（见绪论）；美国科学家跟踪研究发现，一群南座头鲸从南极海域向中美洲的太平洋沿岸迁徙，跨越赤道，长途跋涉达8300km。

夏天，两极海域丰富的食物不仅吸引来巨鲸，同样也吸引来鱼类，而以鱼类为食的鳍脚类也尾随而来，在鳍脚类中，有些海豹的迁徙距离可达4800km。

在哺乳动物中，陆生类群的迁徙距离可能不如海洋类群那么长，但迁徙规模浩大，数量常达数百万头，场面惊心动魄。事实上，善于迁徙的陆生哺乳动物往往是一些有蹄类，如非洲的斑纹角马（*Connochaetes taurinus*）、亚洲的蒙古瞪羚（*Procapra gutturosa*）和美洲野牛（*Bison bison*）等。而驯鹿的千里踏雪大迁徙更是非常有名，美洲驯鹿一年的迁徙距离往往有9000km，一个迁徙种群的数量常常超过100万头。

二、蛰眠

如果说迁徙是动物对不良环境的积极适应，那么，蛰眠就是对不良环境的一种消极适应。所谓蛰眠，实际上是动物的一种生存状态，在这种状态下，动物的体温和代谢水平都会降下来，从而减少消耗，同时，动物也不再活动，全身处于麻痹状态，对外界刺激的反应明显减弱。环境适宜时，蛰眠的动物会苏醒过来，恢复正常活动。为了自我保护，蛰眠期的动物总是躲在一个相对安全舒适的住所里。

动物的蛰眠包括冬眠、夏眠和日眠3种，最典型的是冬眠。恒温动物的蛰眠在哺乳动物身上表现比较明显，而且主要是冬眠（鸟类中，只有少数种类会进行日眠，个别夜鹰会冬眠）。哺乳动物的冬眠多发生在食虫类和某些食草的啮齿类身上，如刺猬（Tenrecoidae）和旱獭（*Marmota*）、睡鼠（Myoxidae）等。北方的熊类也会冬眠，但程度较浅，容易觉醒，而且母熊还在冬眠期分娩和哺乳。

如果食物短缺或生活环境不适宜，有些动物也会在温暖的季节降低代谢水平，进入长期的昏睡状态，这就是夏眠。哺乳动物夏眠的情况不多，生活于非洲马达加斯加岛上的肥尾鼠狐猴（*Cheirogaleus medius*）主要吃水果和节肢动物，每当旱季到来时，食物和水供应贫乏，它们便隐藏到树洞中进入蛰眠状态，时间长达7个月左右，直到雨季来临才结束。

三、繁殖行为

哺乳动物的繁殖行为主要包括求偶、交配、妊娠、分娩和育幼5个环节。其中，妊娠和分娩及育幼中的哺乳环节，只能由雌兽来完成，雄兽在繁殖中的负担相对较轻，往往只负责交配和育幼中的少部分工作。所以，在整个繁殖过程中，雄兽最重要的事情是找到能够交配的雌兽，为此，很多雄兽都有明显的求偶现象，如鹿、海狮（Otariidae）和海豹等（见第一章第一节）。

哺乳动物的繁殖行为很复杂，交配也分两种情况，一种是社交性的，一种是繁殖性的。社交性的交配一般只发生在群居性的哺乳动物身上，如瓶鼻海豚、倭黑猩猩（*Pan paniscus*）等，这种交配与生殖没有多大关系，只是彼此加强联系的一种手段而已。繁殖性的交配更普遍，它需要在雌兽排卵的基础上进行，因为只有排卵，雌兽才进入发情期，达到"动情"状态，接受交配。

达到性成熟的雌兽，并不是随时随地都能排卵，能否动情，往往受环境的影响及视自身的情况而定。有些哺乳动物没有明显的动情周期；有些则有，在一年中的某个时段，规律性地进入发情期，如鳁鲸、熊和有蹄类等。狭鼻猴和猿类往往都有28天的动情周期，并有月经，而猕猴（*Macaca*）尽管一年中有多次月经，但仅在有限的动情期内才会排卵受孕。处于妊娠和哺乳期的雌兽一般都不会进行繁殖性交配，因此，雄兽在遇到这样的雌兽时，就设法使其终止妊娠或哺乳，重新动情排卵，接受交配，为自己养育后代，这就是哺乳动物中经常出现的"杀婴现象"。

辅助阅读

动物界有杀婴现象，杀婴现象在哺乳动物中相对多一些：雄兽或雌兽将幼崽杀死，甚至吃掉。哺乳动物的杀婴现象主要有两种情况：母亲杀婴和继父杀婴。母亲杀婴的背景是母亲认为幼崽已不是自己的亲骨肉或已无力抚养它们，甚至是不值得抚养它们；继父杀婴的目的是让雌兽尽快发情，为自己养育后代。

很多哺乳动物是靠嗅觉辨认幼崽的，若幼兽身上的气味与自己的不相投，母兽就会认为它不是自己的亲骨肉，从而将其杀死。例如，某些幼鼠如果被人用手抚摸过，母鼠就会将带有异味的幼鼠咬死。另外，在环境条件恶劣的情况下，如食物极为贫乏、缺水、母兽受到惊扰，或幼崽有病、发育不良等，母亲也会杀死幼崽，有时是将幼崽全部杀死，有时仅仅是将最后出生的幼崽或弱崽杀死。

相对于母亲杀婴，继父杀婴现象更普遍，就连一些温顺的食草动物，如普氏野马（*Equus przewalskii*），也有这种行为；更有甚者，处于妊娠期的某些雌鼠，在有了新一任"丈夫"后，自己会自动流产，因为，即使正常分娩，幼鼠也会被继父咬死。由于雄兽从来不杀自己的"亲骨肉"，为了保护孩子，有些雌兽会跟定一个最强壮的雄兽，组成一个相对稳定的繁殖组群，以求得保护，这种现象在猿猴中比较多见，但这种繁殖组群中的雌兽也会遇到麻烦，即雄兽被替代时，新上位的雄兽同样会有杀婴现象。为此，有的雌兽会与多个雄兽交配，以扰乱视听，让雄兽普遍认为自己怀有他们的"亲骨肉"，从而不敢轻易下手杀婴。

哺乳现象是哺乳动物的标志性特征，也是最重要的特征。有些动物体表也会分泌营养液，供幼儿摄取，如盘丽鱼（*Symphysodon*）；有的母蜘蛛待幼蛛孵出后，自身会变成有营养的"肉汤"，为孩子们提供生命中的第一餐，但这些都不能算是哺乳。哺乳动物的雌性都有专门的乳腺分泌乳汁，乳汁不仅营养丰富，而且含有免疫物质，能提高幼兽的抗病力。

在动物界，哺乳动物的育幼是最全面、最高级的，尤其是来自母兽的照料。哺乳动物的育幼可分3个层面：首先是体内层面，即胎生，母兽通过胎盘源源不断地为胚胎提供营养；其次是体外层面，即哺乳，给崽兽提供高营养的乳汁；最后一个层面是保护幼崽，并教幼兽生存本领。可以说，没有母亲的关怀照料，哺乳动物的幼崽根本不能存活。由于太过辛苦，有些生存艰难的雌兽不得不寻求雄兽甚至年长子女的帮助。一般来说，雄兽的帮助无非就是为雌兽提供一个有保障的生活环境，但也有些种类的雄兽会参与育幼工作，如生活在南美洲的狨猴（卷尾猴科狨亚科），雄兽常常背负幼崽活动（图19-14），雌兽自己则主要是负责哺乳工作。

图19-14 金狮面狨（♂）背负幼崽

第三节 分 类

现存哺乳纲动物有5100多种，分3个亚纲：原兽亚纲、后兽亚纲和真兽亚纲。

一、原兽亚纲（Prototheria）

原兽亚纲保留有很多爬行动物的特征，如卵生、有泄殖腔等。由于有泄殖孔，这类动物又被称为单孔类。单孔类同时也拥有哺乳动物的关键特征，如全身生有毛发、体腔中有膈肌、哺乳育幼等，不过它们没有乳头，无唇无齿，体温低而不太稳定，多在26～35℃波动，所以，原兽亚纲是最原始、最低等的哺乳动物。

原兽亚纲的动物产于大洋洲，仅3种，最有名的是鸭嘴兽，另外两种是在陆地上捕食小虫的短吻针鼹（*Tachygolssus aculeatus*）和长吻针鼹（*Zaglossus bruijnii*）。

图19-15 原兽亚纲的动物——鸭嘴兽

鸭嘴兽仅产于澳大利亚，长40～60cm，重1.5～2.0kg，全身长着柔软褐色的浓密短毛。鸭嘴兽眼小，无外耳壳，吻部扁平，形似鸭嘴，但质软，上有电感受器；足有发达的蹼，尾长而扁平，在游泳时起舵的作用（图19-15）。雄性鸭嘴兽后足有中空的距，与毒腺相连，雌性出生时也有毒距，但在长到30cm时就消失了。鸭嘴兽喜在水边掘洞穴居，白天躲在洞中休息，夜晚常在河底寻找软体动物及小鱼虾，食量很大。鸭嘴兽水中交配，洞中产卵，像鸟类一样靠母体的体温孵卵。崽兽孵出后，伏在母兽腹部舔食乳汁，4个月后方能自己外出觅食，6个月后独立生活。

二、后兽亚纲（Metatheria）

后兽亚纲的繁殖方式是准胎生，胚胎有1个较大的卵黄囊，卵黄囊与绒毛膜相连，绒毛膜又与母兽的子宫壁结合，从而形成原始的胎盘，即卵黄囊胎盘。这种胎盘的特点是母子结合不够紧密，且常常是分娩前几天才形成，自然不能为胚胎提供很多的营养，因而刚初生的崽兽很小，发育不全，须在母亲的育儿袋内继续发育。育儿袋就像是“体外子宫”，内有乳头，能为崽兽提供营养。因为母兽有育儿袋，这类动物又叫作有袋类。虽然不是所有的有袋类雌性都有育儿袋，但有袋类依然是比较低等的哺乳动物，其泄殖腔已趋于退化，但尚留残余；雌性具双子宫、双阴道或单阴道，雄性阴茎的末端也分两叉；它们的牙齿也比较多，超过44颗；体温比较稳定，多为33～35℃。

后兽亚纲有322种，7目19科，负鼠目（Didelphimorphia）、鼩负鼠目（Paucituberculata）和智鲁负鼠目（Microbiotheria）主要产于南美洲，其余都分布于大洋洲及附近的岛屿上（图19-16）。

图19-16　后兽亚纲的动物

大洋洲很早就与其他大陆分离，由于没有更高级的竞争者，低等哺乳动物生存至今，特别是有袋类，已经分化成多种生态类型：有掘土地下生活的袋鼹（*Notoryctes*）；有在地面上吃草的大袋鼠、袋熊（Phascolomidae）；也有在树上吃树叶的树袋熊（*Phascolarctos cinereus*）、袋貂（*Phalangeridae*），甚至在树间滑翔的袋鼯（Petauridae）；还有吃白蚁和蚂蚁的袋食蚁兽（*Myrmecobius fasciatus*）；更有凶猛的食肉动物袋獾（*Sarcophilus harrisii*）。

三、真兽亚纲（Eutheria）

真兽亚纲又称有胎盘类，它们有真正的胎盘，即绒毛膜尿囊胎盘，其卵不含卵黄，尿囊发达，和绒毛膜一道形成许多绒毛深入到子宫内膜中，胚胎发育所需全部营养均通过胎盘提供，胎儿出生时发育比较完善；这类动物没有泄殖腔，体温高（36～39℃）而稳定。真兽亚纲是最高等的哺乳动物，个体大，分布广，适应各种生态环境，生活习性多样。真兽亚纲有4800多种，分21个目，比较常见的是以下12个目。

1. 食虫目（Insectivora）　食虫目是真兽亚纲最原始的类群，这类动物身上有柔软细密的毛，有的还有硬刺，常夜间活动，吻鼻延长成灵活的吻突，用于寻找食物，高度适应食虫生活。

食虫目有400多种，分4科：猬科（彩图37）、沟齿鼩科（Solenodontidae）、鼩鼱科（Soricidea）和鼹科。

2. 翼手目（Chiroptera）　翼手目的哺乳动物通称蝙蝠，最大的特点是适宜飞行：有龙骨突，前肢、后肢及尾间生有翼膜，借以飞翔；后肢末端有钩状爪，休息时能将身体倒挂。

翼手目有1100多种，分布很广，夜间活动，除狐蝠科（Pteropodidae）以植物的果实和花蜜等为食外，其他都捕食小型动物，包括昆虫、鱼、蛙，甚至靠吸血为生。

3. 啮齿目（Rodentia）　啮齿目无犬齿，上下颌各有1对发达的门齿，终生生长。

啮齿目的适应能力极强，现存2200多种（图19-17），很多种类穴居，包括社会性生活显著的裸鼹鼠；不少树栖（彩图38），包括滑翔的鼯鼠（鼯鼠族，Pteromyini）；有的喜欢水栖，如河狸（*Castor*）；有些种类耐旱能力超强，如更格卢鼠和小囊鼠（*Perognathus*）等；有些有特别的防御能力，如豪猪。最大的啮齿目动物是南美洲的水豚（*Hydrochoerus hydrochoeris*），体长超过1m，体重可达66kg。

图19-17　啮齿目动物

4. 兔形目（Lagomorpha）　兔形目牙齿的结构有些类似啮齿目：无犬齿，下颌有1对门齿，但兔形目上颌有2对前后重叠的门齿，前1对大，后1对小，另外，兔形目的尾很短，上唇中部有纵裂（兔唇），前肢也不能抱着食物啃食。

兔形目有91种，分为鼠兔科和兔科。鼠兔营穴居生活，耳朵短圆，四肢也很短，尾巴退化得只剩下痕迹；兔的耳朵长，前腿短，适于着地，后腿长，适于跳跃和奔跑（图19-18）。

图19-18　兔形目动物

5. 长鼻目（Proboscidea）　长鼻目的动物通称大象，最大的特点是上唇与鼻子合并后延长，形成灵活的长鼻，长鼻除呼吸外，还具缠卷功能，是自卫和取食的器官；另外，这类动物只有1对上门齿，持续生长，形成粗壮的象牙；腿粗壮，趾端有软垫和短蹄。

长鼻目现存只有1科3种：亚洲象、非洲象（图19-19）和非洲森林象（*Loxodonta cyclotis*）。

图19-19　长鼻目动物

6. 海牛目（Sirenia）　海牛目的动物水栖，在浅海或淡水生活，其身体丰满，皮厚毛稀，皮下脂肪丰富；嘴唇发达，表面覆有浓密的短毛，有利于取食水草；没有外耳壳，鼻孔位于吻部的顶端，潜水时会被皮膜掩盖；前肢鳍状，趾上有退化的蹄，后肢退化消失，尾扁平发达。

海牛目现存5种（图19-20），分两科：海牛科（Leporidae）和儒艮科（Dugongidae）。

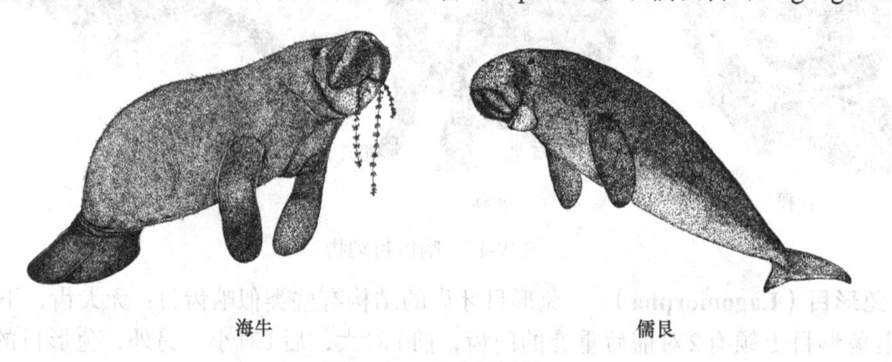

图19-20　海牛目动物

7. 偶蹄目（Artiodactyla）　偶蹄目的第1趾退化，第2、5趾变小或退化，第3、4趾同等发达，趾端都有蹄，适合陆地奔跑或山区生活。

偶蹄目有184种（图19-21），大致分为两大类：一类不反刍，胃构造简单，犬齿大，常形成獠牙，多草食，如猪（Suidae）、西貒（Tayassuidae）和河马（Hippopotamidae）；另一类反刍，胃构造复杂，3室或4室，臼齿特别发达，犬齿大多退化，仅少数形成獠牙，多有角，全草食，如骆驼（Camelidae）、鼷鹿（Tragulidae）、麝（Giraffidae）、长颈鹿、鹿、叉角羚和牛、羊。

8. 奇蹄目（Perissodactyla）　奇蹄目的第1趾退化，第2、4、5趾变小或退化，第3趾最发达，趾端有发达的蹄，适合陆地奔跑。

奇蹄目有17种（图19-22），分3科：貘科（Tapiridae）前足4趾、后足3趾；犀科（Rhinocerotidae）前后足都是3趾；马科（Equidae）的足高度特化，只剩下第3趾，蹄特别发达，最适合奔跑。

9. 食肉目（Carnivora）　食肉目的动物感官发达，性情凶猛，门牙小，犬牙强大而锐

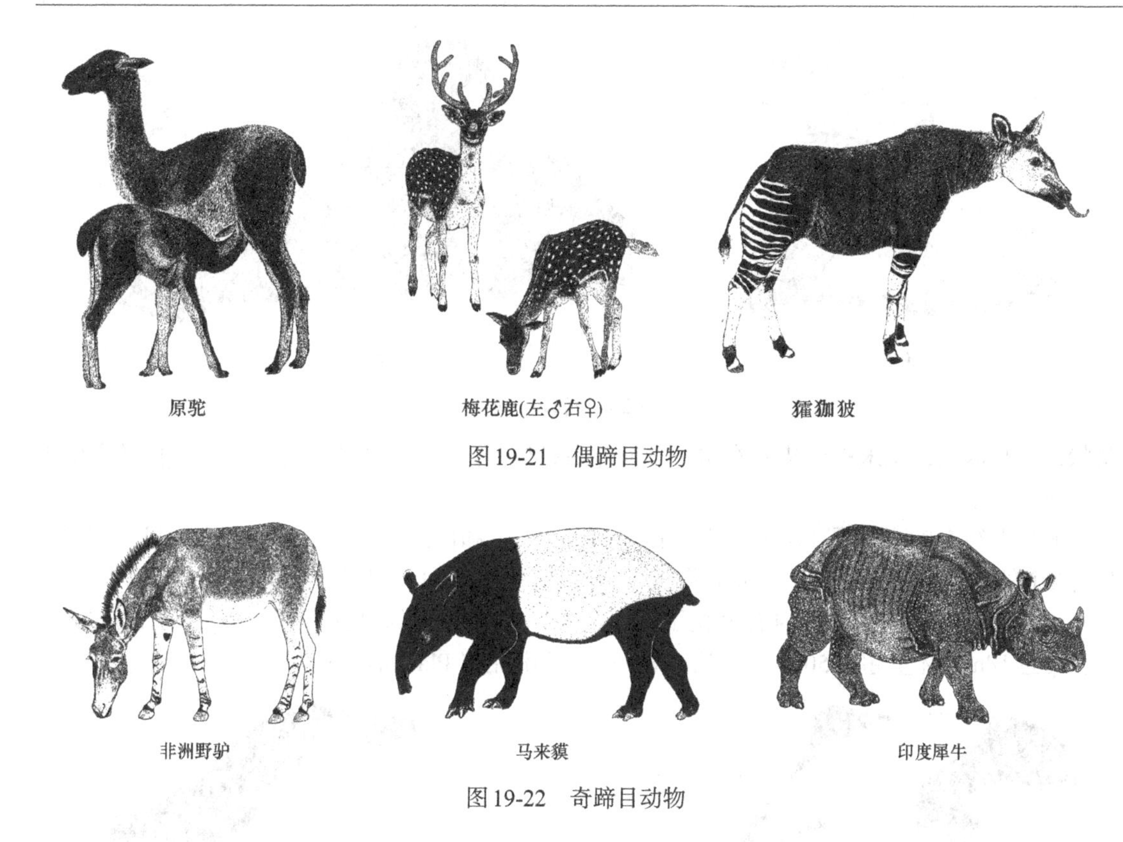

图19-21 偶蹄目动物

图19-22 奇蹄目动物

利，趾端有锐利的爪。

食肉目约有260种（图19-23），大都在陆地上捕食，也有树栖的，如小熊猫（*Ailurus fulgens*）等，少数在水中捕食，如水獭和海獭。捕食力最强的应该是猫科，基本上只吃脊椎动物；犬科除了肉类、昆虫外，还常吃植物的果实等；浣熊科（Procyonidae）和熊科（Ursidae）的食性更杂，而大熊猫（*Ailuropoda melanoleuca*）基本上只靠嫩竹叶和竹笋生活。

图19-23 食肉目动物

10. 鳍脚目（Pinnipedia） 鳍脚目也是食肉性兽类，喜捕食鱼类，除贝加尔湖的贝加尔海豹（*Phoca sibirica*）外，都生活在海洋中。这类动物身体丰满，体表密生短毛，四肢特化为鳍肢，趾间有蹼，尾短小。鳍脚目动物水栖性很强，但交配、产崽和换毛要在陆地或冰上进行。

鳍脚目有36种（图19-24），分3科：海象（Odobenidae）、海狮（Otariidae）和海豹（Phocidae）。

11. 鲸目（Cetacea） 鲸是最适应水生生活的哺乳动物，体毛退化，颈椎愈合，前肢

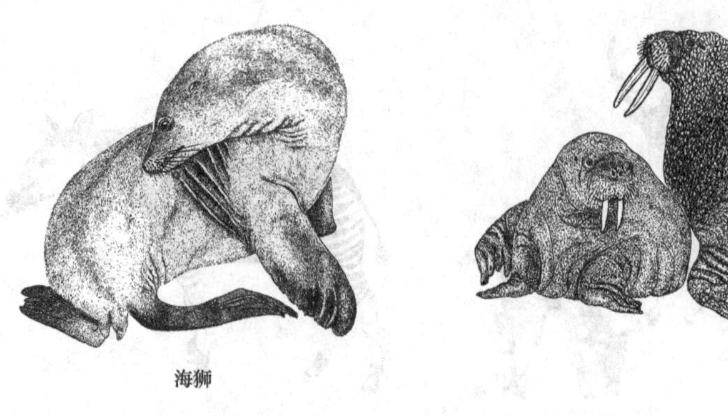

图19-24　鳍脚目动物

鳍状，后肢退化，尾末端的皮肤在水平方向左右扩展，形成1对大大的尾叶，上下拍动产生推力，适于游泳。

鲸目大约有89种（图19-25），分须鲸（Mysticeti）和齿鲸（Odontoceti）2个亚目。须鲸亚目有2个外鼻孔，牙齿退化（胎儿有齿），口腔内有角质鲸须，用来滤取食物，最大的是蓝鲸；齿鲸亚目有1个外鼻孔，口内有分化不明显的锥状齿，最大的是抹香鲸（*Physeter catodon*），体长可达18m，体重超过50t，另外还有各种海豚和河豚（Platanistidae）。

图19-25　鲸目动物

辅助阅读

"河豚"一词有两层含义，一是俗指，指一类鱼；一是确指，指一类哺乳动物。

鲀形目鲀科（Tetraodontidae）的东方鲀属（*Takifugu*）、兔头鲀属（*Lagocephalus*）、腹刺鲀属（*Gastrophysus*）的鱼通称"河鲀"，经常写作"河豚"，其中最有名的是东方鲀，大约有19种，主要分布于太平洋西岸，少数能进入淡水河流中，在我国常见的有：假睛东方鲀（*T. pseudommus*）、暗纹东方鲀（*T. obscurus*）、虫纹东方鲀（*T. vermicularis*）和红鳍东方鲀（*T. rubripes*）。河鲀肉味鲜美，但内脏有剧毒。

鲸目恒河豚科、白鱀豚科、亚马孙河豚科和拉普拉塔河豚科的动物通称“淡水豚”或“河豚”（图19-26）。河豚的共同特点是：嘴喙窄而长，颈部灵活，眼小、视力差，额隆突出，回声定位系统发达。全世界有4种：白鱀豚（*Lipotes vexillifer*）生活在中国长江流域，已经长时间失去踪影；南亚河豚，头型左右不对称，向左倾斜，有恒河豚（*Platanista gangetica gangetica*）和印度河豚（*P. gangetica minor*）两个亚种；亚马孙河豚（*Inia geoffrensis*）生活在南美洲亚马孙河流域，有3个亚种；拉普拉塔河豚（*Pontoporia blainvillei*）分布于南美洲的拉普拉塔河口及附近的海域中，是主要生活在海洋中的河豚。

图19-26 淡水豚（河豚）

12. 灵长目（primates） 灵长目是最高等的哺乳动物，它们的大脑很发达，两眼前视，视觉敏锐，有典型的异型齿，除少数低等种类外，指（趾）端都有指甲，第1趾（指）和其余4趾（指）分开，能灵活地抓握。灵长类喜群居，树栖，也有些种类下树，地面觅食，如狒狒（*Papio*）和山魈（*Mandrillus*）。

灵长目有509种（图19-27），分布于亚洲、非洲和南美洲，大致可分为原猴类、猴类、猿类和人类。原猴类最原始，包括狐猴、懒猴（Lorisidae）和婴猴（Galagidae）；猴类种类多，有阔鼻猴（仅分布于南美洲）和狭鼻猴；猿类包括长臂猿和猩猩（Pongidae），其中，倭黑猩猩（*Pan paniscus*）是与人类亲缘关系最近的灵长类动物。

图19-27 灵长目动物

除以上12目外，真兽亚纲还包括鳞甲目（Pholidota）的7种穿山甲（*Manis*）、非洲鼩目（Afrosoricida）的20种马岛猬（Tenrecidae）和18种金毛鼹（Chrysochloridae）、管齿目

（Tubulidentata）的1种土豚（*Orycteropus capensis*）、象鼩目（Macroscelidea）的15种象鼩（Macroscelididae）、树鼩目（Scandentia）的19种树鼩（Tupaiidae）、披毛目（Pilosa）的6种树懒（Bradypodidae、Megalonychidae）和4种食蚁兽（Myrmecophagidae）、带甲目（Cingulata）的20种犰狳（Dasypodidae）、皮翼目（Dermoptera）的2种鼯猴（*Cynocephalus*）以及蹄兔目（Hyracoidea）的6种蹄兔（Procaviidae）（图19-28）。

图19-28　披毛目的树懒（左）、蹄兔目的非洲蹄兔（中）和树鼩目的树鼩（右）

根据分子生物学的研究，目前将21个目划入四个总目，分别是异关节总目（披毛目和带甲目）、非洲兽总目（管齿目、长鼻目、蹄兔目、非洲鼩目、象鼩目和海牛目）、劳亚兽目（食肉目、鳍脚目、奇蹄目、偶蹄目、鲸目、翼手目、食虫目和鳞甲目）和灵长总目（啮齿目、兔形目、皮翼目、树鼩目和灵长目）。

小　结

哺乳纲是脊椎动物中最高等的类群，身体构造完善，适应能力很强。哺乳动物的基本特征是：体被毛，四肢位于身体腹面，异型齿，消化系统发达，胸廓明显，出现膈肌，呼吸系统发达，心脏4室，完全双循环，代谢水平高，体温一般恒定，多胎生，均哺乳，神经系统高度发达。

哺乳纲分3个亚纲：原兽亚纲、后兽亚纲和真兽亚纲。原兽亚纲的动物有泄殖腔，卵生，雌兽没有乳头，体温低而不太稳定，均产于大洋洲；后兽亚纲的动物泄殖腔退化，准胎生，刚出生的崽兽发育很不完全，须在母兽的育儿袋中继续哺乳生长，体温比较稳定，主要产于大洋洲；真兽亚纲的动物没有泄殖腔，胎生，代谢水平高，体温稳定，适应能力强，分布全球各地。

复习思考题

1．解释名词：异型齿、分娩、子宫、蛰眠。
2．陆栖哺乳动物的足可分哪3种类型？
3．哺乳动物的角主要有哪几种类型？
4．为什么说哺乳纲是最高级的脊椎动物？
5．哺乳动物的繁殖有什么特点？
6．哺乳纲的分亚纲情况怎样？各亚纲主要有哪些动物？

主要参考文献

陈万青，王望星．1992．企鹅．青岛：青岛海洋大学出版社．

侯林，吴孝兵．2007．动物学．北京：科学出版社．

华特博尔．2004．昆虫图鉴．北京：中国长安出版社．

梁象秋，方纪祖，杨和荃．2001．水生生物学．北京：中国农业出版社．

刘凌云，郑光美．2009．普通动物学．北京：高等教育出版社．

鲁珀特・巴林顿，迈克尔・高顿．2016．生命的故事．北京：人民邮电出版社．

迈克尔・兰德，丹・埃里克・尼尔森．2019．动物之眼．南京：南京大学出版社．

娜塔莉・安吉尔．2002．野兽之美．北京：时事出版社．

奈吉尔・马文．2003．不可思议的旅程．北京：东方出版社．

太田次郎．2004．生物的超能力．上海：百家出版社．

许崇任，程红．2008．动物生物学．北京：高等教育出版社．

张劲硕，张帆．2014．动物多样性．南京：江苏凤凰科技出版社．

张树义，万玉玲．1999．动物行为的奥秘．北京：科学技术文献出版社．

中村幸昭．2004．鱼类的爱情故事．上海：百家出版社．

朱耀沂．2007a．情色昆虫记．长沙：湖南文艺出版社．

朱耀沂．2007b．生死昆虫记．长沙：湖南文艺出版社．

T. A. 沃恩等．2017．哺乳动物学．北京：科学出版社．

Allaby M. 2010. *A Dictionary of Zoology*. 3rd ed. New York: Oxford University Press.

Hickman C, Keen S, Larson A, et al. 2010. *Integrated Principles of Zoology*. 15th ed. New York: McGraw-Hill Higher Education.

Jolivet J. 2003. *Zoology*. New York: Roaring Brook Press.

Miller S, Harley J. 2009. *Zoology*. 8th ed. New York: McGraw-Hill Higher Education.

Ruppert E E, Fox R S, Barnes R D. 2003. *Invertebrate Zoology: A Functional Evolutionary Approach*. 7th ed. Stanford: Cengage Learning.

Springer J, Holley D. 2012. *An Introduction to Zoology*. Burlington: Jones & Bartlett Learning.

附录　地质年代与动物进化历程参照表

代	纪	距今（年）	非动物类	无脊椎动物进化历程	脊椎动物进化历程
新生代	第四纪	260万～0万	草原面积扩大；被子植物繁盛	现生各类型动物都已基本出现；节肢动物尤其是昆虫繁盛；软体动物种类繁多	猿人逐步演变为现代人；不少陆生大型哺乳动物灭绝
	新近纪	3200万～260万			猿类进化；长鼻类体型巨大；鳍脚类初现；今鸟兴旺
	古近纪	6600万～3200万			灵长类、蝙蝠、鲸初现；陆地食肉类和有蹄类发展
中生代	白垩纪	1.45亿～6600万	裸子植物衰落；被子植物初现	菊石灭绝；昆虫访花，协同进化	今鸟和哺乳动物发展；白垩纪末，发生生物灭绝事件，爬行类衰落，古鸟灭绝
	侏罗纪	2.01亿～1.45亿	裸子植物繁盛	昆虫兴旺，种类繁多；菊石繁盛	始祖鸟出现；恐龙鼎盛，翼龙、鱼龙、蛇颈龙等大发展
	三叠纪	2.51亿～2.01亿		腕足动物和海百合类锐减；软体动物、甲壳类繁盛；昆虫发展	哺乳类初现；爬行类繁盛，部分海洋生活，恐龙初现；但到了三叠纪晚期，发生了生物灭绝事件，爬行动物才大量消失
古生代	二叠纪	2.99亿～2.51亿	蕨类植物繁盛，形成广大森林；裸子植物初现	昆虫及海洋动物锐减，三叶虫灭绝；昆虫发展，出现全变态发育；腕足动物继续繁盛	爬行动物发展；二叠纪末，发生最严重的生物灭绝事件，两栖类锐减
	石炭纪	3.59亿～2.99亿		有翅昆虫初现，陆栖节肢动物巨大；菊石迅速发展；海百合兴旺	爬行类初现；两栖类繁盛
	泥盆纪	4.19亿～3.59亿		菊石初现；昆虫初现；跳虫繁多	两栖类初现；鱼类繁盛；但在泥盆纪晚期，生物大量灭绝，水生生物也遭到重创
	志留纪	4.44亿～4.19亿	无叶裸蕨出现，陆生植物初现	陆生节肢动物初现；海洋无脊椎动物恢复元气，双壳类和腹足类发展，腕足类大发展	盾皮鱼出现，有颌类初现
	奥陶纪	4.85亿～4.44亿	海生藻类繁盛	三叶虫数量减少；海生无脊椎动物空前发展，尤其是鹦鹉螺繁盛	奥陶纪末，发生生物灭绝事件，无颌类大量消失
	寒武纪	5.41亿～4.85亿		海生无脊椎动物大爆发，各门类发展齐全，最繁盛的是三叶虫	昆明鱼出现，无颌类初现
元古宙		25亿～5.41亿	海生藻类发展，真核生物初现	环节动物、腔肠动物等发展；海绵动物初现；原生动物初现	
太古宙		40亿～25亿	原核生物普遍，生命初始		
冥古宙		46亿～40亿			

注：①古生代、中生代和新生代合称显生宙；②本表为作者依资料整理而成，供参考

彩　图

彩图1A　麝凤蝶的卵

彩图1B　麝凤蝶卵孵化

彩图2A　麝凤蝶幼虫

彩图2B　麝凤蝶幼虫化蛹

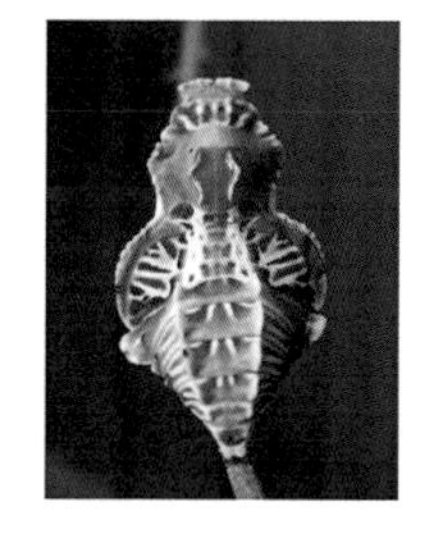

彩图3A　麝凤蝶的蛹

彩图3B　麝凤蝶蛹羽化

彩图4　麝凤蝶交尾

彩图5A　麻皮蝽羽化

彩图5B　斗毛眼蝶幼虫蜕皮

彩图6A　食虫虻

彩图6B　胡蜂

彩图6C　跳蛛（雌）

彩图6D　大叶黄杨斑蛾（雌雄触角不同）

彩图7　背负仔蝎的母蝎

彩图8　带有卵袋的狼蛛

彩图9　交配中的燕山蛩

彩图10A　豆娘（扇蟌）

彩图10B　红蜻（♂）

彩图11　进食中的螳螂

彩图12A　交配的棉蝗

彩图12B　求偶中的黑翅雏蝗（♂）

彩图12C　露螽若虫

彩图13A　负子蝽（♂）

彩图13B　硕蝽若虫

彩图13C　蠋蝽捕食臭椿皮蛾幼虫

彩图14A　黑蚱蝉

彩图14B　蚜虫

彩图14C　沫蝉

彩图14D　象蜡蝉

彩图15A　黄粉鹿角花金龟（♂）

彩图15B　瓢虫的幼虫和蛹

彩图15C　瓢虫羽化

彩图15D　瓢虫成虫

彩图15E　榆卷象

彩图16　展翅欲飞的甲虫（红萤）

彩图17A　爱珍眼蝶

彩图17B　产卵的柑橘凤蝶

彩图17C　红株灰蝶

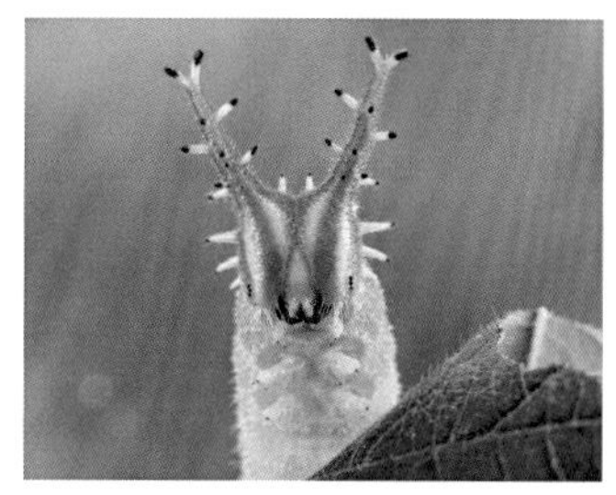

彩图17D　黑脉蛱蝶幼虫

彩图17E　黑脉蛱蝶

彩图17F　交尾的丝带凤蝶

彩图17G　产卵的黄粉蝶

彩图17H　交尾的斐豹蛱蝶

彩图17I　黑弄蝶

彩图17J　榆凤蛾

彩图17K　透翅蛾

彩图18A　膜腹寄蝇

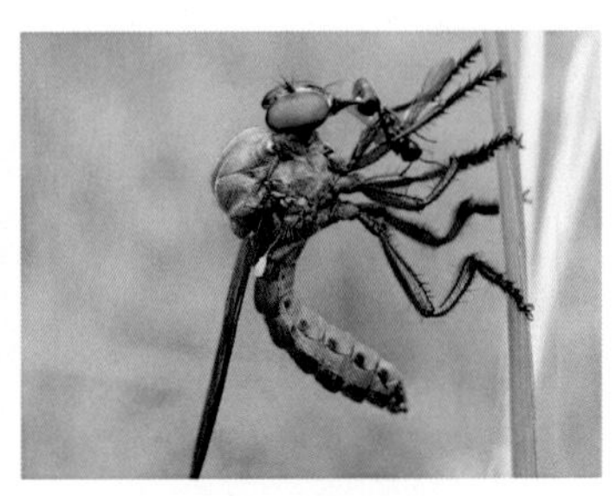

彩图18B　食虫虻

彩图18C　交尾的蜂虻

彩图18D　食蚜蝇

彩图18E　中华盗虻

彩图19A　土蜂

彩图19B　姬蜂产卵

彩图19C　青蜂

彩图19D　被蟹蛛捕食的蜜蜂

彩图20A　柑橘凤蝶早期幼虫

彩图20B　柑橘凤蝶后期幼虫

彩图21　柑橘凤蝶不同颜色的蛹

彩图22A　多棘海盘车的反口面

彩图22B　多棘海盘车的口面

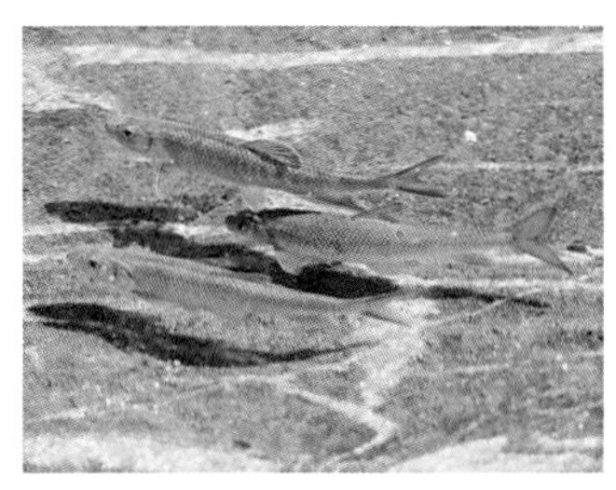

彩图23　多鳞铲颌鱼（泰山螭霖鱼）

彩图24　山地麻蜥

彩图25　虎斑颈槽蛇

彩图26　凤头䴙䴘

彩图27　大白鹭

彩图28A　斑嘴鸭

彩图28B　绿头鸭（♂）

彩图28C　青头潜鸭（♂，国家一级重点保护野生动物）

彩图28D　小天鹅（国家二级重点保护野生动物）

彩图29　黑翅鸢（国家二级重点保护野生动物）

彩图30　环颈雉（♂）

彩图31　黑水鸡

彩图32A　黑翅长脚鹬

彩图32B　扇尾沙锥

彩图32C　长嘴剑鸻

彩图33A　山斑鸠

彩图33B　珠颈斑鸠

彩图34　纵纹腹小鸮（国家二级重点保护野生动物）

彩图35　斑鱼狗（♂）

彩图36A　白眉姬鹟（♂）

彩图36B　白头鹎

彩图36C　北红尾鸲（♂）

彩图36D　大山雀

彩图36E　灰喜鹊

彩图36F　乌鸫

彩图36G　燕雀（♀）

彩图36H　燕雀（♂）

彩图36I　棕头鸦雀

彩图37　东北刺猬

彩图38　北松鼠